한 우 학

HANWOO SCIENCE

대표저자 고 영 두

선 진 문 화 사

집 필 진

대표저자 고영두(경상대학교 농업생명과학대학 동물자원과학부 교수)

강한석(부산대학교 생명자원과학대학 동물자원학과 교수)
곽석준(경상남도 첨단양돈연구소 과장)
김두환(진주산업대학교 생명자원과학대학 동물소재공학과 교수)
김대진(동아대학교 생명과학대학 식품과학과 교수)
김삼철(경상대학교 농업생명과학대학 동물자원과학부)
김영민(농림부 축산물위생과)
김영화(농촌진흥청 축산연구소 양돈과 축산연구사)
김재영(부산카톨릭대학교 보건과학대학 임상병리학과 교수)
김재황(한국응용미생물산업연구소 소장)
김창현(한경대학교 농업생명과학대학 동물생명자원학과 교수)
박구부(경상대학교 농업생명과학대학 동물자원과학부 교수)
박충생(경상대학교 농업생명과학대학 동물자원과학부 교수
류영우(상주대학교 생명자원과학대학 축산학과 명예교수)
배인휴(순천대학교 농업생명과학대학 동물자원학과 교수)
백봉현(농촌진흥청 축산연구소 한우시험장 축산연구관)
선상수(전남대학교 농업생명과학대학 동물자원학부 교수)
송영민(진주산업대학교 생명자원과학대학 동물소재공학과 교수)
송영한(강원대학교 동물자원과학대학 동물자원학부 교수)
신재형(경상대학교 농업생명과학대학 동물자원과학부)
유성오(경상대학교 농업생명과학대학 동물자원과학부)
윤상기(농촌진흥청 축산연구소 소장)
이상철(농림부 축산물위생과 자연순환농업 팀장)
이성실(경상대학교 농업생명과학대학 동물자원과학부 교수)
이수기(충남대학교 농업생명과학대학 동물자원과학부 교수)
이정규(경상대학교 농업생명과학대학 동물자원과학부 교수)
이종찬(주, 대성미생물연구소 선임연구원)
장홍희(경상대학교 농업생명과학대학 동물자원과학부 교수)
주선태(경상대학교 농업생명과학대학 동물자원과학부 교수)
전진태(경상대학교 농업생명과학대학 동물자원과학부 교수)
정명화(경상대학교 과학영재교육원 실장)

머리말

한우는 우리민족 고유의 소로서 인도원우와 유럽원우와의 혼혈종에서 비롯하여 만주를 거쳐 한반도에 옮겨온 후 다른 품종과의 교잡 없이 동종번식으로 고정된 품종으로 기원전 2000여 년 전부터 사육하여 오늘에 이르고 있다. 또한 한우는 농경국가인 한국을 지탱해 온 원동력인 동시에 우리 입맛을 길들여 온 고급단백질원이지만 농업이 기계화됨에 따라 역용의 가치를 잃고 쇠고기 생산의 가치만이 중요하게 이용되고 있다. 특히 국민소득의 증가와 세계화의 물결에 기인하여 육류의 소비가 증가하면서 한우산업 분야는 획기적인 발전을 거듭하고 있는 중이다. 즉 2004년 한우산업의 생산액 비중은 26.7%로서 양돈 산업 다음으로 비중이 크며, 우리나라 소비자의 기호특성이 육류 중에서도 쇠고기를 가장 선호하고 있다는 점과 선진국의 1인당 쇠고기 소비수준과 비교하여 볼 때 아직까지는 선진국의 소비수준에는 미치지 못하고 있는 실정인 점을 감안한다면 앞으로도 상당기간 동안 쇠고기 소비의 증가는 계속될 것으로 전망된다.

이러한 시기에 그 동안 각 대학과 관련 연구기관에서 한우산업을 연구하고 강의하시던 여러 교수님들과 전문가들이 함께 본 저서를 집필하게 된 것은 매우 뜻 깊은 일이 아닐 수 없다. 본 저서는 그 동안 우리나라 대학에서 교재로 사용하던 한우 관련 서적의 내용을 보다 체계적으로 정리하였으며, 최근 국내외에서 연구・발표된 내용들을 보완하였다. 이런 점에서 본 저서는 대학에서 한우산업을 탐구하는 학생들에게 좋은 교재가 될 것이라 믿어 의심치 않는다. 이러한 맥락에서 본 저서는 다음에 발간될 더 나은 저서의 중간 매개체 역할을 할 것으로 기대된다. 부디 본 저서를 통해 더 많은 훌륭한 후배 한우관련 학자들이 탄생하기를 바라며 앞으로 우리나라 한우산업 분야가 더욱 발전하길 기원한다.

마지막으로 본 저서가 출간되기까지 처음부터 끝까지 자료를 정리하고 교정하는 데 수고해 주신 김재황 박사, 신재형 박사와 선진문화사 관계자들에게 심심한 감사를 전한다.

2006년 2월

저자 일동

차 례

제 1 장 한우산업의 현황과 전망

제 2 장 소화생리

제3장 영양대사

제4장 육 종

제5장 번 식

제6장 영양소 요구량

제7장 한우의 안전사료 급여방안

제8장 조사료 가공기술

제 9 장 송아지 사양관리

제10장 육성-비육우 사양관리

제11장 번식우 사양관리

제12장 사육시설과 분뇨처리

제13장 출하 및 도체평가

제14장 유 통

제15장 한우의 주요 질병과 대책

제 1 장 한우산업의 현황과 전망

한우의 경제성을 높이려면 한우에 대한 경제 형질이 가장 높은 부분을 해결하여야 할 것이다. 즉 경쟁력 있는 한우를 기르려면 두 가지의 큰 요인이 작용하는데, 첫째 유전형질을 높이는 것이다. 이러한 소는 성장률이 높다든지, 고기 맛이 좋다든지 하는 것들은 유전적으로 부모로부터 이어받는 부분이기 때문에 유전적 생산성이 높은 한우로 개량되어져야 할 것이다. 1974년도 한우체중은 289.6 kg이었으나 10년이 지난 1983년에는 361.5 kg으로 약 90 kg이 증가되었고, 1995년에는 491.3 kg으로 향상되었다. 특히 육종에 의해 경제형질을 높인 결과 거세우의 경우 24개월령 체중은 2000년에는 550 kg, 2005년에는 577 kg, 2010년 605 kg으로 증가되었으며 연간 5.45 kg의 개량목표를 설정해 놓고 있다. 또한 유전력도 매년 증가되어 이유 후 22개월령까지 일당 증체량은 유전력이 25%정도이고 근내지방도의 유전력이 22%로 추정되고 있다. 이와 같이 유전력은 혈통에 근거하고 있기 때문에 혈통관리를 철저히 하고 부모 및 후손의 자료를 철저히 기록하여야 한다. 둘째는 영양과 사양관리 문제이다. 그 중에서도 증체량을 향상시키거나 사료효율을 개선시킬 수 있도록 영양소 요구량에 충족될 수 있는 사료의 합리적인 배합비를 작성하고 사양관리를 철저히 함으로써 육질개선과 사료효율을 증가시킬 수 있겠는가 하는 것이 중요하다. 유전적인 요인은 육종학자들의 연구에 의해서 개량될 수 있지만 영양과 사양관리는 유전적 요인보다는 후천적인 요인이 너무 많기 때문에 이 분야에 관한 모든 점을 잘 해결할 수 있는 방안이 수지맞는 한우사육이라 할 수 있다.

제 1 절 한우 산업의 중요성

한우는 우리민족 고유의 소로서 인도원우와 유럽원우와의 혼혈종에서 비롯하여 북부

중국 만주를 거쳐 한반도에 옮겨온 후 다른 품종과의 교잡 없이 동종번식을 통하여 고정된 품종으로 기원전 2000여년 전부터 사육하여 오늘에 이르고 있다.

한우는 농경국가인 한국을 지탱해 온 원동력인 동시에 우리 입맛을 길들여 온 고급단백질원이지만 농업이 기계화됨에 따라 역용의 가치를 잃고 육용으로서 쇠고기 생산으로서의 가치만이 중요한 자원으로 이용되고 있다.

나라에 따라서는 그 나라 고유의 소 품종이 하나도 없는 국가도 있으나 우리나라는 한우가 육용종으로서 그 위치를 굳히고 있다. 주요국가의 소 이름을 보면 영국 : Aberdeen, Charollais, 이태리 : Chianis, 독일과 스위스 : Simmental, Brownswiss, 네덜란드 : Holstein, 일본 : 화우, 미국 : 영국과 프랑스 품종 및 호주와 뉴질랜드 : 영국품종 으로 되어 있다.

특히 국민소득의 증가로 쇠고기의 수요가 급증하면서 1980년대부터 체계적인 육종사업이 시작되어 현재에는 한우의 특성을 살린 육질의 개량과 사양관리에 부단한 노력을 기울이고 있다.

현재 한우는 황갈색(黃褐色)이 대부분으로 되어 있으나 호랑이 가죽모양의 칡소가 몇 백두 사육되고 있다. 그러나 한국마의방전서(韓國馬醫方全書)에 의하면 소의 모색이 흑우(黑牛), 백우(白牛), 청우(靑牛) 및 황우(黃牛) 등으로 나누고 있으며, 이들 소의 두상에 흰무늬가 있으면 불효두(不孝頭)라 하여 이 소를 기르면 흉악한 재화(災禍)가 생기고, 흑우의 머리에 흰털이 있으면 흉한 일이 많고 농사도 좋지 못하다고 한다. 그런가 하면 칡소 이마에 누른 점이 있거나 황우로서 앞가슴에 흰점이 있으면 이 소를 기르는 사람에게는 좋은 일이 많이 생기고 이롭다고 한다. 이와 같이 조선시대에만 해도 우리나라에서 사육하고 있는 한우의 모색이 상당히 많은 것으로 알려져 있으나 육우로서 육종・개량하는 사이에 모색이 거의 단일화하게 되었다.

1. 한우산업의 위치

국민 경제성장과 함께 식생활의 패턴이 달라지고 축산물 중 한우고기의 소비가 증가하면서 축산업 중 한우산업은 빠른 신장과 함께 성장산업으로 위치를 확고히 하고 있다. 이와 같은 상황에서 국민총생산액 중 농업이 차지하는 비율은 감소하고 있으나 농업 중 축산업이 차지하는 비율은 증가하고 있으며, 축산업 중 한우산업의 비중은 1997년까지는 빠른 신장세를 보이다가 최근에는 쇠고기 수입개방으로 인해 다소 감소하는 추세를 나타내고 있다. 더욱이 농업 조수입 중 쌀의 비중은 1990년 36.9%에서 2001년에는 33.3%로 다소 떨어지고 있으나 같은 기간 중 축산업은 22.1%에서 25.6%로 신장하고 있다.

또한 2004년 한우산업의 생산액 비중은 26.7%로서 양돈산업 다음으로 비중이 크며, 우리나라 소비자의 기호특성이 육류 중에서도 쇠고기를 가장 선호하고 있다는 점과 선진국의 1인당 쇠고기 소비수준과 비교하여 볼 때 아직까지는 선진국의 소비수준에는 미치지 못하고 있는 실정인 점을 감안한다면 앞으로도 상당기간동안 쇠고기 소비의 증가는 계속될 것으로 전망된다.

따라서 소규모의 한우 산업은 대규모 사양형태인 전업이나 기업축산으로 발전되어 갈 것이며, 이러한 규모화된 사양형태로 쇠고기의 수요증가에 대한 능동적인 대처가 가능할 것으로 기대된다.

표 1-1. 국민총생산액 중 한우산업의 비중 (단위 : %)

구 분	1990	1997	2000	2001	2004
농업/국민총생산	7.3	4.6	4.1	3.8	2.9
축산업/농업	11.1	11.6	13.4	14.7	16.2
한우산업/축산업	23.5	30.5	23.3	20.4	26.7

(농림부, 2005).

표 1-2. 축산업 중 한우산업의 생산액 비중(2004)

구 분	한우	낙농	양돈	양계	기타
생산액(억원)	28,937	15,441	36,668	19,359	7,936
구성비(%)	26.7	14.3	33.8	17.9	7.3

(농림부, 2005).

2. 쇠고기 수급동향과 자급률

1990년도 이후 쇠고기 소비량은 지속적인 증가를 계속하여 1990년 177천톤에서 2002년 403천톤으로 약 2.8배 증가하였다. 이러한 증가는 국민소득 수준의 향상과 국민식생활이 서구화됨에 따른 육류와 같은 고급식품에 대한 수요가 증가한데서 기인한 결과로 보여지고 있다. 한편 1998년 쇠고기 소비량은 일시 감소하였는데, 이는 IMF라는 외환위기와 경기불황에 따른 국내경기 악화에 의한 일시적 현상이었으며 경기회복과 국민소득 향상으로 쇠고기 소비량은 다시 평년의 증가추세를 회복하였다. 그러나 다시 2001년에는 산지 소값의 상승과 광우병에 대한 우려에 의한 여파로 다소 감소하다가 회복되는 추세에 있다.

우리나라 국민의 1인당 쇠고기 소비량도 지속적으로 증가되고 있으며 1995년 6.7 kg에서 2002년에는 8.5kg으로 약 2.1배 정도로 증가하였다.

표 1-3. 우리나라 쇠고기 소비량 (단위 : 천톤)

구 분	쇠 고 기 공 급 량						
	1998	1999	2000	2001	2002	2003	2004
총소비	345	393	402	384	403	390	328
국내산	260	240	212	164	147	142	145
수입산	85	153	190	220	255	249	183
자급률(%)	75.3	61.0	52.8	42.8	36.6	36.3	44.2

(농림부, 2005).

표 1-4. 우리나라 축산물 소비동향 (단위 : kg)

구 분	1인 당 축 산 물 소 비 량								
	1995	1997	1998	1999	2000	2001	2002	2003	2004
총 육류	27.4	29.3	28.1	30.6	32.0	32.3	33.5	33.3	31.3
쇠고기	6.7	7.9	7.4	8.4	8.5	8.1	8.5	8.1	6.8
돼지고기	14.8	15.3	15.1	16.1	16.5	16.9	17.0	17.4	17.8
닭고기	6.0	6.1	5.6	6.1	7.0	7.3	8.0	7.9	6.6
계 란	184	189	178	180	184	202	203	191	193
우 유	47.8	52.1	49.2	58.6	59.7	63.9	64.2	62.4	62.7

* 국가별 쇠고기 소비량(2000) - 미국 : 45.4kg, 호주 : 36.1kg, 캐나다 : 32.1kg, 일본 : 12.0kg.

(농림부, 2005).

제2절 한우 산업의 현황과 전망

1. 한우 사육두수 및 사육호수

한우사육 두수는 1997년 6월 2,927천두를 정점으로 2001년 3월 1,476천두까지 감소하였다가 같은 해 6월에는 1,507천두로 증가하였다가 9월 1,485천두로 12월 1,405천두로 감소하였다. 이러하듯 현재 우리나라 한우사육 두수의 변화는 다소 유동이 심한 상태이다.

50두 이상 대규모의 농가에서의 사육현황은 안정세를 보이고 있는 반면에, 50두 미만의 중소규모의 농가에서의 사육두수는 현저히 감소하고 있다. 이러한 이유는 IMF 외환위기로 인한 수요감소와 사육자의 고령화로 인한 사육중단, 고급육에 대한 수요증가에 따른 암소 단기비육의 성행, 쇠고기와 생우시장의 자유화 및 광우병과 구제역 등의 전염성 질병발생에 대한 우려가 농가에 불안심리를 조장하는 등의 복합적인 요인들에 의한 것으로 볼 수 있다. 그러나 2001년 4월의 한우산업발전종합대책의 수립과 2001년 하반기 소값 상승에 의한 영향으로 인공수정률이 증가하는 등 농가의 번식에 대한 의욕이 다시 살아나는 조짐을 보이고 있기도 하다.

50두 이상의 대규모 농가에서 사육되는 한우호수는 꾸준하게 유지되고 있는 반면에, 50두 미만의 중소규모 농가에서 사육되는 호수는 감소하고 있는 추세이다. 특히 10~29두 규모의 농가에서 사육호수의 감소폭이 가장 크며, 10두 미만의 소규모 농가는 시장정보의 부족에 따른 불안감의 여파로 사육을 포기하는 경우가 많아졌기 때문에 크게 감소한 것으로 보인다.

우리나라 한우산업은 규모면에서 2004년의 경우에도 10두 미만의 영세농가가 80.4%를 차지하고 있기 때문에 한우농가의 전업화 또는 기업화가 우리나라 미래 한우산업 발전의 중요한 과제로 제기되고 있으며, 한우사육 농가나 사육규모가 최근에 커지고 있는 것은 쇠고기의 국제경쟁력과 국제수지에 대응하기 위해 바람직한 현상으로 보인다.

표 1-5. 우리나라 한우 사육규모에 따른 두수 (단위 : 천두)

구 분	사 육 규 모					
	1~9두	10~29두	30~49두	50~99두	100두 이상	계
1989	1,163	232	59	47	35	1,536
1997(A)	1,194	851	333	201	157	2,735
2001(B)	505	324	177	186	214	1,406
B/A	57.7	61.9	46.8	7.5	36.3	48.6

(농협협동조합 중앙회, 2002).

표 1-6. 우리나라 한우 사육규모에 따른 호수 (단위 : 천호)

구 분	사 육 규 모			
	10두 미만	10~49두	50두 이상	계 (%)
1999	308(88.0)	40.8(11.6)	4.8(1.4)	350(100)
2000	257(87.4)	28.9(10.0)	4.1(1.4)	290(100)
2001	216(87.4)	26.5(10.7)	3.9(1.6)	247(100)
2001	207(88.0)	24.6(10.5)	3.9(1.7)	235.4(100)
2004	152(80.4)	31.5(16.7)	5.4(2.9)	188.9(100)

(농협협동조합 중앙회, 2005).

2. 한우의 가격동향과 국제 경쟁력

수소 성우의 가격은 IMF 외환위기의 영향을 받아서 1998년 7월에 207만원까지 하락하였으나 이후 회복하여 1999년부터 계속 상승하기 시작하여 2002년에는 393만원을 호가하고 있다.

암소 성우의 가격도 수소 성우의 가격과 비슷한 변화를 보이고 있다고 볼 수 있지만 고급육에 대한 소비자의 수요증가와 2001년을 기점으로 번식에 대한 농가의 의욕 증가에 의해 2000년 초부터 암소가격이 수소가격보다 높아지는 가격의 역전현상이 나타났다. 이러한 역전현상은 앞으로 지속될 것으로 예상되며, 그 가격차이의 폭은 더 크질 것으로 예상된다.

표 1-7. 우리나라 한우의 산지 가격동향

구 분	거래 한우의 종류			
	수소 성우 (천원/500kg)	암소 성우 (천원/500kg)	수송아지 (천원/두)	암송아지 (천원/두)
1997	2,426	2,159	1,046	733
1998	2,007	1,887	658	535
1999	2,488	2,401	1,024	774
2000	2,752	2,872	1,294	1,103
2001	3,245	3,514	1,785	1,729
2002	3,927	4,236	2,288	2,306
2004	3,547	4,349	2,610	2,223

(농림부, 2005).

산지의 암송아지 가격은 1998년 66만원 내외까지 급락하는 현상을 보였으나 이후 회복하기 시작해서 2002년에는 229만원으로 상승하였는데, 이는 전체적인 한우 사육두수의 감소와 가임암소의 희소성에 따른 폭등으로 보여지기 때문에 아주 장기적인 흐름은 아닐 것으로 예상되고 있다.

우리나라 한우육의 품질 등급별 출현율을 보면 2002년도에 1^{+}등급이 12.7%, 1등급이 22.5%, 2등급이 31.4%, 3등급이 32.7%로 1등급 이상에 해당하는 출현율이 1993년에 10.7%이었던 반면에, 2002년 35.2%로 3.3배 정도로 높아졌다.

우리와 이웃한 일본의 경우에는 우리나라의 2등급보다 다소 높은 품질인 중등급 이상의 쇠고기의 생산율이 98%이고, 우리나라 1등급보다 다소 높은 품질인 중상급 이상의 생산 비율이 68%로 일본으로 수출되는 다른 나라의 쇠고기에 비해 품질면에서 차별화가 되도록 정착된 상태이다. 하지만 이러한 높은 품질은 지나친 가격의 상승으로 소비부진이라는 문제에 봉착하였기 때문에 이에 대한 대책으로 일본화우의 품질고급화 목표를 오히려 특상등급(우리나라의 1^+등급 이상) 수준에서 하향 조정하여 상등급(우리나라의 1^+등급)으로 조정하였다.

미국의 경우에는 우리나라 1등급 이상에 해당하는 고급육인 프리미엄급(중상급 이상)이 3.5%, 초이스급(중급 수준)은 57%, 셀렉트급(하등급) 39.2%의 출현율을 보이고 있는데, 우리나라 한우에 비해 품질이 비슷하거나 다소 낮은 상태에 있다.

따라서 해외, 특히 주요 쇠고기 수출국인 미국의 쇠고기 품질수준과 비교해 볼 때 한우산업의 안정적인 발전을 기하기 위해서는 지금보다 더 확실한 품질의 고급화가 필요하다고 하겠다. 향후 미국 등 수출국의 품질 고급화에 대한 노력과 운송, 저장기술의 발전 등을 전제로 예상해 볼 때 한우고기의 중상급(1등급) 이상의 출현율을 50% 이상 수준으로 높여야 하는 것은 당면한 과제라 할 수 있다.

표 1-8. 나라별 쇠고기 품질수준별 출현율 비교 (단위 : %)

구 분	품 질 등 급				
	특상(1^+초과)	상(1^+)	중상(1)	중(2)	하(3)
일본(2000)	11.4	24.6	32.4	29.6	2.1
한국(2002)	–	12.7	22.5	31.4	32.7
미국(2000)	–	–	3.5	57.0	39.2

(농협협동조합 중앙회, 2002).

3. 한우의 개량현황과 방향

우리나라는 1979년 전국 각도 8개소에 "한우계통번식사업지구"를 선정하여 한우 순종번식을 추진한 이래 지금까지 약 20년 동안 한우개량단지사업을 실시하여 우량한우의 증식과 우량종빈우 생산을 위한 기반구축에 노력하고 있다.

1) 한우의 유전적 특성과 체중변화

한우는 우리나라의 기후풍토에 대한 적응력은 강하지만 성장률이 낮고 후구 발달이 빈약하여 고기 생산능력이 적은 단점을 지니고 있다. 대체적인 체중은 생시 약 23~25 kg이며, 성우는 암소가 350~400 kg, 수소가 500~550 kg 정도이다. 육질은 우수하나 도체율은 평균 58%이고, 연간 비유량은 500 kg 내외로서 이는 일당 약 2.8 kg으로 유량이 적어 송아지의 포유량에도 다소 미치지 못하는 실정이다.

최근 한우시장에서 거래된 한우를 월령별로 체중과 체위를 조사한 바, 수소의 18개월령 체중은 1974년에 289 kg에서 2001년 512 kg으로 77%의 체중 증가율을 보였다. 그리고 암소의 18개월령 체중은 1974년에 246 kg에서 2001년 338 kg으로 38%의 증가율을 나타내고 있다.

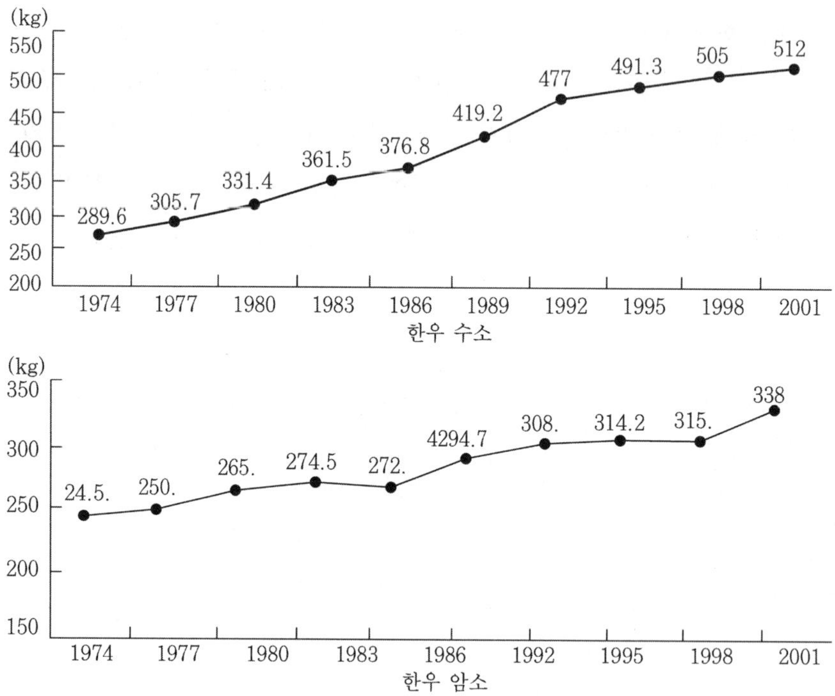

그림 1-1. 연도별 18개월령 한우의 체중변화 추이(고, 2004).

2) 한육우의 개량체계와 방향

한우의 개량체계는 농협중앙회 가축개량사업소, 농촌진흥청 축산연구소 및 한국종축개량협회의 업무연계로 수행되고 있다. 가축개량사업소는 수송아지 자체의 성적을 평가하여 후보종모우를 선발하는 당대검정을 실시하고 있고, 후보종모우의 자손을 생산하여 도체형질을 평가한 다음 정액공급용 보증종모우(씨수소)를 선발하기 위해 축산연구소에서 후대검정을 실시하고 한국종축개량협회는 한우개량에 필수적인 등록체계를 운용하고 있다.

현재 당대검정우를 생산하고 있는 곳은 가축개량사업소 자체의 축군 1천두, 한우개량 육성농가의 4만두 및 축산기술연구소 보유축군은 1천두이고, 이 중 가장 우수한 수송아지를 선정하고 가축개량사업소로 보낸 후 당대검정을 실시한 다음에 후보보증종모우를 선발하고 있다.

한우개량농가에서 생산된 후대검정 대상우는 축산연구소에 입식한 다음 후대검정을 실시하게 되고, 보증종모우에 대한 분석은 가축개량을 총괄하는 기관인 축산연구소에서 실시하여 가축개량협의회 한우분과의 최종 심의를 거쳐 보증종모우를 선발한 다음 다시 가축개량사업소에서 정액을 생산하고 공급하는 업무를 하도록 하고 있다.

한우의 개량방향은 1960년도부터 제 1회 한우개량협의회를 개최하여 순종번식만으로 역・육용의 겸용 개량을 시도하였다. 1969년도부터 한우순종개량사업을 농촌진흥청 고령시험장에서 실시하고, 또한 한우의 등록사업도 한국종축개량협회를 중심으로 시행하였는데 이때부터 육용으로의 개량방향을 결정하여 선발에 있어서 일당증체량과 12개월령 체중을 중요한 지표로 삼았으나 1985년에는 2001년부터의 쇠고기시장 완전개방을 전제로 외국 육우와의 차별화를 위한 한우고기의 고급화를 주요 개량방향으로 설정하여 현재에 이르고 있다.

현재 수행하고 있는 종모우 검정과 선발체계 개선, 암소개량과 정보화에 중심을 둔 시책을 요약하면 아래의 다섯 가지이다.

첫째, 한우개량을 지속적으로 담당할 한우육종농장을 선발, 육성하고 번식, 발육 및 도체성적 등의 종합적인 개량자료를 조사하여 활용한다. 둘째, 현행의 후대검정방식을 기관

표 1-9. 중장기(2005~2010) 한우개량목표

구 분		체 중(kg)			도체(24개월령 기준)			
		6개월	18개월	24개월	도체중 (kg)	등지방두께 (cm)	등심단면적 (cm^2)	근내지방도 (1~7)
비거세	2000	185	510	645	375	0.45	85	1.30
	2005	195	560	675	395	0.45	94	1.37
	2010	205	610	705	410	0.45	103	1.45
	연간개량량	2.0	10.0	6.0	3.5	-	1.8	0.015
거 세	2000	155	435	550	320	0.74	80	3.25
	2005	163	180	577	335	0.74	88	3.45
	2010	170	520	605	350	0.74	94	3.60
	연간개량량	1.5	8.5	5.5	3.0	-	1.4	0.035

(농협중앙회 가축개량사업소).

검정에서 현장검정으로 전환하여 후보종모우 자손의 다두확보에 의한 선발 정확도 제고 및 다양한 종모우 확보를 위한 도단위 보증종모우의 선발체계를 구축한다. 셋째, 도체성적자료 수집체계를 개선하여 등급판정자료를 이용한 한우의 유전능력 평가체계를 구축한다. 넷째, 초음파 생체단층촬영과 DNA분석에 의한 응용기술 개발 등 첨단기술을 활용하여 한우개량을 촉진한다. 다섯째, 바코드 번호로 연결되어 발생되는 개량정보를 농가에 서비스하여 농가에서의 한우개량을 추진한다.

4. 한우에 대한 연구동향

한우는 우리나라에서 농경을 목적으로 하는 역우용으로 사육되어 왔기 때문에 사육의 역사는 오래되지만 한우에 대한 집중적인 연구는 1960년대 초부터 역용 한우를 육용으로 개량하겠다는 목표를 설정한 후부터 비로소 정책적인 개량사업과 더불어 한우에 대한 본격적인 연구가 추진되었다.

한우에 대한 연구는 크게 육종분야, 번식분야, 사양분야 및 육가공분야 등으로 나눌 수 있으며, 한우의 개량은 순수개량 연구가 1984년까지만 해도 고령지 시험장에서만 능력검정에 의한 우량종모우 선발을 위주로 추진해 왔으나 1985년부터는 축산시험장에서도 참여하여 암소와 수소를 동시에 선발, 개량할 목적으로 한우육종 사업은 가속화되었으며 계속적으로 포괄적인 시험연구가 진행되어질 것이다.

번식분야는 지금까지 암소의 조기 임신진단, 샤로레와의 교잡종 및 동결 수정란 이식에 관련된 시험을 하였으나 최근에는 수정란의 미세분리와 이식 및 체외수정에 관한 연구가 많이 진행되고 있으며 앞으로도 계속될 것으로 본다.

사양분야는 조사료의 품질 향상과 양질의 조사료를 급여한 시험으로써 암모니아 처리 볏짚, 호맥, 옥수수 silage 및 alfalfa의 사료가치 규명, TMR사료 및 고기의 기능성을 지닌 brand 개발에 대한 연구가 많이 이루어지고 있으며, 육종분야에서와 같이 교잡종의 사양시험을 수행하였고 최근에는 사료효율을 높이는 것은 물론이거니와 국제경쟁력을 향상시킬 목적으로 비육기의 영양수준, 출하 적정체중, 거세비육 등을 바탕으로한 특성화된 사료급여로 브랜드화된 고급육생산을 위한 시험들이 수행되고 있다.

육가공분야는 한우 고기를 등급별로 판정하여 가격을 결정하기 때문에 육종 및 사양과 연계한 육질판정 시험들이 이루어지고 있으며 한우육의 숙성, 가공 및 이용방법에 대한 연구가 기대되고 있다.

5. 한우 산업의 전망

큰 수소의 최저값은 1983년부터 1986년까지와 1995년부터 1998년까지는 3년 주기로 이어왔으며, 최고값은 1986년부터 1995년까지는 9년 주기였으나 1998년부터 2003년까지는 5년 주기로 짧아지는 경향이다. 또한 사육두수에 있어서 최저두수는 1985년부터 1990년까지는 5년 주기였으나 1997년부터 2003년까지는 6년 주기로 길어졌으나 최고두수는 1990년부터 1997년까지는 7년 주기로 약간 길어지는 경향이었다. 그러나 큰소값의 최고 주기는 1998년 이후 크게 짧아지고 있기 때문에 2000년 이후에는 사육두수의 최고 시기도 짧아질 것으로 예상되고 있다.

일반적으로 소 값이 하락할 경우에는 소값 하락시 증식관련 지표 중에서 증가지표는 점점 작아지고, 감소지표는 점점 커진 후 일정기간 후에는 사육두수의 감소로 연결되어진다. 그러나 2003년부터 2004년에는 소 값이 약세였음에도 불구하고 증가지표는 커지고, 감소지표는 작아지는 현상을 나타내고 있다. 이와 같은 현상은 앞으로 사육두수의 증가를 강하게 예고하고 있음을 암시하기 때문에 2005년 말에는 190만두 전후로 전망할 수 있다.

쇠고기 수급전망을 살펴보면, 2005년도의 경우 도축 가능두수의 증가와 도체중의 증가로 2004년도 보다는 쇠고기 생산량이 늘어날 것으로 보이지만 소 사육 열기가 높기 때문에 큰 폭의 증가는 없을 것으로 예상된다. 또한 2005년 총 공급량은 생산과 수입이 모두 증가하지만 재고 공급이 5만 1천톤으로 줄었기 때문에 2004년과 비슷한 37만 7천톤으로 전망된다. 2005년 총 소비량은 국산과 수입산이 모두 증가하여 34만 1천톤으로 전망되지만 국산소비는 2005년에는 5.6% 증가, 2008년에는 23.8% 증가 및 2014년에는 2.1%의 증가가 예상된다. 반면 수입소비는 2005년에는 4.4% 증가, 2008년에는 42.6% 증가 및 2014년에는 36.3%로 크게 증가될 것으로 예상된다. 특히 한우고기의 자급률은 2005년에는 44.3%였으나 2008년에는 40.6%로, 그리고 2014년에는 34.0%로 감소할 것으로 예상될 뿐만 아니라 쇠고기의 공급 증가로 산지가격 하락, 경기의 어려움 및 한우고기 고정수요층의 이탈 등으로 500kg 수소의 가격이 340만원대로 전망된다. 따라서 2005년도 소값은 일반 경기의 활성화 정도와 북미산 쇠고기의 수입금지 조치가 언제까지 지속될 것인가의 변수(대양주산 쇠고기는 육질이 떨어짐)가 있으나 현재의 상황이 지속된다고 전제할 경우 약보합세가 전망되므로 한우산업의 안정적 육성을 위해서는 고품질의 안전 한우고기 생산과 유통체계를 구축하여 기능성을 갖춘 브랜드 한우육을 생산하여야 할 것으로 생각한다.

표 1-10. 소 값과 사육두수 동향 (단위 : 천원, 천두)

연 도		'83	'85.6	'86	'90.3	'95	'97.6	'98	'03.3	'03.12	'04.12
큰 수소값	최고	1,901				3,173				3,907	3,740
	최저			1,244				2,007			
사육 두수	최고		2,654				2,927				
	최저				1,486				1,337		1,666

(한국농촌경제연구원, 2005).

표 1-11. 소값 하락시 증식관련 지표 비교 (단위 : %)

구 분		'95	'96	'97	'98	'03	'04
증가지표	총 두수 대비 가임암소 비율	46.9	47.1	44.6	44.5	42.0	42.3
	연초 암수소 대비 인공수정 비율	82.4	82.1	61.5	47.5	73.5	81.8
	연초 가임암소 대비 송아지 생산율	75.6	75.4	62.4	58.1	85.1	99.4
	암송아지의 1년후 중암소 전입 비율	59.4	60.5	57.9	62.9	78.9	83.1
감소지표	연초 암수소 대비 암소 도축률	15.0	14.1	23.8	28.6	20.8	17.6
	연초 수수소 대비 수소 도축률	58.4	59.3	61.2	70.5	58.8	56.6
	암소 중 비육용 사육두수 비률	–	–	2.5	4.3	1.4	1.0

(한국농촌경제연구원, 2005).

표 1-12. 쇠고기 수급 전망

구 분		전 망			
		'2004	'2005	'2008	'2014
공 급 (천톤)	전년이월	100	51	47	58
	생 산	143	151	187	191
	수 입	133	175	275	374
	계	376	377	509	623
수 요 (천톤)	국산소비	143	151	187	191
	수입소비	182	190	273	372
	차년이월	51	36	49	60
	계	376	377	509	623
총소비(천톤)		325	341	461	563
자급률(%)		44.0	44.3	40.6	34.0
1인당 소비량(kg)		6.7	7.0	9.4	11.2
한우수소 500kg(만원)		351	340	280	370

(한국농촌경제연구원, 2005).

제3절 한우육과 수입육의 유통체계와 대처방안

2001년 수입자유화 이전의 수입 쇠고기의 국내 유통구조는 축산물유통사업단(LPMO)의 수급조절용과 동시매입입찰제도(SBS) 업체의 자율구매용으로 이원화 되어 있었으나 수입자유화 이후 수입 쇠고기가 완전개방됨으로써 값이 저렴하고 우수한 수입 쇠고기가 대량 수입되면서 수입육의 한우육 둔갑과 부정육 유통 등으로 국내 한우산업은 큰 위기에 직면하고 있다. 따라서 이에 대응할 수 있는 경쟁력 있는 대응 방안의 하나로서 최근에 전국적으로 급속히 확산되고 있는 축산물의 브랜드화 전략과 한우 생산이력제이다. 또한 식육산업의 개선을 위해서는 고품질의 한우육 생산 및 부정육의 유통근절을 위한 제도적 장치를 마련하여 부분육 등급판정 및 경매를 통한 유통구조 정착을 통하여 소비자의 신뢰를 회복함과 동시에 국가 경쟁력을 확보하는 것이 절실히 요구된다.

1. 한우육의 유통체계

현재까지의 우리나라 식육산업은 도축과정과 도축 전・후의 잘못된 취급, 둔갑육과 부정육 및 혼합육의 유통, 유통업체의 영세성 및 등급판정 위조에 의한 부당이득 취득 등의 여러 가지 문제로 매우 낙후되어 있을 뿐만 아니라 생산 측면에서도 종축, 사료 및 사양관리의 미흡으로 한우육의 품질이 균일하지 못하여 소비자들의 안정 축산물에 대한 신뢰를 얻지 못하고 있는 실정이다. 이에 정부는 식육산업의 안정성을 확보하여 소비자의 실뢰를 얻기 위하여 육류 유통시책의 기본 방향을 다음과 같이 제시하고 있다.

첫째, 냉동육과 지육 유통은 부분육(포장육)과 냉장육의 유통체계로 전환하여 고품질육의 생산을 유도함으로써 국제 경쟁력을 확보하고자 노력하고 있다.

둘째, 축산물등급제는 등급별, 부위별로 구분판매제를 정착시킴으로써 품질인정을 통하여 소비자들의 욕구를 만족시키고자 노력하고 있다.

셋째, 유통단계를 단순화함으로써 유통 비용을 최소화하여 생산자와 소비자를 동시에 보호하고자 노력하고 있다.

현재까지의 유통경로로는 ① 사육농가→가축시장→수집반출상→(특별지 도축장)→식육(지육) 도매점→정육소매점→소비자의 과정과 ② 사육농가→생산자 단체→(특별지 도축장)→식육(지육) 도매점→정육소매점→소비자의 두 가지 경로를 이용하고 있으나 가공과 유통단계 뿐만 아니라 생산단계에서부터 HACCP을 도입한 위생적 관리를 위하여 앞으로는 전・기업농가(사육협업체)→계약사육, 기술지도→종합처리장(도축・가공)→판매(직영점, 체인점)→소비자의 유통경로를 권장하고 있다.

2. 수입육의 유통체계

수입육이 우리나라에 유통되기 위해시는 먼저 수입 축산물 검역절차를 거쳐야 한나. 수입 축산물 검역절차는 수입검역물 수거→선・기상검사→하역 및 현장검사→수송→검역장소 입고→검역→동물・축산물(역학조사, 임상검사 및 정밀검사)→판정→합격→검역증 교부→개방의 절차를 거치지만, 수입자유화 이후 수급조절용 쇠고기가 사라졌으며 SBS 업체를 통한 수입에도 회원사 및 도・소매업체가 직접 수입하는 경로의 형성, 도매단계에서는 2001년부터 외국인 육류도매업이 허용되었을 뿐만 아니라 소매단계에 있어서는 수입육전문판매점이 사라지게 되는 등의 쇠고기 유통체계에 크다란 변화가 일어나고 있다. 즉 수입자유화 이후 수입쇠고기의 유통경로는 수출업자→수입 그룹 또는 업자→회원사 또는 도・소매업 또는 대량 실수요자→소비자의 유통경로를 가지고 있다.

3. 원료육의 수입개방에 따른 대처방안

수입쇠고기의 무분별한 난립을 방지하여 우리나라 한우 생산농가의 안정적 축산을 영위하기 위한 대처방안으로는 수입육과의 차별성 부각, 수입 축산물의 안정성 검사 및 위생검사 기준 강화, 장기적인 수출계획 수립, 포장육 유통체제의 확립, 시장정보 제공, 적극적인 홍보사업, 국제 식품전시회에 주된 메뉴로 한우고기 진열, 소비자의 한우 선호도가 계속 유지되도록 과학적 자료 마련, 신용판매로 소비자 신뢰구축 및 축산물 판매장의 대형화, 축협 직판장과 백화점 및 슈퍼체인점 등의 소매점유율 증대유도 및 소매판매장의 체인화를 유도하는 것이 무엇보다 중요하다. 특히 국내산 신선육의 생산기간은 5일～3주가 소요되며, 유통기간은 5일～3주간 소요된다. 그러나 수입냉장육 냉장조건이 이상적인 경우에도 최대 돈육은 2～3주가 소요되며, 우육은 최대 6～7주가 소요된다. 뿐만 아니라 선적→운송→통관→소비자에 도달하기까지는 최소 4～6주가 소요되기 때문에 국내 신선육과 수입냉장육과의 차별성 부각은 유통기간 연장면에서 국내 신선육의 우월성을 부각시키는 것이 중요하다.

한편 국내산 쇠고기 등심은 신선한 고기에서 뼈를 발라 형태가 다양하며, 겉 표면에 칼자국이 있으며, 덩어리 형태가 다양할 뿐만 아니라 등심절단면에 떡심이 있는 것이 특징이지만, 수입산 쇠고기 등심은 살짝 언 상태에서 뼈를 발라낸 흔적이 있으며, 크기가 고르고 진공포장하여 겉 표면이 매끄러우며, 덩어리가 타원형일 뿐만 아니라 등심절단면에 떡심이 없다. 또한 국내산 쇠고기 갈비는 짝갈비(덩어리) 형태로 유통되며, 지방이 흰 것이 특징이지만 수입산 쇠고기 갈비의 경우 미국산은 3대씩, 호주산은 4~5대씩 붙어 있으며, 미국산의 지방색은 희지만 호주산은 황색을 띠고 있다. 따라서 소비들에게 이와 같은 차이점을 부각시켜 지속적으로 홍보한다면 수입개방에 의한 한우쇠고기(냉장육)의 우수성에 대한 소비자의 인식 제고로 한우고기 소비기반 확충뿐만 아니라 한우산업의 안정성에도 기여할 것으로 생각한다.

제 4 절 한우산업의 과제와 발전방향

1. 한우산업의 변화에 따른 과제

1993년 우르과이라운드 협상 타결과 2001년부터 시행된 쇠고기 및 생우의 수입자유화에 대응하기 위해서는 무엇보다도 한우의 생산성 향상, 합리적인 사양관리, 전업화 및 기업화를 통한 경영기술의 향상으로 생산비용을 절감하고, 국제경쟁에 대응하기 위하여 육질개선을 통한 고급육 생산으로 수요증가를 촉진시켜 품질경쟁력에 주력하여야 하겠다.

앞으로 국민소득이 증대되고 쇠고기 소비량도 지속적으로 증가할 것이기 때문에 생산에서부터 유통까지의 일련의 과정들이 품질의 고급화에 주력하는 한편 위생관리와 안전성 유지를 위해 세심한 주의와 개선이 필요하다.

뿐만 아니라 대형유통업체를 중심으로 소규모 정육점간의 통합에 의한 대형화 및 전자상거래에 의한 안전하고도 균일한 품질의 쇠고기를 소비자와 유통의 주체가 원하는 시기에 원하는 물량만큼 공급하는 데 차질이 없도록 적합한 생산체계를 갖추어야 할 것이다. 동시에 쇠고기 거래규격도 현재의 지육 위주의 거래형태에서 소비자가 믿고 구입할 수 있는 냉장상태의 부분육 위주로 유통체계가 전환되어 나가야 할 것이다.

앞으로 소비자와 유통주체의 요구를 어떻게 충족시키느냐 하는 것은 한우산업의 미래가 달려있는 문제라 할 수 있기 때문에 이에 따른 한우고기와 수입고기간의 경쟁이 더욱 치열해 질 것이며, 이와 함께 한우산업 자체 내의 경쟁도 치열해 질 것으로 전망된다. 다수의 번식농가와 비육농가를 포괄하는 체계적인 생산조직이 출현하고, 대형유통주체와 연계를 시도하면서 생산조직과 유통주체가 각각 보다 바람직한 생산, 공급 및 가격조건을 찾으면서 브랜드간, 유통업체간의 경쟁은 보다 치열해질 것이다. 따라서 쇠고기와 생우시장 자유화 및 브랜드간 경쟁에 의해 수급의 안정과 품질 고급화에 대한 생산자와 생산조직의 역할이 중요한 시점이라 생각된다.

2. 한우산업의 발전방향

개방화시대의 한우산업이 안정적으로 발전해가기 위해서는 한우고기 품질의 고급화, 한우사육기반의 안정화 및 위생수준의 강화가 시급하고 소비자와 시장의 변화에 능동적으로 대응해 나갈 수 있는 생산구조를 갖추기 위해서는 다음과 같은 요인들이 필요하다.

첫째, 한우고기의 경쟁력을 향상시키기 위해서는 수입쇠고기와 품질면에서 완전히 차별화 되어야 하기 때문에 한우개량의 지속적인 촉진과 함께 2010년까지 한우수소의 90% 이상을 거세하는 것을 목표로 하여 1등급의 출현율이 80% 수준에 도달하도록 해야 한다.

둘째, 한우고기를 편리하게 구입할 수 있도록 2010년까지 225만두의 사육규모를 유지하여 한우고기 수요량의 30~40%를 자급할 수 있도록 사육기반의 안정화를 추진하여야 한다.

셋째, 한우의 상품성을 높이기 위해서 품질을 균일화하고, 출하물량과 시기를 맞추며, 가축 개량을 촉진함으로 생산자 단체를 중심으로 자율적이고 조직적인 한우 사육여건의 조성이 요구된다.

넷째, 위생적인 한우고기의 공급과 부정유통을 방지하여 소비자가 믿고 안심한 상태에서 구매가 가능하도록 정보를 제공함으로써 한우고기에 대한 지속적인 소비가 가능한 수요기반을 확보해 나가는 것도 중요하다.

이를 위해서는 한우 개량사업의 일환으로 한우개량자원과 개량정보에 대한 관리와 활용방법에 대한 교육을 강화하고, 양축농가의 개량사업에 대한 이해도를 높여서 첨단과학기술로서의 활용을 유도해나가야 할 것이다. 사육기반의 안정과 생산성 향상을 위하여 농가소득과 경영의 안정망을 정착시키고, 우수한 소를 싼 가격에 생산할 수 있는 기반조성과 선진 사양관리기술을 개발・보급하여 소 사육기반의 급격한 위축을 억제하기 위한 대책이 절실하다. 또한 한우육의 유통구조개선을 위해서는 위해요소중점관리제도(HACCP)를 단계적으로 의무화 하여 위생수준과 안전성 확보를 강화시켜야 하며, 이를 위해서는 도축장, 사료회사 및 농장에 대한 HACCP 적용과 컨설팅을 정부 차원에서 적극적으로 추진하여야 한다.

특히 생산자 단체는 송아지생산 안정사업 등 정책사업에 대한 농가의 참여를 유도하여 농가경영의 안정과 사육불안심리 해소에 주력하고 지역별로 고품질의 브랜드 한우고기 생산을 위한 사양관리지도와 계통출하 확대를 통한 판매망 확보에 적극 노력하여야 할 것이며, 정부와 지방자치단체, 한우농가와 생산자치단체, 도축가공업체와 유통업체, 대학과 연구기관 등 모든 관련주체가 합심하여 노력한다면 우리나라 한우산업은 첨단기술, 자본 및 정보가 집약된 경쟁력 있는 고부가치의 전략적 산업으로 발전해 나갈 것으로 기대된다.

〈참 고 문 헌〉

1. Ensminger, M.E. 1987, Beef Cattle Science. (sixth edition). The Interstate printers and publishers.
2. Tayior, R.E. 1984, Beef Production and Beef Industry. Burgess Publishing Company.
3. 고영두. 2004. 한우사양기술. 경상대학교 동물자원과학부.
4. 고영두. 1995. 고급육 생산을 위한 한우산업의 발전전략에 관한 심포지움. 경남 한우 산학연구회.
5. 고영두. 2005. 한우고급육생산기술 Ⅰ. 최고경영자과정. 경상대학교 농업생명과학대학.
6. 고영두. 1996. 경남한우 특성화를 위한 한우산업 경쟁력 강화 방안. 경상대학교 축산학부.
7. 고영두, 김재황 외 15명. 2003. 쑥 사일리지를 이용한 한우 비육기술 개발. 농림부 연구보고서.
8. 고영두, 김재황 외 12명. 2003. 두충의 생리활성 물질을 이용한 한우의 고급육 생산. 경상남도 연구보고서.
9. 농림부, 국립농산물품질관리원. 2005. 가축통계.
10. 농림부, 농촌진흥청, 축협중앙회. 1994. 한우고급육 생산기술.
11. 농림부, 축협중앙회. 1997. 축협조사월보.
12. 농림부, 축협중앙회, 세계축산학회. 1998. 한국의 축산.
13. 농어촌 발전대책. 1994. 농어촌 발전 위원회.
14. 축산시험장. 1993~1994. 시험연구보고서.
15. 축협중앙회, 1994, 조사료의 생산과 이용.
16. 축협중앙회. 1996. '95 축산물 생산비 조사보고.
17. 축협중앙회. 1996. '96년 한우 개량단지 사업보고서.
18. 축협중앙회. 2002. 한우산업의 생산성 제고방안.
19. 한국농촌경제연구소. 2005.
20. 한국 종축개량협회. 1995. 종축개량사업보고서.

제 2 장 소화생리

한우의 소화기관은 입으로부터 식도, 위, 소장, 대장 그리고 항문에 이르는 점막으로 덮여져 있는 하나의 긴 관으로, 마치 한우의 몸을 뚫고 지나가는 터널과도 같으며 사료의 섭취, 소화와 흡수 및 배설 작용이 일어나는 부위이다. 한우는 세포분열, 성장발육 및 운동 등의 생명 현상을 유지해 나가거나 고기나 우유를 생산하기 위하여 많은 에너지와 영양소를 필요로 하지만 한우의 체내에서 영양소를 합성하지 못하기 때문에 에너지원과 영양소를 사료란 형태로 체외로부터 구하지 않을 수 없다. 그런데 사료중의 탄수화물, 단백질 및 지방질 등은 그 분자량이 매우 크기 때문에 한우의 소화관을 통하여 바로 흡수되지 못하고 단당류, peptide, 아미노산, 지방산과 글리세롤과 같은 보다 간단한 물질로 분해되어야만 흡수될 수 있다. 이와 같이 사료중에 들어 있는 영양소를 동물의 체내로 흡수할 수 있는 상태로 만드는 과정을 소화(digestion)라 한다. 소화과정은 저작이나 소화관의 운동과 같은 기계적인 작용과 그리고 반추위 내 미생물과 여러 가지 부속소화선에서 분비되는 소화효소(digestive enzyme)에 의한 화학적인 분해과정에 의하여 이루어지며 신경, 호르몬 및 그 외의 여러 가지 요인에 의하여 조절된다. 그러나 소화생리에서는 이런

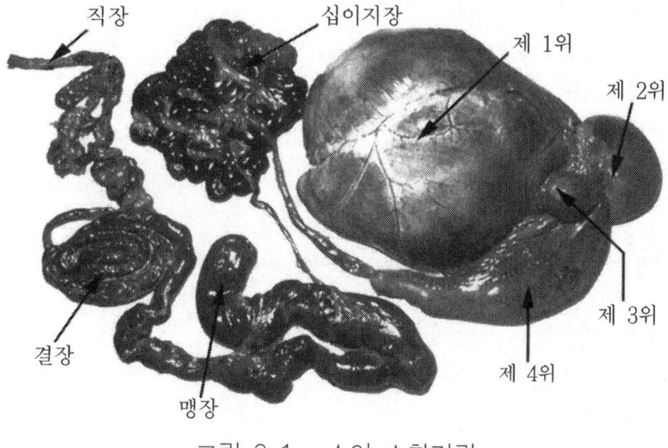

그림 2-1. 소의 소화기관

분해산물의 흡수과정까지도 포함시킴이 통례이다.

한우의 위는 단위동물의 위와는 달리 제 1위(rumen), 제 2위(reticulum), 제 3위(omasum) 그리고 제 4위(abomasum) 등 4개의 부위로 분화되어 있으며, 한우의 위는 아주 큰 기관으로 150ℓ 정도 되며 복강용적의 3/4 이상을 차지한다. 그림 2-1은 소의 소화기관의 해부학적 모식도를 나타낸 것이다.

제 1 절 소화관의 운동

1. 입

한우의 입에서는 사료의 섭취, 저작, 연하, 반추 등의 4가지의 물리적인 과정이 일어나며, 입에서 일어나는 대표적인 운동은 저작(mastication)이다. 저작은 타액선에서 분비되는 타액과 사료를 섞어주고 사료의 입자도를 줄여 소화를 용이하게 해주는 역할을 한다.

2. 식　도

한우가 섭취한 사료는 입에서 저작과정을 거쳐 연동운동(peristalsis)으로 알려진 파상수축에 의해 식도에서 반추위로 넘어간다. 한우의 식도에서 일어나는 연동운동은 제 4위와 소장에서도 관찰할 수 있다. 한우는 식도구(esophageal groove) 또는 제 2위구(reticular groove)라고 불리는 구조물을 갖고 있는데, 어린 한우가 어미의 젖을 빨 때 식도구가 짧아지면서 가장자리가 오므라들어 마치 홈통과 같이 된다. 따라서 우유가 제 1, 2위를 거치지 않고 이 홈통을 따라 바로 제 2, 3위구로 내려가서 제 3위을 거쳐 제 4위에 이르게 된다. 이러한 식도구의 형성은 반사작용에 의하여 이루어지며 반사작용의 수용체는 구강과 인두에 있다.

3. 위

1) 제 1위의 운동

한우의 제 1위 운동은 제 2위 운동의 두번째 수축파와 일치하여 시작되는데 전낭은 하나의 수축파(A 또는 P파)를 보이나 다른 부위는 제 1운동(연동, A 또는 P파)과 제 2운동(역연동, B 또는 S파)을 보인다. 제 1운동은 제 2위의 두번째 수축파와 일치하며 제 1위의 전낭, 전근주를 수축시켜 배낭, 후배맹낭, 후근주가 수축되게 한다. 이때 배낭의 가스는 후배낭으로 보내어지며, 후근주가 수축하므로 가스는 제 2위와 후복맹낭으로 보내어진다.

절식시의 제 1위 운동은 여기에서 멈추지만 채식시에는 수축파가 전복낭과 후복맹낭으로 다시 전파 된다. 이와 같은 운동으로 제 2위의 내용물은 제 1위로, 배낭의 것은 복부로, 복낭의 내용물은 위로 올라가며 제 1위 내용물이 다시 제 2위로 유입된다. 배낭에서의 위 내용물은 시계 반대방향으로, 복낭에서는 시계방향으로 위 내용물이 이동한다(그림 2-2).

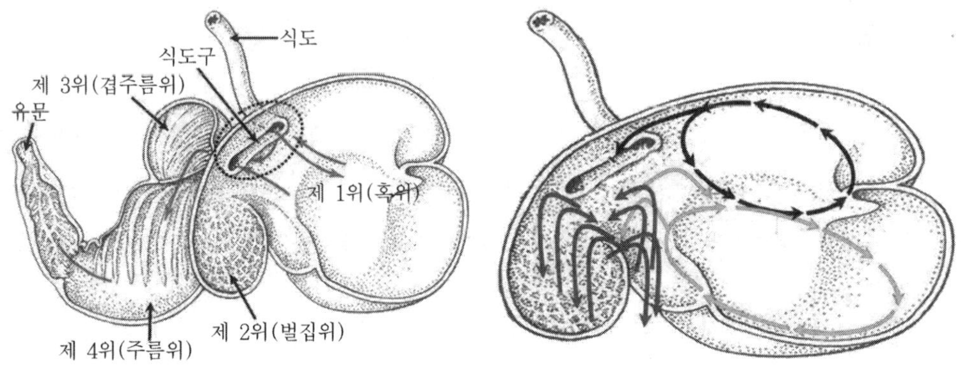

그림 2-2. 반추위 내에서 위 내용물의 이동경로

제 1운동이 끝나면 역연동 운동성의 제 2운동이 시작되는데 이는 후복맹낭에서 시작되어 제 1위 배측을 거쳐 복낭 전부에 이르러 강력한 수축을 일으키며 끝난다. 이 운동은 제 1운동이 두번 있을 때마다 한번씩 나타나며 대부분은 트림반사와 시기적으로 일치한다. 이와 같은 제 1위의 운동으로 위 내용물이 혼합・교반・마쇄되고 사료와 미생물의 접촉 기회가 더 많아진다. 성숙한 한우의 반추위에서는 주기적이고 지속적인 수축운동을 볼 수 있다. 이러한 수축파의 횟수는 안정상태, 반추시 그리고 채식시에 따라 다르다. 안정상태라 함은 채식은 물론 반추도 하지 않는 상태를 말하며 채식시와 비교하면 수축파의 크기와 횟수가 적다. 채식시에는 수축파의 횟수와 크기가 증가된다. 이러한 수축파는 안정시든 채식시든 모두 제 2위에서 시작된다.

2) 제 2위의 운동

한우의 제 2위에는 근육층이 발달하여 반추위 운동의 시작점이 된다. 성숙한 한우의 제

1위와 제 2위에서는 주기적이고도 지속적인 수축파 운동이 일어나는데, 제 2위는 이러한 수축파 운동의 시작점이 된다. 제 2위의 운동은 이상성(biphasic) 수축파를 보이는데 먼저 발생한 수축파를 혼합운동파라 한다. 이때 제 2위 내용물의 약 절반이 제 1위로 이동한다. 곧 이어 보다 강한 수축파(배출운동)를 볼 수 있는데, 이때 제 2위의 내용물은 모두 제 1위로 이동한다. 한우에서는 이 두 수축파가 완전히 분리되어 있으나 양이나 염소에서는 완전히 분리되어 있지 않다. 이러한 수축파의 횟수는 안정상태, 반추시 그리고 채식시에 따라 다르다. 안정상태라 함은 채식은 물론 반추도 하지 않는 상태를 말하며 채식시와 비교하면 수축파의 크기와 횟수가 적다. 채식시에는 수축파의 횟수와 크기가 증가된다. 이러한 수축파는 안정시든 채식시든 제 2위에서 시작된다. 제 2위 수축의 주된 기능은 제 2위 내의 액상물질을 제 1위의 전낭으로 보내고 비중이 낮은 내용물은 제 1위의 배낭으로 보내는 것이다. 또한 제 1, 2위로부터 제 3위로 액상 내용물이 이동하는 것을 조절하며 액상내용물로 분문부를 덮게함으로써 토출이 일어나는 것을 돕는 것이다.

식도구는 제 1위 분문부(식도 끝부분)에서 제 2·3위구(reticulo-omasal orifice) 까지 이르는 2장의 입술모양 돌기(순상돌기)로 되어 있으며, 이 돌기가 수축하면 식도구가 형성된다. 이러한 현상은 포유중인 신생 한우에서만 일어나는데, 섭취하는 우유가 제 1위와 제 2위를 거치지 않고 식도에서 직접 제 3위로 들어가도록 한다. 이러한 기능은 젖을 떼거나 액상사료를 계속 섭취하지 않는 한우에서는 더 이상 생기지 않는다. 그러나 신경자극을 받으면 성축에서도 식도구가 형성되는데, 사료단백질의 by-pass, 구충제 급여시에 이 원리를 이용할 수 있다.

반추동물이 못(nail), 자갈(pebblestone) 그리고 철사조각(bailing wire) 등과 같은 무게가 다소 무거운 이물질을 섭취하였을 경우에 이물질들은 바로 제 1위의 전낭으로 들어가 그곳에서 머물고 있다가 전낭의 수축으로 내용물과 함께 제 2위로 들어간다. 그런데 크기가 크고 소화가 안 되는 이물질들은 일생동안 제 2위의 바닥에 머물게 된다. 만약 이러한 이물질의 한쪽 끝이 뾰쪽하여(못, 쇠붙이, 유리조각 등) 위벽을 자극하면 염증이 일어나기도 한다. 이와 같은 염증과정이 진행되면 심낭염, 복막염, 근막염 등이 유발될 수 있다. 이를 하드웨어 병(hardware disease)이라 하는데 여기에 속하는 대표적인 질병에는 창상성 제 2위염(traumatic reticulitis)과 창상성 심낭염(traumatic pericurditis)이 있다. 뾰족한 물질이 제 2위벽을 뚫고나가 해부학적으로 제 2위의 바로 앞에 위치하고 있는 심장까지 뚫을 위험성이 있는데 이러한 경우를 창상성 심낭염이라고 한다. 이러한 질병을 방지시키기 위하여 반추위가 막 발달된 송아지에게 강력한 자석을 경구투여하기도 한다.

3) 제 3위의 운동

한우의 제 3위는 위 내용물중의 수분과 전해질을 흡수하며 제 2위의 내용물을 제 4위로 보내는 통로구실을 한다. 제 3위관(omasal canal)의 수축파는 시기적으로 제 1위의 P파와 일치하여 발생한다. 식도경색, 제 4위 전위증 그리고 장 중첩과 같은 소화기 계통 장애 혹은 전신질환이 있을 때를 제외하고는 끊임없이 주기적인 수축운동이 제 3위에서도 일어난다.

4) 제 4위의 운동

한우의 위는 분문부(pylorus), 위저부(fundus), 위체부(corpus), 유문동(antrum)의 네 부위로 나누어지는데 위저부는 제 3위로부터 유입된 식괴를 수용・저장하며 과도한 압력이 발생하지 않도록 식괴 양을 조절한다. 위체부는 타액과 위액이 사료와 혼합할 수 있는 장소를 제공한다. 즉 위액과 식괴의 교반은 위체부의 대만에서 유문부로 진행되는 연동운동에 의하여 이루어진다. 유문동은 일종의 펌프로써 식괴가 유문 조임근을 지나 십이지장으로 내려가는 것을 조절한다. 유문동의 수축은 고형물질이 십이지장으로 배출되는 것을 지연시킨다. 즉 유문동에서는 연동운동이 활발할 뿐 아니라 식괴를 위액과 혼합시켜 균질화된 유동체인 미즙(chyme)으로 만들어 십이지장으로 내려가도록 조절한다. 유문부는 낮은 압력의 근육층으로 구성된 조임근이므로 액상 위내용물의 배출을 조절하는 기능은 없으나 큰 덩어리가 십이지장으로 내려가는 것을 방지한다. 또 다른 기능은 담즙이 위내로 역류하는 것을 방지한다.

4. 소장의 운동

한우의 소장 운동은 ① 췌장액의 효소와 장 내용물이 잘 혼합되도록 하며, ② 탄수화물, 지방 그리고 단백질의 소화관내 소화를 돕고, ③ 소화된 영양분이 소장의 점막과 접촉하는 기회를 많게 한다. 소장의 운동은 혼합운동과 추진운동으로 크게 둘로 구분한다. 혼합운동은 소장의 대표적 운동인 분절운동을 비롯하여, 시계추 운동, 비추진성 연동운동 그리고 융모운동이 있다. 시계추가 운동하는 것처럼 일정한 간격을 두고 수축파가 교대로 일어나는 운동을 시계추운동이라 하며, 비추진성 연동운동은 연동파가 십이지장과 공장 상부에서 항상 항문쪽으로 전파되고 짧은 거리만 진행되어 내용물을 혼합하는 운동이다.

한편 소장의 융모는 소화가 진행되는 동안 수축과 이완을 계속하여 새로운 미즙과 상피세포가 접촉하게 하여 준다.

분절운동의 속도는 동물의 종류에 따라 다를 뿐만 아니라 소장의 부위에 따라서도 다르다. 추진운동은 연동운동으로 소장의 하부는 이완하고 상부는 수축하여 내용물을 하부장기로 이동시키는 일을 한다.

소장운동은 미주신경을 자극하면 장의 운동성이 증가하는 반면, 교감신경은 운동성을 억제한다. 예를 들면, 혼합운동의 한 종류로 융모운동을 볼 수 있는데, 소화가 진행되는 동안 계속하여 수축과 이완을 율동적으로 지속함으로써 새로운 미즙과 상피세포를 접촉하게 해준다. 이 융모운동은 점막하의 근육섬유가 율동적 수축하여 일어나며 점막하 신경총에 의하여 주로 조절된다. 미주신경을 자극하면 융모수축이 강화되나 교감신경이 자극되면 수축이 중지된다. 호르몬으로서 gastrin과 CCK는 소장운동을 항진시키고 secretin은 억제시킨다. 회장의 말단부위와 맹장의 시작부위에는 둥근 근육층이 두터운 조임근을 형성하고 있는데 이를 회맹판이라 한다. 회맹판의 기능은 소장의 내용물이 천천히 대장으로 넘어가게 함으로써 흡수가 충분히 일어나게 하며 대장 내의 내용물이 역류하는 것을 방지한다. 실험적으로 회장을 확장하면 회맹판은 이완하고 대장(결장)을 확장하면 수축한다. 회맹조임근은 유문조임근과 달리 위장관 호르몬(secretin, gastrin, CCK)에 대하여는 반응하지 않는다.

5. 대장의 운동

한우의 대장 기능은 ① 미생물에 의한 소화, ② 수분과 전해질의 흡수, ③ 대변의 저장, ④ 소장에서 소화 흡수되지 않은 유기물질의 발효이다. 이러한 기능의 상대적 중요성은 동물의 종류에 따라 다르며 결장의 형태와 크기도 아주 다르다. 이와 같이 동물의 종류에 따라 해부학적 구조는 달라도 대장의 운동양식은 비슷하다. 한우에서 대장의 운동은 소장에 비하여 약하며 상부에서는 주로 혼합운동이 일어나고 하부에서는 추진운동이 일어난다. 한우와 같은 반추동물에서 볼 수 있는 원추형 결장의 운동성은 다른 동물에 비하여 잘 밝혀져 있지 않다. 주요한 대장의 운동은 역연동운동(antiperistalsis), 팽기수축(haustral contraction) 그리고 집단운동(mass movement)이 있다.

한우의 회장 내용물이 맹장으로 들어와 맹장이 팽창되면 결장에서 수축파가 발생되어 맹장쪽으로 천천히 옮겨지는데 이를 역연동운동이라 하며, 이의 기능은 결장상부의 내용물을 맹장으로 다시 보내어 흡수할 시간을 충분히 주기 위함이다. 즉 이렇게 함으로써 결장 상부에서 내용물이 오랫동안 머무를 수 있다. 이러한 결장의 기능이 있기 때문에 결장의 역연동운동이 증가되면 변비가 되고 감퇴되었을 때는 설사가 유발되기도 한다.

결장은 소장과 달리 종주근이 장관전체에 고르게 분포되어 있지 않고 taenia coli라고 불리우는 3개의 종주근이 한쪽에 몰려 결장을 따라 지나가고 있다. 이러한 종주근이 수축을 하면 장의 한쪽은 길이가 짧아지면서 그 부위의 윤상근이 수축한다. 그러면 종주근의 반대측은 주머니 모양을 이룬다. 이러한 운동을 팽기수축이라 하며 소장에서의 분절운동과 비슷한 것으로 결장의 내용물을 혼합한다.

위-결장 반사(gastrocolic reflex)나 십이지장-결장 반사(duodenocolic reflex)와 같은 경우에 볼 수 있는 현상으로 위가 충만하든지 십이지장 내에 음식물이 들어가면 결장의 윤상근과 종주근이 동시에 강력히 수축하여 결장팽기가 소실되고 결장의 길이가 짧아지면서 결장의 내용물이 직장으로 내려가 변의를 느끼게 한다. 이러한 집단운동은 자율신경을 모두 차단해도 크기는 감소되지만 소멸되지는 않는다.

제2절 소화기 내용물의 이동

1. 입

한우가 섭취한 사료는 입에서 저작이 완료되면 연하작용(deglutition, 삼킴)이 뒤따른다. 연하는 수의적 활동으로 시작하는데 후두가 열리면서 후두개(epiglottis)가 호흡기 입구를 덮어 섭취한 사료가 들어오는 것을 막는다.

식괴(food bolus)란 채식시 사료를 저작한 다음 식도를 통하여 삼키기 위해 타액과 혼합하여 적당한 크기로 만들어진 사료 덩어리와 반추시 제 1위 내의 내용물을 게움질할 때 식도를 통하여 들어가는 소화물의 덩어리 및 반추한 다음 다시 삼키는 덩어리를 말한다.

2. 식 도

식도를 통해 입에서 한우의 반추위로 이동하는 소화기 내용물에는 저작이 끝난 사료와 되새김하여 반추가 완료된 식괴가 있다. 반추위로 향하는 사료와 식괴는 연동운동에 의해서 식도를 통과한다. 그러나 제 1위 내의 내용물이 입으로 다시 게움질 될 때는 연동운동에 의해서가 아니라 토출작용으로 식도를 통과한다. 따라서 식도를 통과하는 시간도 연동운동에 비해서 상당히 짧다. 위 내용물을 토출할 때 제 2위의 기외수축을 일으키기 위해서 위 운동중추의 활성이 변화하고, 또 제 2위 기외수축의 정점에서 분문부를 개구시키고 토출 내용물을 입 쪽으로 운반해주는 추진파를 만들기 위해 식도활성이 변화된다. 토출된 내용물이 구강 내에 존재하면 분당 50~55회 정도의 느리고 규칙적인 저작 운동이 유발되고 타액분비와 제 1, 2위의 운동성도 증가한다. 간간히 저작이 멈추어지고, 다음 제 2위 기외 수축이 있기 2초 전쯤 식도를 통한 재연하작용이 일어난다. 따라서 다음의 토출내용물과 종전의 토출내용물이 함께 입안에서 머물지는 않는다. 이런 세부적인 과정들이 잘 조화가 되어 반추작용이 일어날 수 있는 것은 뇌에 있는 반추중추의 작용 때문인 것으로 보이며, 특히 시상하부 앞부분을 전기로 자극하면 반추를 유발할 수 있는 점으로 보아 시상하부와 관련이 깊은 것으로 보인다.

3. 위

1) 제 1위 내에서 내용물의 이동

제 1위 내용물들은 그 분포위치에 따라 그림 2-3에서 보는 것처럼 4부분으로 구분할 수 있다. ① 내부에 미생물이 많이 존재하는 섬유소성 입자들(미생물은 분해가 종료되어가는 섬유소성 입자에서 신선한 섬유소성 입자로 이동한다), ② 주로 수용성물질(내부에는 타액 성분, 외부에는 발효최종산물)로 이루어져 있는 액상 부분, ③ 제 2위와 제 1위의 전낭과 복낭에 있는 물질로서, 죽과 같은 물질, 섭취된 사료, 물, 타액, 재 연하된 물질, 발효산물들이 모여 있으며, 분문부 주위로부터 제 2, 3위구로 통하여 제 3위로 이동해 가는 물질들이다. 이 부분들이 흔히 시료가 채취되는 부분인데, 미생물의 조성이나 발효활동을 대표하는 부위라고는 할 수 없다. ④ 제 1, 2위의 점막층과 면하여 있는 가장자리 층이다.

옥수수나 귀리와 같이 비중이 큰 곡류사료를 섭취할 경우에는 이미 섭취하여 비중이 높아진 내용물이 있는 제 1위의 전낭으로 들어간다. 이와 같이 비중이 높은 내용물들은 비교적 빨리 제 1위의 전낭으로부터 제 2위로 들어가고 다시 제 2~3위구를 통하여 제 3위로 간다. 그러므로 곡류와 같이 비중이 높은 내용물은 제 1위에서 발효에 소요되는 시간이 길지 않다. 건초와 같이 비중이 낮은 사료는 제 1위의 배낭으로 옮겨져 위 운동에 의하여 제 1위의 다른 내용물과 혼합되고 미생물에 의한 발효를 거치면서 크기가 작아지는데,

이러한 과정을 거쳐서 비중이 높아지면, 복낭으로 이동하고 다시 복낭의 수축운동으로 전낭으로 이동된 후 제 2위, 제 2~3위구, 제 3위의 순서로 이동하게 된다. 일반적으로 입자의 크기가 작고 비중이 높을수록 제 3위나 제 4위로의 이동이 빠르다.

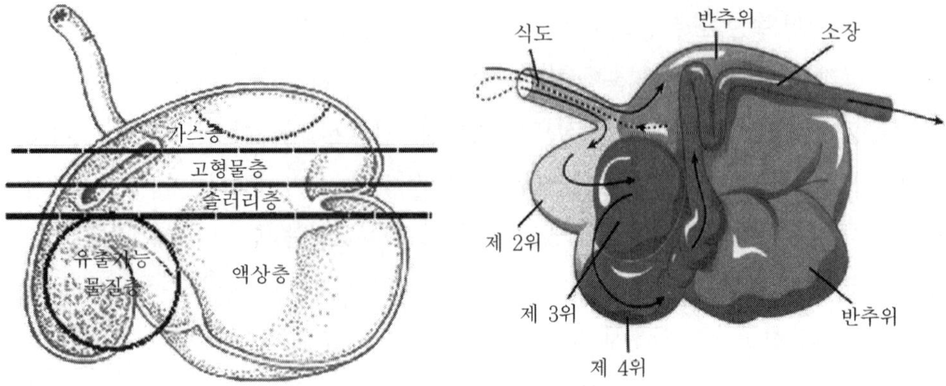

그림 2-3. 한우의 제 1위 내에 형성되는 내용물의 여러 층과 내용물의 이동

제 1, 2위의 운동성 증가는 위 내용물의 혼합과 트림에는 도움이 되지만, 반대로 제 1, 2위 내용물이 제 3위로 내려가는 것을 촉진하기 때문에 사료의 제 1위 내 정체시간을 감소시키고 사료의 소화율을 떨어뜨린다. 따라서 사료의 조성에 있어서 거친 사료와 농후사료의 조성을 조절하여, 사료가 제 1위 내에 적당한 시간 정체할 수 있도록 하는 것이 바람직하다. 만약 사료를 잘 마쇄하여 입자를 고운 형태로 급여하면 반추가 거의 일어나지 않는다. 정상적으로 반추가 일어나기 위해서는 사료 입자의 크기가 적어도 5 mm는 되어야 한다. 필요 이상으로 긴 사료는 위벽에 대해 과도한 흥분성 말초 자극을 일으켜 반추중추를 자극하게 되고, 토출된 위 내용물은 주로 액상 성분으로만 구성되어 있어 토출 즉시 연하가 된다. 입자가 고운 사료를 급여한 동물에서, 제 1위 캐뉼라를 통하여 짧게 절단한 볏짚을 공급하면 반추가 회복됨을 볼 수 있다. 또한 분문부나 제 1, 2위 추벽 그리고 제 2위 벽의 내측부에 손이나 탐침으로 가벼운 접촉자극을 가하면 쉽게 반추를 유발할 수도 있다. 이들 부위에 상피 수용체가 많이 분포하고 있어 이러한 효과를 볼 수 있다. 반추는 건강상태를 나타내는 가장 주요하고 분명한 지표중 하나이다.

(1) 반 추

한우의 소화기능 중에서 가장 독특한 생리적 특징은 반추(rumination)와 트림(eructation) 작용이다. 반추는 거친 사료를 채식하는 반추동물(소, 사슴, 기린, 낙타, 라

마 등)에서 볼 수 있는데, 하루 총 10시간 정도 일어난다. 그러나 덜 거친 사료나 입자가 작은 곡류사료를 채식할 경우에는 반추 시간이 3시간 이하로 줄어든다. 반추하는 데 소요되는 시간은 사료 내 섬유소의 함량, 섭취한 사료량, 개체 등에 따라 다르나 양질의 건초를 섭취할 경우 1일 3~6시간, 조악한 건초를 섭취할 경우는 1일 7~13시간 정도 반추를 한다. 반추의 빈도는 일중변동의 주기성을 나타내며, 특히 졸음과 관계가 깊어서 오후 시간대나 한밤중에 가장 빈번하다. 수유기에 있는 반추동물은 새끼를 핥거나, 새끼가 젖을 먹는 동안에 반추를 주로 한다.

반추는 반추동물의 행동적인 특성이며, 총 시간은 반추동물의 일생에 있어서 약 1/3에 이른다. 반추는 제 1위 내용물을 입으로 토출(regurgitation)하여 입 안에서 고형물질(solid)을 재차 저작·분쇄한 다음 제 1위 내로 다시 삼키는 행위이다. 또한 반추는 대개 채식 후 1시간 전후에서 시작되며, 사료가 제 1위와 제 2위벽에 접촉하여 자극하면 반사적으로 일어난다. 반추의 주 역할은 채식한 사료가 반추위 내 제 2·3위구를 통과하는 데 알맞게 입자 크기를 마쇄 또는 분쇄하는 것이다.

반추는 몇 가지 복잡한 세부과정들이 조화를 이룬 정형화된 일련의 과정이다. 토출은 흡식성 노력과 함께 시작하는데, 이때 혀와 연구개는 각각 협강(buccal cavity)과 비인두구를 막아 흉강 내 음압을 증가시킨다. 한편 제 2위는 이상성수축에 앞서 기외수축을 유발한다. 기외수축이 정점에 달하면 분문과 식도와 위 사이에 있는 후식도 조임근이 열리면서 주로 흉곽 내의 증가된 음압에 의해 즙과 같은 제 2위 내용물이 이완된 식도로 이동한다. 식도의 수축파가 구강 쪽으로 진행하면서 내용물이 입 쪽으로 운반되고, 성문이 잠깐 닫히면서 내용물은 인두에서 구강으로 들어가게 되는데, 이때 혀와 턱이 쳐지면서 내용물을 수용한다. 이때 가끔 머리를 순간적으로 앞 쪽으로 내밀기도 한다.

토출된 내용물이 입안에 들어오면 혀를 올려서 액상내용물을 짜내어 삼키는데, 만약 고형 내용물이 없으면 저작도 일어나지 않는다. 보통의 경우에는 고형내용물이 남아있어 느리고 규칙적인 저작운동이 약 40초 동안 일어나는데, 이때 타액이 많이 분비되고 몇 번의 연하 작용이 있다. 끝으로 저작운동이 멈추고 남아 있는 내용물과 추가로 분비된 타액이 연하된다. 다시 2위 내용물이 토출되어 다음 주기가 시작되기까지 약 5초 동안은 턱의 운동이 멈춘다. 보통 반추 주기 동안에 저작은 한 쪽 턱에서만 일어나지만 낙타와 같은 동물은 양쪽으로 번갈아 가면서 저작을 한다. 채식시와 마찬가지로 토출된 내용물의 저작도 구강 내 기계적 수용기를 자극하여 반사적으로 타액분비를 촉진한다. 특히 이하선에서의 분비를 자극할 뿐 아니라 제 1, 2위 운동을 반사적으로 촉진한다.

(2) 가스 생성과 트림 반사

트림은 반추위 내 미생물 발효에 의해 생긴 다량의 가스를 입을 통해 밖으로 내보내는 작용이다. 이러한 트림작용은 제 1위가 가스로 확장되면 제 1위 분문부에 있는 수용기를 자극하여 반사적으로 일어난다. 그러나 제 1위 분문부가 위 내용물이나 거품으로 둘러싸여 트림작용이 장애를 받게 되면 제 1위 내는 가스나 거품이 축적되어 고창증(bloat)을 유발하게 된다.

제 1위에서는 미생물의 발효작용으로 이산화탄소, 메탄, 수소 그리고 질소 등의 많은 가스가 생성되는데, 한우의 경우는 그 생성량이 1분 동안에 0.5∼1ℓ에 이른다. 메탄가스는 채식 후의 시간에 관계없이 비교적 일정하게 생성되는데, 동물체의 입장에서는 에너지 손실이 되며, 또한 트림으로 배출된 메탄가스는 지구온난화의 주범으로 인식되기도 한다. 그 양이 반추류가 섭취한 총가소화에너지의 10%에 날할 성노로 많은 양이라 메탄가스의 생성을 줄이려는 여러 가지 방법들이 시도되었으나 아직까지 뚜렷이 효과적인 방법은 없다. 이산화탄소는 정상적으로 사료를 급여할 때 양적으로 가장 많이 발생하며, 특히 채식 후 8시간 이내에 월등히 많다. 이산화탄소는 탄수화물의 발효과정중에 생성되기도 하지만 타액의 HCO^{3-}로부터, 즉 지방산의 중화과정에서도 생성된다. 이산화탄소나 메탄가스 이외에도 채식 후 8시간 이상 경과하면 질소가스의 생성이 증가함을 볼 수 있으며 소량의 산소가 생성되기도 한다.

이러한 가스의 일부는 제 1위벽을 통하여 동물체 내로 흡수되어 혈액순환을 거쳐 폐로 배출되기도 하고 일부는 제 1위 내용물과 함께 소화관 하부로 이동하기도 한다. 그러나 상당한 양은 제 1위 내용물로부터 유리되어 가스 상태로 남아 제 1위의 배낭 상부에서 가스층을 형성하며 트림에 의하여 수시로 제거된다. 트림은 식도가 폐쇄되거나 제 1, 2위의 운동기능이 저하되면 억제된다. 따라서 사료를 많이 섭취한 한우에게 전신마취제나 부교감신경 차단제를 투여하는 경우에는 제 1위 내에 가스가 축적되고 있는지를 확인하여야 한다.

이외에도 곡류나 부드러운 생초를 다량섭취 하였을 때도 포말성 가스의 생성이 증가하여 식이성 고창증이 유발되기도 한다. 트림반사의 수용체는 제 1위의 분문부와 식도구 주위의 배낭에 있는 압력수용체이다. 따라서 배낭이 가스로 차있고 분문부 주위가 거품으로 덮혀 있으면 트림이 억제된다. 정상상태에서는 제 1위에 가스가 충만하면 분문부 주위에 분포하는 트림반사의 수용체가 자극되어 복근이 수축되고 분문이 열리면서 제 1위의 가스가 배출된다. 배출된 가스는 식도를 거쳐 인두로 이동하여 일부는 토출되고 반 이상은 기도를 거쳐 폐에서 흡수되기도 한다.

(3) 한우 반추위의 발달

한우는 출생시 반추위보다 제 4위가 잘 발달되어 있어 반추동물이 아닌 단위동물과 같지만 송아지가 성장하여 1개월만 지나면 반추위가 상당히 발달된다. 그러나 약 2개월령이 되어야 성우로서의 반추위 모양이 완전히 갖추어지고 미생물 군락이 완전히 형성되어 반추동물로서의 소화기능을 발휘하게 되며, 6개월령이 되면 중량비율적으로도 성우와 비슷하게 된다(표 2-1). 포유중인 어린 송아지는 단위동물과 마찬가지로 주로 제 4위가 활동하고 있으며 송아지에게 급여하는 초유나 대용유의 액상사료는 높은 에너지가를 가지고 있으면서 단백질, 광물질도 풍부하게 함유하고 있는 양질의 사료이다. 송아지가 반추동물로서의 기능을 발휘하기 위해서는 이유사료로 양질의 고형사료가 충분히 급여되는 것이 좋다.

표 2-1. 거세 한우의 생후 월령별 위 중량 변화

구 분 (개월령)	반추위(제1+2위)		제 3위		제 4위	
	중량(kg)	비율(%)	중량(kg)	비율(%)	중량(kg)	비율(%)
0	0.16	37.2	0.07	16.3	0.20	46.5
6	3.11	66.7	0.90	19.3	0.65	13.9
12	5.35	68.1	1.45	18.4	1.06	13.5
18	6.61	66.2	1.93	19.3	1.44	14.4
24	7.74	68.3	1.72	15.2	1.88	16.6

조기에 반추위 기능을 발달시켜 발육을 높이기 위해서 이유사료의 사용을 생각해 볼 수 있는데 이유사료는 반추위 내에서 발효될 때 휘발성지방산을 생성하고 그 화학적인 자극에 의해서 제 1위의 기능발달과 용적을 키우게 된다. 충분한 휘발성지방산을 생성하기 위해서는 기호성이 좋고 가용성 탄수화물을 많이 함유하는 사료가 좋다.

성우가 되어 배합사료 위주로 사료를 급여하면 반추위 내 산도가 산성으로 되어 반추위벽의 유두가 발달하지 못하고 퇴화하며 미생물 성장도 위축됨으로써 결과적으로 소화율을 떨어뜨리게 되고 생산능력이 저하되는 경우가 많다.

이러한 경우 양질의 조사료 급여를 통해 반추위의 발효양상을 조절함으로써 훼손된 위를 재생시킬 수가 있다.

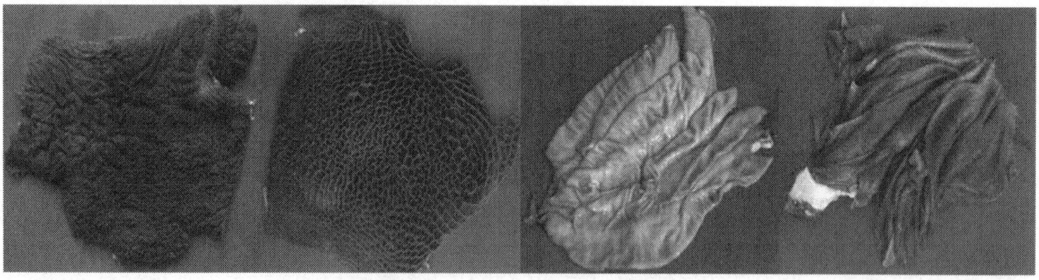

제 1위 제 2위 제 3위 제 4위

그림 2-4. 한우의 위 형태

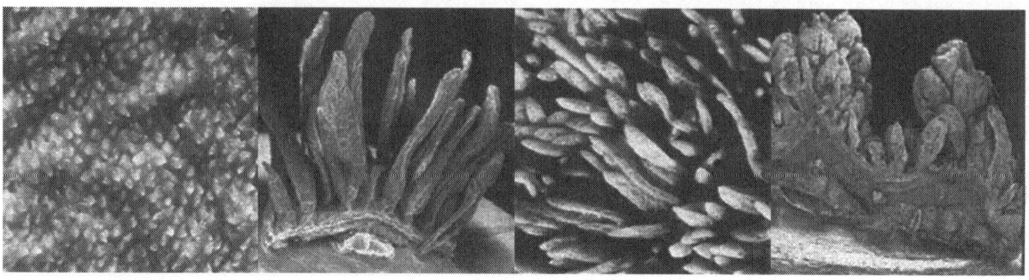

대용유 급여 사료급여 조사료위주 사양 농후사료위주 사양

송아지의 융모 성축의 융모

그림 2-5. 사료급여 조건에 따른 소의 반추위 내 융모 모습

(4) 제 1위 내에서 사료입자도 감소와 사료의 정체시간 및 통과율

한우의 반추위 내에서 사료입자 감소는 섭취시와 반추시의 저작작용에 의하여 주로 이루어진다. 그리고 미생물의 발효작용은 섬유질 입자를 유연하게 만들어 반추과정에서 입자감소효율을 증가시킨다. 그림 2-6은 제 1위 내에서 저작과 미생물작용에 의한 사료 입자도의 감소 기전을 도식화 한 것이다. 청초를 급여하면 임계입자크기(critical particle size) 이하로 감소되는 효율이 섭취시의 저작작용과 반추시의 저작작용이 동일하지만 소화가 잘 안되고 건조한 사료를 섭취할 때에는 반추시의 저작작용이 섭취시의 저작작용보다 훨씬 더 효율적이다.

제 1위에서의 사료입자의 통과율은 사료의 밀도와 크기에 의하여 결정된다. 사료입자가 임계입자크기 이하로 감소되어야 제 1위를 통과할 수 있는데 임계입자크기는 한우와 면양의 경우 1～2 mm이다. 그러나 젖소와 같이 사료를 많이 섭취하는 소는 이보다 입자가 큰 사료도 제 1위를 통과하는 양이 많다.

총저작시간(분/kg 건물섭취)과 저작효율(큰 입자가 임계입자크기 이하로 감소)과 더불

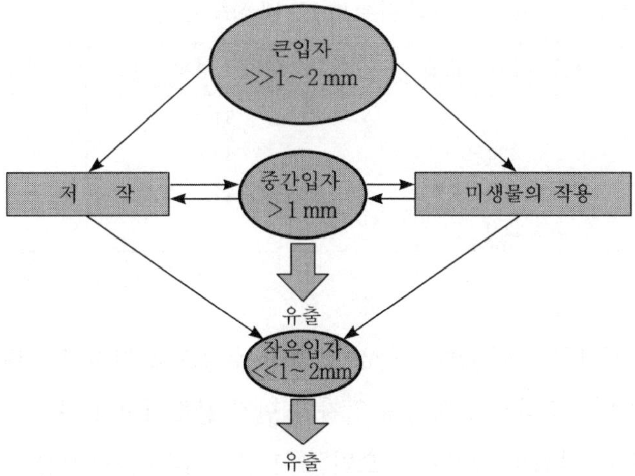

그림 2-6. 한우의 반추위 내에서 저작과 미생물작용에 의한 사료 입자도의 감소

어 사료의 특성(영양가 또는 세포벽 함량, 사료 섭취량과 물리적 형태 등) 등이 사료입자도 감소율과 제 1위 통과율에 영향을 끼친다.

사료를 섭취하면 초기에는 사료입자 내부에 공기가 차 있기 때문에 초기의 밀도가 낮고 건초의 경우 분쇄 유무에 상관없이 0.6~0.7이다. 그러나 농후사료는 밀도가 1.3~1.6이다.

사료는 섭취 후 시간이 경과하면 공기가 차지하던 공간에 액체가 차므로 밀도가 증가하고, 미생물의 발효에 의하여 가스가 발생하면 다시 밀도가 감소된다. 모든 사료의 순밀도는 1.17~1.5로서 입자의 크기에 의하여 영향을 받지 않지만 기능적 밀도(functional specific gravity)는 사료의 입자가 감소됨으로써 증가하고 증가 속도도 빠르다. 그리고 사료입자의 밀도가 증가함으로써 제 1위 내 통과속도도 빨라진다.

제 1위 내 사료의 체류시간은 소의 경우 1~4일이고 면양은 1~2일이다. 그러나 특정 사료의 정확한 체류시간은 사료의 입자도와 소화율 등 여러 요인에 따라 다르다.

특히, 사료의 통과속도가 다르고, 또 상호 혼합되기 때문에 제 1위 내에는 여러 번 섭취한 사료가 같이 머물게 되지만 최근에 섭취한 사료가 가장 많다.

섭취한 사료가 제 1위 내에 머무는 시간은 평균 49시간이고, 전체 소화기관에 머무는 시간은 62시간이다. 따라서 제 1위를 제외한 기타 다른 소화기관에 사료가 머무는 시간은 13시간이므로 제 1위 내에 머무는 시간이 기타의 다른 소화기관에 머무는 시간보다 약 4배나 더 길다. 섭취한 사료의 입자도 역시 제 1위 내 체류시간에 큰 영향을 끼치는데, 입자가 작으면 체류시간이 짧다(표 2-2).

표 2-2. 사료의 입자도에 따른 제 1위 내 정체시간 및 섬유소의 소화율

구 분	평균 입자도(μm)	제 1위 내 정체시간	섬유소의 소화율(%)
긴 건초	–	54	44
거친 건초	434	39	34
중간 분쇄	393	44	31
고운 분쇄	280	27	22

Rodrigue와 Allen(1960).

입자가 작으면 제 1위의 밑층에 가라앉고 빨리 소장으로 이전되는 반면에 입자가 크면 밑층에 이르기 전에 반추작용에 의하여 입자가 먼저 감소되어야 하므로 제 1위 내 체류시간이 길다. 섭취하는 사료의 입자가 작으면 제 1위 내에 머무는 시간이 짧고 소장으로 빨리 넘어가기 때문에 사료섭취량이 증가한다. 섭취한 사료가 소장으로 빨리 넘어가면 소화율은 물론 떨어지지만 사료섭취량의 증가로 인해 소화율의 감소를 감안하더라도 더 많은 영양소가 흡수되어 한우의 생산성을 높일 수도 있다. 특히 볏짚과 같은 질이 낮은 조사료는 이와 같은 현상이 가장 뚜렷하게 나타난다.

제3절 반추위 내에서의 소화

소화는 물리·화학적 작용 또는 소화기 내 미생물에 의하여 사료중의 입자나 분자가 흡수되기 적당한 상태로 분해되는 과정을 말한다. 아래 그림 2-7은 소화기관별로 영양소의 소화과정을 개략적으로 모식화한 그림인데, 한우의 영양소 소화는 주로 반추위 미생물에 의해 일어나고 그 중요성도 높다.

제 1위에는 소화효소를 분비하는 분비선은 없지만 많은 종류의 미생물이 서식하고 있으며 이들이 분비하는 효소에 의해 사료의 소화가 이루어진다. 한우가 섭취한 사료의 가소화 건물 중 70~85%는 반추위 내 미생물에 의해 소화되며, 반추위 미생물의 발효작용으로 VFA, 탄산가스, 메탄가스, 암모니아 그리고 미생물체 단백질 등이 생성된다.

1. 탄수화물

사료 중의 탄수화물은 그 종류가 상당히 많고, 제 1위 내에서의 소화과정도 복잡하다.

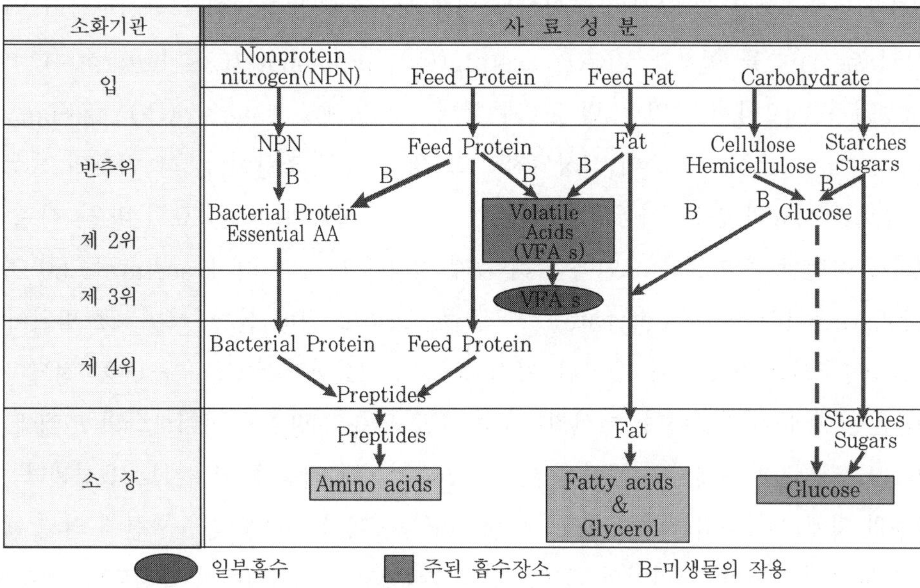

그림 2-7. 한우의 소화기관별 영양소 소화과정의 모식도

사료 중의 탄수화물로는 다당류인 cellulose, hemicellulose, fructosan, pentosan, pectin, 전분 그리고 기타 여러 가지 종류의 단당류들이 있으며, 전분은 체내에서 분비되는 효소에 의하여 모든 동물이 소화시킬 수 있지만, 세포벽을 구성하고 있는 cellulose, hemicellulose 및 pectin은 반추위 내 미생물과 맹장 내 미생물이 분비하는 효소인 cellulase, xylanase 및 pectinase에 의해서만 각각 분해 가능하다. 한우가 섭취하는 탄수화물은 주로 섬유소와 전분인데, 이들은 glucose 분자가 길게 연결된 다당류이다. 전분은 glucose의 연결이 α-1, 4 결합으로 되어있어 동물의 소화관에서 분비되는 탄수화물 분해효소로서 분해될 수 있지만, 섬유소는 glucose의 연결이 β-1, 4 결합으로 되어 반드시 미생물이 분비하는 cellulase 효소에 의해서만 분해된다. 그러므로 한우는 인간을 포함한 단위동물이 거의 이용할 수 없는 섬유질을 분해하여 그들이 필요로 하는 영양소로 이용할 수 있다.

한우가 섭취한 탄수화물 중에서 수용성 당이 가장 쉽게 발효되고, 전분이 그 다음이며, 섬유질은 가장 천천히 발효된다. 일반적으로 가용성 탄수화물은 1시간 이내에, 전분은 5~6시간 이내에 전부 발효되지만, 섬유질 사료는 72시간이 경과되어도 약 절반 이하만 분해된다. 한우의 반추위 내에서 탄수화물의 소화율은 glucose가 99.4%, 전분이 85.5%, cellulose가 60.6% 정도 된다.

섭취한 탄수화물은 그 구성이 무엇이든 미생물에 의해 발효되어 저급지방산인 VFA로 전변되는데, 주종을 이루는 VFA는 acetate(C_2), propionate(C_3), butyrate(C_4)이며, 그 생성과정을 요약해 보면 그림 2-8과 같다. 그 밖에도 valerate(C_5), iso-butyrate (iC_4), iso-valerate(iC_5) 등이 생성되지만 그 양은 극히 소량이다. 각 VFA의 생성비율 또는 농도는 사료의 종류, 가공방법, 물리적 형태, 조사료와 농후사료의 비율, 사료 급여 수준과 급여빈도 등의 많은 요인에 의해 크게 영향을 받지만, 대개 acetate는 60~70%, propionate는 15~25%, butyrate는 8~15%, 그리고 기타 산들은 2~8% 범위이다.

한편, 탄수화물 발효시에 생성된 가스 조성은 이산화탄소(CO_2)가 60% 정도, 메탄(CH_4)은 30~40% 정도이며, 이산화탄소는 주로 당류의 발효와 아미노산의 분해에 의해 생성되고, 타액 내 존재하는 중탄산염과 VFA와의 중화작용에 의해서도 생성된다.

반추위 내에서 탄수화물의 발효로 생성된 VFA는 거의 대부분 단순확산에 의해 제 1위 벽을 통하여 흡수되며, 나머지의 대부분도 제 2위벽과 제 3위벽에서 흡수된다. 반추위 내

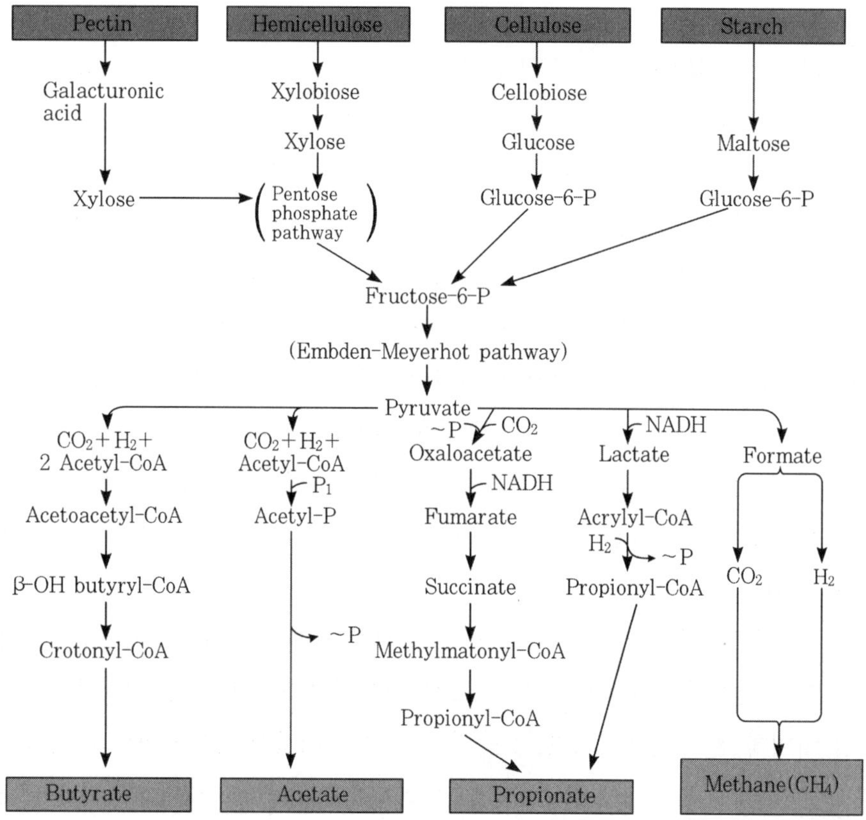

그림 2-8. 한우 반추위 내에서의 탄수화물 대사의 개요

에서 흡수되는 VFA는 76% 정도이고, 19%가 제 3위나 제 4위에서 흡수되며 나머지 5% 정도가 소장으로 내려간다.

정상적인 pH하에서의 VFA의 흡수속도는 acetic acid < propionic acid < butyric acid의 순이나, 위 내의 pH가 알칼리성일 경우에는 흡수속도가 반대의 순서로 된다. pH가 아주 높은 경우에는 acetic acid, propionic acid 그리고 butyric acid의 흡수속도는 거의 동일한 것으로 알려져 있다. 흡수된 VFA는 제 1위 정맥을 통해 문맥을 거쳐 간장으로 들어간다.

2. 단 백 질

한우의 반추위 내로 유입되는 단백질에는 ① 사료로서 공급되는 단백질, ② 타액 또는 반추위벽을 통하여 유입되는 재순환 질소(recycling nitrogen), 그리고 ③ 반추위벽에서 떨어져 나온 상피세포와 같은 내인성 단백질 등이 있다. 반추위 내에서 단백질은 박테리아의 분해작용에 의해 peptide를 거쳐 아미노산으로 되며, 아미노산은 다시 암모니아, VFA 그리고 탄산가스로 전환된다. 단백질 분해속도는 사료단백질의 용해도에 따라 다르고, 용해하기 쉬운 만큼 빨리 분해된다. 또한 목초 중에 많이 함유되어 있는 질산염(nitrate), amide 및 요소(urea)와 같은 비단백태질소화합물도 반추위 내 미생물에 의해 암모니아로 분해된다. 반추위 내에서 생산된 아미노산과 암모니아는 대부분 미생물의 질소원으로 이용되어 미생물체 단백질로 합성된다.

한편 단백질과 비단백태질소화합물의 분해시에 생산된 과잉 암모니아는 제 1위벽을 통해 흡수되어 간장의 요소회로를 통해 요소로 합성되고, 합성된 요소의 일부는 타액선으로 운반되어 타액성분으로서 제 1위 내에 분비되거나 소량이지만, 또 일부는 제 1위벽을 통해 제 1위 내로 직접 확산되어 들어가서 다시 미생물의 질소원으로 이용된다. 이 과정은 계속적으로 반복해서 일어나며, 이를 질소 재순환(recycling nitrogen)이라 한다. 이와 같이 여분의 암모니아는 재순환 질소로서 유용하게 이용되기도 하지만, 반추위 내 암모니아 농도가 간장의 요소합성 능력을 훨씬 초과할 때는 혈액중에 암모니아가 과도하게 축적되어 암모니아 중독이 발생되는 경우도 생긴다. 실제 과도한 질소공급으로 암모니아 중독이 발생하는 경우가 있으므로 반추위 내 미생물의 증식에 필요한 질소공급 수준(5~20mg/100㎖)을 유지할 수 있을 만큼 단백질을 공급해야한다. 또한 제 1위 내에서 합성된 미생물체 단백질과 미생물의 분해를 받지 않은 미분해 단백질은 제 4위와 소장으로 유입되어 단백질 소화효소에 의해 아미노산으로 되어 이용된다.

최근에는 사료단백질의 이용성 측면에서 반추위 내 미생물의 분해를 받지 않는 미분해 단백질에 대한 관심이 높아지고 있다. 반추위 내 분해도(degradability)는 단백질의 종류에 따라 달라서, 일부의 사료단백질(옥수수글루텐 밀・주정박・어분・혈분 등)은 반추위 내에서 상당한 부분이 분해되지 않고 반추위를 통과하여 소장에서 소화・흡수되는 특징을 지니고 있다.

이와 같이 반추위 미생물의 분해를 받지 않고 반추위를 통과하는 단백질을 반추위 우회단백질(rumen by-pass protein)이라 한다. 특히 단백질 요구량이 높은 고능력 한우의 경우는 미생물체 단백질로 그 요구량을 충족시키기에는 불충분하기 때문에 사료를 통한 by-pass 단백질의 공급이 필요하다.

조단백질은 가수분해에 의해 아미노산으로 전변되는 순단백질(true protein)과 아미노산으로 전변되지는 않지만 질소를 함유하고 있는 비단백태질소화합물(noprotein nitrogen compound, NPN)로 분류할 수 있다. 순단백질과 NPN이 반추위 내에서 미생물에 의해 분해되는 모델을 도식화 하면 그림 2-9에서와 같다.

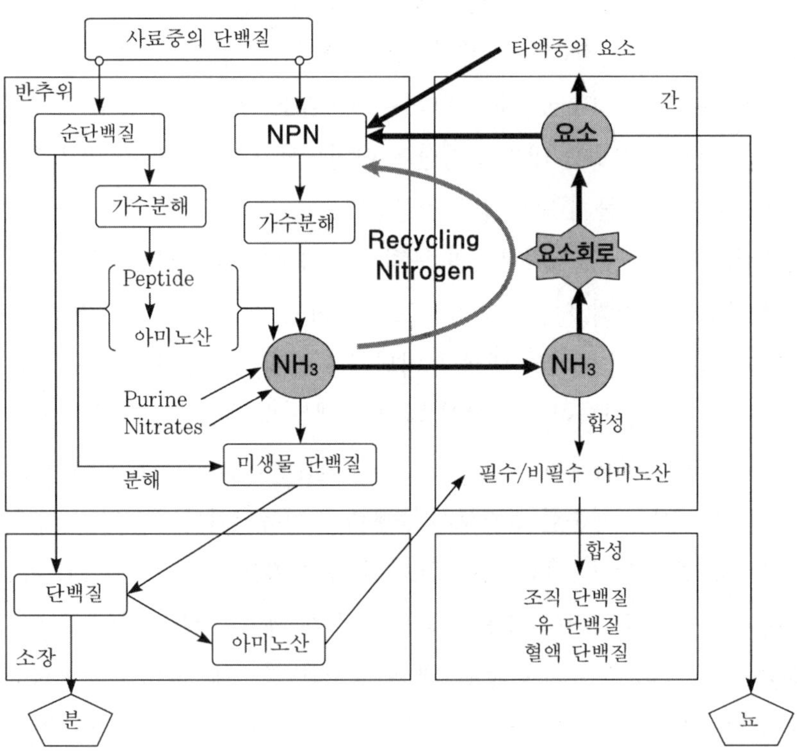

그림 2-9. 한우 반추위 내에서의 미생물에 의한 단백질 대사

반추위 내에서 암모니아는 확산에 의해 제 1위벽을 통하여 흡수되는데 이러한 과정은 반추위 내 암모니아 농도와 pH가 높을수록 더 잘 일어난다. 흡수된 암모니아는 문맥을 통해 간으로 이동되며, 간에서 요소로 전환되어 배설되거나 또는 순환 질소로서 이용된다. 아미노산의 일부도 반추위벽에서 흡수되지만 그 정도는 매우 적다.

3. 지 방

사료 중의 지방은 대부분이 난용성의 중성지방 형태로 존재하며, 한우가 섭취하는 사료 중 지질 함량은 대부분 5% 이하이다. 한우가 섭취하는 사료 중 목초에는 리놀산(linoleic acid) · 리놀렌산(linolenic acid)과 같은 불포화지방산의 함량이 높은 당지질(galacto-lipid)과 인지질(phospholipid)이 높은 반면, 농후사료에는 올렌산(oleic acid), 리놀산 함량이 높은 중성지방(triglyceride)이 많이 함유되어 있다. 반추위 미생물에 의한 지방 소화과정을 보면 그림 2-10에서와 같다.

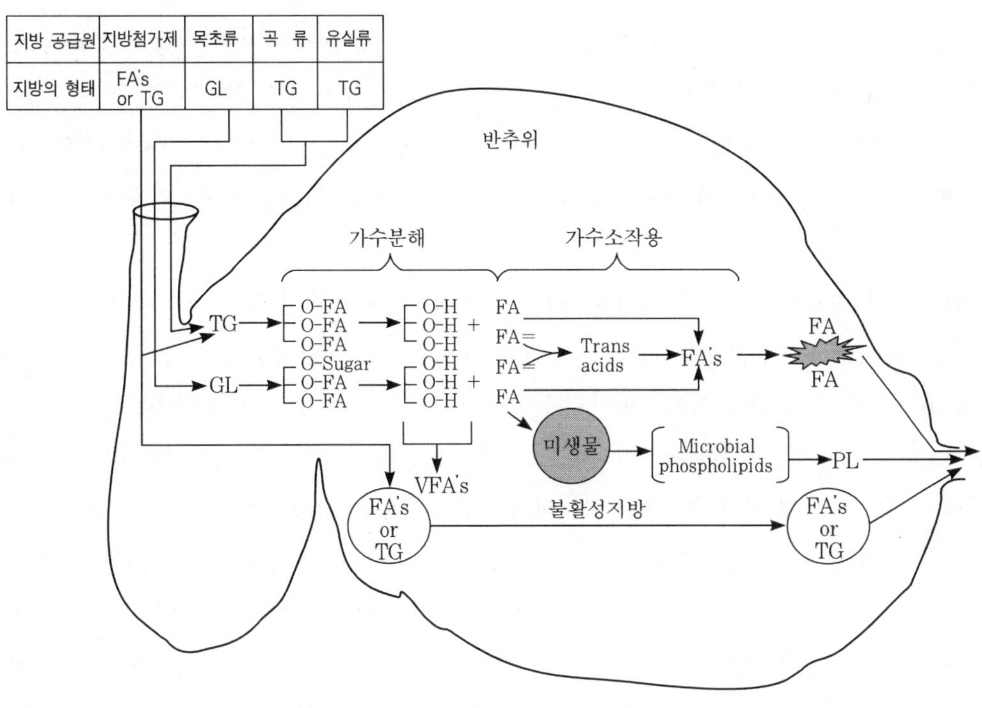

그림 2-10. 반추위내에서의 지방의 소화

GL : glycolipids, TG : Triglycerides, FA's : Mixture of fatty acids, FA : saturated fatty acids, FA : Unsaturated fatty acids, VFA's : Volatile fatty acids, PL : Phospholipids, Trans acids : Intermediates in the hydrogenation process, FA : 사료에 부착된 지방산.

반추위 미생물은 지방산과 glycerol의 ester 결합을 가수분해하여 당(sugar)과 지방산을 유리시키고, 반추위 내에 존재하는 풍부한 수소이온(H^+)을 이용하여 불포화지방산을 포화지방산으로 전환시킨다(수소첨가 작용). 또한 미생물은 불포화지방산의 이중결합 위치를 변화시키거나, 정상적인 *cis*형 이중결합을 *trans*형으로 바꾸기도 한다.

한편, 가수분해로 유리된 당과 glycerol은 미생물 발효에 의해 VFA로 전환되며, 미생물은 VFA를 이용하여 myristic acid, palmitic acid와 같은 새로운 지방산 및 미생물체 지방을 합성하기도 한다. 또한 사료 중에 없는 탄소수가 홀수인 지방산(C_{13}~C_{17})과 미생물 세포막을 구성하는 인지질도 반추위 미생물에 의해 합성된다.

반추위를 통과하는 지방은 85~90%의 유리지방산과 10~15%의 인지질로 크게 두 종류로 구분되게 된다. 인지질은 미생물 세포의 일부분으로 수송되는 반면, 유리지방산은 사료 입자 등에 부착되어 하부 소화관으로 이송된다. 반추위를 통과하는 지방산은 고도로 포화되어 80~90%가 palmitic acid와 stearic acid로 구성되어 있다.

이와 같이 반추위 내에서 분해 또는 합성된 지방산과 지방은 소장에서 소화·흡수되어 체지방에 축적되므로 한우의 체지방 조직에는 다량의 포화지방산과 홀수 탄소의 지방산이 존재하게 된다. 특히 반추위 미생물은 사료의 지방 함량이 높으면 이상 발효를 일으키기 쉬우므로 지방을 첨가할 때도 총 사료 중 5~7%를 초과하지 않는 것이 좋다. 다량의 지방을 급여할 필요가 있을 때는 casein이나 formaldehyde로 코팅된 지방이나 Ca와 염을 형성한 보호지방(coated fat 또는 protected fat)을 급여하여 미생물의 작용을 차단하도록 해야 한다.

반추위 미생물은 한우가 필요로 하는 대부분의 수용성 비타민, 특히 비타민 B군(thiamin, riboflavin, pyridoxine, cobalamine, niacin, pantothenic acid, folic acid, biotin, inositol, PABA 등)과 비타민 K를 합성할 수 있다. 그러므로 성숙된 한우는 비타민 B 복합체가 부족한 사료를 먹더라도 결핍증상을 일으키는 경우는 거의 없다. 그러나 사료 중에 코발트(Co)가 부족할 때는 비타민 B_{12}(cobalamine) 결핍증이 발생되며, 이는 반추위 내에서 비타민 B_{12}를 합성하는 데 원료로서 코발트가 필요하기 때문이다. 비타민 C는 반추위 내에서 파괴되지만, 소장이나 대장의 미생물에 의해 다시 합성되고 체내에서도 합성되기 때문에 결핍증상은 잘 일어나지 않는다. 한편, 비타민 A, D, E와 같은 지용성 비타민과 카로틴(carotene)은 반추위 내에서 합성되지 않으므로 사료를 통해 공급해야 한다. 이와 같이 미생물에 의해서 비타민 B군과 K의 합성이 일어나므로 위액 중의 이들 비타민 함량은 사료와 비교할 때 상당히 높다.

제4절 제 3·제 4위 및 소장·대장의 기능

1. 제 3위(Omasum)

한우의 제 3위는 제 2·3위구를 통해 제 2위와 연결되어 있으며, 위체와 위관으로 구성되어 있다. 제 3위의 내부는 라미나(laminae)라고 하는 크고 작은 잎 모양의 근육주름으로 된 엽(muscular leaves)으로 구성되어 있다. 이들 근엽은 겹겹의 주름으로 되어 있기 때문에 제 3위를 겹주름위라고도 한다. 한우의 제 3위 내부는 대엽, 중엽, 소엽 및 최소엽 등 4종류로 구성된 엽(leaves)이 방사상으로 제 3위의 아랫부분(십이지장 쪽)에 집중해 있고, 제 3위의 엽에는 소유두가 밀생하고 있다(그림 2-11).

제 3위는 수 많은 주름이 있어 표면적이 상당히 넓기 때문에 흡수가 용이한 구조를 갖고 있다. 즉 내용물이 제 4위에 이르기 전에 그 속에 남아 있는 VFA와 HCO_3^-가 흡수되는데, 만약 제 3위에서 HCO_3^-가 흡수되지 않으면 제 4위에서 정상적으로 분비되는 HCl을 중화해 버리기 때문에 제 4위의 적절한 pH 유지가 어렵다.

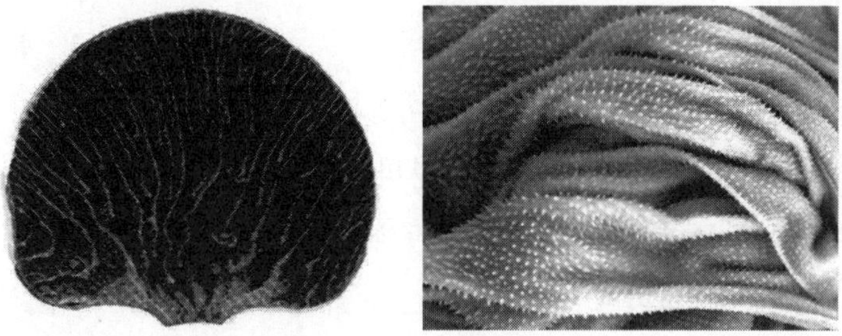

그림 2-11. 소 제 3위의 횡단면(왼쪽) 및 내부(오른쪽)

제 3위의 기능은 물, VFA, 암모니아 그리고 무기물의 흡수와 Cl 이온의 분비, 그리고 제 3위벽을 통한 일부 VFA의 대사작용이다. 제 3위에서는 유입된 물의 약 12% 정도가 흡수되고 VFA의 약 50%, 암모니아(NH_3)의 30~40%가 흡수되며, 그 외에도 Na, K, Mg, HCO_3^-, CO_2 등의 무기물이 흡수된다. 반대로 Cl^-은 혈액에서 제 3위 내로 분비되어 제 3위 내용물의 Cl^-농도를 증가시킨다. 이와 같이 제 3위벽에서의 HCO_3^- 흡수와 혈액에서 제 3위로 Cl^-분비작용은 제 1위와 제 4위의 서로 다른 소화기전을 원활하게 조화시키는 제 3위의 중요한 역할이라 여겨진다. 또 다른 제 3위의 기능은 겹주름위가 그물망

(laminae)의 역할을 함으로써 입자가 큰 내용물이 제 4위로 내려가는 것을 방지하는 것이다. 결국 제 3위의 작용은 ① 큰 입자의 사료는 남기고 작은 입자의 사료는 제 4위로 이동시키는 것과 ② 제 4위의 산성중화 가능물질들(VFA, 금속이온, Na, K 등)을 미리 제거시키는 것이다.

2. 제 4위(Abomasum)

한우의 제 4위는 제 3, 4위구를 통해 제 3위와 연결되어 있으며, 제 1, 2위의 우측, 제 3위의 아래쪽에 위치하며 복강의 하부에 붙어있고 십이지장을 향해 뻗어 있다. 제 3위와 제 4위는 각각 좁은 결합부로 연결되어 있어 외부에서도 확실하게 구별된다. 한우의 제 4위는 긴 배 모양을 이루고 있으며 제 3위와 거의 같은 용적이다. 제 4위는 외관에 따라 제 3위와 연결된 분문부(cardiac region), 기저부(fundic region) 그리고 십이지장과 연결된 유문부(pyloric region)로 나누어지며, 서로 다른 형태의 위선(gastric gland)이 점막세포의 결합조직에 존재하고 있다.

한우의 제 4위 내부는 부드럽고 매끈한 구조로서 수개의 나선상 추벽이 유문을 향해 뻗어 있다. 제 4위는 제일 앞쪽의 분문부(cardus), 적갈색의 기저부(fundus)와 좁고 선세포의 발달이 미약한 유문부(pylorus)로 나뉜다. 기저부는 점액을 분비하는 점액막(mucous membrane)이 여러겹 (약 12개 이상)의 나선형으로 분포되어 있어 표면적을 크게 증가시키고, 또한 기저부에는 소화액 분비세포(glandular cell)의 증식이 가능하다. 반면, 분문부와 유문부는 좁으며 소화액 분비세포가 거의 없다. 한우의 제 4위는 그 기능이 단위동물의 위와 비슷하다고 하여 진위(true stomach)라고 하며 효소, 산 그리고 점막액 등의 분비 기능이 있다. 어린 한우의 경우는 제 1위, 제 2위 그리고 제 3위가 발달되어 있지 않아 포유중일 때의 소화기능은 단위동물에서처럼 주로 제 4위와 소장의 작용에 의존한다.

분문부의 분비선에서는 위점액(gastric mucus)만이 분비되며, 점액은 여러 종류의 뮤코다당류(mucopolysaccharides)와 뮤코단백질(mucoprotein)을 함유하고 있다. 또한 점액은 위장벽의 상피세포 부근에 점액층(mucous layer)을 이루어 염산(HCl)과 펩신(pepsin)으로부터 상피세포, 즉 위벽을 보호하는 역할을 한다. 뮤코단백질(mucoprotein)은 비타민 B_{12}와 상호작용하여 회장(ileum)에서 비타민 B_{12}의 흡수를 돕는 작용을 한다.

기저부의 분비선은 주세포(chief cell 또는 peptic cell)와 벽세포(parietal cell 또는 oxyntic cell)로 구성되어 있으며, 주세포에서는 pepsinogen이 그리고 벽세포에서는 염산(HCl)이 분비된다. 염산은 다음과 같은 기전에 의해 형성된다. 즉 벽세포에서 H_2O와 CO_2가 탄산탈수효소(carbonic anhydrase)의 작용에 의해 가수화반응을 하여 H_2CO_3(탄산, carbonic acid)을 생성하고, H_2CO_3은 다시 H^+과 HCO_3^-으로 해리된다. 이때 생성된 수소이온은 혈장에서 유래된 Cl^-이온과 함께 각각 능동수송(active transport)에 의해 위내강(lumen of the stomach)으로 방출되면서 염산을 형성한다. 대부분의 가축에서 위액 내 염산의 농도는 0.1 mole정도인데 사료섭취에 따라 다소 변동이 있지만, 위 내 pH를 2.0까지 낮추는 데 충분한 농도이다. 염산은 위 내에서 중요한 기능을 수행하는데, 위에서 단백질을 변성시켜 단백질 분해효소의 작용을 쉽게 받을 수 있게 하고, pepsinogen을 pepsin으로 활성화시킨다. 또한 염산은 제 3인산칼슘($Ca_3(PO_4)_2$)과 같은 사료 중에 함유된 광물질을 용해시키는 작용을 하며, 사료 중에 유입되는 병원균을 살균하는 효과도 있다. 기저부의 주세포(chief cell)에서 분비된 pepsinogen은 염산에 의해 자동으로 pepsin으로 활성화되어 부분적으로 단백질 분해작용을 한다. 포유중인 송아지나 돼지의 위액 내 존재하는 또 다른 단백질분해 효소인 레닌(rennin)은 유단백질을 응고시키는 역할을 한다. 또한 위액 내에는 소량의 리파아제(lipase)가 존재하지만 지방의 소화에 큰 영향을 미치지 못하며, 포유중인 한우에서는 중요한 역할을 하는 것으로 알려져 있다.

유문부선은 주로 점액을 분비하지만 소량의 pepsinogen도 분비한다. 위액과 사료의 혼합 과정은 돼지의 경우 위의 유문부에서 거의 일어나며, 위장의 앞부분은 pH가 약알칼리성을 유지하고 있어 타액 amylase에 의한 전분의 소화가 가능하다. 위액(gastric juice), 특히 염산의 분비는 주로 아세틸콜린(acetylcholine), 가스트린(gastrin) 및 히스타민(histamine)의 세 물질에 의해 지배를 받는다. 이들 각 물질은 벽세포를 자극하여 염산 분비를 촉진하는 역할을 하지만, 분비촉진 효과는 각 물질이 단독으로 작용할 때보다 acetylcholine과 histamine 또는 gastrin과 histamine과 같은 두 물질이 공동 작용할 때 더 증가된다. Gastrin은 유문부의 G-세포(gastrin-secreting cell)에서 방출되는 내분비 호르몬으로 위 내 pH가 낮아지면(2.5 이하) gastrin의 분비는 억제된다.

3. 소　장(Small intestine)

한우의 소장은 위의 유문괄약근에서 회맹조임근(ileocecal valve)까지의 긴 장관으로 십이지장(duodenum), 공장(jejunum) 그리고 회장(illeum)으로 구성되어 있다. 소장이란 말은 대장에 비하여 관의 굵기가 가늘다는 점에서 유래한 말이며 길이는 대장보다 훨씬 길다. 한우의 십이지장은 길이가 약 1 m , 직경은 약 5~7 cm 정도 되며, 공장과 회장은 상당히 길어 한우의 경우 약 40 m가 된다. 한우의 복강 내에서 반추위는 좌측 모두와 우측의 하반부, 즉 복강의 3/4을 차지하고 있기 때문에 소장은 대장과 더불어 복강의 우측 상부에 위치하고 있다.

십이지장에는 간장과 췌장으로부터 나오는 도관이 열려 있어 담즙산염과 각종 소화효소가 분비되고 이들에 의해 내용물은 회장말단부에 이르는 동안 대부분 소화된다. 소장은 회맹조임근에서 끝나는데, 회맹조임근은 소장에서 맹장과 결장으로 이동하는 소화물의 흐름을 조절하는 괄약근으로서 소화물의 역류를 방지한다.

소장의 점막은 내강(lumen)으로 돌출해 있는 융모(villi)로 덮혀져 있고, 융모는 미세융모(microvilli)를 갖고 있어 흡수 표면적을 증가시킨다(그림 2-12). 또한, 소장의 소화효소들은 미세융모 세포막에 부착되어 있기 때문에 미세융모는 소화를 증진시킨다. 융모는 원주상피세포로 덮여있고 점액을 분비하는 배상세포(goblet cell)가 있다.

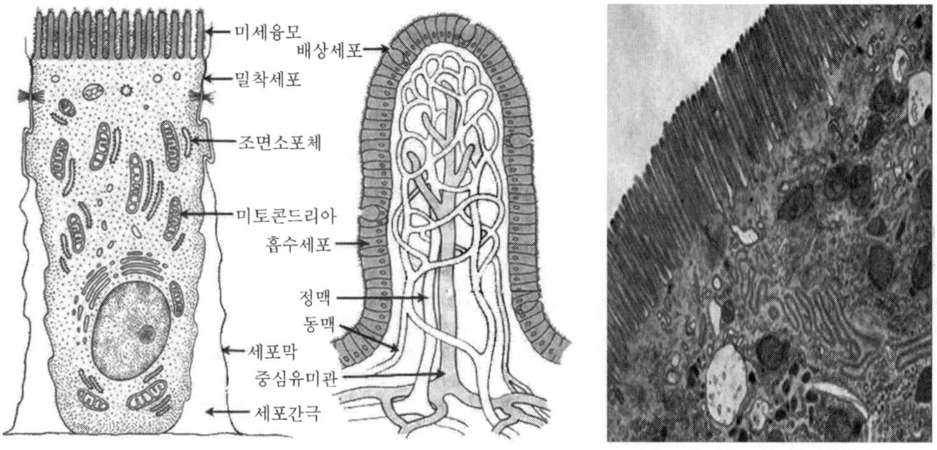

그림 2-12. 소장 점막의 미세융모

각 융모의 결합조직 핵을 형성하는 고유판(lamina propria)은 수많은 림프구, 모세혈관과 중앙 유미관(central lacteal)을 갖고 있다. 흡수된 단당류와 아미노산은 모세혈관으로 흡수되고 지방은 중앙 유미관으로 이동된다. 융모 정상에 있는 상피세포들은 계속해서 떨어져나가고 융모의 기저(base)에서 밀려온 세포들에 의해 대치된다. 융모의 기저에 있는 상피는 장내강 쪽으로 열린 좁은 주머니를 형성하기 위해 여러 부위에서 밑으로 함입된다. 이 구조를 장음와(intestinal crypt) 또는 리버쿤 음와(Lieberkuhn crypt)라고 하며 십이지장선과 함께 소화효소를 분비한다. 소장은 영양소의 주된 소화 및 흡수 장소로서, 근육층으로 이루어진 관상기관이며, 위의 유문 괄약근과 맹장 괄약근 사이에 위치한다. 또한 소장 상부인 십이지장에는 췌장관과 담낭관이 연결되어 있어 이들로부터 췌장액과 담즙이 십이지장으로 분비된다. 소화는 제 4위에서 십이지장으로 유입된 소화물(chyme)이 췌장액, 담즙 및 장액과 혼합되어 진행된다. 소화에 관여하는 여러 효소의 특성과 작용은 표 2-3에 나타내었다.

표 2-3. 소화관에서 분비되는 소화효소의 종류 및 기능

효 소 형 태	분비장소	기 질	최 종 분 해 산 물
탄수화물			
췌장 amylase	췌 장	전분, dextrin	maltose
maltase	소 장	maltose	glucose
lactase	소 장	lactose	glucose, galactose
sucrase	소 장	sucrose	glucose, fructose
1, 6-glucosidase	소 장	1, 6-glucosides	glucose
α-limit dextrinase	소 장	α-limit dextrins	glucose
지 방			
췌장 lipase	췌 장	중성지방	monoglyceride + 2FA
소장 lipase	소 장	중성지방	glycerol + 3FA
phospholipase	소 장	인지질	glycerol, fatty acid, phosphate, choline
단백질			
pepsin	위	단백질	peptone, polypeptide
rennin	위	유단백질	Ca caseinate
trypsin	췌 장	단백질, 펩티드	arginine, lysine기를 가진 펩티드
chymotrysin	췌 장	단백질, 펩티드	방향족 아미노산기를 가진 펩티드
elastase	췌 장	단백질, 펩티드	α-아미노산기를 가진 펩티드
carboxypeptidase A	췌 장	폴리펩티드	중성, 염기성, 산성 아미노산, 올리고 펩티드
carboxypeptidase B	췌 장	폴리펩티드	염기성 아미노산
aminopeptidase	소 장	폴리펩티드	아미노산
dipeptidase	소 장	dipeptide	아미노산
nuclease	췌 장	핵산	nucleotide
nucleotidase	소 장	nucleotide	purine, pyrimidine, 인산, 오탄당

4. 대 장(Large intestine)

한우의 복강 약 75%를 반추위가 차지하고 있으므로 소장과 더불어 복강 우측 부위의

상부에 위치하는 대장은 맹장(caecum), 결장(colon) 그리고 직장(rectum)으로 구성되어 있지만, 맹장은 결장에 비하여 그 기능은 무시될 정도이다. 따라서 기능적으로 결장의 기능을 대장의 기능으로 말하기도 한다. 한우의 맹장은 원통형으로서 결장과의 경계선이 분명치 않으며 회장과의 연결구를 기준으로 하여 편의상 결장과 구별하고 있다. 결장은 경계선이 없이 맹장에 접속되어 있으나 굵기가 가늘어지고 약간 위쪽방향으로 향하여 있다. 직장은 척추의 복방을 따라 항문쪽으로 거의 직선으로 배치되어 있다.

맹장과 결장은 토끼나 말과 같은 비반추초식동물에서 보다 잘 발달되어 있다. 이와 같은 동물들은 맹장과 결장에서 반추동물의 반추위에서와 같은 미생물 발효가 일어나며, 발효산물이 합성되고 흡수되기도 한다. 이들 비반추초식동물에서는 상당한 양의 섬유질(cellulose, hemicellulose 등)이 소화되지만 반추위에서의 소화작용 만큼은 효과적이지 못하다. 왜냐하면 반추동물의 경우에는 위 내용물이 소화와 흡수가 활발한 소장으로 내려가게 되지만, 비반추초식동물은 맹장에서 분해된 내용물은 흡수기능이 거의 없는 결장으로 내려가기 때문이다. 그러나 토끼와 쥐의 경우에는 자가분식(coprophagy)에 의해 어느 정도 이러한 비효율성을 보상받을 수 있다. 자가분식은 자기의 배설물을 먹는 행동으로서 하부장기에서 소화·합성된 물질을 흡수할 수 있는 기회를 갖게 한다. 그러나 이와 같은 자가분식에도 불구하고 토끼에 있어서의 섬유질의 소화는 반추동물에 비하여 효과적이지 못하다. 반추동물은 맹장의 발달이 매우 불량하며, 소화에 있어서도 중요한 역할을 하지 못한다. 맹장에서는 약간의 VFA가 흡수되고, 결장에서는 상당량의 물과 전해질이 흡수된다. 면양의 경우 입에서부터 십이지장 사이에서 약 70%의 수분이 흡수되고 결장에서는 약 19%정도 흡수된다.

한편, 한우의 분(feces)은 항문을 통해 직장에서 배설되는 노폐물로 수분, 소화되지 않은 사료 물질, 흡수되지 않은 소화액, 소화관 벽으로부터 탈락된 상피세포, 담즙, 무기염 및 미생물 등을 포함하고 있다. 분 성분 중 담즙, 소화액, 효소, 탈락상피세포 및 미생물 등에서 유래된 질소는 대사분질소(metabolic fecal nitrogen 또는 endogenous nitrogen)이라 한다. 분의 색깔은 식물성 색소와 스테르코빌리노겐(stercobilinogen ; 담즙색소로부터 장내세균의 환원작용에 의해 생성됨)이라는 갈색 색소로부터 생성된다. 분의 냄새는 대장 내용물의 박테리아 분해산물로부터 생기는데, 대장에서 tryptophan의 탈아미노 및 탈카복실 반응에 의해 생성되는 방향족 물질인 인돌(indole)과 스케톨(skatole)에 의해 주로 일어난다. 분의 양과 성분은 동물의 종류와 섭취하는 사료의 성분에 따라 다른데, 단위동물의 분은 박테리아가 주를 이루고 있지만, 조사료를 섭취하는 반추동물의 분은 세포벽 물질이 주를 이루고 있다.

〈참 고 문 헌〉

1. Bailey, R.W. 1973. Structural Carbohydrates, Blackie, Glasgow. England.
2. Bondi, A.B. 1987. Animal Nutrition. John Wiley & Sons, New York. USA.
3. Church, D.C. 1988. The Ruminant Animal : Digestive Physiology and Nutrition. A. Reston Book, Prentice-Hall, NJ. USA.
4. Church, D.C. and W.G. Pond. 1982. Basic Animal Nutrition and Feeding. 3ed. John Wiley & Sons. New York. NY. USA.
5. Cullison, A.E. and R.S. Lowrey. 1987. Feeds and Feeding. A Reston Book. Engl. Wood Cliffis NJ. USA.
6. Davenport, H.W., 1982. Physiology of the Digestive Tract, 5th ed. Yearbook Medical Publishers. Inc., Chicago, IL. USA.
7. Duffs, C.M. and J.H. Duffus. 1984. Carbohydrate Metabolism in Plants. Long Man. Engl.
8. Ensminger. M.E, J.E. Oldfield, and W.W. Heinemann. 1990 Feeds and Nutrition. The Ensminger Pub. Co. Clovis Cal. USA.
9. Hamilton, R.J. 1986. Analysis of Oils and Fats. Elsvier Applied Science Publishers, LTD.
10. Holdman, L.V., E.P. Cato and W.E.C. Moore. 1977. Anaerobic Laboratory Manual 4th ed. Virginia Polytech. Inst. and State Univ., Blackburg, Virginia, USA.
11. Hungate, R.E. 1966. The Rumen and its Mcrobes. Academic Press, Inc., New York, USA.
12. Jack, R.C. 1995, Basic Biochemical Laboratory Procedures and Computing, Oxford, UK.
13. Lassiter, J.W. and H.M. Edwards, Jr. 1982. Animal Nutrition. A Reston Pubushing Co., Inc. Virginia.
14. Lehaninger. A.L. 1986. Principles of Bochemistry. Worth Pub. Inc. New York, NY. USA.
15. Linn, J.G., M.E. Hutjens, R. Shaver, M.E. Otterby, W.T. Howard, and L.H. Kilmer, 1995. Feeding Dairy Herd. Minesota Extension Service. Pub. 346. USA.
16. Maynard, L.A., J.K. Loosli, H.F. Hintz and R.G. Warner. 1979. Animal Ntrition. Ted. McGraw. Hill. Book Co. New York. NY. USA.
17. McDonald, P., R.A. Edwards. and J.F.D. Greenhalgh, 1988. Animal Ntrition(4th ed.). Longman. New York. NY. USA.
18. NRC. 1988. National Research Council National Academy Press. Washington, D. C.
19. Parodi, P. W. 1999. Conjugated linoleic acid and other anticarcinogenic agents of bovine milk fat. J. Dairy Sci. 82 : 1339-1349.
20. Ruckebusch Y. and P. Thivend-1980. Digestive Pysiology and Mtabolism in Rminants. MTP Press LTD. Lancaster. England.
21. 고영두. 2004. 동물영양학. 유한문화사.
22. 농림부. 축산연구소. 농협중앙회. 2002. 한우사육 길잡이.

23. 축산연구소. 2004. 한우 명품화를 위한 추진전략 심포지움.
24. 축산연구소. 2004. FTA에 대응한 한우의 차별화 전략 심포지움.
25. 하종규. 이성실. 2001. 반추동물영양학실험법. 도서출판 문영당.
26. 하종규. 이성실. 문양수. 김창현. 2005. 반추동물영양생리학. 서울대학교출판부.
27. 한인규 외 4인. 1991년. 가축영양학. 선진문화사.

제3장 영양대사

제1절 영양소의 대사

고기, 우유, 계란 등 축산물은 단백질, 지방, 탄수화물 등의 영양소가 동물체 내에 축적되어 생산되는데, 축산물의 성분조성이나 질은 각 영양소 성분의 축적률에 영향을 받는다. 한편 영양소의 축적률은 탄수화물, 단백질, 지방 등 주요 영양소들의 합성과 분해에 좌우된다. 그림 3-1은 한우와 같은 반추동물에서 각 영양소들의 체내 대사의 개요를 나타낸 것이다.

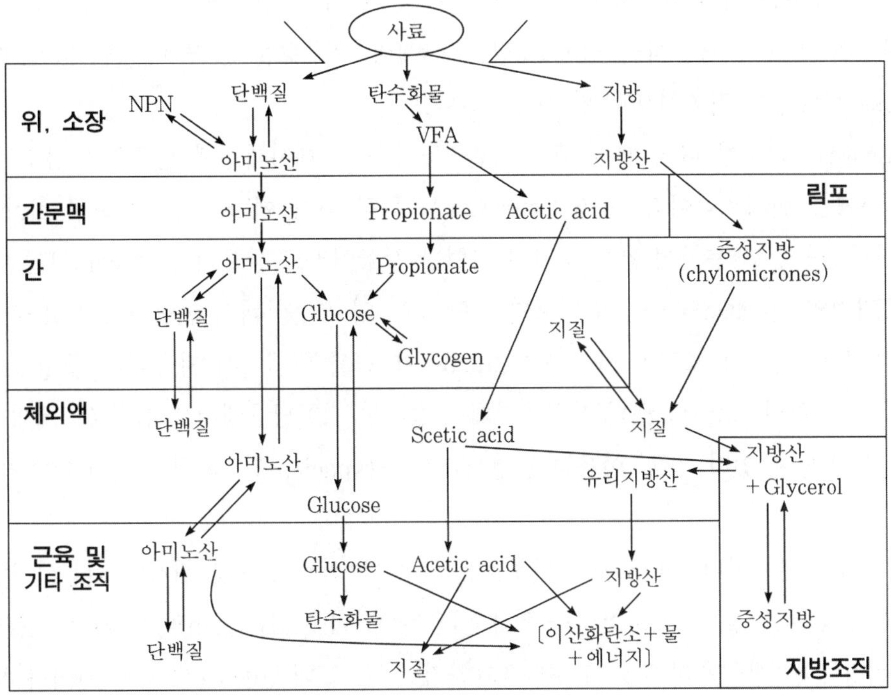

그림 3-1. 반추동물의 체내 대사과정 개요(하 등, 2005).

1. 탄수화물의 대사

단위 동물이 섭취하는 탄수화물은 대부분이 glucose형태로 소화·흡수되나, 반추동물이 섭취한 탄수화물, 즉 cellulose, hemicellulose, pectin, 전분 등은 반추위 내 미생물에 의하여 대부분 휘발성 지방산(VFA)으로 전변되고, 극히 일부분의 단당류 형태만 하부 소화기관에서 소화·흡수되어 체내에서 대사된다.

1) Glucose의 대사

Glucose는 자연계에 널리 분포되어 있고 과실, 식물즙, 꿀 등에도 들어있다. 탄수화물의 최종 분해산물로서 혈액 내를 순환하며 산화되어 에너지를 공급한다. Glucose의 대사는 동물의 종에 따라 변이가 있는데, 단위동물은 섭취한 탄수화물이 glucose나 다른 단당류로 소화·분해되어 간문맥으로 흡수된 직 후, 조직 내 glycogen 합성 전구물질이나 체내 대사를 위한 glucose원으로 이용되며, 소의 경우에는 탄수화물이 반추위에서 발효되어 휘발성 지방산으로 전변되고, 따라서 glucose의 흡수량은 매우 미미하다. 휘발성지방산들이 공급하는 에너지는 동물 전체 에너지 요구량의 약 70~80%를 차지한다. 그러므로 한우의 장에서 흡수하는 glucose만으로 체내 요구량을 충족시킬 수 없기 때문에 glucose 신합성이 지속적으로 일어나야 한다.

Glucose는 최소한 다섯 개의 체내 기관, 조직 혹은 대사과정에 필요한 영양소이다.

첫 번째는 신경조직이다. 신경조직세포에서 특히 뇌는 에너지 공급원으로 glucose를 요구한다. 단지 몇 분간의 짧은 순간의 저혈당 상황이라도 동물의 혼절(coma)을 야기하고, 즉각적인 glucose의 공급이 없으면 사망 또는 영구적인 뇌의 손상을 일으킬 수 있다. 사람의 경우 뇌신경 조직이 사용하는 glucose가 전체 혈액에서 방출되는 총 glucose의 70%를 차지한다. 그러나 소의 신경조직계는 심각한 저혈당증에서도 신경조직계의 큰 손상 없이 지낼 수 있다. 이런 이유는 결정적으로 종(species)간 뇌의 크기가 다르기 때문이다.

두 번째는 근육이다. glucose의 일부분은 근육 내 직접 산화를 위하여 이용되지만, 대부분의 glucose는 glycogen 합성을 위해 이용된다. 비록 glycogen의 함유량이 골격근육이나 심장근육, 장근육의 0.5~1%에 불과하지만, 근육 내 glucose의 양은 간이나 체액보다 동물의 glucose의 양을 높은 농도로 유지시키는 데 중요한 역할을 한다.

세 번째는 지방합성이다. Glucose는 체내 지방의 합성과 분해에 중요한 역할을 한다. α-glycerophate를 형성하는데, 이것은 지방산이 중성지방으로 합성되는 데 필요한 glycerol의 전구물질이다. 지방조직과 유선은 glycerol kinase와 같은 특정한 효소가 충분히 없기 때문에, 이들 조직이 필요로 하는 glycerol은 반드시 glucose대사에 의하여 제공되어야 한다.

네 번째는 태아와 유선이다. 비록 생존을 위하여 지속적인 glucose공급이 필요하지만, 가장 많은 양의 glucose는 태아의 성장과 유생산을 위하여 이용된다. 태아의 주 대사에너지 원은 탄수화물이기 때문에 태아는 모체로부터 glucose를 지속적으로 공급받아야 한다.

Glucose의 체내 대사율은 동물이 안정된 상태(steady state)일 경우, glucose의 이용량은 glucose의 생성량과 동일하며, 반추동물은 대사율이 낮은 편이다.

대사율의 변이는 동물의 생리적인 상태, 즉 임신 또는 비유여부 등에 일어날 수 있고, 에너지 섭취량, 전구물질의 종류와 공급량 등에 의해서도 상당한 영향을 받는다. 일반적으로 육성기 동물은 성숙한 동물에 비하여 glucose 대사율이 높다. 또한 체내 glucose의 대사와 CO_2생성량을 비교해 보면 35~65%의 glucose가 직접적으로 CO_2로 산화된다. 다시 말하면, 많은 양의 glucose는 다른 화합물로 전변되는 것이다. 신경조직과 태아의 경우에도 혈액으로부터 공급받은 glucose를 대부분 산화시키지만 지방조직과 유선에서는 상대적으로 산화하는 glucose의 양이 적으며, 근육은 중간 정도의 위치에 있다. 평균적으로 반추동물이 비반추동물에 비하여 체내에서 산화되는 glucose가 낮다. 이러한 차이점은 반추동물이 전체 몸에 비하여 상대적으로 뇌가 작은 것에 연유한다.

동물의 종류에 상관없이 glucose의 주된 공급 장소는 장(glucose 흡수), 간, 신장이며 공급량은 영양상태나 동물의 종에 따라 달라질 수 있다. 장에서의 glucose의 흡수는 단위동물의 경우 전분이나 당은 소장에서 glucose나 단당류로 소화되고, 그 후 수 시간 내에 장에서 흡수되며, 대부분의 glucose는 혈액으로 운반되어 체내 대사에 이용되거나 glycogen으로 저장된다. 그러나 반추동물에서는 대부분의 탄수화물이 반추위 내에서 발효되므로, 제한된 양의 전분이나 당류만 소장에 도달한다. 이와 반대로 간과 신장에서는 glucose를 생산하는데, 반추동물의 간은 체내에서 가장 많은 양의 glucose를 생산하나, 소비하는 glucose의 양은 적다. 예를 들면, 장혈관과 간에서 생성된 glucose양은 총 4.5 g/h이고 소비는 1.4g/h로서 최초 소화기 혈관과 간에 유입된 것보다 3.1 g/h이 더 생성되어 간정맥으로 이동된다. 신장에서도 소량의 glucose가 생산되는 반면, 근육과 뇌에서는 대부분 glucose의 소비만 일어난다.

2) Glucose 신생합성(Gluconeogensis)

Glucose합성에 이용되는 주요 전구물질은 총 4가지가 있다. 간과 신장에서 주요 glucose대사과정은 그림 3-2에서 보는 바와 같다. 첫 번째 전구물질은 propionate로 흡수된 propionate 90%이상은 간의 문정맥으로 이동하여 glucose 신합성에 이용된다. 따라서 말초혈관에서의 propionate의 농도는 매우 낮고, 아주 적은 양의 propionate만이 신장에서 glucose로 전변된다. 반추동물에서 propionate의 반추위 내 생성은 비교적 높지만, 사료의 종류에 따라 변이가 있으며, 생성된 propionate의 약 절반만이 glucose로 전변되는 것으로 알려져 있다. 따라서 반추동물의 체내 glucose중 약 27~55%가 propionate를 전구물질로 이용하여 생성된다.

두 번째 전구물질은 glycerol이다. 체내에 있는 대부분의 glycerol은 지방산과 결합하여 중성지방형태로 각 조직에 존재한다. 지방분해가 일어나면 유리glycerol은 유리지방과 같이 방출되고, 일부의 유리지방산은 지방이 분해되는 장소에서 다시 중성지방으로 합성된다. Glycerol은 우선적으로 간과 신장으로 이송되고, 그 조직 내에서 glucose와 중성지방합성 그리고 CO_2로의 산화에 이용된다. 대부분의 glycerol은 사료지방 혹은 glucose

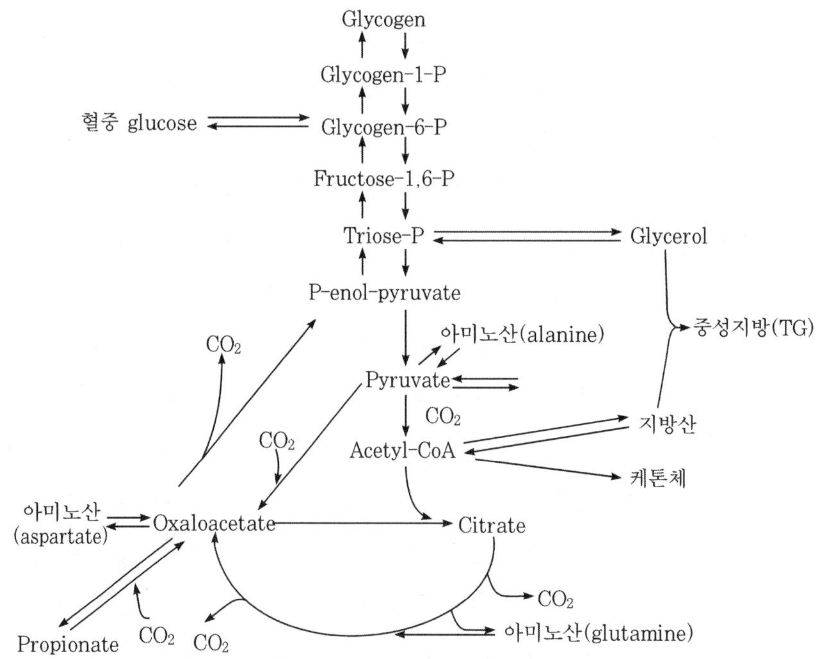

그림 3-2. 간과 신장의 주요 glucose 생성과정(하 등, 2005).

로부터 형성되기 때문에 동물의 혈중 유리 glycerol의 농도는 일반적으로 낮다(40～100 μm 혹은＜1 mg/10mℓ).

세 번째 전구물질은 아미노산(amino acid)이다. Lysine, leucine을 제외한 대부분의 아미노산들은 glucose를 만드는 전구물질이 될 수 있다. 간은 아미노산을 효과적으로 흡수하여 혈장과 체단백질 합성을 위하여 사용한다. 아미노산의 탄소골격은 glucose합성에 이용되고, 대부분의 질소는 요소로 합성된 후 요로 배출된다. 그러므로 glucose 신합성과 요소생성과정은 서로 연결되어 있다. 그러나 일부 요소는 소화기관으로 재순환되고, 일부 암모니아는 다른 아미노산 합성에 이용될 수 있다. 근육은 단백질의 주요 저장소이고, 아미노산의 흡수와 방출이 일어나는 주요 조절기관이기도 하다. 신장 또한 glucose 신합성을 위하여 아미노산을 이용하고, 암모니아를 생성하여 산-염기 균형유지에 기여하기도 한다.

네 번째 전구물질은 lactate이다. 소량의 pyruvate와 함께 lactate는 glucose의 혐기적 대사과정 중 생성되고 거의 모든 세포에서 만들어질 수 있다. Lactate는 특히 반추동물의 경우 소장으로부터도 흡수될 수 있다. 일반적으로 lactate의 혈중 농도(0.5m～1.0mM)는 낮으나, 운동이나 산소가 부족할 때는 5mM 내외로 증가한다. 체내의 다른 조직, 즉 보다 호기적인 상태를 유지하는 심장, 간, 신장 등으로 운송되어 완전 산화된다. 그러나 lactate의 주요 이용경로는 간이나 신장에서 glucose로의 전변이다. Glucose에서 lactate로, 그리고 다시 glucose로 전환되는 경로를 Coli cycle이라 하는데, 외관상 진정한 glucose의 생산이 없는 것으로 보인다. 소와 같은 반추동물에서 Coli cycle은 사료의 섭취와 절식 등과 상관없이 총 glucose의 5%이하가 생성되며, 단위동물은 10～15%의 glucose가 Coli cycle에 의해 생성되고 절식 때는 그 비율이 더 높아진다.

체내 glucose합성에 영향을 미치는 가장 중요한 요인은 간으로 공급되는 전구물질의 양이다. 반추동물에서 glucose 신합성은 사료섭취 후 증가하게 되고 절식에 의하여 감소하는데, 이는 전구물질의 공급량 차이 때문이다. 만약 혈중 glucoses농도가 떨어지면, 그 첫 번째 반응은 간에서 glycogen의 분해가 일어나고 간으로부터 glucose가 혈중으로 방출된다. 이와 동시에 췌장에서 insulin의 분비는 감소하고 glucagon의 분비는 증가한다.

2. 단백질 대사

1) 한우의 제 1위에서의 단백질 대사

일반적으로 다른 반추동물과 같이 한우가 섭취한 사료단백질은 반추위 내 미생물에 의해 일부는 반추위 내에서 분해되며 일부는 분해되지 않고 직접 소장으로 이행되어 소화 흡수된다. 따라서 사료단백질의 반추위 내 분해정도는 한우의 사양에 있어서 매우 중요한 과제이다. 반추위에서 사료단백질의 분해에 영향을 미치는 요인으로는 미생물에 의한 단백질 분해력, 사료단백질의 용해도(solubility), 단백질의 화학 및 물리적 상태, 단백질에 대한 미생물의 부착상태 및 단백질의 반추위 내 체류시간(retention time) 등이 있다. 반추위 내 단백질 분해 효소의 분포는 미생물체 내에 존재하며 미생물체외에는 거의 활성이 없기 때문에 사료 단백질의 미생물체에 부착정도가 분해율에 큰 영향을 미친다.

반추동물에 의해 섭취되는 사료단백질의 분해도는 표 3-1와 같이 사료단백질의 종류에 따라 반추위 내에서 암모니아로 분해되는 단백질(rumen degradable protein, RDP)과 분해되지 않고 소장에서 소화 흡수되는 단백질(rumen undegradable protein, RUP)의 분해율에는 차이가 있다(그림 3-3 참조). 성장이 빠른 육성 및 비육기 한우에 있어 반추위 미생물들은 최대 성장을 위해 필요한 단백질을 모두 생산할 수 없으므로 반추위에서 분해되지 않는 사료 단백질을 어느 정도 공급해 주어야 한다. 일반적으로 반추동물의 사료 중에 평균 60%가 반추위에서 분해되어 암모니아로 된 다음 미생물체단백질로 합성되어 이용되고, 나머지 40%는 제 4위로 이행되어 소장에서 소화・흡수된다.

표 3-1. 사료단백질의 반추위 내 분해도 (단위 : %)

구 분	암모니아로 분 해	분해되지 않는 단백질	구 분	암모니아로 분 해	분해되지 않는 단백질
Casein	90	10	어 분	30	70
대두박	63	37	화본과사일리지	85	15
면실박	68	32	클로버(어린풀)	74	26
알팔파분말	60	40	클로버(성숙후)	47	53
Zein	40	60	라이그라스류	74~52	26~48

반추위 내료 유입되는 단백질에는 사료로서 공급되는 단백질과 타액 또는 반추위벽을 통하여 유입되는 재순환 질소(recycling nitrogen)와 반추위벽에서 떨어져 나온 상피세포와 같은 내인성 단백질 그리고 반추위 내에서 용해된 많은 양의 미생물체 단백질 등이 있다. 그림 3-3에서처럼 한우의 체내에서 사료 단백질은 다양하게 분해 흡수되어 대사되어진다.

대부분의 박테리아는 유기질소보다는 암모니아를 좋아하기 때문에 이들은 암모니아를 빠르게 생성하지만, 이것을 즉시 효율적으로 다시 이용할 수 있어야 한다. 만일 암모니아

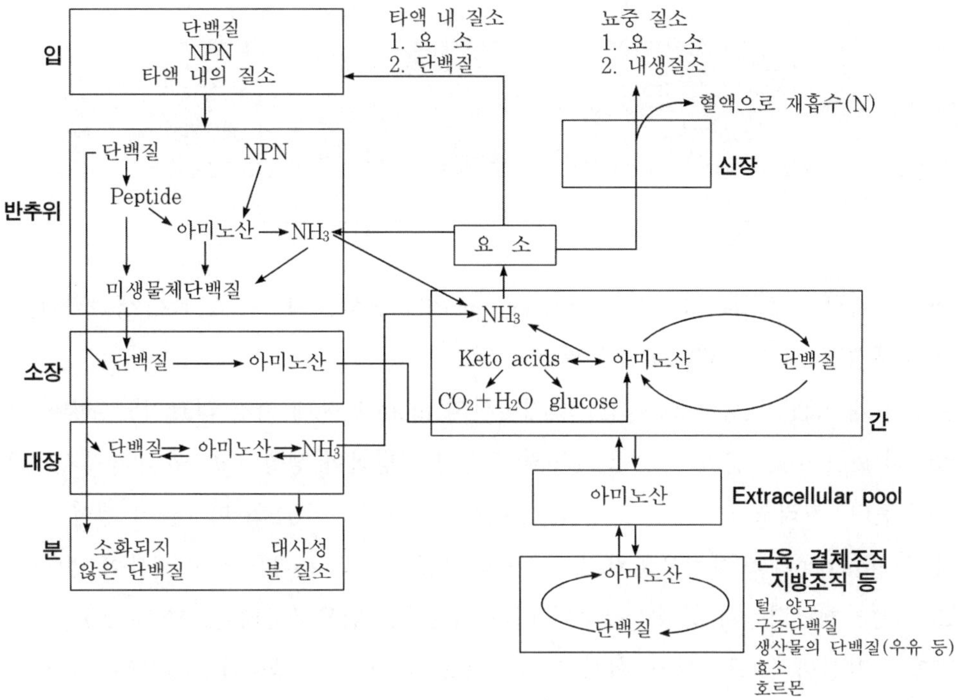

그림 3-3. 한우의 단백질 대사

의 생성이 지나치게 빠르면 상당량이 반추위벽을 통해 혈액 속으로 이행되어 결국 동물 체외로 배설되어 손실된다. 따라서 비단백태질소화합물의 분해에 의한 암모니아의 생성 속도를 줄이는 방법으로서 ① NPN 화합물을 피복하는 방법, ② 요소 분해효소의 작용을 저지시키는 방법, ③ 용해성이 낮은 NPN 화합물을 사용하는 방법 등이 있으나, 미생물체 단백질을 최대로 합성하기 위해서는 풍부한 암모니아의 공급이 요구되기 때문에 이들 방법은 어느 것이나 만족할 수 없다.

2) 한우의 반추위에서의 미생물단백질의 합성과 요소의 이용

(1) 미생물단백질의 합성

① 미생물단백질의 합성을 위한 에너지 공급 : 반추위 내 미생물은 탄수화물을 분해하여 미생물 자체의 성장에 필요한 에너지(ATP)를 공급받는다. 반추위 내 탄수화물의 최종 분해산물인 휘발성 지방산(VFA)은 그 종류에 따라 ATP의 생성량이 다르다. 즉 표 3-2에서와 같이 일반적으로 acetic acid가 생성될 때는 2 ATP, propionic acid가 dicarboxylic acid 경로를 통해 생성될 때는 3 ATP가 생성되지만, acrylate 경로를 통해 생성

표 3-2. 휘발성 지방산의 종류에 따른 ATP 생성량

구 분	휘 발 성 지 방 산				
	acetic acid	propionic acid		butyric acid	메탄가스
		dicarboxylic acid	acrylate		
ATP 생성량	2	3	1	3	1

될 때는 1 ATP가 생성된다. 그리고 butyric acid가 생성될 때는 3 ATP가 생성되며, 메탄가스가 생성될 때는 1 ATP가 생성된다.

반추위 내 ATP의 생성량은 휘발성 지방산의 mole 비율에 따라 다르지만, 일반적으로 1 mole의 glucose가 분해 되면 2 mole의 휘발성 지방산이 생성되고, 이 과정에서 4 ATP가 생성된다. 그리고 1 ATP는 고형물 기준으로 평균 15~20 g의 미생물이 생성되므로 1 mole의 glucose가 분해됨으로써 총 60~80 g(15~20 g×4 ATP)의 미생물이 얻어진다.

② 미생물체단백질의 합성 : 반추위 내의 미생물은 암모니아태질소(NH_3-N)를 이용하여 그들 자신이 체단백질을 합성할 수 있으며, 이들 미생물체단백질은 bacteria와 protozoa가 주종을 이루고 있다. 반추위 내 탄수화물의 대사와 미생물 단백질 합성과의 관계는 그림 3-4와 같으며, 반추위 내 미생물의 대부분은 사료단백질이 가수분해되어 아미노산으로 분해 흡수되어 생성되는 암모니아가 체내에 축적되기 때문에 이들을 질소원으로 하여 스스로 단백질을 합성할 수 있는 점으로 보아 반추동물의 경우 미생물체단백질의 합성에 있어서 암모니아가 가장 중요한 질소원인 것을 알 수 있다.

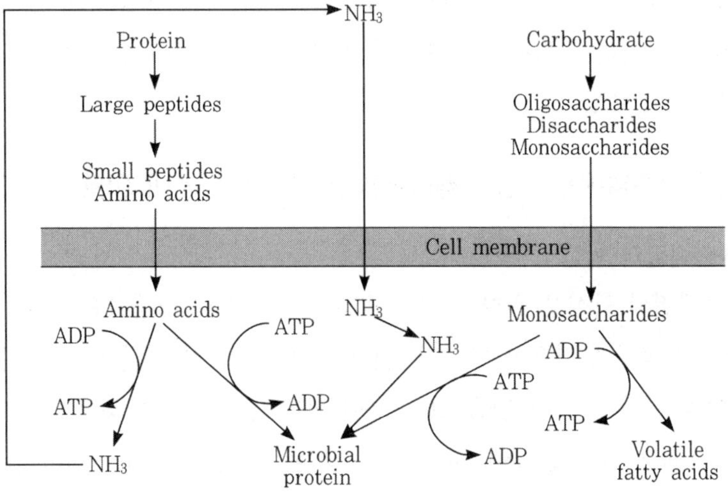

그림 3-4. 반추위에서의 탄수화물의 대사와 미생물 단백질 합성과의 관계

그러나 일부 아미노산과 peptide도 미생물단백질의 합성에 기여하지만, 대부분은 반추위 내에서 요소와 비단백태질소화합물로 분해되어 암모니아를 생성하며, 특히 ammonia-N와 amino acid-N의 비율이 미생물의 성장에 중요한 역할을 한다. 즉 요소-N와 amino acid-N의 비율이 75 : 25일 때 반추위 내 미생물의 성장이 가장 활발하다.

이렇게 하여 생성된 glutamic acid는 transaminase에 작용으로 다른 아미노산을 합성하게 되며, 이것을 이용하여 미생물체단백질을 합성한 후 에너지로 이용된다(Baldwin과 Denham, 1979).

반추위 내에서 생성되는 박테리아와 프로토조아의 총량(건물 중량)은 동물의 종류와 섭취하는 사료에 따라 크게 차이가 있으나, 일반적인 소의 미생물단백질의 함량은 표 3-3과 같다. 반추위 내 미생물의 합성량은 glucose 1 mole당 g(g cell DM/mole glucose) 또는 발효된 탄수화물 100 g당 g(g cell DM/100 g fermented carbohydrate)으로 나타내며, 미생물의 성장에 필요한 단백질원 · 에너지 · 광물질 · 비타민 등의 영양소의 공급능력에 달려 있다.

Glucose 1 mole당 미생물의 성장량(g)을 $Y_{glucose}$라 나타내며, 반추위 내에서 사료가 발효될 때 ATP가 생성되며, 생성된 ATP당 생성된 미생물의 양을 Y_{ATP}(g cell DM/ATP)로 나타낸다. 1 mole의 ATP 생성량당 미생물의 성장량(Y_{ATP})은 연구자에 따라 다르나, 요소가 유일한 질소원인 정제사료에 아미노산을 첨가하는 수준에 따라서 Y_{ATP}는 15.4~20.6g까지 변화되며(Maeng과 Baldwin, 1976), Stouthamer(1977)는 19.9~25.4 g 및 Hespell과 Bryant(1979)는 19~20 g이라고 하였다.

표 3-3. 소의 반추위 내의 박테리아와 프로토조아의 총량(건물 및 미생물단백질의 함량[a])

구 분	박테리아	구 분	프로토조아
총 량(건물)[b]	399	총 량(건물)	315
단백질	217	단백질	172

[a] 총 박테리아 : 0.57g(건물)/100mℓ(3.1×1010세포/mℓ), 총 프로토조아 : 0.45 g 건물)/100mℓ(2.4×105세포/mℓ), 미생물단백질 함량 : 미생물건물의 54.5% 기준.
[b] 반추위 내용물의 총량 : 70ℓ 기준. [c] 반추위 내용물의 총량 : 5ℓ 기준. (Wolin, 1979).

표 3-4. 급여한 단백질의 종류가 반추위내 단백질의 생물가에 미치는 영향

급여한 단백질의 종류	반추위 내 단백질의 생물가	연 구 자	급여한 단백질의 종류	반추위 내 단백질의 생물가	연 구 자
대두박	63~73	Umunna 등(1975)	Zein	78.3	Hembry 등(1975)
대두박	84.8	Hembry 등(1975)	요소	76.4	Hembry 등(1975)
Casein	73	Hungate (1966)	요소	54	Hungate (1966)

동물에게 여러 종류의 단백질을 급여했을 때 반추위 내 단백질의 생물가(SV)에 미치는 영향은 연구자에 따라 다소의 차이는 있으나, 일반적으로 표 3-4에서 보는 것과 같이 대두박을 급여했을 때는 63～73, 카제인의 경우는 73이며, 요소는 54의 범위로서 연구자에 따라 차이를 보이고 있다.

그러나 Hembry 등(1975)은 대두박은 84.8, 제인(zein)은 78.3, 요소는 76.4로 보고하였다. 이와 같이 카제인과 요소의 생물가가 대두박이나 제인보다 다소 낮은 이유는 단백질이 너무 빠르게 암모니아로 분해되기 때문인 것으로 생각된다.

3. 지방 대사

Lipid 혹은 fat로 대변되는 지방은 기능적으로 두 가지로 구분된다. 하나는 구조지방으로서 세포나 조직의 구성성분이 되는 것이며, 다른 기능은 주요 에너지의 저장 기능이다.

동물 체내 저장 지방의 대부분은 중성지방(triglyceride)이며, 주요 구조지방의 형태는 세포막에 존재하는 cholesterol, glycerophospholipid, sphingolipids 등이다. 탄수화물성 에너지는 glycogen 형태로 근육과 간에 저장되어 있으며 그 양이 제한적이지만, 중성지방 형태의 에너지 저장은 거의 무제한적이다. 지방조직 1g을 축적시키는 것이 단백질 1g을 축적시키는 것보다 비용이 3배 이상 요구되므로, 과다한 지방축적은 비경제적이다. 소에서는 반추위 미생물작용 때문에 지방조직에 축적되는 지방의 조성과 사료 속에 함유된 지방성분과 다르다. 따라서 높은 함량의 불포화지방산이 사료에 함유되어 있다고 하여도 반추위 내 미생물에 의한 가수소작용에 의해 포화지방산으로 전변되고 일부만 불포화지방산으로 남게 되어 사료지방의 종류에 따라 체내 지방조성이 크게 영향 받는 단위동물과 구별된다(그림 3-5).

주요한 구성지방은 triglyceride(90～98%)와 diglyceride(1～2%), phospholipid (0.25%), cholesterol(0.25%) 등이 대표적이며, 정상적인 간은 72%의 물, 19%의 단백질, 6%의 지방으로 구성되어 있다. 간의 지방은 50%의 중성지방, 45%의 phospholipid, 5% 내외의 cholesterol과 cholesterol ester로 구성 되어있다. 지방간일 때는 중성지방이 약 10배까지 증가할 수 있으나, phospholipid의 절대적인 양은 일반적으로 변하지 않는다. 이러한 지방간은 임신이나 절식에 의하여 발생할 수 있지만, 일반적으로 단백질, choline, biotin 등의 결핍, 산중독증 등의 병적인 상태와 연관이 깊다.

출생 전후 동물에게 있어 지방조직은 태아발달 기간 중 가장 중요한 조직 중의 하나로

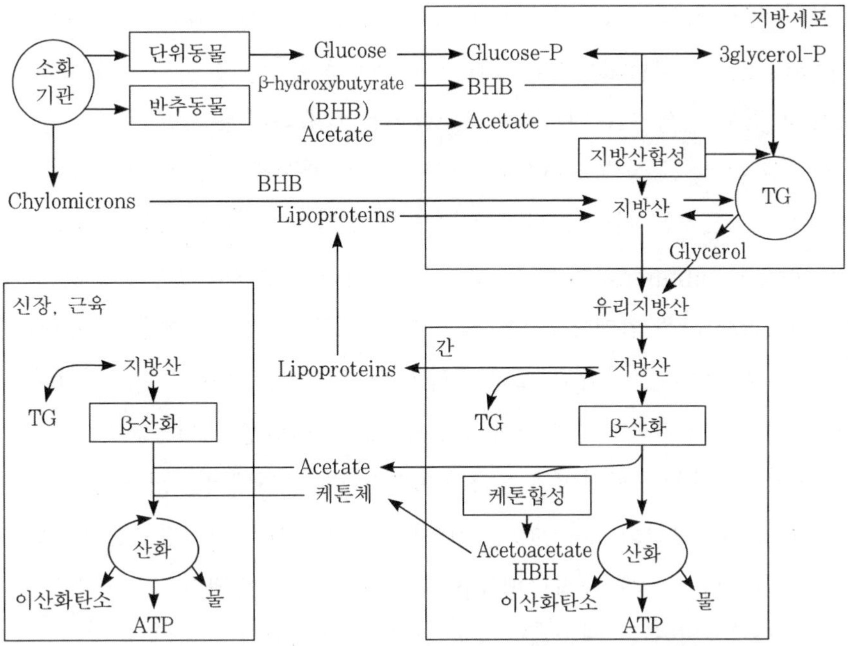

그림 3-5. 동물 체내 기관별 지방대사 개요(Riis 등, 1983).

서 임신 후기에 대부분이 형성된다. 출생시 동물의 체지방은 갈색지방(brown adipose tissue)과 백색지방(white adipose tissue)으로 구성되어 있다. 갈색지방은 체온유지를 위한 지엽적인 열 생산에 관여하여 출생 직후 어미의 태반 속과 외부의 급격한 온도 차이에서 오는 환경적 변화에 적응하기 위한 지방이다. 면양을 포함한 반추동물의 경우 갈색지방이 지방조직의 대부분을 차지하며, 토끼와 사람의 경우 갈색과 백색지방 모두가 비슷하게 존재하나 특이하게 돼지의 경우 출생시 거의 갈색지방이 발견되지 않는다.

동물이 성장함에 따라 지방의 축적이 급격히 일어나며, 지방세포의 용적 또한 나이가 증가함에 따라 점차적으로 증가한다. 소의 경우 성장 초기 신장지방과 복강지방의 축적이 일어나며, 그 후에는 지방이 근육들 사이(intermuscular)에 축적되고, 마지막 비육단계에는 근육 내(intermuscular)에 축적이 일어나면서 마블링(marbling)이 형성된다. 마블링 상태가 높은 것은 과다한 지방축적과 연관이 매우 높으며, 특히 피하지방의 축적과 관계가 깊다. 체내 지방축적은 동물의 품종, 성, 영양상태(사양관리) 등에 따라 영향을 받게 된다.

소와 같은 반추동물에서 주로 생성되는 단쇄지방산(short chain fatty acids, VFA)인 acetate, propionate, butyrate 등이 동물 에너지요구량의 50% 이상을 제공한다. 전체

VFA 생산의 60~70%를 차지하는 acetate는 에너지 생성과 지방합성 목적으로 이용되며, propionate, isobutyrate, valerate 등은 glucose 합성을 위한 원료로 이용된다.

Acetate의 경우 생성원과 대사율(turnover)은 명확하지 않지만, 유리지방산 혹은 중성지방에서 생성되기도 한다. 유리지방산의 생성에 관여하는 일반적인 요소는 지방조직의 기초 분해율, 호르몬 자극 지방분해, 유리지방산의 재에스테르화(re-esterification)율, 유리지방산의 albumin과의 포화 정도 등에 따라서 영향을 받는다. 지방분해의 산물인 지방산과 glycerol은 혈액으로 방출되는데, 유리된 지방산은 혈청 albumin과 결합하여 체내 전체 조직으로 운반되고 그 곳에서 에너지 생산을 위하여 산화되거나 이용되며, glycerol은 간으로 운반되어 중성지방 혹은 glucose 신합성에 이용된다.

소는 acetate가 지방산 합성의 주요 전구물인 반면, 돼지에서는 glucose가 주요 전구물질이다. 주요 유리지방산의 흡수장소는 간이며, 이 곳에서 중성지방으로 전변되거나 또는 타 기관으로 운반되기 전에 지방단백(lipoprotein)으로 전변된다. 간은 유리지방산을 완전히 CO_2로 산화시키거나, 케톤체나 acetate로 전변시키기도 한다.

4. 물의 대사

물은 동물체 내에서 가장 많은 부분을 차지하고 있는 체구성 성분으로 체내 대사와 체온 조절의 중요한 기능을 수행하며, 생명을 유지하는 데 필수 불가결한 성분이다. 일반적으로 성숙한 동물의 체수분 함량은 생체중(live weight)의 50~70%, 새로 태어난 동물은 약 90%를 차지한다. 또한, 동물은 체내에 존재하는 지방의 대부분과 단백질의 1/2이상이 소실된 경우에도 생존할 수 있지만, 수분은 체내 함량의 약 10~15%만 소실되어도 폐사하는 것으로 알려져 있다. 이러한 사실로 볼 때 물은 생명현상 유지에 가장 중요한 필수 영양소라 할 수 있다.

동물이 체내에서 필요한 수분은 주로 음용수, 사료에 함유된 수분 및 대사수(metabolic water) 등을 통해 얻으며, 이 중에서 일반적으로 가장 중요한 체내 수분의 공급원은 음용수를 통해서이다. 사료를 통한 수분공급은 사료에 함유된 수분 함량에 따라 다르고, 사료의 수분 함량은 사료의 종류에 따라 일정하지 않다. 농후사료나 건초와 같이 7~15%의 수분 함량을 나타내는 것에서부터 청초와 사일리지와 같이 70~90%의 수분을 함유하는 것에 이르기까지 다양하다. 대사수는 체조직 내에서 대사과정, 주로 영양소의 산화에 의해 발생된다. 소의 경우 대사수를 통해 수분의 공급은 총 수분 섭취량의 5~

10%를 차지하며, 일반적인 환경조건 하에서는 그리 중요하지 않다.

반추동물의 경우 제 1위와 제 3위에서 수분의 흡수가 일어나며, 반추동물의 제 4위에서 일부 수분이 흡수되지만, 오히려 위점막선으로부터 다량의 수분이 위 내로 유입된다. 또한, 십이지장에서도 장액, 담즙산과 췌장액이 분비되므로 흡수보다는 수분의 배설이 많으며, 공장 · 회장 · 대장 등에서는 수분이 많이 흡수된다.

수분의 이동(흡수와 배설)은 장기사이의 삼투압에 의해 크게 영향을 받는데, 사료섭취 직후의 소화관 내용물에는 영양소와 같은 용질들이 다량 녹아 있어 이것이 삼투압을 증가시켜 반추위나 소장 내로 수분을 흘러나오게 한다. 그러나 수분만 섭취할 경우에는 삼투압 관계 때문에 수분은 보다 빨리 그리고 완전히 체내로 흡수된다. 이에 반하여 펙틴(pectin)과 같은 다당류는 소화관 내에서 수분과 함께 겔(gel)을 형성하므로 수분의 흡수를 방해한다. 또한, 사료오염, 미생물 독소, 장관 내 삼투압 변화, 장관운동 저하 등과 같은 원인에 의해 기인된 설사에도 수분의 흡수장애를 일으킨다.

섭취된 수분은 대부분 분뇨, 폐를 통한 증발, 피부를 통한 발산, 피부 땀샘을 통한 땀 등으로 배출된다. 분과 뇨를 통한 배출은 주기적으로 일어나며, 폐 · 피부 · 신장을 통한 수분의 배설도 끊임없이 계속되지만 배설되는 양과 비율은 매우 다양하다. 뇨 중으로 배설되는 물은 신장에서 배설된 노폐물의 용매역할을 하며, 뇨는 주로 단백질의 분해산물과 광물질을 함유한다. 분 중으로 배설되는 수분의 양도 섭취하는 사료와 물의 양, 동물의 종류 등 여러 요인에 의해 영향을 받는다. 반추동물의 분 중 수분 배설량은 다른 동물보다 훨씬 높은데, 소의 경우는 뇨를 통해 배설되는 양과 거의 비슷하며, 68~80% 정도의 수분을 함유하는 분을 배설한다.

폐를 통한 증발 및 피부를 통한 발산과 같은 무감지 수분손실(insensible water loss)은 특히 땀이 나지 않는 온도와 땀샘이 없는 동물의 경우 전체 수분 손실 중에 상대적으로 매우 높은 비율을 차지하고 있다. 기온이 높을 때 땀을 흘리는 소에서 폐를 통해 소실되는 수분의 양은 전체 수분 손실량의 약 50%를 차지하지만 피부를 통한 발산으로 손실되는 수분의 양은 그리 많지 않다.

5. 광물질의 대사

광물질은 가축의 체구성 성분일 뿐만 아니라 체내에서의 각종 생리적 작용에 관여하며, 육우 체내의 함량과 요구량 정도에 따라 다량 광물질(macro-minerals)과 미량 광물질

(micro-minerals)로 분류된다. 다량 광물질에는 칼슘(Ca), 인(P), 마그네슘(Mg), 칼륨(K), 나트륨(Na), 염소(Cl) 그리고 황(S) 등이 포함되며, 미량 광물질에는 크롬(Cr), 철(Fe), 구리(Cu), 코발트(Co), 아연(Zn), 망간(Mn), 요오드(I), 몰리브덴(Mo), 셀레늄(Se), 니켈(Ni) 및 불소(F) 등이 포함된다.

일반적으로 육우에 급여하는 사료에 많은 종류의 필수 광물질이 다량 포함되어 있으나 일부 광물질의 경우 별도로 보충시켜지지 않는 한 육우의 각종 생산활동에 크게 영향을 줄 수 있다. 그러나 요구량을 초과할 정도의 광물질 첨가는 광물질의 낭비는 물론 환경적인 문제를 초래할 수 있으므로 적정량을 급여하는 것이 바람직하다. 뿐만 아니라 일부 요구되지 않은 광물질은 미량이라 하더라도 오히려 중독증을 일으키기도 한다.

1) 다량 광물질 대사

(1) 칼슘과 인의 대사

칼슘(Ca)은 뼈와 치아의 구성 성분으로 전체의 98%를 차지할 만큼 체내에서 양적으로 가장 많이 존재한다. 나머지 2%는 체액과 연골 등에 분포되어 있으며 혈액응고, 근육의 수축, 신경신호의 전달, 호르몬의 분비, 효소의 활성화 등에 관여하는 것으로 알려진다.

600 kg의 소는 평균 약 7,000 g의 Ca을 체내에 함유하고 있다. Ca과 더불어 뼈에 많이 함유되어 있는 인(P)은 생체조직에 약 0.6~0.75%, 광물질의 약 16~17%를 차지한다. 따라서 600 kg의 소의 경우 약 3,600 g의 P을 체내에 함유하고 있다. 소의 체내 Ca과 P의 비율은 출생 후 나이에 따라 차이가 있다. 갓 태어난 송아지의 경우 Ca과 P의 비율이 약 1.7~1.8 대 1인데 비해, 출생 후 성장기간 동안에는 P에 비하여 Ca이 더 많이 축적되어 성축의 경우 그 비율이 약 2 대 1이 된다.

Ca의 흡수는 이온 농도에 역행하여 일어나며, 에너지가 필요한 과정으로서 십이지장에서 주로 이루어진다. 소의 소장이 Ca의 주 흡수부위나, 전위(제 1~2위)와 제 3위에서도 Ca이 흡수되고 대장에서도 일부 흡수가 일어난다. 그러나 송아지의 경우는 단위동물과 유사하게 소장에서만 Ca의 흡수가 이루어진다. 지방 함량이 높은 사료는 soap(염)을 형성하여 칼슘의 흡수를 감소시킬 수 있다. 칼슘의 능동적 흡수에 비타민 D가 필요하다. 흡수되는 칼슘의 양은 칼슘의 화학적 형태와 종류, 영양소와의 상호 관계, 그리고 동물의 요구량에 의해 영향을 받는다.

소장에서 흡수된 Ca은 문맥을 경유하여 간으로 이송되며, 이곳에서 복합체 형태인 Ca은 분해되고 다시 새로운 단백질과 Ca 복합체를 형성한다. Ca의 대사는 임신과 비유에 의해 크게 변화를 받게 된다. 특히 임신말기와 비유초기에는 뼈로부터 Ca의 유리, 분으로 배출, 소장에서의 흡수 등이 증가하게 된다. 뼈는 혈액 내 칼슘 농도를 유지시키는 데 이용될 수 있는 다량의 칼슘을 저장하고 있다. 나이가 든 소는 이전에 섭취한 칼슘 섭취량이 충분할 경우 특별한 결핍 증상 없이도 일정 기간 칼슘이 부족한 사료를 섭취할 수 있다. 그러나 어린 소에서 칼슘이 결핍될 경우 정상적인 골격의 발달이 저해되고, 그 결과 구루병을 일으키며 아울러 성장과 발달을 지연시킨다.

인은 골격 형성에 있어 칼슘과 함께 작용하기 때문에 함께 취급하는 것이 보통이나 Ca : P의 비율이 반추동물의 생산성에 미치는 효과가 과대평가된 점도 있다. 즉 인의 섭취량이 충분할 경우 사료 내 칼슘과 인의 비율을 1 : 1 로 하거나 7 : 1로 해도 생산성의 차이가 거의 없었다는 점이다. 체내에 있는 인의 80% 정도가 골격과 치아에 존재하며 나머지는 연 조직에 널리 분포되어 있다. 인은 DNA 및 RNA의 성분으로서 세포의 증식에 필수적이며, 특히 산·염기 평형의 유지와 삼투압의 조절에도 중요한 역할을 한다. 또한 인은 반추위 미생물의 성장과 대사작용에도 필요하다. 혈중 P은 유기화합물 혹은 무기화합물의 결합체로 존재하며, 이들 형태의 비율은 반추동물의 경우 3~4대 1이다. 무기 P은 주로 혈장에서 발견되며, 이들 대부분은 투과성이 높은 이온형태이다.

동물이 섭취하는 P에는 무기태 P과 유기태 P이 있는데, 반추동물은 미생물 유래 phytase에 의해 반추위에서 인산(phytate)을 분해하여 P을 이용할 수 있다. 반추위 내 P의 농도는 약 30~40 mg%이며, 주로 첨가된 무기태 P, 유기태 P의 가수분해 그리고 침에서 유래한 것이다. 제 3위의 P의 농도는 반추위보다 높은데, 이는 제 3위에서 물의 흡수에 기인된 것으로 보인다. 용해성 P은 위를 통과하여 소장에 도달하면 phosphoric acid로 전환되어 흡수가 용이하게 된다.

반추동물의 P 흡수는 반추위를 포함한 제 3, 4위에서도 일부 일어나지만, 소장의 상단부위에서 대부분 일어난다. 소에서 내생 P(endogenous phosphorus)의 약 70~80%는 타액과 함께 소화장기로 유입된다. 반추위 발달이 미약하고 타액분비가 낮은 어린 송아지는 내생성 P의 대부분은 소장과 제 4위로 분비하게 된다.

(2) 마그네슘(Mg)과 황(S)의 대사

300종류 이상의 효소가 마그네슘에 의해 활성화 되는 것으로 알려져 있다. 마그네슘은 해당작용이나 세포막 이송, 그리고 cyclic AMP의 형성과 유전자 암호(genetic code)의 전사(transmission)를 포함하는 모든 합성 과정에 있어 Mg-ATP complex로 매우 중요하다.

체내에서 마그네슘의 65~70%가 뼈에 존재하고 15%는 근육에, 15%는 다른 연 조직에, 그리고 1%는 체액에 존재한다.

반추위는 마그네슘 흡수에 있어 중요한 부위이다. 마그네슘은 우유를 먹는 어린 송아지에서 높으며, 연령이 증가함에 따라 낮아진다. 건초와 목초를 섭취하는 성우의 마그네슘 흡수율은 10.37%로 알려지며, 농후사료 내 마그네슘의 흡수율이 조사료의 경우보다 더 높은 것으로 보고된 바 있다. 많은 연구결과에 의하면, 사료 내 칼륨 함량이 높을 때나 질소, 유기산, 장쇄 지방산, 칼슘 및 인의 함량이 높을 때에 마그네슘의 흡수율과 이용률이 낮아질 수 있다. 그러나 마그네슘 흡수율은 가용성 탄수화물이나 inonophore를 섭취함으로써 증가될 수도 있다. 흡수된 마그네슘이 필요한 양을 초과할 때 우선적으로 뇨를 통하여 배설된다. 뼈에서의 마그네슘 농도는 높지만 큰 소의 경우 뼈로부터 마그네슘을 동원할 능력이 낮아진다. 어린 송아지의 경우 마그네슘 결핍시 뼈의 마그네슘을 적이도 30% 정도는 동원할 수 있다.

송아지의 경우, 마그네슘의 결핍증으로는 저 마그네슘 혈증이 있는데, 이 증상은 초기에는 매우 예민하고 식욕이 저하되며, 얼굴과 귀 주변의 근육이 경련을 보이고, 증상이 악화되면 심한 경련을 일으키기도 하며 죽기도 한다. 저 마그네슘 혈증은 어린 풀(마그네슘의 함량이 적음)이 많은 초지에서 방목할 때 쉽게 발생되는데, 이것은 마그네슘의 이용률이 낮기 때문이며, 특히 질소비료와 칼륨비료를 많이 준 목초에서 방목할 때 발생빈도가 증가한다.

황은 아미노산(메티오닌, 시스테인 및 시스틴)과 비타민(티아민 및 비오틴) 및 황화된 점성 다당류의 구성 성분이며 체내에서 부분적으로 독성을 분해하는 작용을 한다. 비오틴과 티아민을 제외한 황을 포함하는 모든 화합물은 메티오닌으로부터 합성될 수 있다. 그리고 제 1위 내 미생물의 성장과 세포 내 대사에도 필수적이다. 황 공급량이 부족할 경우 반추위 미생물의 성장과 사료 분해율이 감소된다.

생체 내 S의 함량은 체중의 약 0.16~0.23%이며, 농도는 나이와 함께 증가한다. 이는 근육단백질의 생합성과 털 내에 함유된 S의 축적의 증가가 그 원인이다. 근육조직은 가장 많은(약 50%) S을 함유하고 있다. 또한 S은 가죽과 털에 약 15~17%, 뼈와 연골에 약 9~10%, 혈액에 약 6~7%, 간에 약 5~6%, 기타 조직에 약 10~13% 함유되어 있다.

(3) 칼륨(K), 나트륨(Na) 및 염소(Cl)의 대사

칼륨은 동물의 체내에서 3번째로 많은 광물질이며 중요한 양이온이다. 성숙한 동물의 생체조직에 약 0.18～0.27% 함유되어 있으며, 광물질의 약 5～7%를 차지한다. 체중 600 kg의 소에는 약 1,550 g의 K이 함유되어 있다. 반추동물은 성장하면서 K을 체중 kg당 1.6～1.7 g씩 체내에 축적한다. 뼈에 있는 K와 체내에 있는 총 체내 K의 상대적 비율은 소의 체중이 증가함에 따라 감소하는 반면, 근육 내 K의 비율은 증가한다. 주로 세포 내액에 많이 존재하는 칼륨은 산·염기 평형, 삼투압의 조절, 수분조절, 신경의 정보전달 및 효소 작용 등에 있어 중요한 작용을 한다.

칼륨은 제 1위, 제 3위 및 소장에서 흡수되고, 주로 오줌으로 배설되며 체내 축정량은 적다. 칼륨의 흡수는 주로 단순확산에 의하여 소장에서 일어난다. 반추위액의 평균 K 농도는 25～75 mEq/ℓ 이며, 이의 일차적인 공급원은 사료이고 타액에 의한 기여도는 매우 낮다. 소 사료에 K의 농도를 높이면 장에서의 소화흡수량이 증가하며, 체내 K과 물의 양은 증가하고, 나트륨의 함량은 감소한다. 실질적으로 K은 100% 흡수되므로 체내로부터 분비 또는 배설되는 대부분의 K은 내생성이다. 대부분의 동물은 K을 신장을 통하여 배설하는데, 오줌을 통하여 배설되는 K의 비율은 소에 있어서 75～86%이다.

나트륨과 염소는 대사적으로 서로 연계되어 있고, 주로 NaCl의 형태로 섭취가 이루어지며, 체외배설도 대개 같이 일어난다. 나트륨은 주요 양이온인 반면에 염소는 주요 음이온에 속하는 것으로서 두 가지 광물질 모두가 삼투압과 음수량 그리고 산·염기 균형을 조절한다. 나트륨은 또한 근육 수축과 신경 전달 그리고 포도당과 아미노산의 이동에 관여한다.

2) 미량 광물질의 대사

코발트 (Co)는 비타민 B_{12}의 구성성분이며 프로피온산과 메티오닌의 대사에 관여하는 효소의 필수 성분이다. 반추동물에서는 제 1위 내 미생물이 사료 코발트로 비타민 B_{12}를 합성할 수 있는데, 반추위 내에서 사료 코발트의 3～13%가 비타민 B_{12}로 전환되는 것으로 알려져 있다. 또한 체조직에서 프로피온산이 succinate로 전환되는 과정에서 필수적인 methymalonyl CoA mutase와 메티오닌과 tetrahydrofolate를 형성하기 위해 5-methyltetrahydrofolate로부터 homocysteine으로 methyl 그룹의 이동을 촉진하는 5-methyltetrahydrofolate homocysteine methyltransferase(methionine synthase)가 비타민 B_{12}에 의존하게 된다. 이러한 반응은 메티오닌의 재이용에 있어 매우 중요하다.

크롬(Cr)은 인슐린의 작용을 돕는 기능을 가지고 있으며 스트레스를 받은 소에 크롬을 급여하면 면역반응과 성장이 좋아진다는 보고도 있다. 특히 크롬은 사람과 돼지에서 적육을 증가시키고 지방을 감소시키는 효과를 가지고 있다.

생체 내에서 구리(Cu)는 cytochrome oxidase, superoxide dismutase, ceruloplasmin 및 tyrosinase 등의 주요 구성 성분이다. 갓 태어난 송아지는 평균 13~14 mg의 Cu를 함유하지만 생후 약 6개월령부터 일정한 상태를 유지한다. Cu의 주요 흡수부위는 소장이지만, 반추동물은 전위에서도 흡수가 된다는 보고가 있다. 반추동물은 단위동물에 비하여 Cu의 흡수가 잘 일어나는데, 이는 생리적으로 Cu의 요구량이 높은 것에 연유한다. 구리는 반추위 미생물의 성장에 필수적인 광물질이다.

구리가 결핍되면 빈혈(anemia), 성장 둔화, 털의 탈색과 모양의 변화 등이 발생되며, 심장 기능과 뼈가 약해지며 설사 및 번식장애 현상이 나타날 수 있다. 구리 중독증은 Cu 첨가물의 과잉과 Cu에 오염된 사료의 급여로 인하여 일어나는데, 큰 소보다는 송아지에서 발생하기 쉽다. 대체로 중독증세가 보이기 전에 간에 다량의 구리가 축적되는데, 간에서 다량의 구리가 방출될 경우 용혈, 메트헤모글로빈혈증, 혈색소 뇨증, 황달 및 괴사 등이 발생될 수 있고 심하면 죽기까지 한다. 그러나 이러한 중독증은 사료 내 몰리브덴과 황 및 철분의 농도와 관계가 깊다.

요오드(I)는 에너지 대사의 속도를 조절하는 갑상선 호르몬(thyroxine, T4 및 triiodothroxine, T3) 합성에 필수적인 성분이다. 따라서 요오드가 부족하면 갑상선 호르몬의 부족에 의한 증상이 나타난다. 사료 내 요드의 70~80%가 반추위에서 iodide의 형태로 흡수되며, 상당량이 제 4위에서 다시 방출되고, 방출된 요오드는 소장과 대장에서 다시 흡수된다. 흡수된 iodide는 호르몬 합성을 위해 갑상선에서 대부분 이용되지만 그렇지 않을 경우 뇨를 통하여 배설된다.

철(Fe)은 산소의 수송과 이용에 중요한 작용을 하는 많은 단백질(헤모글로빈, 마이오글로빈)의 필수적인 구성 성분으로서 생체 내에 철분의 50% 이상이 헤모글로빈의 형태로 존재하고 있으며, 동시에 일부 효소의 활성화 인자로도 작용하고 있다. 소장점막에서 Fe이 ferritin의 형태로 전환되어, 사료 중 환원물질과 항산화물질, 즉 ascorbic acid, tocopherol, S-함유 아미노산의 -SH group, 그리고 glutathione 등에 의해 촉진될 수 있다. 반대로 불용성 Fe 염을 형성하는 유기산염과 인산염 등이 과다하게 함유되어 있으면 Fe의 흡수를 방해한다. 흡수된 Fe은 혈장을 이동하여 transferritin(Fe_3+globulin)으로 각종 기관과 조직으로 운송된다. 혈장 내 Fe은 hemoglobin, myoglobin, 효소 등을 합성하는 데 이용된다.

망간(Mn)은 pyruvate carboxylase, superoxide dismutase 및 arginase 등의 필수

구성 성분이며, 그 외에 가수분해효소, 인산화효소, 탈탄산효소 등의 활성인자이다. 몰리브덴(Mo)은 여러 가지 효소(xanthine oxidase, sulfite oxidase, alfehyde oxidase)의 필수 성분이다. 사료 내 몰리브덴 함량이 20mg/kg 이상일 경우 설사, 식욕감소, 체중 손실 및 털색의 변화 현상이 발생하는 것으로 알려져 몰리브덴은 구리 및 황과 상호작용을 갖고 있는데, 몰리브덴 과잉에 의한 구리의 결핍증이 발생하며 반대로 구리의 투여로 몰리브덴의 과잉섭취를 줄이기도 한다.

셀레늄(Se)은 glutathione peroxidase의 구성 성분으로 비타민 E와 함께 체내의 유해 과산화물을 제거하는 작용을 하며, thyroxine(T4)을 대사적으로 더욱 활성이 강한 triiodothyroxine(T3)으로 전환하는 효소인 iodothyronine 5′-deiodinase의 구성성분이기도 한다. 주요 Se 흡수부위는 소장의 하단부이며, 내생성 Se의 배출은 십이지장에서 일어난다. 제 4위와 대장에서는 Se의 흡수와 분비가 일어나지 않는다. Se의 흡수율은 반추동물이 35%로 높다. 분으로 배설되는 Se은 대부분 불용성인데, 반추위에서 Se이 불용성 화합물로 전환되는 것으로 여겨진다. 흡수된 Se은 신장, 간, 췌장, 비장 등에 주로 저장되고, 적은 양이지만 근육, 뼈, 뇌 등에도 축적된다.

아연(Zn)은 핵산, 단백질 및 탄수화물의 대사에 관여하는 효소의 필수 성분이며 면역 등의 생체방어 시스템에 있어서도 중요한 작용을 한다. 아연이 체내 농도는 출생 후 초기 생육기간(송아지 3개월)에는 증가하지만, 이후에는 일정한 농도(소, 20~22 mg/kg)를 유지한다. Zn이 가장 많이 분포하는 생체조직은 뼈, 간, 가죽과 털 등이며 Zn의 흡수는 소장의 상단부에서 주로 일어난다. 흡수된 Zn은 골격, 간, 기타 근육조직으로 이송된다. 혈장, 간, 췌장, 골격 등에 저장되어 있는 Zn은 즉시 상호교환 가능한 형태이며, 만약 Zn이 결핍된 사료를 공급받게 되면 이들 기관들에서 Zn을 동원해 이용하게 되며, 근육과 뇌의 Zn 농도에는 변화를 주지 않는다. 그러나 급성으로 Zn의 결핍이 오게 되면 위와 같은 방법으로 손실을 충족하지 못하여 Zn 결핍증을 유발한다.

6. 비타민의 대사

비타민 요구량은 극히 미미하지만 체내에서 각각 고유한 역할을 하는 유기물로써 한우에게 급여하는 다른 영양소들 중에서도 매우 독특하다. 비타민은 그 자체가 생명활동에 필수적이기도 하지만 다른 영양소들을 효율적으로 이용하기 위해서도 적절한 양이 필요하다. 가축의 성장 단계에 따라 다양한 대사과정이 특정 비타민에 의해 개시되거나 조절되기도 한다. 적절한 사료를 급여한 어미 소로부터 태어난 송아지라도 출생 시에는 단지 소량의 비타민만을 축적하고 있다. 어린 송아지는 비타민의 합성 장소로 알려진 반추위의 기능이 불완전하고 반추위 미생물의 활성이 낮다. 그러므로 출생 후 송아지는 초유를 통해 필요한 비타민을 공급 받아야 한다. 특히, 비타민의 결핍증상은 일반적인 사양조건에서는 잘 일어나지 않으나 식욕저하, 사료효율 감소 등에 의해 약간의 결핍이 발생하더라도 동물의 건강과 생산성에 심각한 문제를 초래할 수 있다.

1) 수용성 비타민

반추위 미생물은 대부분의 수용성 비타민을 합성(비타민 B_1, B_2, B_6, B_{12}와 나이아신, 판토텐산, 엽산, 피리독신) 할 수 있으며, 일반적으로 사료 원료에도 이들 비타민이 고농도로 함유되어 있다. 비타민 C의 경우는 반추가축의 체내에서 합성된다.

정상적인 반추위 기능을 지닌 가축에서 이들 비타민의 결핍증은 거의 살생하지 않는다. 반추위가 미발달한 송아지에서도 우유를 섭취하고 있는 경우에는 수용성 비타민 결핍증 발현은 매우 드물다. 그러므로 일반적인 사양 조건에서 수용성 비타민의 결핍은 거의 어린 반추가축에만 국한되어 있으며 실제로는 거의 발생하지 않는다.

2) 지용성 비타민

(1) 비타민 A

비타민 A는 축우사료에서 가장 중요한 비타민으로 알려져 있다. 비타민 A는 정상적인 시력의 유지에 필수적인 물질이지만 그밖에도 성장, 번식, 상피세포의 유지, 골격 성장 및 면역기구의 유지에도 필요하다.

비타민 A는 동물기원의 비타민으로서 식물체 내에서는 합성되지 않는다. 식물체 내에서는 가축 체내에서 비타민 A로 전환될 수 있는 카로틴이나 카로티노이드가 α-, β- 및 γ-카로틴이나 크립토잔틴과 같은 여러 가지 이성체 형태로 존재한다. 카로티노이드를 레티놀로 전환하는 효율은 비반추동물에 비해 낮은 편이며 비육우 품종간에도 차이가 있다.

비타민 A의 전구체들 중에서 β-카로틴이 가장 생리활성이 강하다. 그러나 소가 β-카로틴을 비타민 A로 전환하는 효율은 다른 동물보다 낮아서 1mg의 β-카로틴은 비타민 A 400 IU(국제단위 ; International Unit)로 전환된다. 또한 β-카로틴은 비타민 A의 전구체로서 뿐 아니라 β-카로틴 그 자체가 번식 특히 황체 기능에 필수적이다. 특히 산차수가 높은 소는 β-카로틴의 흡수 효율이 낮으며, β-카로틴을 첨가하면 번식 성적이 향상된다고 한다.

비타민 A의 생리적 활성을 나타내는 이성체는 레티놀(비타민 A alcohol), 레티날(비타민 A aldehyde ; retinaldehyde) 및 레티노산(비타민 A acid ; retinoin acid) 등이 있다. 이들은 각각 생리적 활성 정도가 다르며 독특한 생리기능을 지니고 있다. 비타민 A의 활성은 레티놀 수치로 표시한다. 비타민 A 1 IU는 비타민 A-alcohol(retinol) 0.3 μg, 레티닐 아세테이트 0.344 μg, 레티닐 팔미테이트 0.550 μg 또는 β-카로틴 2.5 μg와 같다.

사료 유래 비타민 A의 흡수율은 약 80~90%이며, 식물 유래 β-카로틴은 약 50~60%이다. 장 점막에서 흡수된 retinyl ester를 포함한 작은 입자들은 림프에서 킬로미크론(chylomicron)형태로 존재하며, 혈중 lipoprotein lipase에 의해 킬로미크론에 있는 중성지방은 부분적으로 분해된다. 분해되고 남은 킬로미크론은 retinyl ester, cholesteryl ester, 일부 지방을 여전히 함유하고 있으며, 간이나 다른 조직에 의해 흡수된다. 간에서는 retinol binding protein과 retinol 이 결합한 수 저장되거나 혈액으로 방출된다.

혈장 내 비타민 A는 25~60 μg/dℓ 범위에서 조절되고 있으며 섭취량에 따라 혈중 농도가 변화되지 않는다. 가축 체내에서 잉여 비타민 A는 대부분 간에 저장되며, 농도가 변화되지 않는다. 가축 체내에서 잉여 비타민 A는 대부분 간에 저장되며, 비타민 A 결핍사료를 급여하여 소에게 결핍증이 유발되는 것은 간의 비타민 A 저장량에 의해 결정된다. 그러나 간 내 저장량은 매우 변이가 높으며 생체조직 검사에 의하지 않고는 정확한 측정이 불가능하다. 더구나 간에서 비타민 A의 저장과 방출은 매우 빠르게 전환이 가능하다.

(2) 비타민 D

비타민 D는 동물체에서 구루병을 예방하고 치료하는 활성을 갖는 지용성 sterol의 모든 유도체를 이르는 일반 명칭이다. 비타민 D에는 모두 6종류가 있으나 비타민 D_2와 비타민 D_3가 가장 흔한 형태이다. 비타민 D_2(ergosterol)는 식물체에 존재하는 ergosterol이 전구체이고, 비타민 D_3(cholecalciferol)는 동물체에 존재하는 7-dehydrochoesterol이 전구체이며, 이들 전구체는 각각 식물체와 동물체 내에서 자외선 조사에 의해 생성된다. 비타민 D는 칼슘과 인의 흡수, 정상적인 골격형성 및 골격으로부터 칼슘의 동원에 필요하다. 또한 면역세포 기능의 조절 역할도 한다.

가축의 피부에서 합성되거나 사료에서 유래한 비타민 D는 즉시 간으로 이동하여 저장된다. 간에서 비타민 D는 4배 정도나 활성이 강한 25-hydroxy 비타민 D로 전환되며, 이

것은 다시 신장으로 이동하여 25-hydroxy 비타민 D보다 5배정도 활성이 강한 호르몬인 1, 25-hydroxy 비타민 D로 전환된다. 그러므로 비타민들 중에서도 비타민 D는 호르몬의 전구체가 된다는 것이 특징이다.

송아지에서 비타민 D 결핍증에서 가장 뚜렷한 증상은 구루병이다. 흔히 수반하는 증상에는 혈액 내 칼슘과 인 감소, 부종과 굳은 관절, 식욕부진, 신경과민, 경련 등이 있다. 성축에서는 골연화증, 골절 및 후구마비로 인한 척추골절이 나타날 수 있다. 또한 태어난 송아지는 허약하거나 기형 또는 아예 사산하기도 한다. 비타민 D의 일반적인 결핍증상은 식욕감퇴, 성장부진, 소화기능 이상, 호흡 이상 및 무력증이다.

비타민 D의 과잉 급여도 다양한 증상을 유발한다. 대개는 혈중 칼슘농도가 비정상적으로 상승하는데 이는 골격으로부터의 칼슘 재흡수와 소장에서의 칼슘 흡수가 증가되기 때문이다. 이는 체 내 연조직에 광범위한 칼슘 침착과 골격의 약화를 초래한다. 그밖의 비타민 D 중독 증상은 사료섭취 거부와 체중감소이다.

(3) 비타민 E

비타민 E는 α-tocopherol의 생물학적 활성을 발현할 수 있는 모든 tocopherol과 tocotrienol에 대한 일반적인 용어이다. 식물의 유지성분에 α-, β-, γ-, δ-tocopherol이 포함되어 있으며, 이 중 α-tocopherol의 생리 활성이 가장 강하고, 또한 사료 중에 함유된 비타민 E의 가장 흔한 형태이기도 하다.

경구로 투입된 tocopherol은 20~40%만 흡수되며, 투입량을 증가시키면 흡수율은 감소한다. 담즙과 췌장액은 비타민 E의 효율적인 흡수를 위해 꼭 필요한 요소이다. 비타민 E도 비타민 A와 유사한 방법으로 소장에서 흡수된다. 흡수된 비타민 E는 lipoprotein과 결합하여 림프와 혈액을 순환하며 적혈구에 의해서도 혈액 내에서 운반될 수 있다. 비타민 E의 교환이 매우 빠르게 일어나며, 따라서 적혈구 내 비타민 E의 농도는 혈장의 수준을 반영한다고 할 수 있다.

비타민 E는 간과 지방조직에 가장 높은 농도로 나타나지만 특정기관에 국한되지 않고 전신에 분포되어 생물학적 항산화제 역할을 수행한다. 사료에서 tocopherol을 제거한 후 급여하면 tocopherol은 혈장과 간에서 가장 빠르게 고갈되고, 골격근과 심장근에서는 비교적 느리며, 지방조직에서 가장 천천히 고갈된다.

(4) 비타민 K

비타민 K는 본래 2-methyl-1,4-naphtoquinone이지만 항출혈 효과를 나타내는

quinone 화합물의 유도체를 일컫는 일반적인 용어이다. 천연에 존재하는 것으로는 식물에서 분리된 비타민 K_1(phylloquinone), 미생물에 의해 생산되는 비타민 K_2(menaquinone), 이외에 합성 유도체인 menadione 등이 있다. 앞의 두 가지 형태 모두 생물학적 활성과 혈액 응고 기능은 유사하다. 반추가축에게는 반추위 내 미생물에 의해 다량으로 합성되는 비타민 K_2가 주된 비타민 K원이다.

비타민 K는 다른 지용성 비타민과 같은 방법으로 소장에서 흡수되어 림프계로 유입된다. 체내에 유입된 비타민 K는 간과 기타 조직 및 세포의 막에 저장된다. 식물 유래 phyllopuinone은 간에 저장이 잘 되지만, menadione은 간에 적게 저장되는 대신 부신, 허파, 골수, 신장, 림프절 등에서 많이 저장된다. Menadione은 모든 조직에 널리 분포하고 있으며, 빠르게 대사되어 체외로 배출된다.

반추위에서 합성되는 비타민 K_2와 조사료에서 기인한 비타민 K_1으로 인해 반추가축의 비타민 K 결핍은 거의 발생하지 않는다. 비타민 K 결핍의 유일한 증상은 소위 스위트 클로버 질병 증상이다. 곰팡이가 핀 스위트 클로버 건초에서는 dicoumarol이 생성될 수 있으며, 이는 혈액 응고를 지연시키고 출혈과다로 죽음에 이르게 한다. 비타민 K 과잉증은 최소 요구량의 1,000배 이상이므로 문제가 되지 않는다.

7. 비타민과 광물질이 한우 생산에 미치는 효과

1) 비타민 급여 조절에 의한 육질개선 효과

(1) 비타민 A의 조절효과

육성기에 1차 근속 내의 근세포 사이로 지방세포가 유입되어지면서 지방 세포수가 증가되기 시작하고 증가된 지방세포는 보통 비육전기(12~13개월령)부터 비대해져 육안으로 보이는 크기가 된다. 이 과정 중에 비타민 A는 지방세포 분화를 억제시키는 작용을 한다고 알려져 있다. 따라서 근내지방 축적시기에 비타민 A의 공급량을 제한시켜 지방침착을 유도하면 등지방과 복부지방 등의 불가식 지방의 침착을 억제하면서 선별적으로 근내지방의 침착을 높일 수 있다.

비타민 A를 제한했을 때 지방축적이 증가된다는 것은 분명한 사실이지만 그 원인에 대해서 완전히 구명된 것은 아니다. 현재까지는 비타민 A 결핍으로 지방세포의 분화가 유전자발현 수준에서 억제되고, IGF-1과 갑상선호르몬의 활성이 억제된다고 알려져 있다. 그러나 비타민 A의 결핍이 지나칠 경우 심각한 정도의 건강악화와 경제적 손실이 초래될 위험성이 있기 때문에, 결핍증상이 나타나지 않는 정도의 비타민 A를 비육단계별로 조절, 공급하는 기술이 필요하다. 결핍증상을 사전에 예방하면서 비타민 A를 조절 공급한다는 것은 쉽지 않기 때문에 개체관찰을 철저하여야 하고 결핍기간동안 혈액을 분석하여 최소 농도를(30 IU/10㎖ 이상) 유지시켜 주어야 한다.

일반적으로 비타민 A의 급여는 육색에도 영향을 미치는데 비타민 A를 고단위 투여한 군에서 저단위 투여한 군보다 육색이 진하게 나타나고 같은 의미로서 혈중 비타민 A 농도가 낮은 군에시는 육색이 밝게 나타난다. 비타민 A의 육색에 대한 영향에 대한 정확한 기전이 아직 잘 밝혀져 있지 않지만 혈중 비타민 A가 낮으면 혈청 중의 철과 구리의 농도도 저하되기 때문인 것으로 생각된다. 표 3-5에는 일본 흑모화우종 거세우에서 혈중 비타민 A의 농도와 근내지방도, 육색 및 지방색의 관계를 나타낸 것이다.

표 3-5. 일본 흑모화우종 거세우에서 혈중 A 농도와 육질과의 관계

구 분	혈중 비타민 A의 농도(μg/10㎖)			
	1~10	10~20	20~30	>30
근내 지방도	6.8	6.0	6.0	5.9
육 색	3.6^{a}	$3.8^{a,b}$	$3.8^{a,b}$	4.1^{b}
지 방 색	2.5^{a}	3.0^{b}	2.9^{b}	$2.8^{a,b}$

^{a,b}는 5% 수준에서 통계적인 유의차가 있음.

비타민 A의 결핍은 소의 증체를 저하시키는데 장기간 비타민 A를 결핍한 상태로 한우를 사육하는 경우에는 채식량이 감소하여 증체량이 감소할 수 있다. 따라서 비육중기에만 비타민을 제한하되 혈중 농도는 300 IU/100㎖ 이상 수준으로 유지하면서 후기에는 비타민 A를 급여하는 방식이 증체에 악영향을 미치지 않는 것으로 보인다.

일본의 화우비육농가에서 실시하고 있는 비타민 A 결핍을 통한 육질개선 방법을 요약하면 성장단계에 따라 체내 비타민 A 수준이 달라지게 하는 것으로 ① 비육 전기간 동안 비타민 A 계속 급여시 증체는 좋지만 육질이 나빠지고, ② 육성기부터 출하시(30개월령)까지 비타민 A를 결핍시킬 때는 육질은 좋지만 증체가 불량하고 결핍증상이 나타나기 쉬우며, ③ 비육후기부터 출하시까지 계속적으로 비타민 A를 급여하면 증체와 육질 모두 좋지 않게 된다. 따라서 ④ 증체와 육질을 동시에 개선하기 위해 육성기와 비육말기(25~30개월령)에 비타민 A를 충분히 급여하고 비육중기에 결핍시킬 것을 권장하고 있다.

이와 같이 성장단계에 맞게 비타민 급여수준을 조정하여야 하는데, 육성기에는 비육기의 농후사료 다급이라는 반추위에 불리한 환경조건에 대비하여 사전에 반추위를 발달시

키기 위하여 비타민 A를 충분히 급여하여야 한다. 그러나 과잉 급여시 체내 축적량이 많아져 근내지방 축적이 왕성한 시기에 비타민 A 결핍이 어려울 수도 있으므로 주의를 요한다. 비육중기에는 비타민 A 첨가제는 배제하고 β-카로틴과 비타민 A 함량이 낮은 조사료를 급여하고 비육말기에 비타민 A 제제를 경구 투여하거나 사료에 첨가하는 방법을 권장하고 있다.

(2) 비타민 C와 E의 조절

비타민 C(ascorbic acid)와 비타민 E(tocopherol)는 모두 생체 내에서 항산화제로서 작용한다. 따라서 비타민 C와 E는 궁극적으로 체내에서 지방조직의 산화를 방지시키고 육색을 안정화시킴으로써 고급육 생산에 기여할 수 있다. 근섬유 내 비타민의 함량이 높은 경우 지방의 산화율을 떨어뜨리고, myoglobulin형성을 지연시키며, 고기의 연도를 증가시킨다. 방목된 소의 고기에는 α-tocopherol과 기타 천연 항산화 물질들의 함량이 높아 비타민 E의 첨가효과가 별로 없으나, 근육 내 복합 불포화지방산이 높기 때문에 여전히 항산화제를 많이 필요로 한다. 반면, 우사에서 비육되는 비육우는 비타민 E의 추가공급으로 육색이 향상될 수 있다. 비타민 C도 육색의 유지에 도움이 되어, sodium ascorbic acid를 도살 10분 전에 투여시 육색 유지기간이 증가되었다는 보고가 있다.

지방의 산화를 억제하는 비타민 C와 E를 비육우 사료에 첨가 급여하면 쇠고기의 변색을 지연시켜 선도를 유지시킬 수 있음이 확인되었는데, 쇠고기는 시간이 경과함에 따라 빛깔이 선홍색에서 다갈색으로 변색해 산화하면서 냄새가 발생하는데, 이는 고기색소인 미오글로빈이 산화되어 다갈색인 메트미오글로빈으로 변화되기 때문이다. 비육우에 비타민 E를 하루에 2,500 mg씩 4주간 급여했을 때 급여하지 않은 소의 쇠고기보다 메트미오글로빈의 증가가 지체되어 양호한 빛깔이 유지되었으며, 이와 같은 결과는 하루 5,000 mg씩 1주일간 급여한 실험에서도 마찬가지였다. 따라서 고기지방질의 산화를 막는 비타민 E는 고기빛깔의 변화를 억제할 뿐 아니라 선도를 유지하는 효과가 있다는 것이 확인되었다.

표 3-6은 비타민 C를 1일 두당 체중 40 kg당 40 mg 수준으로 사료에 첨가하여 급여한 결과, 지방교잡도가 대조구에 비하여 유의하게 증가하였으며, 육지방의 밝기도 좋아지고 육질에 있어서도 단단함과 질감이 좋아졌다. 지방의 윤기와 질은 처리구간 차이가 나타나지 않았으며 경제성은 대조구에 비하여 비타민 C 첨가구가 월등히 높았다.

표 3-6. 비타민 C의 첨가가 일본화우의 도체와 육질에 미치는 영향

구 분	처 리 구	
	비타민 C 첨가	대조구
육 질		
지방교잡 등급	4.0±0.0	2.8±1.5
탄력성과 조직감	4.3±0.5	3.3±0.5
육 색		
육색 등급	4.0+0.0	3.0±0.0
지방색과 질의 등급	5.0±0.0	5.0±0.0
수 입		
두당 가격(yen)	1820±31	1333±130

2) 광물질(아연, 셀레늄, 구리, 칼슘) 급여 조절에 의한 고급육 생산

체내의 다양한 산화 반응들은 유리기(free radical)로 불리는 물질들을 생성한다. 유리기는 짝이 없는 단일 화학 물질이며 superoxide radical(O2˙-)과 hydroxyl radical(OH˙)은 유리기들의 예이다. 유리기는 분자 구조와 체내 화학 반응에 영향을 미치는 불균형한 자장을 진행시키는 불안정한 복합물질이다. 산화 반응이 생명체에서는 필수적이지만 어떤 산화 반응은 세포와 세포막에서의 불포화지방산의 산화에 의하여 세포 손상을 유발하기도 한다.

이렇듯 유리기는 바람직하지 않은 산화를 발생시키기도 한다. 다행히 유리기는 체내에서 자연히 형성됨에도 불구하고 인체는 superoxide dismutase, glutathione, peroxidase, catalase와 같은 많은 항산화 효소를 생성시켜서 이러한 세포 조직 손상을 예방하는 것이 가능하다. 이들이 올바른 기능을 하기 위해서는 이러한 효소들은 흔히 유리기 제거 효소(free radical scavenger)로 불리는 구리, 아연, 셀레늄과 같은 특정 영양소들을 갖고 있어야 한다. 비타민 C와 E 그리고 베타 캐로틴은 항산화 능력을 내재하는 비타민들이다. 따라서 이러한 항산화 비타민들이 제 구실을 하기 위해서는 아연(Zn), 셀레니움(Se) 그리고 구리(Cu)와 같은 무기물이 절대적으로 필요하다. 따라서 앞에서 설명한 비타민 C와 E가 고급육 생산에 이용되기 위해서는 아연, 셀레늄 그리고 구리와 같은 무기물의 도움이 필요하다. 아연, 셀레늄 그리고 구리와는 달리 칼슘(Ca)은 저칼슘 사양을 통해서 한우의 근내지방도를 증진시킬 수 있다.

제2절 에너지의 대사

에너지는 동물의 생명현상을 유지와 생산활동의 중심적 역할을 하는 영양소이다. 사료 성분 중 탄수화물과 지방, 단백질 등 유기영양소는 모두 에너지를 생성하나 특히 그 중에도 탄수화물은 사료의 구성비중이나 경제적인 측면을 고려할 때 중심적 에너지 원료이다.

에너지의 단위로는 칼로리(calorie)와 주울(joule) 단위가 주로 사용된다. 같은 에너지 단위라도 생성과정은 서로 다르다. 칼로리는 물 1g을 14.5℃에서 15.5℃로 올리는 데 소요되는 열량을 한 단위로 하고 있는데 비하여, 주울은 1kg의 물체를 1뉴턴의 힘으로 1 m 옮기는 데 소요되는 에너지, 즉 동물의 이동과 같은 일을 토대로 하고 있다. 두 단위는 현재 같이 사용되고 있는데 1 칼로리는 4.18 주울에 해당하므로 단위 간에 상호 전환이 가능하다. 사료가 가지고 있는 에너지의 이용경로를 보면 그림 3-6과 같다.

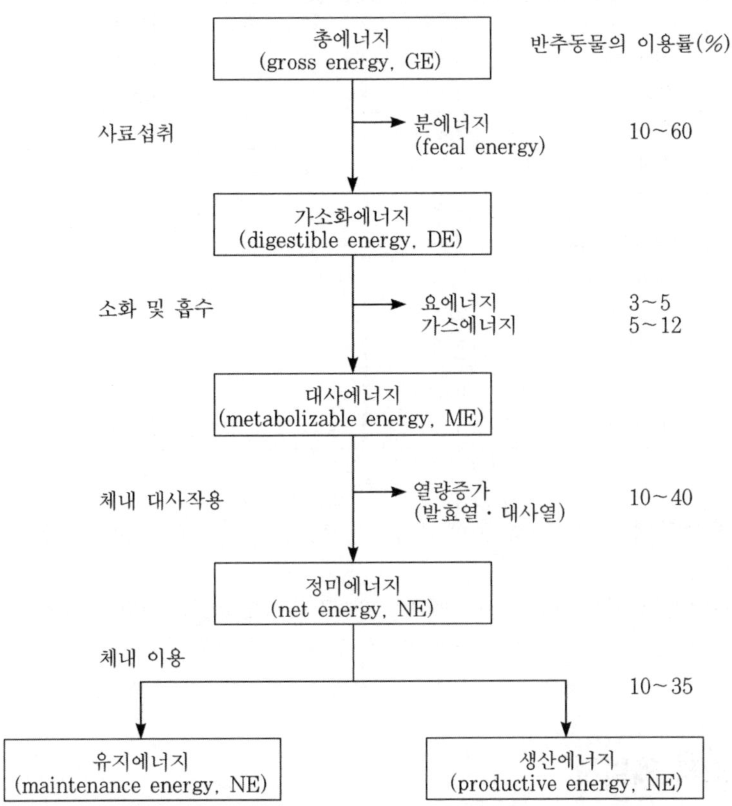

그림 3-6. 에너지의 이용경로 및 이용률

1. 총에너지

사료가 가지고 있는 에너지의 총량을 총에너지(gross energy, GE)라고 하며, 이것을 측정하기 위하여 열량계(calorimeter)를 사용한다. 사료를 완전히 산화시키면 사료 중의 에너지는 이산화탄소 및 여러 가지 가스로 분해되면서 일정량의 열을 발생시키는데, 이 에너지는 총에너지 또는 연소열가(heat of combustion)라고 한다.

열량계로 측정한 각종 영양소의 총에너지 함량은 표 3-7에서 보는 바와 같다. 영양소의 총에너지 함량은 영양소에 따라 차이가 있는데, 이는 각 영양소를 구성하고 있는 원소의 비율이 다르기 때문이다.

표 3-7. 각종 영양소 및 사료의 총에너지 (단위 : kcal/g, 건물중)

구 분		열 량	구 분		열 량
탄수화물	glucose	3.76	단 백 질	globulin	5.36
	sucrose	3.96		glycine	3.11
	전분	4.23		alanine	4.35
지 방	라드	9.48		tyrosine	5.92
	버터 지방	9.21	사 료	옥수수	4.43
	종실지방	9.33		연맥	4.68
	palmitic acid	9.35		콩	5.52
	stearic acid	9.53		소맥피	4.54
	oleic acid	9.50		티머시건초	4.51
	글리세롤	9.30		클로버건초	4.47
단 백 질	casein	5.86		옥수수대	4.33
	gliadin	5.74		연맥짚	4.43

사료의 일반성분에 의한 추정 총에너지가는 다음 공식으로 구할 수 있다.

$$\text{총에너지}(kcal/g) = 5.72 \times CP(\%)/100 + 9.50 \times CFat(\%)/100 + 4.79 \times CFiber(\%)/100 + 4.17 \times NFE(\%)/100$$

2. 가소화 에너지

가소화 에너지(digestible energy, DE)는 총사료 에너지에서 소화되지 않고 분으로 배설되는 에너지를 제외한 나머지이다. 가소화에너지는 다시 외관상 가소화에너지(apparent digestible energy)와 진정 가소화에너지(true digestible energy)로 구분하는데, 전자는 분으로 배설되는 에너지 모두를 사료에서 유래한 것으로 간주하는 경우이고, 후자는 배설 분에 포함되고 있는 효소, 미생물 기타 장 점막 등 대사성 에너지를 제외한 순수한 사료 유래의 소화에너지를 의미한다.

가소화에너지를 측정하려면 소화시험을 거친 후 섭취한 사료의 열량가와 분으로 배설된 열량가를 열량계로 측정하여 계산하기도 하고 TDN으로 환산하기도 한다. Crampton 등(1957)과 Swift 등(1957)은 TDN 1kg의 총에너지는 4,409 kcal라고 계산하였다. 따라서 이를 토대로 아래와 같은 공식으로 가소화에너지를 평가할 수 있다.

$$DE(Mcal/kg) = 0.04409 \times TDN(\%)$$

그러나 영양소들은 각기 종류에 따라 연소열가가 차이나기 때문에(탄수화물 4.2Mcal/kg, 단백질 5.6Mcal/kg, 장쇄지방산은 9.4Mcal/kg, 글리세롤 4.3Mcal/kg) 사료의 TDN도 일정하지 않다. 예를 들어 단백질이 풍부한 사료의 경우는 TDN에 비례하는 총에너지 값이 4.409보다 크며 반대로 탄수화물과 지방이 TDN의 중심이 되는 경우는 총에너지가 4.409 보다 작기 때문이다.

3. 대사에너지

총에너지에서 분에너지 및 뇨에너지와 장 내의 발효과정에서 메탄을 주로한 수소나 황화수소와 같은 가스에너지(energy in gaseous products of digestion, GPD)를 뺀 나머지 에너지를 대사에너지(metabolizable energy, ME)라고 한다.

사료의 대사에너지는 동물의 질소균형(nitrogen balance, NB)에 따라 크게 영향을 받기 때문에 질소균형에 정정계수를 곱하여 대사에너지를 측정하는데, 이것을 질소정정대사에너지(nitrogen corrected metabolizable energy, MEn)라고 하며, 이때 사용되는 정정계수는 질소 1g당 반추동물은 7.45kcal 또는 8.73kcal(평균 잘소량 기준)이다.

한편, 대사에너지는 가스에너지에 의해서도 작용을 받으며, 따라서 발효열에 의한 정정대사에너지(corrected metabolizable energy, MEc)를 구할 수 있다. 가스에너지의 대부분을 차지하는 것은 메탄이며, 일반적으로 메탄발생량은 사료의 섭취량이나 종류에 따라 다르지만 1 g당 13.34kcal의 에너지를 함유하고 있다.

이와 같은 대사에너지를 측정하는 데는 어려움이 많기 때문에 간접적인 방법인 다음과 같은 공식을 이용하여 개략적으로 측정한다.

$$ME = DE \times 0.81$$(일반)
$$ME = DE \times 0.82$$(조사료)
$$ME = DE \times 0.85$$(농후사료)
$$ME = DE \times 0.79$$(유박류)
$$ME = -0.30 + 0.93\ DE$$(유우)
$$ME = 0.82 \times DE$$(육우)
$$ME = 0.96DE - 0.27$$(고능력우)

한편 대사 에너지의 이용효율은 시료와 동물 체내의 이용목적 및 기타 여러 요인에 의하여 좌우되는데, 영향을 끼치는 주요 요인을 들어 보면 다음과 같다.

○ 동물의 생리적 상태 : 유지시에는 대사에너지의 이용효율이 68%인데, 비육시에는 40%, 그리고 비유시에는 66%가 이용된다.
○ 사료의 성상 : 저단백질사료나 NPN의 섭취량이 증가하면 대사에너지가 감소된다.
○ 영양소의 균형 : 영양소의 보족효과(associative effect)에 의하여 각 영양소가 균형 있게 배합된 사료에 비하여 대사에너지의 효율이 높다.
○ 사료의 가공 : 사료를 분쇄・마쇄・박편처리 등의 여러 형태로 가공하여 이용하는데, 가공정도에 따라 대사에너지가 달라진다.
○ 사료의 급여수준 : 사료섭취량이 많으면 분에너지의 양이 증가함으로써 대사에너지가 낮아진다.

4. 정미에너지

대사에너지에서 사료를 섭취하고 이용하기 위하여 소모한 에너지, 즉 열량증가(heat increment, HI)를 뺀 나머지를 정미에너지(net energy, NE)라고 한다.

정미에너지는 동물의 유지, 젖, 고기, 알, 털, 등의 생산을 위해 사용되는 에너지를 말한다.

이들 중 유지를 위해 사용되는 정미에너지(net energy for maintenance, NEm)는 대부분 열형태로 체외로 발산되어 없어지지만, 생산을 위한 정미에너지(net energy for production, NEp)는 화학에너지의 형태로 체내에 축적된다.

정미에너지에 중요한 영향을 끼치는 열량증가는 사료를 섭취하여 체내에서 이용하는 과정에서 사료의 소화나 대사 자체를 위하여 소비한 에너지를 말하며, 일명 특수동적작용(specific dynamic action, SDA)이라고도 한다.

열량증가에서도 많은 부분을 차지하는 것이 대사열(heat of nurrient metabolism, HNM)인데, 이것은 대사과정에서 영양소가 화학반응시 발생하는 열을 말한다. 한편, 열량증가의 원인으로 반추동물에서 볼 수 있는 발효열(heat of fermentation, HF)은 장내 미생물에 의하여 발생하는 에너지로서 대개 섭취한 에너지의 5~10%에 달한다.

열량증가는 대사열, 발효열, 사료의 저작・소화・흡수・배설・소화액의 분비작용, 소화기관의 연동운동 등에서 발생하는 에너지로 구성되는데, 이때 발생한 열에너지는 추운 환경에서는 체온을 유지하는 데 이용되지만 더울 때에는 체외로 손실된다.

그리고 열량증가는 가축의 종류・생산기능・연령・성별 및 사료의 성상・배합비율・급여량, 환경온도, 영양소의 종류 및 균형 등 여러 가지 요인에 의하여 크게 달라질 수 있다(표 3-8 참조). 이와 같이 동물의 에너지이용에 있어서 가장 합리적이라고 할 수 있는 정미에너지도 실제적으로는 측정하기가 매우 어렵다.

표 3-8. 동물별 열량증가 (단위 : kcal/유지시 100kcal ME)

구 분	영 양 소			
	지 방	탄수화물	단 백 질	배합사료
쥐	17	23	31	31
돼 지	9	17	26	10~40
면 양	29	32	54	35~70
소	35	37	52	35~70

5. 가소화영양소총량

가소화영양소총량(total digestible nutrient, TDN)은 가소화 유기영양소의 열량의 총화로 각 영양소의 소화율을 가지고 산출한 열량이 기초가 되고 있다. 그 중 지방은 열량이 탄수화물이나 단백질에 비해 높은 점을 고려하여 2.25배를 해서 합산을 한다.

TDN은 DE와 비교적 비슷하지만 중량단위나 %로 나타내는데, 1g의 TDN은 4.4kcal의 DE에 해당한다. TDN은 소화시험을 거쳐 다음과 같이 계산한다.

$$\text{TDN}(\%) = \text{DCP} + \text{DCFiber} + \text{DNFE} + \text{DCFat} \times 2.25$$

하지만 그 동안 기존의 TDN 방법은 산출이 용이하고 응용하기 쉽다는 장점을 가지고 있어 오랫동안 널리 이용되어 왔다. 그러나 실제 사용되면서 야기되는 몇 가지 문제점 등으로 인하여 정확성 면에서 논란이 되었고 이를 개선하기 위한 연구가 지속되어 왔다.

그 중 하나가 단백질과 탄수화물의 열량가를 동일시하고 있는 점이다. 생리열가(physiological fuel value)가 탄수화물은 4.15kcal이고 단백질은 5.56kcal인데도 이들 두 영양소는 열량가를 동일시 하며 지방의 경우만 2.25배를 하고 있는 것이다. 그 동안 관련되는 연구를 통하여 수정 TDN이 제시되고 있는 것은 여기에 기인하는 것이다. 또 다른 문제점으로는 조사료와 농후사료의 TDN가를 동일시하고 있는 점을 들 수 있다. 조사료와 농후사료는 조성분에서 기본적 구성이 차이를 보이고 있고 그 이용효율도 단위동물과 반추동물간에 차이가 나는데도 이를 구분하지 않고 있는 것이다. 반추동물은 사료 이용시 열량증가와 가스로 손실되는 양이 단위동물보다 높다. 한편 TDN은 서실 조사료와 사료가치를 과대평가하는 문제점도 가지고 있는 것이다.

육우는 아니지만 NRC(2001) 젖소 사양표준에서는 이와 같은 기존의 문제점들을 개선한 수정 TDN을 제시하고 있다. 즉 아래의 공식에서와 같이 산출의 기초를 영양소별 진정 가소화성분을 토대로 하고 있으며 각 영양소별 보정 요소를 고려하고 있다.

$$TDN_{1x}(\%) = tdNFC + tdCP + (tdFA \times 2.25) + tdNDF - 7$$

위의 공식에서 진정 가소화 비섬유성 탄수화물(tdNFC)은 가소화 전분으로 산출에는 전분의 실소화율과 여기에 전분의 가공처리에 따른 사료의 입자도, 밀도 등에 따른 가공조정요소(PAF)를 고려하고 있고 진정가소화단백질(tdCP)에서는 사료 단백질원에 따른 조사료와 농후사료 단백질로 구분하고 있으며 가소화 지방산(tdFA)은 지방산을 토대로 산출하고 있고, 진정 가소화 NDF(tdNDF)의 산출에는 중성세제용해성 섬유의(NDF)의 실 소화율을 적용하며 대사분의 TDN까지 고려하는 점이다. 위의 공식에서 대사분 TDN을 7로 한 것은 그 값이 대사과정 중 측정된 평균값인데 기인하는 것이다.

〈참 고 문 헌〉

1. Agricultural and Food Research Council. 1992. Nutritive requirements of ruminant animals : Protein. Nutr. Abs. rev. Ser., B62 : 787.
2. Agricultural research Council. 1980. the Nutrient Requirements of Ruminant Livestock. Commonwealth Agricultrual Bureaus., Slough, UK.

3. Alfaro, E., Neathery, M.W., Miller, W.J., Crowe, C.T., Gentry, R.P., Fielding, A.S., Pugh, D.G. and Blackmon, D.M. 1988. Influence of a wide range of calcium intakes on tissue distribution of macroelements and microelements in dairy calves. J. Dairy Sci. 7 1 : 1295.
4. Blaxter, K. 1989. Energy metabolism in animals and man. Cambridge Univ. Press. UK.
5. Brannan, W.L., Hatfield, E.E., Owens, F.N. and Lewis, J.M. 1973. Protein concentration and sources for finishing ruminants fed high-concentrate diets. J. Anim. Sci., 36 : 782.
6. Call, J.W., Butcher, J.E., Blake, J.T. and Olson, A.E. 1986. Dietary phosphorus for beef cows. Am. J. Vet. Res. 47 : 475.
7. DeLuca, H.F. 1979. The vitamin D system in the regulation of calcium and phosphorus metabolism. Nutr. rev. 37 : 161.
8. Eck, T.P., bartle, S.J., Preston, R.L. Brandt, R.T. and Richardson C.R. 1988. Protein source and level for incoming feed-lot cattle. J. Anim. Sci. 66 : 1871.
9. Fontenot, J.P., Allen, V.G., Bunce, G.E. and Goff, J.P. 1989. Factors influencing magnesium absorption and metabolism in ruminants. J. Anim. Sci. 67 : 3445.
10. Hammond, J. 1971. Mammond's farm animals. Edward Arnold Publishers. London. UK.
11. Hoffmann-La Roche. 1994. Vitamin Nutrition for Ruminants. RCD 87751/894. Hoffman-La Roche, Inc., Nutley, New Jersey, USA.
12. Japanese Feeding Standard for Beef Cattle. 2002. Agriculture, Forestry and Fisheries, Research Council Secretariat, Ministry of Agriculture, Forestry and Fisheries.
13. National Research Council. 2001. Nutrient Requiremnts of Dairy Cattle. National Academy Press. Washington, DC. USA.
14. National Research Council. 1996. Nurient Requirments of Beef Cattle 97th Revised Ed.). National Academy Press, Washington, DC. USA.
15. Riis, P.M. et al. 1983. Dynamic biochemistry of animal production. elsevier, The Netherlands.
16. Russell, J.B., Sniffen, C.J. and Van Soest, P.J. 1983. Effect of carbohydrate limitation on degradation and utilization of casein by mixed rumen bacteria. J. Dairy Sci. 66 : 763.
17. Satter, L.D. and Slyter, L. L. 1974. Effect of ammonia concentration on rumen microb ial protein production in vitro. Brit. J. Nutr. 32 : 209.
18. Umunna, N.N., Klopfenstein, T. and Woods, W. 1975. J. Anim. Sci. 105 : 267.
19. Van Nervel, C.J. and Demeyer, D.I. 1973. Determination of microbial cell synthesis in the rumen in vitro by measurement of 32P labeled phosphate incorporation. The 4th anmual meeting of the european society of nuclear methods in agriculture. La Urain. Belgium.
20. Wolin, M.J. 1979. The rumen fermentation : A model for microbial interaction in anae-robic ecosystems. In : Advances in microbial ecology. Vol. 3. M. Alexander(ed.). Plen-um Press. New York.
21. 강정부 등. 2005. 고급한육우 생산기술 I. 경상대학교 농업생명과학대학.
22. 고영두 등. 2004. 동물영양학. 유한문화사.
23. 김경남 등. 2002. 한국사양표준 한우. 농림부 · 농촌진흥청 축산기술연구소.

24. 윤상기, 이문연. 2004. FTA에 대응한 한우의 차별화 전략 심포지엄. 농촌진흥청 축산연구소, 한우연구회.
25. 이상철, 문철성, 홍성구, 탁태영, 김강식. 1988. 한우 육성비육시 사료급여 형태별 영양소 요구량 결정시험. 축산시험장. 축시연보 pp. 315-3106-1.
26. 하종규, 이성실, 문양수, 김창현. 2005. 반추동물영양생리학. 서울대학.

제4장 육　　종

한우는 우리 민족과 반만년의 역사를 함께 하여온 우리 조상이 물려준 재래종 상태로 남아 있는 우리의 소중한 자원으로서 지금 우리나라 축산을 대표하고 있는 가축이다. 한우는 농촌에서 농사일과 짐 운반, 구비생산 등 농업생산의 중요한 역할을 담당하여 왔으나 농업의 기계화와 국민소득의 증대로 우리 국민의 기호에 가장 잘 맞는 최고급 육질의 쇠고기를 공급하는 고기소로 그 역할이 바뀌었다. 이제 한우는 국민식생활에 양질의 단백질을 공급하는 식량자원과 농촌의 소득증대에 크게 기여하는 산업으로 자리하고 있다.

우리의 한우산업은 외국에 비하여 생산비가 비싸 가격 면에서 이기기란 거의 불가능하므로 한우의 장점인 우수한 육질의 특성을 잘 살려 나갈 때 경쟁에서 이길 수 있다. 한우의 특성은 온순하여 다루기 쉽고 기후풍토에 잘 적응하여 기르기 쉬울 뿐 아니라 육질 면에서 지방침착이 좋고 육질이 섬세하고 치밀할 뿐 아니라 마블링과 도체율이 우수하다. 이러한 한우의 특성을 잘 살려 품질 좋은 고기를 생산하는 소로 개량하여 소득이 높은 산업으로 육성 발전시키고 세계적인 소로 만들기 위해서는 한우의 육종은 대단히 중요하다고 할 수 있다.

한우의 능력을 향상시키는 방법으로는 크게 두 가지로 구분되어지는데 하나는 사양관리 방법을 개선하는 것이고, 또 다른 하나는 유전적인 소질을 개량하는 것이다. 즉 사료의 종류, 사육장소, 관리방법, 기후 및 우사의 구조 등을 개선함으로써 능력을 향상시킬 수도 있으며, 한우집단에서 우수한 유전자를 갖고 있는 개체, 즉 종모우나 종빈우를 선발하여 번식축으로 이용함으로써 다음 세대의 능력을 향상시키는 유전적인 소질을 개량하는 방법으로 능력을 향상시킬 수 있다.

본 장에서는 한우의 주요 경제형질들에 대한 유전적인 능력을 개량하여 경제적인 가치를 높이는 방법을 검토하고자 한다.

제1절 육종목표

한우육종의 방향은 시대적 요청에 따라 변화되어 왔으며, 우선 국민보건 향상을 위한 양질의 동물성 단백질을 국내에서 안정적으로 생산하여 공급하여야 하는 정책적인 측면과 쇠고기의 소비 특성을 최대로 활용하여 한우사육농가의 부가가치를 높이고 수입쇠고기와 차별화하는 방향으로 진행되어야 한다.

한우의 육종방향은 품질 경쟁력에서 외국의 주요 육용우와 경쟁에서 이길 수 있는 방향으로 선택하여야 하며, 생산비를 절감하면서도 유전적 능력이 우수한 종모우의 선발을 통하여 한우 집단 전반의 유전적 수준을 변화시키는 것이 필요하다. 이러한 점을 감안하여 정부에서도 발육과 육질능력에 중점을 둔 한우개량목표를 1993년부터 법제화함으로써, 국가 차원에서의 한우 개량 방향을 설정하고, 정책적인 뒷받침을 위한 노력을 하고 있다. 표 4-1에는 한우의 개량성과에 대한 평가결과와 향후 2010년까지의 개량목표를 제시하고 있다.

표 4-1. 한우의 개량목표 실적 및 2000~2010 개량목표(안)

구분 \ 형질		체 중(kg)		도 체			
		6 개월령	18 개월령	도체율 (%)	등지방두께 (cm)	등심면적 (cm^2)	육질1등급 비율(%)
개량실적 (비거세우 기준)	92	179	477	57.6	0.75	75.8	15
	97	190	515	57.7	0.75	76.1	30
	01	200	550	57.8	0.75	76.4	60
	개량량/연간	2.3	8.1	0.02	–	0.07	5.0
	실적(%), ('99~'92)/('01~'92)	5	38	–	–	433	9
		6 개월령	18 개월령	도체중 (kg)	등지방두께 (cm)	등심면적 (cm^2)	근내지방도 (점수)
비거세우	99	180	505	320	0.45	78.4	1.25
	05	190	538	340	0.44	85.4	1.32
	10	200	571	355	0.43	90.4	1.39
	개량량/연간	2.2	6.6	3.4	−0.001	1.2	0.014
거세우	99	145	423	296	0.74	73.3	3.1
	05	149	426	322	0.74	80.0	3.3
	10	152	428	349	0.74	86.8	3.5
	개량량/연간	0.72	0.52	5.3	–	1.35	0.035

※ 자료출처 : 농림수산부고시 제 93-59호.

제2절 한우의 경제형질

도체중이라든가 생시 체중과 같이 가축의 능력을 나타내는 척도를 형질이라고 한다. 한우를 비롯한 많은 가축들은 수많은 형질을 갖고 있는데, 이 중 경제적으로 가치가 있는 형질을 경제형질이라고 한다. 한우의 경제형질은 크게 3가지로 나눌 수 있는데 성장형질, 도체형질 그리고 번식형질이다. 생시체중, 이유시 체중, 6개월령 체중, 12개월령 체중, 18개월령 체중, 출하시 체중 및 체형형질들을 성장형질로 분류할 수 있으며, 체형형질에는 체장, 체고, 십자부고, 고장, 흉위, 흉폭, 흉심, 요각폭, 전관위, 좌골폭 및 곤폭으로 나눌 수 있다. 도체중, 등지방두께, 배장근단면적, 근내지방도 및 도체율 등의 형질을 도체형질로 분류할 수 있으며, 번식형질로는 수태율, 배란율, 사산율, 분만간격, 임신기간 등을 들 수 있다. 이외에도 한우는 다양한 형질을 갖고 있다.

한우의 형질은 양적형질과 질적형질로 구분 할 수 있는데, 양적형질은 다수의 유전자의 작용으로 발현되는 형질로서 대부분 연속적인 수치로 표현되고 있으며, 질적형질은 소수의 유전자의 유무가 형질을 결정하는 것으로 모색이나 뿔의 유무와 같이 단절된 형태로 표현이 된다. 한우에서의 주요 결제형질은 대부분 양적형질로서 각 형질의 특성에 맞도록 측정에 의하여 표현하고 있다. 표 4-2에는 한우의 주요 경제형질에 대한 유전력을 나타내고 있다.

표 4-2. 한우의 주요 경제형질에 대한 유전력

형 질	유전력	형 질	유전력	형 질	유전력
수태율	0~0.1	이유시 체중	0.21	등지방두께	0.43
분만간격	0~0.1	이유후 일당증체량	0.4~0.6	근내지방도	0.55
임신기간	0.3~0.4	사료효율	0.3~0.5	도체율	0.20
생시체중	0.2	18개월령 체중	0.16	배장근단면적	0.27

1. 한우의 번식형질과 능력

번식능력은 한우산업의 전제조건과 같은 1차적인 의미를 갖는다. 번식능력이 낮아 송아지 생산이 여의치 않으면 산육활동 자체가 중단되기 때문이다. 번식능력은 여러 가지 생물학적 및 환경적인 요인에 의해서 영향을 받기 때문에 선발을 통한 개량에 한계가 있다. 외형적으로 한우의 번식은 송아지의 분만으로 결정되는데, 송아지가 생산되기 위해서는 어미소가 발정이 와서 수정을 시키고 임신이 되면 관리를 잘 해서 임신을 유지시키는 것이 중요하며, 분만시기가 되면 분만관리를 철저히 하여 분만 중 사고가 발생하지 않도록 하여야 한다. 이러한 과정 중 하나만 잘못되어도 번식성적은 0이 되는 결과를 초래하게 된다. 이와 같이 번식과정에서 그 능력을 체크할 수 있는 표현형들을 번식관련 형질이라고 할 수 있으며, 번식관련 형질로는 초발정일령, 초산일령, 임신기간, 분만간격, 수태당 종부회수, 유산율, 사산율 등이 있다. 한우의 번식능력을 조사한 결과를 보면 다음 표 4-3과 같다

표 4-3. 한우의 번식관련 형질들의 능력수준

번식형질	1986[a]	1992[b]
초발정일령(일)	436.9	–
초산일령(일)	809.4	746.0
임신기간(일)	285.6	286.2
분만간격(일)	383.5	373.3
발정재귀일(일)	72.0	–
수태당 종부회수(회)	1.51	1.29
정상분만율(%)	94.1	98.7
유산 및 사산율(%)	1.7	–
쌍자율(%)	0.5	–

[a] 한찬규 등(1986) : 1984-1985년 전국 8개 한우순수계통번식지구의 평균치임.
[b] 축협중앙회(1992) : 한우개량단지사업평가보고서.

암소의 번식능력은 일정한 기간 중에 얼마나 많은 송아지를 생산해서 이유시켰는가로 평가된다. 이러한 번식능력이 좋기 위해서는 암소의 성 성숙이 빨라야 하고, 수태당 종부회수가 적어야 하며, 임신기간이 짧아야 하고, 분만 후 발정재귀일이 빨라야 하며, 쌍자율이 높을수록 좋고, 사산이 적어야 하고, 분만난이도, 즉 난산율이 낮아야 하며, 이유시까지 송아지 육성률이 높아야 한다.

1) 초발정일령

초발정일령은 품종, 체중 및 영양상태에 따라 달라지는데, 한우 암소의 성성숙 시작은 우선 육성기에 접어든 한우 암소가 춘기 발동기(pubertal period)를 거치게 되는데, 이때의 월령이 약 6~7개월령에 체중 120~135 kg정도를 말한다. 이 시기의 특징은 첫 발정이 나타나고 난포가 발육하여 처음 배란의 현상이 개시된다. 춘기발동기가 바로 번식을

할 수 있는 시기는 아니며, 춘기발동기가 지난 후 성성숙기에 접어드는 시기는 월령 및 체중이 각각 8~15개월령 및 180~250 kg으로서 암소가 번식을 할 수 있는 시기를 말하지만 이 시기가 그렇다고 해서 번식적령기와 동일하다고 볼 수는 없다.

한우 암소의 번식적령기는 14~16개월령, 그리고 체중 250 kg 이상일 때가 가장 적합하다. 다만 약 12개월령에 체중이 250 kg에 도달하고 영양상태가 양호하다면 이때 교배를 하여도 큰 문제는 없다.

2) 수태당 종부회수

한우를 역우로 사용하면서 재래식 사육을 할 때 임신율은 좋지 않았으나, 근래 육우로 사육하면서 사양관리가 개선되어 임신율은 현저히 좋아져 있다. 표 4-3에서 보면 수태당 종부회수는 1.51회로 젖소에 비하여는 매우 양호한 편이다.

3) 임신기간

임신기간은 품종, 어미의 연령, 송아지의 성, 쌍자 여부, 장기재태 유전자 보유여부 등에 따라 달라진다. 소의 평균 임신기간이 280일 내외인 점을 감안하면 표 4-3의 285~286일은 약간 긴 편에 속한다.

4) 초산일령

표 4-3에 표시된 바와 같이 한우의 초산일령은 최근 많이 개선되어 746일(약 25개월령)으로 일반적으로 2세(24개월령)에 초산하는 것이 적당하나 다소 부족한 상황이다. 그러나 24개월령에 초산을 하기 위해서는 수태당 종부회수를 감안한다면 초종부를 13개월령 정도에 실시하여야 할 것이다. 그러기 위해서는 적정한 사양관리로 번석적령기를 당기는 노력이 필요할 것이다. 너무 어린 암소가 분만할 경우에는 분만장해가 많아지고, 발정재귀가 늦어지며, 성숙시 체중도 적어져 문제가 되지만 충분히 성장한 것은 문제가 되지 않는다. 축산기술연구소가 매년 발간하는 가축개량관련자료에 의하면 한우 암소의 발육표준이 13개월령에 최저 196 kg, 최고 250 kg, 평균 228 kg으로 조사되고 있어서, 적절히 개량하고 사양관리를 철저히 한다면 2세 분만이 어려운 일만은 아닐 것이다.

5) 발정재귀일

표 4-3을 보면 발정재귀일은 평균 72일이다. 발정재귀는 자궁의 퇴축 정도와 개체의 영

양상태에 따라 달라진다. 매년 1두의 송아지를 생산하기 위해서는 계산상으로는 공태기간을 80일(365~286일)로 유지하여야 하며, 이는 분만 후 80일 이내에 임신이 되어야 한다는 것이다. 발정이 재귀하고 1.5회의 수정이 필요하고, 개체의 건강상태나 관리자의 실수 등으로 첫 발정을 넘기는 상황 등을 고려한다면 발정재귀는 50~60일 정도가 적당할 것이다. 발정재귀가 너무 빠를 경우 수태율이 낮아지는데 분만 후 20일 이내에 발정재귀시 수태율은 25%, 40일 내외일 때는 50%, 60일쯤에서는 60% 이상으로 안정된다. 발정재귀일이 너무 늦어지면 그만큼 공태일수가 길어져 송아지 생산비가 상대적으로 높아진다.

6) 쌍 자 율

한우의 쌍자율은 0.5%로 육우의 평균치와 같다. 쌍자율이 높다는 것은 생애 송아지 생산 두수가 증가하여 번식경영에 좋은 영향을 미친다.

7) 번식효율

번식효율은 축군 내 성빈우에 대한 연간 이유된 송아지의 비율로 표시하는데 한우의 번식효율은 71% 정도로 보고되고 있다. 이러한 결과는 번식효율에 분만간격 뿐만 아니라 유산, 사산, 육성중 송아지 폐사 등이 영향을 미치기 때문이다.

2. 한우의 산육형질과 능력

한우의 산육능력은 일당증체량과 사료요구율로 대표된다. 그러나 이들을 평가하기 위해서는 각 단계별 체중과 사료섭취량 등을 조사하여 평가하여야 한다. 산육능력을 좋게 하기 위해서는 산육능력에 관련되는 다양한 형질들을 조사하여 검토하고, 이를 근거로 단계별 사양관리를 개선하거나 개량방향을 설정하여 지속적으로 개량하는 노력이 필요하다.

1) 체중과 체형

농협중앙회는 매 3년마다 한우의 체중과 체위를 정기적으로 측정하여 한우의 개량도를 확인하고, 조사내용을 분석하여 한우개량시책 및 연구자료로 활용하도록 하고 있다. 2004년 12월에 농협중앙회가 발표한 조사결과를 요약하면 표 4-4와 같다.

체중의 조사는 우형기를 이용하는 측정하게 되며, 체위의 측정은 각 부위별로 체척기와 줄자를 이용하여 측정하게 되는데 각 부위는 표 4-5와 같다.

표 4-4. 한우의 월령별 체중과 체형

성 별	월령 (개월령)	체중 (kg)	체고 (cm)	십자 (cm)	체장 (cm)	흉심 (cm)	흉폭 (cm)	고장 (cm)	요각 (cm)	곤폭 (cm)	좌골 (cm)	흉위 (cm)
암	3	88.6	86.2	88.8	86.4	39.1	22.5	29.0	22.6	23.8	14.7	99.7
	6	151.7	98.9	102.0	104.0	47.7	27.8	35.1	28.2	29.1	18.1	122.4
	12	257.2	110.7	114.0	121.8	57.0	34.8	42.3	36.4	35.4	22.4	148.5
	18	352.6	118.4	121.4	134.3	63.6	38.6	46.3	41.6	38.8	24.6	166.5
	36	438.2	123.6	125.4	144.4	68.6	42.2	50.8	46.8	42.7	27.6	179.4
	60	473.7	126.3	127.6	148.5	70.7	43.7	52.0	47.9	44.2	28.5	183.9
수 (비거세)	3	100.4	88.1	90.9	87.3	40.2	22.6	30.0	22.6	23.7	14.6	103.7
	6	178.1	102.6	105.8	109.5	50.2	29.4	37.1	29.4	30.5	18.8	128.5
	12	377.9	118.3	122.5	132.4	64.5	40.2	45.9	39.7	39.1	23.1	168.7
	18	542.2	127.0	129.8	148.6	71.2	48.6	52.8	47.3	44.8	26.6	195.2
수 (거세)	12	324.5	117.2	120.0	130.1	62.7	38.2	45.6	39.1	37.1	23.0	163.6
	18	493.0	126.1	128.6	145.8	70.9	46.4	51.4	45.0	43.9	25.9	189.6
	24	624.0	128.0	130.7	150.5	75.4	51.4	53.9	49.3	45.8	27.2	201.3

※ 한우개량추세조사. 농협중앙회(2004.12).

표 4-5. 한우의 체위측정부위와 측정방법

체위측정부위	측 정 방 법
체 고	기갑의 정점에서 지면까지의 수직거리
십자부고	십자부에서 지면까지의 수직거리
체 장	어깨 전단에서 좌골후단을 직선으로 이은 수평거리
흉 심	견갑골 뒤(제 7~8늑골부)의 등에서 가슴바닥까지의 수직거리
흉 폭	견갑골 직후 제 8늑골 좌,우측 가슴사이의 가장 넓은 부위 거리
고 장	요각 전단에서 좌골 후단까지의 직선 거리
요 각 폭	좌, 우 요각 외측 사이의 수평거리
곤 폭	좌, 우 고관절 사이의 제일 높은 부위의 수평거리
좌 골 폭	좌, 우 좌골결절 외측사이의 수평거리

2) 사료효율

사료효율은 이유후부터 12개월령까지의 사료섭취량을 증체량으로 나누거나 같은 기간의 증체량을 사료섭취량으로 나누어 표시한다. 그러나 이 방법은 성장곡선이 다른 개체를 비교할 때 불합리한 점이 있다. 그래서 사료효율 비교시는 일정 체중에서 특정 체중까지의 사료효율을 구해 비교하는 것이 일반적이며, 미국의 경우 225~405 kg기간에 하는 것을 추천하고 있다. 주어진 일령 사이를 조사할 경우 성장이 빠른 것이 불리하다. 이는 지방 축적기가 후반부에 중복되기 때문이다.

육우의 사료효율은 유전력이 높아 개체선발로도 개량이 가능하다. 그러나 매일 사료 섭취량을 정확히 조사하는 일이 결코 쉽지 않다. 따라서 사료효율과의 높은 상관을 이용해 간접 개량을 하는 것이 현실적이다. 한우에서 조사된 일당 증체량과 증체에 소요된 TDN 및 DCP간 유전상관을 보면 $\gamma G = -0.96$과 -0.73이다. 증체율 개량을 통한 사료요구율 개량량은 사료 요구율을 직접 선발하여 개량했을 때의 개량량에 약 80%인 것으로 알려져 있다. 증체율을 높이면 사료 섭취량도 증가된다. 실제 증체량 개선의 약 40%는 사료섭취 능력 증가로부터 온 것이며, 순수 증체능력 자체만의 개선 결과는 60%정도다.

3. 한우의 도체형질과 능력

도체의 품질은 육량과 육질로 나누어 평가 된다. 도체 등급과 관계된 육량형질로는 도체중, 등지방 두께, 배최장근단면적 등이 중요하고, 육질에 관계된 형질로는 근내지방도(상강도), 조직감, 육색과 지방색들이 평가 대상이 된다.

1) 도체형질

도체형질은 한우를 도축한 후 측정하는 형질로서 도체중, 도체율, 등지방두께, 배최장근단면적, 근내지방도 등이 있다. 표 4-6에는 축산연구소가 매년 발표하고 있는 한우유전능력평가보고서의 2003년 발표자료에서 발췌한 한우 도체형질의 평균능력을 나타내었다.

표 4-6. 한우의 출생년도별 도체형질의 평균과 표준편차

연도/형질	냉도체중 (kg)	도체율 (%)	등지방두께 (cm)	배최장근단면적 (cm^2)	근내지방도
1996	299.254±30.744	68.822±1.203	0.786±0.261	73.339±7.370	3.483±1.483
1997	295.134±30.780	57.845±2.299	0.679±0.330	74.022±8.810	3.275±1.683
1998	293.054±35.123	57.789±2.503	0.657±0.267	72.604±7.839	2.764±1.434
1999	314.845±31.134	57.709±1.762	0.837±0.312	81.646±8.405	2.845±1.537
2000	313.560±35.089	57.602±2.205	0.784±0.332	75.633±7.942	2.887±1.601
2001	303.278±31.906	56.958±1.648	0.729±0.296	75.772±8.208	2.352±1.429

2) 육량 및 육질등급

육량등급은 도체를 해체 정형해서 얻어질 수 있는 고기의 양을 도체중량, 등지방두께,

등심단면적을 종합하여 A, B, C 등급으로 판정한다. 이들 측정치를 이용하여 아래의 육량지수 산정식을 이용하여 계산하는데 이때 소숫점 셋째자리 이하는 절사한다.

$$\text{한우의 육량지수} = 68.184 - [0.625 \times \text{등지방두께(mm)}] + [0.130 \times \text{배최장근단면적}(cm^2)] - [0.024 \times \text{도체중량(kg)}] + 3.23$$

위의 식으로 계산된 육량지수가 67.50 이상이면 A등급, 62.00 이상 67.50 미만이면 B등급, 62.00 미만이면 C등급으로 구분한다.

육질등급은 근내지방도, 육색, 지방색, 조직감, 성숙도에 따라 1^{++}, 1^{+}, 1, 2, 3의 4개 등급으로 구분한다. 근내지방도는 배최장근 단면에 나타난 지방분포 정도를 근거로, 육색은 배최장근 단면의 고기 색깔을 기준으로, 지방색은 배최장근 단면의 근내지방 및 주위의 근간지방과 등지방의 색깔을 근거로, 조직감은 등급판정부위에서 배최장근 단면의 보수력과 탄력성을 근거로, 성숙도는 왼쪽 반도체의 척추 가시돌기에서 연골의 골화 정도를 기준으로 각각 판정한다.

현재 우리나라 축산물의 등급판정은 "농림부고시 2004-66호"에 근거하여 실시하고 있으며, 등급판정기관으로는 축산물등급판정소로 지정되어 있다. 최근의 한우 등급판정결과를 요약하면 표 4-7과 같다.

표 4-7. 한우의 등급판정 두수와 등급별 출현율

연도별	등급판정 두수(두)	육질등급별 출현율(%)					육량등급별 출현율(%)			
		1^{++}	1^{+}	1	2	3	A	B	C	D
2000	814,022	–	6.5	18.3	31.9	42.4	45.1	48.5	5.5	0.9
2001	548,233	–	9.2	20.7	31.3	38.0	43.7	48.4	7.1	0.8
2002	446,212	–	12.7	22.5	31.4	32.7	39.8	49.3	10.2	0.7
2003	360,795	–	14.1	19.2	29.1	36.9	43.0	45.0	11.3	0.7
2004	324,319	1.3	16.3	18.3	27.4	35.8	42.3	42.2	14.6	0.9
2005.10.까지	319,881	10.1	15.0	23.0	24.2	27.1	47.5	41.4	10.5	0.6

제3절 한우의 등록과 검정

한우와 같이 단태동물이면서 대가축인 경우에는 개별 농가나 종축회사가 단독으로 개량사업을 추진하기에는 무리가 있다. 따라서 국가단위의 개량 목표를 설정하고, 이 목표를 달성하기 위한 적절한 추진체계를 수립하여 관련 기관들의 유기적인 협조체제를 구축하고 장기간에 걸쳐서 꾸준히 노력하는 것이 중요하다. 일반적으로 대가축의 개량사업은 등록에 의한 혈통확립, 심사에 의한 우수종축선발, 능력검정에 의한 보증종모우 생산을 통하여 한우의 유전적인 개량을 도모하고 있는데, 우리나라는 농림부, 축산기술연구소, 농협중앙회, 축산물등급판정소, 한국종축개량협회, 인공수정사, 양축농가가 각각의 역할을 수행하는 체제를 갖추고 있다.

1. 등　록

1) 등록의 의의

한우의 등록은 개체가 가지고 있는 혈통관계와 경제형질, 즉 체중, 체형, 도체성적, 번식성적, 심사점수 등의 성적을 기록 보존하여 두고 이 지료를 토대로 모든 자료를 정확하게 분석하여 계획 교배의 지침으로 활용한다. 또한, 한우의 혈통자료는 유전적인 관계를 활용하여 최신 통계기법인 Animal Model을 적용하여 개체의 육종가를 추정하여 우수한 자손을 생산하는 데 활용되는 등 한우의 개량에 있어 매우 중요한 수단이다. 개체의 표현형은 부모로부터 받은 유전자에 많은 영향을 받는데, 그 부모 역시 또 다른 부모의 유전자를 전달받아 후손에게 전달하는 것이다. 따라서 개체가 발현하는 표현형에 혈연관계를 반영하면 보다 정확한 유전적 능력을 추정할 수 있게 된다. 또한 자료가 없는 개체, 즉 능력 성적이 없는 개체에 대해서도 개체간의 혈연관계를 이용해서 유전적 능력을 추정할 수도 있는데, 자손의 유전적 능력을 이용해서 직접 측정한 자료가 없는 아비나 어미의 유전적 능력을 추정할 수 있다. 이러한 특성을 이용하여 도축해서 측정하게 되면 종축으로 활용할 수 없는 근내지방도와 같은 도체형질도 후대검정을 통하여 보증종모우를 선발한다.

따라서 한우의 주요 경제형질을 측정하여 수집하는 것만큼 개체의 혈통을 정리하여 관리하는 것 역시 매우 중요하다.

2) 한우의 등록 구분

한우의 등록은 기초등록, 혈통등록, 고등등록으로 구분한다. 기초등록을 할 수 있는 개체는 생후 6개월령 이상에서 실격조건이 없고 외모심사 결과 암소는 70점 이상, 수소는 75점 이상을 득점한 한우여야 한다. 혈통등록을 할 수 있는 개체는 부모가 등록우이면서 실격조건이 없는 송아지로서 생후 6개월 이내에 등록신청을 하여야 한다. 또한 고등등록우가 되기 위해서는 혈통등록우가 생후 24개월령 이상 36개월령 이내에 암소는 외모심사

점수가 75점 이상이고, 번식능력이 양호하며, 유전적 불량형질이 없어야 하고, 수소는 외모심사 점수가 78점 이상이고, 유전적 불량형질이 없어야 한다. 단 수소의 경우 후대검정을 마친 경우에는 등록할 수 있다.

특히 능력이 뛰어난 개체들을 육종우로 등재하여 종축으로 사용할 후대를 생산하는 데 활용하고 있는데, 육종우가 되기 위해서는 암소는 고등등록우를 부모로 하여 생산된 고등등록우로서 생후 36개월령 이상에서 외모심사 결과 80점 이상이어야 하고, 번식능력이 양호하고 유전적 불량형질이 자신과 그 후대에서도 나타나지 않아야 하며, 유전능력평가에서 육종가가 상위 10% 이내에 해당하여야 한다. 또한 수소의 경우에는 고등등록우를 부모로 하여 생산된 혈통등록우로서 고등등록을 필하고, 외모심사 점수가 80점 이상인 것으로 농림부장관이 정한 후대검정에 따라 성적이 양호하여야 하며, 번식성적이 양호하고 유전적 불량형질이 후대에서도 나타나지 아니하여야 하며, 혈통등록우 100두 이상을 생산한 개체를 대상으로 한다.

한우 등록에서 고등등록우와 육종우로 선발하여 활용도를 높이기 위하여 표 4-8과 같이 부위별 발육도 기준을 설정하고 고등등록우는 체형기준의 발육도 2 이상만 등록하고, 육종우는 발육도 5이상의 부위가 4개 이상이고 발육도 4 미만이 없어야 한다.

표 4-8. 등록우의 체형기준

부위별 발육도	체중 (kg)	체고 (cm)	십자부고 (cm)	체장 (cm)	흉심 (cm)	흉폭 (cm)	고장 (cm)	요각폭 (cm)	곤폭 (cm)	좌골폭 (cm)	흉위 (cm)
5	437 이상	127 이상	129 이상	149 이상	69 이상	44 이상	51 이상	48 이상	44 이상	28 이상	187 이상
4	381~436	124~126	126~128	144~148	67~68	40~43	49~50	46~47	42~43	26~27	177~186
3	325~380	119~123	121~125	137~143	62~66	35~39	45~48	42~48	38~41	24~25	166~176
2	269~324	116~118	118~120	132~136	60~61	31~34	43~44	40~41	36~37	22~23	156~165
1	268이하	115 이하	117 이하	131 이하	59 이하	30 이하	42 이하	39 이하	35 이하	21 이하	155 이하
X	356.91	121.35	122.87	140.40	64.58	36.85	47.23	42.7	39.19	23.81	170.55
SD	±56.32	±3.57	±3.68	±6.18	±3.09	±4.31	±2.95	±3.33	±3.03	±2.73	±9.25

※ 한우보통등록우 35개월령±0.5SD, 1.5SD 기준.

3) 한우의 등록현황

한우혈통을 유지하기 위한 우적제도(가축보호법 법률 제36호 1954.1.23)가 실시된 이래 현재와 같은 체계적인 등록체계가 수립된 것은 정부의 종축등록 및 능력검정사업 일원화 방침에 따라 1969년에 한국종축개량협회가 설립되면서부터이다. 표 4-9에는 등록구

분별 한우의 등록우 관리현황을 나타내고 있다. 2003년 현재 224,748두의 등록우를 관리하고 있으며, 매년 혈통등록우와 고등등록우가 증가하고 있음을 알 수 있다.

표 4-9. 연도별 한우등록우 관리 현황

연 도	계	기초등록우	혈통등록우	고등등록우
2002	198,446두	21,645두(10.9%)	122,015두(61.5%)	54,786두(27.6%)
2003	224,748두	관리에서 제외	161,994두(72.1%)	62,754두(27.9%)
증감	26,302두	△21,645두	39,979두	7,968두

2. 당대검정

한우의 검정방법은 크게 당대검정과 후대검정으로 구분한다. 특히 우리나라는 한우의 검정을 엄격히 하고 국가단위의 검정을 실시함에 있어 소요되는 비용을 일정부분 국가가 부담하기 위하여 검정방법에 대하여 법률로서 정하고 있으며, 검정기준은 농림부 고시로서 정하고 있다. 한우의 검정기준은 "농림부 고시 제97-18호"에 따르고 있다.

한우의 당대검정은 후보종모우를 선발하기 위하여 종축으로 사용될 당해 수소의 능력을 검정하는 것이다. 당대검정은 개체자신에게서 직접 측정할 수 있는 형질들을 개량하고자 할 때 주로 이용되는 방법이지만, 한우에서는 후대검정에 들어갈 후보종모우를 선발하기 위한 목적으로 이용되고 있다.

1) 당대검정우의 조건

① 종빈우에서 태어나고 생후 160일령 이전에 이유한 수송아지일 것
② 등록기관에 혈통등록이상으로 등록되고 혈액형 검사결과 친자가 확인된 것
③ 외모심사 평점이 75점 이상인 것
④ 생후 120일령에서 160일령 사이의 수송아지일 것
⑤ 당대검정우나 당대검정우의 부모 또는 형제, 자매 중에서 선천성 기형이나 유전적 불량 형질이 나타나지 않은 것
⑥ 생후 180일령 체중이 150kg 이상일 것

당대검정우의 검정방법은 예비검정과 본 검정으로 구분하고 있는데, 예비검정은 생후 150일령에서 180일령사이에 최소 20일 이상으로 하며, 이 기간 중에 기생충 구제, 예방

접종, 질병검사와 사육 환경에 대한 적응여부를 검정하고, 본 검정은 예비검정이 끝난 후 180일간 실시한다.

2) 당대검정에서의 조사형질

당대검정우의 조사형질은 체중, 체위, 사료 섭취량과 사료 요구율 및 외모심사를 실시하는데 그 방법은 다음과 같다.

① 체중은 개시시, 270일령, 종료시에 측정하되 개시시와 종료시는 연속 3일간 측정한 평균치로 한다.

② 체위는 개시시와 종료시에 측정하여 180일령, 360일령으로 보정하되 체고, 십자부고, 체장, 흉위, 흉심, 흉폭, 고장, 요각폭, 곤폭, 좌골폭, 우측전관위의 11개 부위를 측정한다.

③ 사료 섭취량은 매 15일 간격으로 급여량에서 잔여량을 감한 것을 조사하고, 증체량으로 나누어 사료 요구율을 조사한다.

④ 외모심사는 축산법 시행규칙 제9조 제4항의 규정에 의거 종축등록기관이 공고하는 "가축외모심사기준"에 의거 검정개시시와 종료시에 실시한다.

⑤ 정액검사는 별도의 정액심사 기준에 따라 실시하는데, 검정완료 직후부터 1주일 간격으로 5회 이상 실시한다.

3) 후보종모우의 선발

당대검정을 통하여 확보된 개체별 성적을 근거로 유전능력 평가를 통하여 선발하는데, 기기준은 축산기술연구소가 운영하는 가축개량협의회에서 정하는 선발지수식에 따라 순위를 매겨서 선발한다. 이때 측정치에 영향을 미치는 요인은 통계적인 방법에 의해 보정한 후에 이용한다. 1983년 이후 당대검정을 통하여 선발한 후보종모우 현황은 표 4-10과 같다.

3. 후대검정

후대검정은 비교적 유전력이 낮은 형질들을 개량하고자 할 때 종축의 가치를 평가하는데 있어서 평가의 정확도를 높이기 위하여 해당개체의 후손들에 대한 능력을 조사하여 개체의 능력을 평가하는 방법이다. 또한 개체 자신에게 직접 조사가 불가능할 경우에 간접선발의 일환으로 사용되기도 한다. 한우에 있어서 후대검정에 의한 선발형질로는 육질관

표 4-10. 당대검정을 통한 후보종모우 선발 현황

연도	심사두수			선발두수			당대검정필 후보우 성적		
	축산진흥 대회	당대 검정필	계	축산진흥 대회	당대 검정필	계	일당 증체량(kg)	12개월령 체중(kg)	사료효율 (TDN 기준)
1983	63	58	121	8	12	20	1.20	–	–
1984	85	30	115	8	14	22	1.23	376	5.11
1985	103	143	248	20	20	40	1.15	367	–
1986	95	169	264	8	30	38	1.12	338	4.26
1987	100	128	228	9	33	42	1.17	368	4.38
1988	97	139	236	8	32	40	1.15	365	4.36
1989	80	123	203	5	29	34	1.32	401	–
1990	88	161	249	8	28	36	1.27	390	4.24
1991	82	186	268	8	31	39	1.25	400	4.00
1992	104	187	291	8	32	40	1.32	401	4.27
1993	26	201	227	–	30	30	1.31	405	4.18
1994	8	167	175	8	31	39	1.36	403	3.31
1995	–	190	190	–	29	29	1.22	386	4.51
1996	8	171	179	7	29	36	1.24	393	4.47
1997	–	177	177	–	33	33	1.22	379	4.57
1998	–	304	304	–	60	60	1.00	350	4.25
1999	–	371	371	–	63	63	1.00	345	4.50
2000	–	352	352	–	45	45	1.08	367	–
2001	–	482	482	–	53	53	1.18	393	–
2002	–	354	354	–	36	36	1.28	395	–
2003	–	475	475	–	40	40	1.17	407	–

련 형질들이 그 대표적인 예라 할 수 있다. 이러한 당대 또는 후대검정은 궁극적으로는 종축으로 활용될 소를 선발하는 데 있어서 선발의 정확도를 높이기 위한 하나의 수단으로 이용된다.

1) 후보종모우의 조건

후대검정의 대상이 되는 후보종모우는 당대검정에 의해 선발되거나, 도 및 전국단위의 축산진흥대회에서 입선된 것이나 한우사육농가 또는 개량기관이 보유하고 있는 종축 중 가축개량협의회에서 능력이 우수하다고 특별히 인정된 것이어야 한다. 이들 중 당대검정에 의해 선발된 후보종모우가 아닌 경우에는 다음의 기준에 따라 선발한다.

① 나이는 12~18개월령일 것

② 12개월령 체중이 350 kg 이상일 것

③ 정액검사 기준에 합격할 것

④ 후보종모우의 부모 또는 형제, 자매 중에서 선천성 기형이나 유전적 불량형질이 나타나지 않은 것

2) 교배빈우의 조건

교배빈우는 후대검정용 송아지를 생산하는 암소로서 그 기준은 다음과 같으며 생년월일, 산차, 체중 및 번식상황 등에 대한 자료를 확보하여야 한다.

① 나이는 2~6세로서 정상적으로 발육되고 외모심사결과 70점 이상인 것

② 체중은 300 kg이상인 것

③ 등록기관에 종축으로 등록된 것

3) 검정대상우와 검정

검정대상우는 후대검정을 위하여 생산된 수송아지로서 이유전 발육성적(생시, 3개월령 및 6개월령 체중 등)이 있는 것이어야 한다. 이들에 대한 검정은 예비검정과 본 검정으로 구분하는데, 예비검정은 본 검정을 개시하기 전 최소 20일간 실시하고, 이 기간 중에 기생충 구제, 예방접종, 질병검사와 사육환경 적응여부를 검정하며, 본 검정 개시시의 일령은 270~300일령으로 하고 검정기간은 360일간 검정하여 체중과 체위는 개시시, 360일령, 540일령 및 종료시에 조사하고, 사료섭취량은 당대검정과 동일한 방법으로 조사하여 사료요구율을 계산한다. 또한 도체성적은 별도의 도체주사 및 평가기준에 따라 평가한다. 검정대상우의 선정기준은 다음과 같다.

① 후보종모우 1두당 교배빈우 30~60두를 교배시켜 생산된 수송아지가 10두 이상이어야 한다.

② 이유일령은 120~160일령으로 한다.

③ 외모는 기형 및 유전적인 결함이 없어야 한다.

④ 검정개시두수는 후보종모우 1두당 8두 이상으로 한다.

검정대상우중 만성질환이 있거나 현저하게 발육이 떨어지거나, 후보 종모우 두당 검정대상우가 검정종료시까지 6두 미만이거나, 사고로 계속 사육이 불가능하거나, 부계 형매 중(후보종모우 자손) 유전적 결함이 발견되거나, 후대검정 중인 아비의 정액성상의 이상, 질병 및 외상 등으로 도태사유가 발생하여 검정기관이 실격시킨 경우에는 검정을 중지한다.

이러한 성적이 얻어져서 후대검정이 완료된 후보종모우는 검정성적을 가축개량협의회(한우분과)에서 정한 지수식에 의해 평가한 후 가축개량협의회 심의를 거쳐 보증종모우로 선발된다. 이와 같은 과정을 거쳐 선발되어 활용하고 있는 한우 보증종모우의 현황은 표 4-11과 같다.

표 4-11. 연도별 한우 보증종모우 선발 현황

구분＼연도	'87	'88	'89	'90	'91	'92	'93	'94	'95	'96	'97	'98	'99	'00	'01	'02	'03
후보종모우 공시	27	28	32	32	29	17	28	39	38	39	40	40	39				
검정완료 후손수	261	297	344	291	276	149	317	297	384	327	291	267	370				
보증종모우 선발	21(1)	20	23(3)	21(1)	20	11	19	21	23	20	16	20	16				

4. 종축의 평가와 선발

이 절에서 설명한 검정방법들은 종축을 선발하기 위한 일련의 수단이며, 다양하고 엄격한 검정방법들을 동원하여 조사된 검정기록을 이용하여 종축으로 이용될 개체들에 대하여 유전적인 자질을 평가하여 유전적으로 우수한 종축을 선발하여 실용축 또는 종축생산에 공용하는 것이 최종수단이라고 하겠다. 따라서 종축의 가치를 정확하게 평가하는 것은 검정 못지않게 중요하다. 개량하고자 하는 각 형질들에 대한 표현형 수치는 유전적인 요인과 사육환경에 영향을 받아 나타나게 된다. 그러므로 측정으로 얻어진 자료가 모두 유전적인 요인으로 판단하는 것은 그릇된 것이며, 사양관리와 같은 환경적인 요인에 의하여 영향 받은 요소들은 배제되어야 한다. 그러나 대가축인 한우의 경우에 검정대상우의 검정성적은 사육환경이 다르고 출생시기가 동일하지 않기 때문에 환경적인 요인에 많은 영향을 받는다. 그러므로 이들 요인들에 대한 보정을 실시한 후 비교되어야 보다 정확한 유전적 능력을 평가할 수 있다. 그러므로 한우의 후대검정에 있어서 95년도 후대검정축의 육질등급이 94년도 검정축의 육질등급보다 낮다고 하여 유전적으로 개량이 되지 않았다고 평가하는 것은 오류를 범할 수 있다고 하겠다.

종축의 평가를 정확히 하기 위해서는 사양환경을 가능한 한 동일하게 부여할 때 유적적인 차이를 보다 정확하게 평가할 수 있다. 이러한 측면에서 동일시기에 태어난 개체를 비교검정하는 동기우비교법(comtempory comparison)이 실행되었고, 또한 동일지역에서 검정, 평가하는 동거우비교법(herdmate comparison) 등이 실시되었다. 이러한 관점에서 한우의 개량에 있어서도 당대검정은 동일시기에 태어난 소를 검정시설에 모아서 검정하고 있으며 후대검정은 개량단지 등 관리 농가가 생산한 후대축들을 사들여 검정시설에서 동일한 환경조건으로 송아지를 검정하고 있다. 우리나라는 축산기술연구소가 매년 한우의 유전능력을 평가하고 있으며, 현재 사용되고 있는 한우 유전능력평가 방법은 다음과 같다.

1) 평가 대상 형질

(1) 경제 형질

도체중이라든가 생시 체중과 같아 가축의 능력을 나타내는 척도를 형질이라고 한다. 한우를 비롯한 많은 가축들은 수많은 형질을 갖고 있는데, 이 중 경제적으로 가치가 있는 형질을 경제 형질이라고 한다. 한우의 경우 경제 형질은 크게 3가지로 나눌 수 있는데 성장형질, 도체형질 그리고 번식형질이다.

한우에서 3가지로 분류한 경제형질을 다시 세분화하면 성장형질에는 생시 체중, 이유시 체중, 6개월령 체중, 12개월령 체중, 18개월령 체중, 출하시 체중 및 체형이 있고, 체형은 다시 구체적으로 체장, 체고, 십자부고, 고장, 흉위, 흉폭, 흉심, 요각폭, 전관위, 좌골폭 및 곤폭으로 나눌 수 있다. 도체형질에는 도체중, 등지방두께, 배최장근단면적, 근내지방도 및 도체율이 있으며, 번식형질은 수정률, 배란율, 사산율 등을 들 수 있다. 이외에도 한우는 다양한 형질을 갖고 있다.

이와 같은 한우의 형질은 개체가 갖고 있는 유전자에 의해서 표현되는 것이다. 따라서 어떤 형질에 대한 유전자를 밝혀내어 능력이 좋은 유전자를 갖고 있는 한우를 선발하여 사용하면 한우의 능력을 개량하는 데 큰 효과를 볼 수 있을 것이나, 관여하는 유전자를 밝혀내는 것도 어렵지만 한 형질에 여러 유전자가 동시에 관여하기 때문에 현재로써는 유전자를 이용한 한우 개량은 쉽게 이루어질 수 있는 방법이 아니다.

(2) 양적 형질과 질적 형질

한우의 경제 형질을 크게 3가지로 구분하였으나 형질을 구분하는 가장 기본적인 단위는 양적 형질과 질적 형질이다. 한우에서의 경제 형질이 거의 대부분 양적 형질에 속하는데, 근내지방도와 같은 경우는 질적 형질로 구분할 수 있다.

그럼 양적 형질과 질적 형질은 어떻게 구분이 되는가? 양적 형질은 체중이나 체위와 같이 형질에 대한 표현형이 연속적으로 나타나는 형질을 말한다. 하지만 질적 형질은 표현형이 연속적인 숫자로 나타나는 것이 아니라 몇 가지로 구분되는 것을 말한다. 한우의 근내 지방도를 예를 들면 1~6으로 근내지방의 정도를 구분하고 있다. 질적 형질의 다른 예를 들면, 분만 난이도 같은 형질로 경우 순산, 난산 등 몇 가지 정도로 구분하여 표현할 수 있다.

2) 평가 방법

(1) 모 형

모형이란 가축의 능력을 평가하기 위해 개체의 표현형에 관여하는 유전자의 효과와 다른 외부효과로 분리해 놓은 수학식을 말한다. 따라서 모형에 어떠한 요인을 첨가하느냐에 따라서 여러 가지 형태의 모형으로 구분할 수 있다.

개체의 표현형에 관여하는 유전자의 효과는 개체 자신의 유전자 효과와 어미나 아비의 유전자 효과 또는 조부모의 유전자 효과로 구분할 수 있으며, 다른 외부효과로는 어미의 산차, 어미의 연령, 사육장소, 성별 및 연도와 계절과 같은 환경적인 요인으로 구분할 수 있다.

이러한 여러 유전자 효과와 환경적인 요인을 이용해 개체의 표현형을 수학적으로 표현하는 것이다. 이러한 수학식, 즉 모형을 이용해 개체의 표현형에서 유전적 요인이 차지하는 비율을 추정하여 유전적 요인이 우수한 개체를 선발하는 것이다.

(2) 모형의 종류

이렇게 개체의 표현형에 영향하는 요인으로 표현되는 모형은 어떤 유전자 효과를 평가하느냐에 따라서 몇 가지 종류로 구분할 수 있다. 개체 자신의 유전자 효과를 평가하기 위해 모형에 유전적 요인으로 개체의 유전자 효과를 넣은 것을 개체 모형이라고 하고 본 보고서에서 평가하는 모형이 바로 이러한 개체 모형이다.

한우에서 개체의 생시 체중과 이유시 체중은 개체의 유전적 요인에 의해서도 표현되지만 어미의 건강상태, 비유능력 및 어미의 유전적 요인에 의해서도 크게 영향을 받는다. 예를 들어 어미의 비유능력이 좋을 경우 자식이 많은 우유를 섭취해 이유시 체중이 어미의 비유능력이 떨어지는 경우보다 좋은 것을 볼 수 있다. 이러한 어미의 효과를 모체 효과라 하고 이런 경우 모형에 모체 효과를 환경적 요인으로 첨가할 수 있다. 이러한 모형을 모체 효과가 있는 개체 모형이라고 한다.

이외에 아비 모형은 아비의 유전적 능력을 평가하기 위해 모형에 아비의 유전적 효과를 넣은 모형을 말한다.

(3) 개체 모형

개체 모형은 앞에서 설명한 것과 같이 개체 자신의 표현형에 개체의 유전적인 요인이 얼마나 되는가를 평가하기 위해 사용하는 모형이다. 개체의 유전적 요인은 아비와 어미로부터 전달받은 유전자에 의해 결정된다. 따라서 개체 자신의 유전적 능력은 자식에게 얼마나 우수한 유전자를 전달할 수 있느냐 하는 것이다. 따라서 유전적 능력이 우수한 암소와 수소를 교배하면 자식의 유전적 능력이 다른 개체보다 우수하게 나타날 것이다.

다음과 같은 두 마리의 개체를 생각해 볼 수 있다. 다음 두 마리 개체의 도체중이 330 kg으로 같다고 하자. 개체의 표현형에 영향하는 요인을 환경적 요인과 개체 자신의 유전적 요인으로 구분하여 나타내면 아래 그림과 같다.

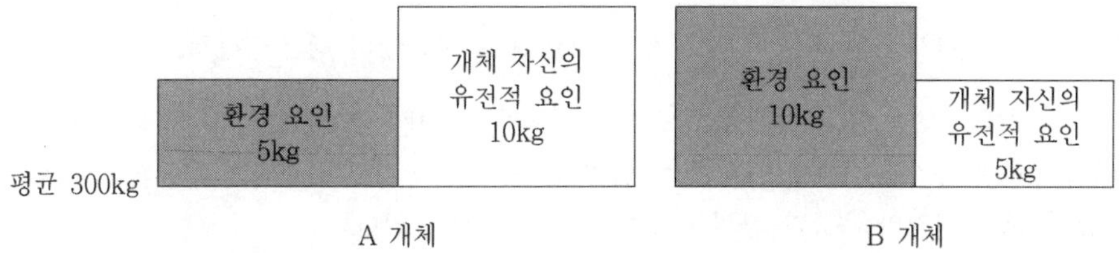

그림 4-1. 개체의 표현형에 영향하는 요인

이 경우 만약 두 개체 중에 한 마리를 선택하여 교배를 하려 한다면 표현형으로 선택할 경우 두 마리 모두 330 kg이므로 아무 개체나 선택할 수 있다. 하지만, 후대에 전달할 수 있는 요인인 개체 자신의 유전적 요인이 B개체의 경우 5 kg이고 A개체는 10 kg이므로 A개체를 선택하여 교배하는 것이 다음 세대의 능력을 더 우수하게 할 수 있을 것이다.

(4) 육종가(Breeding Value)와 추정 전달 능력(PTA)

어떤 가축의 육종가는 그 가축의 종축으로서의 가치를 나타낸다. 예를 들어 'KPN000' 이란 종모우의 18개월령 체중에 대한 육종가는 우리나라에 있는 여러 암소를 임의로 뽑아 'KPN000'과 교배하여 송아지를 얻은 다음, 이 송아지들의 18개월령 평균체중에서 우리나라 소 전체의 18개월령 체중의 평균을 뺀 값을 2배한 값이 된다. 여기서 2배를 하는 것은 'KPN000' 능력의 절반만이 송아지로 전달되기 때문이다. 여기서 주의할 것은 암소를 많이 뽑을수록, 다시 말해 교배하여 얻은 송아지의 숫자가 많을수록 우리가 구한 육종가의 정확도는 높아진다(무한히 많은 암소와 교배를 하여 송아지를 얻으면 정확한 육종가를 구할 수 있다). 하지만 사실상 이렇게 하기란 비용, 시간, 노력이 많이 들고 실질적으로 불가능하므로 일정한 두수의 암소를 뽑아 교배를 하여 송아지를 얻어 이를 통계적으로 처리하여 육종가를 추정하게 된다. 또한 이렇게 추정한 육종가(Estimated Breeding Value)의 정확도를 표시하기 위해 "신뢰도"를 표시한다.

어떤 개체의 육종가가 음(－)의 값이 나왔다면 아래 식에서 보면 알 수 있듯이 그 개체의 능력이 전체 평균보다도 떨어진다는 것을 의미한다. 그러나 여기서 주의할 것은 육종가가 음의 값이 나왔다고 해서 무조건 나쁜 것은 아니라는 것이다. 만약 체중에 대한 사료 요구율(체중 1kg을 증가하는 데 필요한 사료의 양)의 육종가를 추정하여 보니 A란 소는 2가 나오고, B란 소는 －2가 나왔다고 하자. 이는 A 소가 평균보다 2kg을 더 먹고 체중 1kg을 낸다는 것이고, B 소는 평균보다 2kg이나 적게 먹고도 같은 양의 체중이 증가한다는 것이 된다. 즉 이런 경우에 음의 값이 나온 것이 더 우수한 것이 된다.

$$\text{개체 A의 육종가 추정치} = 2 \times (\text{개체 A 자손들의 평균} - \text{전체 평균})$$

※ 주의 : 수식에서 보면 알 수 있듯이 육종가는 전체평균에 대한 값이므로 미국에서 구한 육종가와 한국에서 구한 육종가를 그대로 비교할 수는 없다. 즉 미국의 평균이 한국의 평균과 같지 않기 때문이다. 또한 다른 형질의 육종가 간의 비교도 아무런 의미가 없다.

'KPN000'의 참육종가가 100이었다면 이 개체가 자손에게 유전적으로 물려 줄 수 있는 능력은 100의 절반인 50이 된다(정자 또는 난자는 전체 유전자의 절반만 가지므로). 즉 어떤 개체가 그 다음 세대로 전달하는 값은 그 개체의 육종가의 절반이 되는 것이다. 이렇게 어떤 개체가 새끼에게 전달할 수 있는 능력을 "유전전달능력(Transmitting Ability)"이라고 하고 이는 그 개체 육종가의 절반이 된다. 즉

$$\text{A 개체의 유전전달능력(TA)} = \frac{1}{2} \times \text{A 개체의 육종가(BV)}$$

그러나 여기서 주의할 것은 어떤 가축의 참육종가를 정확히 아는 것은 불가능하기 때문에 이를 통계적으로 추정한 "추정 육종가(Estimated Breeding Value, EBV)"를 사용할 수밖에 없다는 것이다. 그러므로 우리는 참육종가 대신에 추정한 육종가, 즉 추정 육종가를 사용하고 이에 따라 우리가 구한 유전 전달 능력도 역시 참유전 전달 능력이 아닌 추정전달능력(Predicted Transmitting Ability, ETA)이 되는 것이다.

$$\text{A 개체의 추정유전전달능력(PTA)} = \frac{1}{2} \times \text{A 개체의 추정육종가(EBV)}$$

※ 주의 : 추정 유전 전달 능력도 육종가와 같이 항상 양의 값이 좋고 음의 값이 나쁜 것은 아니다. 육종가를 추정한 대상형질이 무엇이냐에 따라 다르므로 주의하여야 한다.

※ 주의 : 수식에서 보면 알 수 있듯이 추정 전달 능력은 육종가에 기초를 두고 있기 때문에 육종가와 마찬가지로 미국에서 구한 추정 전달 능력과 한국에서 구한 추정 전달 능력을 그대로 비교할 수는 없다.

(5) 혈연관계

개체의 혈연관계는 개체의 유전적 능력을 평가하는 데 매우 유용하게 쓰이는 자료이다. 개체의 표현형은 부모로부터 받은 유전자에 많은 영향을 받는데, 그 부모 역시 또 다른 부모의 유전자를 전달받아 후손에게 전달하는 것이다. 따라서 개체의 성적에 혈연관계를 반영하여 보다 정확한 유전적 능력을 추정하게 되는 것이다. 또한 자료가 없는 개체, 즉 능력 성적이 없는 개체에 대해서는 개체 간의 혈연관계를 이용해 유전적 능력을 추정하게 된다. 예로, 자손의 유전적 능력을 이용해 자료가 없는 아비나 어미의 유전적 능력을 추정하는 것을 들 수 있고, 현재 후대검정 보증 종모우를 선발하기 위해서 후보 종모우의 정액을 이용해 많은 자손을 생산하고 생산한 자손의 자료를 이용해 후보 종모우의 유전적 능력을 평가하고 그 결과 보증 종모우를 선발하게 되는 것이다.

따라서 개체의 성적을 측정하고 수집하는 것만큼 개체의 혈연관계, 즉 부모에 대한 자료 역시 유전능력평가에 매우 중요한 것이다. 하지만, 개체의 정확한 혈연관계를 파악하기 위해서는 인공수정이 체계화 되어야 하는데, 비용이 많이 드는 관계로 아직도 자연교배를 실시하는 농장이 있다. 물론, 자연교배를 하면서도 혈연관계를 파악할 수 있으나, 능력이 평가된 수컷이나 암컷을 이용하여 교배하지 않기 때문에 유전능력의 개량에는 오히려 역행하는 측면이 있다.

제4절 보증종모우의 활용

농협중앙회 가축개량사업소는 매년 축산기술연구소가 평가하여 가축개량협의회에서 선발한 보증종모우의 정액을 생산하여 공급하고 있다. 한우사육농가에서는 이들 보증종모우를 적절히 활용하여 인공수정을 통하여 우수한 송아지를 생산하는 데 활용하게 된다. 2005년 현재 공급되고 있는 정액을 생산하는 보증종모우 중 1등급인 개체와 이들의 주요 형질의 유전능력은 표 4-12와 같다.

표 4-12. 한우 정액공급용 1등급 보증종모우와 주요 유전능력

종모우 KPN	생년월일	유전능력(EPD)			장 점
		냉도체중 (kg)	배최장근 단면적(cm^2)	근내지방도 (점)	
289	1995-11-03	6.443	0.385	0.556	냉도체중, 근내지방도
305	1996-04-08	6.686	1.371	0.426	냉도체중, 근내지방도
330	1997-03-21	2.771	1.513	0.807	근내지방도
336	1997-03-01	1.731	1.627	0.633	근내지방도
354	1997-06-14	3.438	2.805	0.342	배최장근단면적, 근내지방도
369	1997-09-14	8.184	2.039	1.208	냉도체중, 배최장근단면적, 근내지방도
387	1998-03-05	2.083	3.923	0.432	배최장근단면적, 근내지방도
388	1998-03-10	10.759	5.113	0.345	냉도체중, 배최장근단면적, 근내지방도
407	1998-03-03	5.065	3.182	0.396	배최장근단면적, 근내지방도
448	1999-02-08	6.131	5.041	0.305	냉도체중, 배최장근단면적, 근내지방도
452	1999-02-19	6.783	2.643	0.326	냉도체중, 배최장근단면적, 근내지방도
458	1999-02-27	1.295	3.064	0.504	배최장근단면적, 근내지방도
460	1999-03-06	14.504	4.184	0.095	냉도체중, 배최장근단면적
480	1999-08-18	11.393	3.608	0.082	냉도체중, 배최장근단면적
484	1999-09-01	7.157	3.865	0.069	냉도체중, 배최장근단면적
485	1999-09-10	11.029	3.21	0.213	냉도체중, 배최장근단면적
486	1999-09-13	15.947	3.846	0.019	냉도체중, 배최장근단면적
487	1999-09-22	5.481	−0.57	0.949	근내지방도
494	2000-02-13	8.747	3.879	0.164	냉도체중, 배최장근단면적
496	2000-02-15	11.2	2.555	0.016	냉도체중, 배최장근단면적
521	2000-06-20	8.491	1.854	0.314	냉도체중, 근내지방도
530	2000-09-14	9.183	3.15	0.08	냉도체중, 배최장근단면적
538	2000-09-14	18.631	2.943	1.117	냉도체중, 배최장근단면적, 근내지방도

1. 인공수정용 종모우의 유전능력 활용

표 4-12의 종모우 중 근내지방도의 EPD값이 가장 높은 KPN-369 종모우의 세부 자료를 보면 다음과 같다.

1) 종모우 번호

종모우의 유전능력 검정을 마치고 보증종모우로 선발된 순서에 따라 부여되는 종모우 고유번호로서 KPN은 Korean Proven Bull No.의 약자이며, 최근에 선발된 종모우일 수록 번호가 높다.

종모우 혈통내역	
번호	KPN369
후보번호	
산 지	강원 평창
생년월일	1997-09-14
등록번호	328326
부	KPN116
모	14889
조부	K133
조모	11627
외조부	14854
외조모	000240

생산형질별 유전능력			
구 분	냉도체중(kg)	배최장근단면적(cm^2)	근내지방도
유전능력(EPD)	8.184	2.039	1.208
신뢰도(%)	73	74	79
장 점		냉도체중, 배최장근단면적, 근내지방도	

2) 생산형질별 유전능력

(1) 냉도체중

도체를 해체정형 후 0℃에서 5℃의 냉장실 조건에서 하룻밤(12시간) 이상 냉장되어 측정시 측정부위 중심온도가 10℃ 이하인 좌・우도체의 지육중량의 합을 말한다.

(2) 배최장근단면적 및 근내지방도

농림부에서 고시한 소도체등급 기준에 의거 평가한 것으로 제 13흉추와 제 1요추 사이의 배최장근단면적을 말하며, 근내지방도는 등심단면 내 지방침착 정도에 따라 "1～7"의 범위 내에서 평가한 것으로서 "7"에 가까울수록 지방침착도가 좋은 것이다.

(3) EPD(Expected Progeny Difference)

종모우의 형질(일당증체량, 배최장근 단면적, 근내지방도)의 유전능력만을 계산하여 종모우가 후대에게 물려줄 수 있는 "예상전달능력(Expected Progeny Difference, EPD)"으로 표시한다. 예를 들면 일당증체량의 EPD가 A종모우가 +0.2 kg이고 B종모우가 −0.1 kg이라면 A종모우로 교배하여 생산된 수송아지의 일당증체량이 B종모우로 교배하여 생산한 송아지의 일당증체량보다 0.3 kg 높아 하루에 0.3 kg이 더 증체가 잘될 것을 기대할 수 있다는 의미를 갖는다.

(4) 신뢰도

종모우의 유전능력으로 제시된 EPD의 정확도를 나타내며 종모우의 유전능력에 이용된 자료가 많을수록 신뢰도가 높아진다. 즉 10마리의 후대 수송아지를 가지고 능력검정을 한 경우와 100마리의 수송아지를 가지고 한 경우를 비교하면 후자의 경우가 신뢰도가 높아진다.

(5) 장 점

종모우 개체의 경제형질의 후대에 전달하는 유전능력을 육량 및 육질로 구분하여 우수한 형질을 표시하였으며 양축가는 자기 소를 개량하고자 하는 목적에 따라 선택하여 이용하면 된다.

제5절 한우의 심사

1. 심사의 의의

심사라 함은 정하여진 심사표준에 따라 대상우를 상세하게 검사하여 좋고(良) 나쁨(否)을 판정하는 종축 선발 기술로서 품종특성을 유지하고 우수한 종축을 선발활용하여 유전적인 개량을 도모하는 데 있다. 가축은 동일 품종에 있어서도 개체에 따라 상당한 차가 있다. 개량의 목적을 달성하기 위해서는 능력이 우수한 개체의 선발과 도태가 필요하다. 능력의 우열판단을 위해서는 가축에 대한 실제의 능력을 검정하여 확인하는 것이 최상의 방법이다. 그러나 가축의 능력은 간단히 검정할 수 없고 검정에는 노력과 시일을 요한다. 그러므로 외모를 조사하여 우열을 판별하는 것은 종축선발과 실용자축의 선발에 있어 중요한 수단이다.

2. 심사의 성격

1) 심사결과의 동일성

다수의 심사원이 동일가축을 심사할지라도 심사결과에 대한 차이가 심하지 않고 대체로 일치하여야 소기의 목적을 달성할 수가 있다.

2) 객관적 심사

심사에 대한 사고방식과 태도는 객관적이어야 하므로 심사표준에 충실해야 한다. 그것은 심사표준이 심사의 척도이고, 동일품종에 대해서는 전국적이며 보편적으로 통용될 수 있으므로 공동목적을 향해서 공동사업으로 개량을 추진할 수 있으나 주관적인 자기 기호 개인적인 의도를 가지고 심사를 하면 일치된 결과를 얻을 수도 없고 공정할 수도 없기 때문이다. 주관적으로 가축을 볼 때 그 기준은 각자의 경험, 구전, 비전, 사견 등이므로 사람마다 결과가 달라지는 것은 당연하다고 할 수 있다.

3) 있는 그대로의 심사

심사는 객관적인 것을 토대로 하므로 눈앞에 있는 가축의 있는 모습 그대로 실시해야 하고 절대로 장래성까지 전망하거나 과거를 추측하여 채점해서는 안 된다. 그것은 바로 주관적인 태도로서 심사라고 할 수 없다.

4) 최상 상태의 심사

심사득점은 그 가축의 기록임과 동시에 경제적 가치를 부여하게 되므로 심사는 편리한 임의의 시기에 할 것이 아니라 개체가 최상의 상태에 있을 때 실시하는 것이 바람직하다.

5) 제 규정의 준수

심사표준을 이용하여 심사할 경우에는 부가적으로 규정된 각종사항 이를테면 실격조항, 감률조항, 감률정도, 득점산출법 등을 엄밀히 준수하여야 한다.

3. 심사의 수단

1) 감각에 의한 방법

(1) 시 사

한우를 심사할 때 눈으로 보는 심사가 가장 중요하다. 시사에 숙련하려면 우체 각 부위의 구성과 형상 등을 정확하게 파악하도록 관찰하는 것이 필요하다.

(2) 촉 사

우체를 시사만으로 심사가 부족한 부위를 직접 우체에 손을 접촉하여 조사하는 것을 촉

사라 하며, 특히 피부, 피모의 상태와 유방 및 비육도 등을 반드시 촉사를 통하여 정확한 심사를 할 수가 있다.

2) 기구에 의한 방법

(1) 측 사

소의 크기나 체중은 심사에 숙련되면 대체적으로 시사만으로 추정할 수 있으나 그래도 오차가 있게 마련이다. 그러므로 실제로 우체의 각 부위를 측정하는 것이 보다 비교의 정확성을 기할 수 있는 것이다.

(2) 체위 측정의 목적

체척이라 함은 신체의 각부 또는 전신의 크기, 즉 길이, 높이, 둘레 등을 말하는데, 이것을 측정하는 목적은 다음과 같다.

① 심사시 표준체형과 비교 대조하여 심사의 적정과 객관성을 높이기 위하여
② 가축의 발육 정도를 알기 위하여
③ 2개 부위에 있어서 상대적 크기를 알기 위하여
④ 신체 측정부위간에 어떤 상관관계가 있는가를 규명하기 위하여
⑤ 체형이 다른 경제능력과 어떤 관계를 가지고 있는가를 규명하여 가장 효율적인 기능 체형을 찾아내는 데 있다.

(3) 측정기구

체척기－체고, 십자부고, 체장 등을 측정하는 막대자로서 2미터 정도인데 수직 수평으로 이동하여야 한다.

골반계－흉심, 흉폭, 고장, 요각폭, 곤폭, 좌골폭 등을 측정

줄 자－흉위, 전관위 등을 측정

각도계－관절각도 측정

(4) 측정요령

체위의 측정은 오차 없이 정확히 실시해야 하는데 실제에 있어서는 각종 요인에 의하여 오차를 초래하기 쉬우므로 이것을 방지하도록 유의해야 한다. 그러므로 오차가 생기는 원인과 그것을 피하기 위한 방법을 충분히 습득 실천하는 것이 가장 중요한 측정 요령이다.

① 측정장소가 평탄한 곳이어야 한다.

② 측정시 가축을 움직이지 않게 하고 자세는 사지를 바로 세우고 머리는 자연상태(수평)로 하고 앞을 바라보도록 한다.
③ 측정자의 위치는 좌우측 어느 쪽도 좋으나 각자의 방식은 일정하게 한다.
④ 체척기의 사용방법이 정확하여야 하며 기구의 오차를 사전에 충분히 검토해야 한다.
⑤ 측정부위와 측정방법이 정확하여야 한다.
⑥ 측정은 정확 신속히 하여야 하며 2인 1조로 한다.
⑦ 동일부위를 2회씩 측정하고 그 차가 크면 다시 측정하여 정확을 기한다.
⑧ 측정 중에는 금속기구의 소리, 반사광선 등에 주의하고 소에 접근할 때는 가급적 안정된 상태에서 하여야 하며 사람이 접근하고 있음을 소에게 알려야 한다.
⑨ 측정치를 정확히 기록하기 위하여 측정자는 측정수치를 부르고 기록자는 측정치를 복창하며 기록토록 한다.

(5) 측정부위

각 부위의 측정점은 원칙적으로 정하여진 일정부위간을 측정하며 가장 높은 곳, 가장 넓은 곳, 가장 긴 곳, 가장 가는 곳을 측정한다. 측정부위는 표 4-5와 같다.

4. 심사의 진행

1) 심사의 장소와 시각

심사장의 주변상황에 따라 심사에 착오를 일으키기 쉬우므로 최소한 다음사항에 주의해야 한다.

① 평탄하고 여유 있는 넓은 장소에서 실시해야 한다.
② 좁은 장소, 소형건물 내, 천정이 낮은 건물 안에서는 소가 크게 보이나 넓은 장소, 큰 나무, 큰 건물 곁에서는 소가 작게 보인다.
③ 소의 위치를 높게 하거나, 전구를 다소 높게 하면 실제보다도 크게 보이는 동시에 길게 보인다.
④ 밝은 장소에 세울 것이며 여러 각도에서 관찰하여야 한다.
⑤ 저녁에는 실제보다 더 좋게 보인다.

2) 소의 위치

① 소는 항상 정자세의 상태로 있도록 하여야 한다.
② 머리와 목을 바로 들게 하고 사지는 정위치에 놓게 하며 등선이 굽어지거나 신체의 일부가 구부러지지 않도록 한다.
③ 소를 광선을 향해서 세워야 한다. 광선상태에 따라 소의 우측과 좌측이 매우 다르게 보이므로 주의해야 한다.

3) 소에의 접근

심사자가 소에 갑자기 접근하면 소가 놀라 자연스런 자세를 취하지 않으므로 공정한 심사가 이루어지기 어렵다. 소에 접근하고자 할 때는 우선 소리를 내어 접근하여야 하며 보통은 좌측방향에서 어깨 쪽으로 접근한다. 이어서 기갑부터 접촉하고 앞다리 중구 후구 유방 등의 순으로 만져간다.

5. 심사의 순서

1) 예비심사

소의 심사시 세부심사를 하기 전에 성별, 연령, 모색, 특징 등에 대하여 조사하는 것으로 품평회 심사의 경우에는 미리 체중, 영양상태, 체위측정, 실격사항 등을 조사해 둔다.

2) 일반심사

일반외모를 보고 주요 장단점을 파악하는 동시에 소의 총체적 사항, 즉 체적, 균형, 자질, 품위, 품종, 특징 등을 심사하는 것을 말하며, 심사하려는 가축을 정자세로 보정한 후 체고의 2~2.5배의 거리에서 옆→뒤→앞의 순으로 돌면서 심사하고 필요시 손으로 만져본다.

3) 세부심사

일반상태를 심사한 후 심사표준에 의거하여 각 부위를 세밀하게 관찰하는 것이다.

4) 비교심사

이 심사는 주로 품평회 심사시 실시되며 각 개체를 동시에 비교하여 우열의 등급을 정하는 방법의 심사로서 점수로 표시하기 곤란한 미세한 차이도 구별할 수 있다.

6. 심사결과의 판정

소의 외모를 심사하여 그 우열을 판정하는 방법에는 채점법과 비교법의 2종이 있으며, 등록심사의 경우에는 채점법을 적용하는 것이 통례로 되어 있고, 이 방법은 심사표준에 의거하여 가축의 전신 또는 각 부위의 좋고 나쁨을 판단하여 종축의 가치를 점수로 표시하는 것으로서 감률식과 득률식의 2종이 있으나 등록심사시는 감률식을 적용한다.

1) 감율채점

소 몸의 각 부위가 심사표준에 기재된 내용에 비하여 어느 정도 만족스러운가를 감률(%)로서 표시하는 것으로 심사표준의 각부위 배점이 동일하지 않고 최소 4점에서 최대 18점으로 각각 다르다. 따라서 이 배점으로는 불만족을 표시하는 것은 부적합하므로 각 부위를 동일하게 100점으로 생각하고 이에 대한 불만족을 감률(%)로 표시하는 방법이다.

2) 감률기준의 적용

한우는 몸 각 부위에 따라 개량도가 다소 차이가 있는 것으로 전구와 중구는 비교적 잘 발달되어 있으나 후구가 불충분한 편이다. 따라서 각 부위에 있어서 보통의 것은 어느 정도 감률을, 그리고 우량한 것은 어느 정도로 감률하여야 할지를 협정하여 놓으면 감률하는 데 편리할 것이다. 이것이 바로 감률기준으로서 심사원간의 심사안 통일을 위해서 이의 적용이 절대 필요하다. 다음의 감률기준에 따르면 한우로서 모든 부위가 보통인 것은 암소가 75.07 수소가 78.00이고 가장 우수한 경우에는 암소 92.17 수소 92.44점이 된다. 이 감률기준은 한우개량의 진전도에 따라 각 부위별로 상향조정되어 진다.

실제로 외모심사를 할 때 어느 부위가 좋을 때는 감률기준의 감률보다 감률을 적게 주어야 하며 나쁠 때는 반대로 감률을 많이 주어야 한다. 감률증감의 범위는 한우 보통소의 경우 부위별 양부에 따라 1~7%정도의 범위 안에서 증감하면 되는데, 이를 정리하면 표 4-13과 같다.

3) 득점 계산법

득점계산법에는 실산법, 득점(감점)조견표법, 가감법(加減法) 등이 있다. 실산법이나

표 4-13. 한우 심사에 있어 감률기준

구분 / 부위별	암소		수소	
	보 통	우 량	보 통	우 량
체적 · 균형	25	6	22	6
자질 · 품위	25	6	21	6
머리 · 목	25	12	24	10
전 구	24	8	20	8
중 구	23	4	20	4
엉 덩 이	26	11	23	10
넓적다리	27	12	24	10
유기 · 성기	24	6	23	6
지제 · 보양	26	12	24	12
점 수	75.07	92.17	78.00	92.44

조견표법은 계산하는 데 많은 시간이 필요하므로 최근에는 두당 0.5~1분이면 산출할 수 있는 가감법이 많이 이용된다. 가감법은 심사표 전체의 감률분포상태를 보고 대체로 그 중심이 되는 것을 평균감점률로 삼는다. 이 평균감점률과 각 부위의 감률과 비교하여 편차가 있으면 배점×(평균감점률－감점률)으로 계산하여 값이 (＋)이면 좌측, (－)이면 우측에 적고, ＋와 －를 상쇄합산하여 나온 수치를 100으로 나눈 후 평균득점(100－평균감점률)에 가감하여 실득점을 구한다.

표 4-14. 가감 계산방법의 예

부위별	배점		감점률	+	−	비 고
	암	수				
체적 · 균형	18	18	25	.		평균감점률
자질 · 품위	16	17	25	.		
머리 · 목	5	6	25	.		
전 구	10	10	24	10		10×(25-24)＝10
중 구	14	14	23	28		14×(25-23)＝28
엉 덩 이	13	13	26		13	13×(25-26)＝－13
넓적다리	10	10	27		20	10×(25-27)＝－20
유기 · 성기	8	4	24	8		8×(25-24)＝8
지제 · 보양	6	8	26		6	6×(25-26)＝－6
계	100	100		＋46－39＝7		

평균득점＝(만점-평균감점률)＝100－25＝75점.
채점합산＝〔(＋열의합)－(－열의합)〕÷100＝(46－39)÷100＝0.07.
득점＝평균득점＋채점합산＝75＋0.07＝75.07.

예를 들면 아래 채점표의 감률분포상태는 23%에서 27%까지의 분포를 나타내고 있으며 평균감점률은 25%임을 알 수 있다. 이 평균감점률과 각 부위 감점률과의 편차에 배점을 곱하여 각각 합계하면 +열의 합이 +46, -열의 합이 -39로 이것을 합산하면 +7이 된다. 7을 다시 100으로 나누면 0.07이 된다. 여기에서 평균득점(100-평균감점률)은 평균감점률이 25%이므로 75점이 되는 것이다. 그러므로 이 채점결과는 75+0.07=75.07이 된다. 이를 정리하면 표 4-14와 같다.

4) 소를 보는 순서

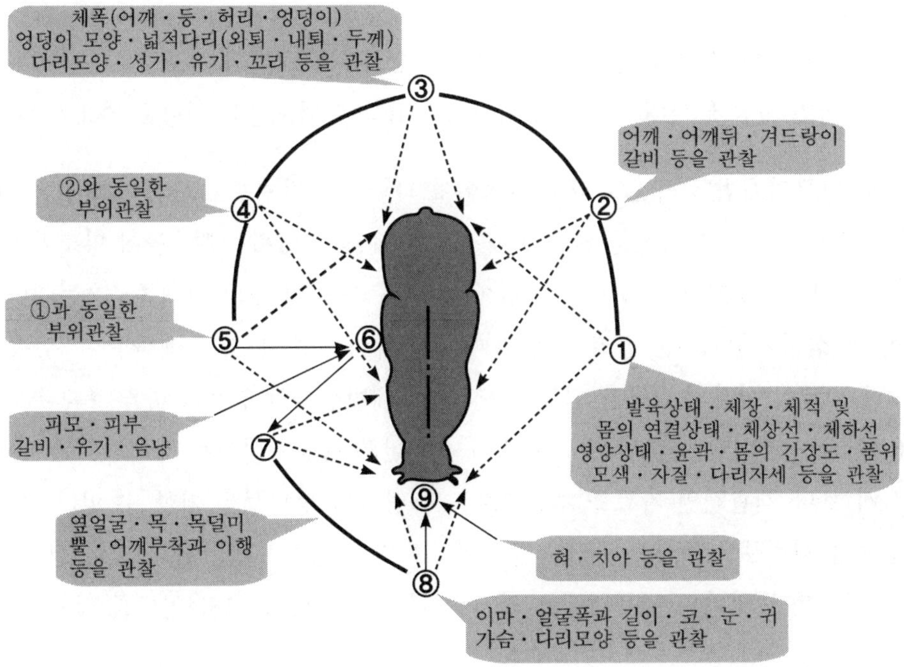

5) 외모기재법 심사

(1) 외모기재법 심사의 의의

외모기재법 심사는 소의 외모상 특성을 정확히 파악하여 합리적인 교배지침을 세우고 부모와 자식의 특성을 비교하여 유전상황의 보다 정확한 추정자료를 얻고자 실시하는 심사이다.

이 심사는 현행심사표준의 내용 중 비교적 중요한 것을 단일의 형질로 세분하여 총 26개 항목에 대하여 1부터 5까지의 5단계로 판정하는 것이다. 각 항목의 생물학적인 특성을 있는 그대로 기록하여 각각의 외모형질을 다원적으로 평가하는 방법이다. 이것을 종합하여 일원적으로 평가하는 것이 채점심사이다.

외모기재법심사를 실시하여 자료가 수집되면

① 계수화(1～5)되어 있어 과학적인 해석이 가능하고,
② 모집단(한우개량단지, 기타 한우목장 등)의 장단점을 숫자로 명확히 나타낼 수 있고,
③ 어느 일정기간동안 자료가 수집되면 그 기간동안의 모집단이 어느 정도 개량되었는지 숫자로 표시할 수 있고,
④ 각 종모우의 심사결과를 분석하면 종모우가 외모형질에 미치는 공헌도를 알 수 있으며,
⑤ 종빈우는 장단점이 확실히 파악되어 외모상의 계획교배의 참고자료가 되며,
⑥ 과학적인 자료에 의해 개량하게 됨으로써 급속한 외모상의 개량을 기대할 수 있다.

이처럼 외모기재법 심사는 보다 객관적이고 과학적인 방법으로 개체의 특성을 파악할 수 있어 우수한 후대축 생산을 위한 교배지침을 세울 수 있다. 예를 들어 양축가가 사육하고 있는 한우암소가 전구폭이 아주 좁아 "2" 정도라면 이 소의 교배종모우는 전구폭이 우수한 소(심사기준 "5")를 골라 교배할 때 전구폭이 우수한 소를 생산할 수 있을 것이다. 그러므로 이 심사의 활용을 위해서는 외모기재법심사의 항목에 따른 종모우의 육종가 파악이 필수적이다. 현재 외모기재법심사는 한우 육종우심사시 채택하고 있으며, 채점심사시 보다 객관적인 자료를 제공함으로써 심사의 정확성을 기할 수 있다. 어떤 심사대상우의 체적부문 5항목(전구폭, 중구폭, 후구폭, 몸의 길이, 몸의 깊이)이 전부 "5" 정도의 평가를 받았다면 감률협정에 의거 체적부문을 17%～18%정도를 감률을 줄 수 있다.

표 4-15. 한우외모심사 기준〈외모기재법 심사〉

항 목 \ 정 도		1	2	3	4	5
영 양 도		2	3	4, 5, 6	7	8
발 육		낮 다	약간 낮다	보통이다	약간 높다	높 다
체 적	전구폭	좁 다	약간 좁다	〃	약간 넓다	넓 다
	중구폭	좁 다	약간 좁다	〃	약간 넓다	넓 다
	후구폭	좁 다	약간 좁다	〃	약간 넓다	넓 다
	몸의 길이	짧 다	약간 짧다	〃	약간 길다	길 다
	몸의 깊이	얕 다	약간 얕다	〃	약간 깊다	깊 다

표 1-15 계 속

항 목 \ 정 도		1	2	3	4	5
균 형	몸과 다리	짧은 다리	약간 짧은 다리	조화가 양호	약간 긴다리	긴다리
	전·중·후구	균형이 미흡	약간 균형 미흡	보통이다	대체적으로 양호	균형이 잘 맞다
	체상선	느슨하다	약간 느슨하다	〃	대체적으로 직선	직선이다
	체하선	처져있다	약간 처져 있다	〃	약간 평직하다	평직하다
피모·피부	피모의 밀도	낮 다	약간 낮다	〃	약간 높다	높 다
	피모의 질	거칠다	약간 거칠다	〃	약간 부드럽다	부드럽다
	피모의 색	연하다	약간 연하다	〃	약간 진하다	진하다
	피부의 두께	얇 다	약간 얇다	〃	약간 두텁다	두껍다
품 위	얼굴	없 다	약간 없다	〃	약간 있다	있 다
	몸	없 다	약간 없다	〃	약간 있다	있 다
넓적다리	폭(측망)	좁 다	약간 좁다	〃	약간 넓다	넓 다
	두께	얇 다	약간 얇다	〃	약간 두껍다	두껍다
유 기	유방의 용적	작 다	약간 작다	〃	약간 크다	크 다
	유방의 질	단단하다	약간 단단하다	〃	약간 부드럽다	부드럽다
	유두의 배치	좁 다	약간 좁다	〃	약간 넓다	넓 다
	유두의 크기	작 다	약간 작다	〃	약간 크다	크 다
지 제	지세	나쁘다	약간 나쁘다	〃	약간 좋다	좋 다
	강도	약하다	약간 약하다	〃	약간 강하다	강하다
	발굽	작 다	약간 작다	〃	약간 크다	크 다

자료 : 한국종축개량협회.

(2) 한우외모심사 기준(1997.5.30 개정 한국종축개량협회 공고 제 97-7호)

부위	설 명	배점		감율협정			
		암	수	보통		우수	
				암	수	암	수
자질·품위	자질이 좋고 윤곽이 선명하며 품위가 있으며, 암수의 성상이 뚜렷하며 성질이 온순한 것 피모는 황갈색으로 윤택이 있고, 가늘고, 부드러우며 밀생하여 있는 것 피부는 여유가 있고 두께는 중등으로 유연하며 탄력이 풍부한 것	16	17	25	21	6	6
머리·목	머리는 체구에 알맞게 크고, 모양이 좋고 선명한 것 이마는 평평하고 넓으며 눈은 정기가 있고 온화한 것 뺨은 풍만하고 턱은 넓은 튼튼하며 콧날은 길이가 적당하고 입은 큰 것 뿔은 색과 윤택이 좋고 모양이 좋은 것 귀는 크기가 중정도이고 목덜미가 넓은 것 목은 짧은 듯하고 머리에서 전구로의 이행이 좋은 것 암소의 목은 굵기가 적당하고 턱느러미가 작고, 수소는 목이 굵고 견봉과 목느러미가 적당하게 발달한 것	5	6	25	24	12	10

표 계속

<table>
<tr><th rowspan="3" colspan="2">부위</th><th rowspan="3">설 명</th><th colspan="2">배점</th><th colspan="4">감율협정</th></tr>
<tr><th rowspan="2">암</th><th rowspan="2">수</th><th colspan="2">보통</th><th colspan="2">우수</th></tr>
<tr><th>암</th><th>수</th><th>암</th><th>수</th></tr>
<tr><td colspan="2">전구</td><td>폭이 넓고, 충실하고 깊은 것
가슴은 넓고 깊으며 가슴바닥은 평평하고 앞가슴과 겨드랑이가 충실한 것
어깨와 기갑은 두텁고, 붙임이 좋으며, 경사가 알맞고 어깨끝이 돌출하지 않으며 어깨뒤가 충실한 것</td><td>10</td><td>10</td><td>24</td><td>20</td><td>8</td><td>8</td></tr>
<tr><td colspan="2">중구</td><td>폭이 깊고, 넓고, 늘씬한 것
등・허리는 넓고, 길며, 튼튼하고, 곧으며 후구로의 이행이 충실한 것
갈비는 넓고 길게 잘 벌어져 갈비사이는 넓은 부착이 좋으며 표면이 평활한 것</td><td>14</td><td>14</td><td>23</td><td>20</td><td>4</td><td>4</td></tr>
<tr><td rowspan="2">후구</td><td>엉덩이</td><td>요각・곤・좌골이 폭이 넓고, 길고, 경사하지 않아 모양이 좋고 충실한 것
요각은 돌출하지 않고 십자부는 평평하고 천골은 높지 않은 것
꼬리는 부착이 좋으며 곧고 늘어져 있고 미방이 알맞게 발달한 것</td><td>13</td><td>13</td><td>26</td><td>23</td><td>11</td><td>10</td></tr>
<tr><td>넓적다리</td><td>위・아래 넓적다리는 넓고, 두텁고, 충실한 것</td><td>10</td><td>10</td><td>27</td><td>24</td><td>12</td><td>10</td></tr>
<tr><td colspan="2">유기・성기</td><td>유방은 고르게 잘 발달하고 유연하며, 탄력이 있고, 유두는 배열이 좋고, 크고, 부드럽고, 유정맥은 굵고 긴 것
성기는 정상적으로 발달한 것</td><td>8</td><td>4</td><td>24</td><td>23</td><td>6</td><td>6</td></tr>
<tr><td colspan="2">지제・보양</td><td>다리의 길이는 몸 깊이는 알맞게 자세가 바르며, 근건과 관절이 발달한 것
발굽은 크고 질이 좋은 것
걸음걸이는 확실하고 발디딤이 안정된 것</td><td>6</td><td>8</td><td>76</td><td>24</td><td>12</td><td>12</td></tr>
<tr><td colspan="2">만점</td><td></td><td>100</td><td>100</td><td>75</td><td>78</td><td>92</td><td>92</td></tr>
</table>

〈실격조건〉

1. 전신 이모색(전신혼합모 포함)
2. 부분 이모색
   가. 암소의 유방부위, 수소 치골부(恥骨部)의 심한 백반(白斑)
   나. "가"항의 이외의 백반과 부분호반모(虎班毛) 및 부분흑갈색모(黑褐色毛)
   다. 흑만선(黑鰻線)
3. 눈꺼풀과 눈언저리의 흑색 및 비경(鼻鏡)의 흑색
4. 유전적 불량형질 및 이성쌍태아(異性雙胎兒) 중 불임축
5. 감점(減點) 50%이상 부위가 있는 것
6. 부정한 행위로 실격조건을 은폐시킨 것

〈참 고 문 헌〉

1. 한국종축개량협회. 1992. 가축개량.
2. 축산기술연구소. 1993. 개량총괄제도 조기정착심포지엄.
3. 설동섭, 이문연. 쇠고기 생산자원으로서의 한우, 축산학회지.
4. 신, 화우백과도설. 1992. 일본화우등록협회.
5. 육우. 1993. 농업협동조합전문대학.
6. 종축개량. 한국종축개량협회. 15권, 16권, 17권, 18권, 19권, 20권.
7. 한우. 1994. 축산업협동중앙회.
8. 한우개량관련자료. 2003. 축산기술연구소.
9. 한우개량추세조사. 2004. 농협중앙회.
10. 한우검정기준. 1997. 농림부 고시 제97-18호.
11. 한우개량단지사업보고서. 1995. 축협중앙회, 한국종축개량협회.
12. 한우산업백서. 1997. 농림부.
13. 한우 새롭게 도전하는 경영. 1995. 농민신문사.
14. 한우심사교재. 1997. 한국종축개량협회.
15. 한우유전능력평가보고서. 2003. 축산기술연구소.
16. 한우육종개량의 유전학적 고찰. 1993. 황영구.
17. 한우정책방향과 조사료의 생산이용방안. 1997. 경상대학교.
18. 화우등록 필수. 1989. 화우등록협회.
19. http : //www.apgs.co.kr/. 축산물등급판정소 홈페이지.

제5장 번 식

제1절 자성 생식기관(Female Reproductive System)

암소의 생식기관은 한 쌍의 난소(ovary)와 생식관(reproductive tract)으로 구성되어 있다. 생식관은 난관(oviduct), 자궁(uterus), 자궁경(cervix), 질(vagina) 및 외음부(vulva) 등으로 되어 있다.

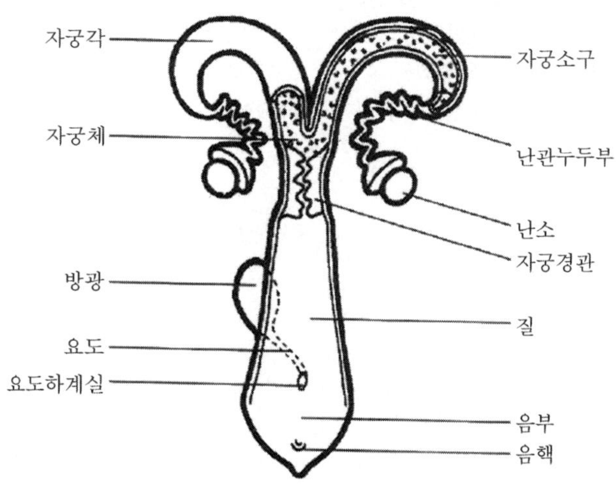

그림 5-1. 암소의 생식기관

1. 난 소(Ovary)

난소는 자성생식기관 중에서 가장 중요한 생식기관으로, 난자(ovum)의 생산과 자성호르몬(estrogen과 progestins)을 생산하는 성선으로서 그 모양과 크기는 가축의 종류와 발정주기에 따라 다르다. 난소는 피질(cortex)과 수질(medulla)로 구성되어 있으며, 피질은 표면상피(superficial epithelium), 백막(tunica albuginea) 및 난모세포(oocytes)를 포함하고 있는 난포(follicles) 및 황체(corpus luteum)들로 되어있으며, 수질에는 혈관, 신경과 결합조직이 분포되어 있다. 황체는 배란될 때 난포가 파열한 자리에 형성되며, 황체호르몬(progesterone)을 생산한다. 임신되면 황체는 임신기간 동안 그대로 유지되는데 이를 임신황체(corpus lutem of pregnancy) 또는 진성황체(corpus lutem verum)라하고, 발정기에 일시적으로 생긴 황체를 발정황체(corpus luteum of estrus) 또는 가성황체(corpus luteum spurium)라고 한다. 수정이 이루어지지 않으면 황체는 퇴행을 하고 난포가 성장하는데 황체세포가 퇴행되면 황체가 작아지고 흰색이나 연갈색으로 퇴행되는데 이를 백체(corpus albicans)라고 한다.

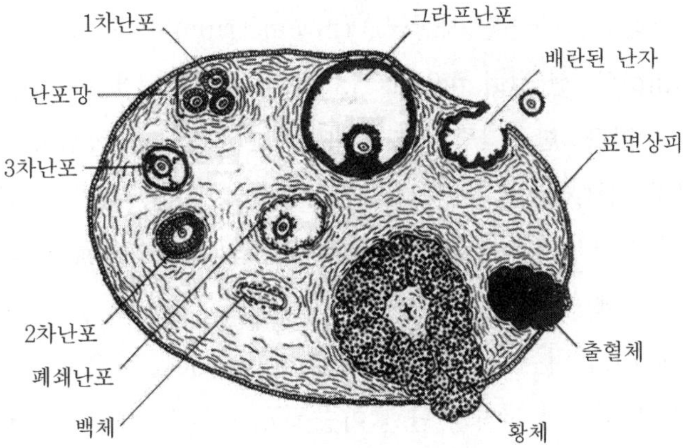

그림 5-2. 발정주기 중의 난소의 변화

2. 난　관(Oviduct)

난관은 난소에서 자궁각까지 뻗어있는 굴곡형의 관으로서 누두부(infundibulum), 팽대부(ampulla) 및 협부(isthmus)로 구성되어 있다. 깔때기 모양의 누두부는 배란된 난자를 난관으로 수송하는 역할을 하며, 팽대부(ampulla)는 난관 길이의 절반을 차지하고 점막층에는 20~40개의 세로로 된 주름이 있으며 점막에 섬모가 있어 난자를 이송할 수 있다. 협부는 자궁각의 선단부와 직접 연결되는 부분으로 팽대부보다 근막층이 두텁고 4~8개의 주름이 있을 뿐이다.

난관은 결합조직으로 이루어진 장막(tunica serosa), 윤주상과 종주상의 평활근섬유로 구성된 근막(tunica muscularis) 및 섬모와 분비상피세포로 구성된 점막층(tunica mucosa)으로 이루어져 있다. 난관 근막의 연동운동으로 살아있는 정자는 수정부위인 팽대부로 이송되지만 죽은 정자는 퇴출된다.

3. 자 궁(Uterus)

자궁은 수정란을 착상시켜 태반을 형성하고 태아의 성장을 완료하는 생식기관으로서 2개의 자궁각(uterine horn), 1개의 자궁체(uterine body) 및 자궁경관(cervix)으로 구성되어 있다. 자궁의 형태는 가축의 종류에 따라 다른데 소의 자궁은 면양, 산양, 말과 같이 분열자궁(bipartite uterus)이고, 돼지의 자궁은 쌍각자궁(bicornuate uterus)이다.

자궁벽(uterine wall)은 바깥쪽이 장막(serous membrane), 안쪽은 자궁내막(endometrium) 그리고 중간층인 자궁근층(myometrium)으로 구성되어 있다. 자궁내막은 상피(epithelium)와 선층(glandular layer)으로 되어 있고 많은 자궁선(uterine gland)이 분포하고 있다. 반추가축의 자궁내막에는 자궁소구(caruncle)가 있는데 혈관이 많이 분포되며 선(gland)은 없다. 자궁소구에 침입하는 융모막 융모를 궁부(cotyledon)이라하며 궁부와 자궁소구를 합쳐 태반엽(placentome)이라고 한다. 소의 자궁소구의 수는 한 줄에 10～14씩 80～120개가 있다. 자궁근층은 외측 종주근(outer longitudinal muscle)과 내측 윤주근(inner circular muscle)으로 구성되어 있으며, 발정시에는 수축작용에 의하여 정자의 난관 이송을 돕고 분만시에는 강력한 수축력을 가져 태아를 만출시키는 작용을 한다. 자궁선의 분비액은 자궁유(uterine milk)라고 하여 착상전 배아에 영양을 공급하고, 착상 후에는 모체와 태아의 혈관을 통하여 태아에 영양을 공급한다.

4. 자 궁 경(Cervix)

자궁경관은 자궁과 연결되는 관으로서 자궁체와 질의 중간에 위치한다. 자궁경관은 자궁 내로의 세균의 감염을 방지하고 수정 후에는 정자의 저장소 역할을 하며, 죽은 정자는 퇴출시키고 살아 있는 정자는 자궁경관 점액에 의해 자궁 내로 이송된다. 발정기에는 estrogen의 영향으로 자궁경관이 개구되어 정자의 이동이 용이하며, 황체기나 임신기에는 경관점액의 점성이 농후해져 자궁경관은 완전히 폐쇄된다. 돼지의 경우는 자궁경관 내에 사정을 한다. Estrogen과 relaxin의 협동작용으로 분만직전에는 자궁경관이 최대한 확장된다. 또한 발정시 estrogen이 자궁경관의 분비세포에서 항균성을 지닌 점액을 분비함으로써 자궁을 보호한다.

5. 질(Vagina)

질은 벽이 얇고 아주 탄력성이 있는 원통형의 관으로 돼지외의 축종에서 자연교미시 정액이 사출되는 장소로서 교미기관이다. 질벽은 점막, 근층, 장막으로 구성되어 있고, 질 상피층의 세포형이 발정주기에 따라 변화하며, 돼지에서는 임신시에 상피층이 두두러지게 두터워진다. 근층은 내윤주근과 외종주근, 혈관, 신경세포 및 결체조직으로 되어있고 팽창성이 있어 분만시에 필요한 만큼 확장될 수 있다.

6. 외 음 부(Vulva)

외음부는 비뇨기관과 생식기관의 말단으로 질전정(vestibule), 대음순(labia majora), 소음순(labia minora), 음핵(clitoris), 전정선(vestibular gland) 등으로 구성되어 있다.

제2절 웅성생식기관(Male Reproductive System)

웅성생식기관은 정소(testis)를 비롯하여 정소상체(epididymis), 음낭(scrotum), 정관(deferent duct), 부생식선(accessory gland)인 정낭선(vesicular gland), 전립선(prostate gland), 구요도선(bulbourethral gland) 및 외부생식기인 음경(penis), 포피(prepuce) 등으로 구성되어 있다.

1. 정　소(Testis)

정소는 정자(spermatozoa)와 웅성호르몬(androgens)을 생산하는 기관으로 음낭중격에 의해 나누어져 있다. 소의 정소는 출생전에 하강하지만, 정소가 하강하지 못한 잠복정소(cryptorchids)는 불임의 원인이 될 수 있다. 정소의 온도조절은 음낭과 정색에 의해 조절되는데, 육양막근(tunica dartos)과 정소거근(cremaster)은 더울 때는 두 근육이 이완하여 음낭이 늘어나며, 추울 때는 음낭이 수축하여 적정한 온도를 유지하게 된다. 더울 때는 음낭의 표피에 있는 한선(sweat gland)과 피지선(seabacous gland)에서 분비되는 분비물의 증발과 음낭이 이완하여 표면적을 넓게 함으로써 온도를 조절한다. 체온의 동맥 혈액이 정소로 진입할 때 만상정맥총(pampiniform venous plexes)을 통과함으로써 정소 온도는 체온보다 낮아진다.

정자는 곡세정관(seminiferous tubules)의 기저막에 있는 정원세포의 성숙분열에 의해 생산되며, 곡세정관 사이의 간질세포(interstitial cells)는 LH의 자극에 의해 testosterone을 생산한다.

2. 정소상체(Epididymis)

정소상체는 정소에 밀착되어 관으로, 두부(caput), 체부(corpus), 미부(cauda)로 구성되어 있으며, 정자의 운반, 농축, 성숙, 저장하는 기능을 수행한다. 정자는 정소 내의 유압에 의해 정소망으로부터 정소수출관을 거쳐 정소상체관 내로 이송된다. 정소상체를 통과하는 동안 정자 발생시에 형성된 세포질 소적(cytoplasmic droplet)이 소실되는 등 성숙되고 있다. 정소상체미부는 정자의 저장장소로서의 역할을 한다. 미부는 정자의 농도가 높고 관강(管腔)도 넓기 때문에 정자의 대부분이 미부에서 저장된다.

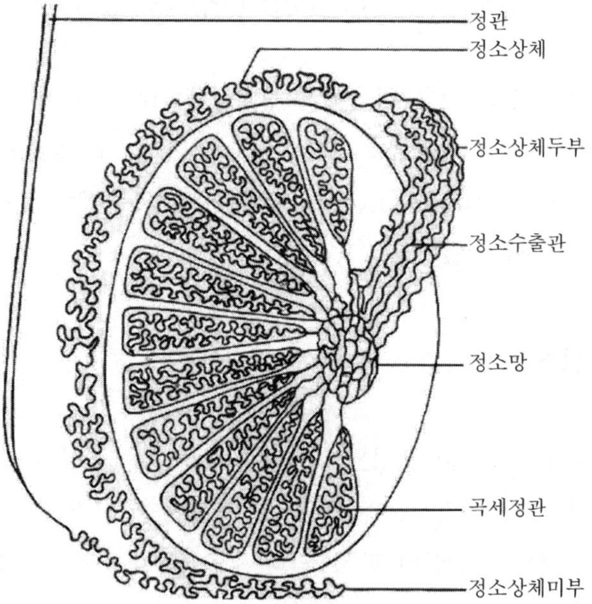

그림 5-3. 수소의 정소와 정소상체

3. 음　낭(Scrotum)

음낭은 정소를 싸고 있는 주름이 많은 주머니로서 표면은 섬세한 피모로 덮여 있고 피하에는 지방이 없어 정소 내의 온도를 잘 조절할 수 있다. 육양막근(tunica dartos)과 정소거근(cremaster muscle)의 수축에 의하여 정소의 온도를 낮게 유지하는 역할을 한다. 정소가 음낭 내로 하강하지 못하고 복강 내에 있는 것을 잠복정소(cryptorchid)라고 하며 양측정소가 모두 잠복정소일 경우에는 정자를 생산하지 못한다.

4. 정관(Deferent duct)과 요도(Urethra)

정관은 정소상체 미부에서 요도까지 연결된 한 쌍의 관으로서 정색을을 이루면서 서혜관(inguinal cannal)을 통해 골반부로 진입하고 있다. 정관은 두꺼운 평활근층으로 되어 있고 정자를 수송하는 역할을 한다.

요도는 정관팽대부 연접부에서 음경(penis)의 말단에 이르는 관으로서 요와 정액을 운반하는 기관이다. 사출시 부생식선에서 분비된 정장과 정관에서 수송된 정자와 혼합되어 정액을 만들며 요도벽의 강력한 수축에 의하여 정액이 체외로 사출된다.

5. 부생식선(Accessory glands)

부생식선은 요도의 골반부에 위치하고 있으며, 정낭선(vesicular gland), 전립선(prostate gland), 요도구선(bulbourethral gland)으로 구성되어 있다. 부생식선은 정액의 양과 관련이 있으며, 부생식선의 분비물은 완충액, 영양분 및 정자의 활력과 수정능을 유지하는 데 필요한 여러 종류의 물질들을 함유하고 있다.

1) 정 낭 선(Vesicular gland)

정낭선은 분엽화되어 있는 선체로서 정낭선 분비액은 소의 경우 정액 총량의 반 이상을 차지하며, 정자의 에너지원인 과당과 완충성 물질인 중탄산염 등을 분비한다.

2) 전 립 선(Prostate gland)

전립선은 정낭선 뒤쪽의 요도를 따라 둘러싸여 있는 선체로서, 체부와 전파부로 되어있다. 전립선 분비액은 정자의 수송이나 요도의 청소에 관여하며 나트륨, 칼슘, 마그네슘 등 무기이온이 풍부하여 삼투압 조절에 기여한다.

3) 구요도선(Bulbourerthral gland)

골반강의 출구에 가까운 요도골반부의 등쪽에 위치하는 작은 한 쌍의 선체로서 황갈색이다. 구요도선의 분비액은 정액이 사정되기 전 배출되어 요도를 세정해준다.

6. 음경(Penis)과 포피(Prepuce)

교미기관인 음경은 요를 배출하는 기능과 정액을 사출하는 기능을 가지고 있으며, 근부(root), 체부(body) 및 유리선단부(free extremity)로 구성되어 있다. 가축이 성적으로 흥분하면 해면체에 혈장 성분이 충만하여 음경이 발기하는데 음경이 돌출하는 것은 S형 만곡부(sigmoid flexure)가 신장함으로써 가능하다. 음경후인근이 사정을 끝낸 후 음경을 포피 내로 끌어들이는 역할을 한다.

포피는 가늘고 긴 주머니로서 음경후인근에 의해 당겨진 음경선단부를 완전히 싸고 있으며 포피의 개구부는 길고 거친 포피모로 덮여 있다. 주름이 풍부한 포피점막은 지방분비물을 생산하는 나선상의 관상선을 가지고 있다.

제3절 성 성숙, 발정 및 배란

1. 성 성숙(Puberty)

암컷의 성 성숙은 배란과 함께 발정이 처음 발현되는 시기를 말하며, 성 성숙이 성적인 완숙(sexual maturity)을 의미하지는 않는다. 성 성숙은 난포의 성장, 난자의 성숙, 배란을 개시할 정도로 뇌가 발달하여 뇌하수체에서 성선자극호르몬이 충분히 분비될 때 일어난다. 수컷의 성 성숙은 처음 정액을 사출하는 시기를 말한다.

성 성숙 월령은 가축의 종, 품종 등의 유전적 요인과 광주기, 온도, 영양 등의 환경적 요인에 의해 영향을 받는다. 그래서 성 성숙의 개시는 체중에 의해 영향을 많이 받는다. 특히 젖소의 경우에는 성축의 체중 30∼40%가 되면 성 성숙에 도달하지만, 육우는 45∼

50%가 되어야 한다(Roy 등, 1975). 영양상태가 좋아서 성장속도가 빠르면 상당히 일찍 성 성숙에 도달하지만, 영양수준이 낮으면 성 성숙에 도달하는 시간이 늦어진다. 대체로 10~12개월령 정도이다. 사정된 정자는 10주전에 곡세정관에서 형성되었으며, 성 성숙에 도달한 수소는 수컷의 외모를 갖추며 공격성, 교미욕이 증가하며 정소가 급성장을 하게 된다.

성 성숙에 가까워지는 암소는 시상하부에 의한 GnRH(gonadotropin-releasing hormone)의 방출 빈도와 분비량이 점증하여 뇌하수체로부터 난포자극호르몬(follicle stimulating hormone, FSH)과 황체형성호르몬(luteinizing hormone, LH)의 분비가 증가되고 이에 따라 난포가 발육됨에 따라 estrogen의 분비도 증가한다. Estrogen은 발정을 유기하며 시상하부에 대한 정의 피드백작용으로 GnRH의 방출이 급증하며, 따라서 LH 폭증(surge)증을 유발하여 배란을 유기하며 성 성숙에 도달한다. 수소도 시상하부의 GnRH 분비 빈도와 분비량이 증가되어 LH 분비량의 증가 및 testosterone의 분비량 증가를 가져와 정소에서 정자를 생산하고 수컷의 제 2차 성징도 발현되어 성 성숙에 도달하게 된다.

2. 발 정(Estrus)

1) 발 정

발정이란 자축이 웅축에게 교미를 허용하는 행위를 말하며, 성 성숙이 된 자축은 임신이 되지 않은 상태에서는 주기적으로 발정을 반복 발현하게 된다.

소는 발정이 발현하면 정서적으로 불안하고, 다른 암소의 승가를 허용하며 다른 암소에 승가하기도 한다. 보행수가 증가하고 외음부는 충혈되어 붓고 선명한 점액이 누출된다. 임신 중인 소에서도 3~10% 정도 발정이 발현되기도 한다.

표 5-1. 발정온 소의 승가와 승가허용률

소의 생리상태	승 가	승가허용
	관찰두수(%)	관찰두수(%)
발정기	317(56.7)	551(98.6)
임신기	111(19.9)	3(0.5)
분만 후	33(5.9)	2(0.4)
기 타	98(17.5)	3(0.5)
합 계	559(100.0)	559(100.0)

발정기에 있는 암소의 98.6%는 승가를 허용하고 발정온 암소 중 56.7%가 다른 암소에 승가했다고 한다.

2) 발정주기

발정주기는 발정기(estrus), 발정후기(metestrus), 발정휴지기(diestus) 및 발정전기(proestrus)로 구분된다. 발정주기는 주기적으로 발정현상이 일정한 간격으로 반복하여 일어나는데, 한 발정기의 개시시점으로부터 차기 발정개시기까지를 발정주기라고 한다.

(1) 발정기(Estrus)

교미를 허용하는 시기로, 발정지속기간은 평균 12~18시간이나, Stevenson(1994)에 의하면 4시간 이내인 경우도 25%정도였다고 하여 변이가 크다. 날씨가 더울 때는 발정지속시간이 짧다. 배란은 발정이 끝난 후 10~12시간 후에 일어난다.

(2) 발정후기(Metestrus)

발정 종료후부터 3일간 지속되며 황체가 형성되는 시기이다. 대부분의 소에서 배란이 이 시기에 일어난다. 발정전기와 발정기에는 estrogen의 농도가 증가하여 자궁내막에 혈관의 분포를 증가시키며, 발정 후 1일쯤에 최고점에 이른다. 반면, 배란 후 progesterone과 estrogen의 농도가 저하되면 모세혈관이 파열되어 발정 종료후 35~45시간에 꼬리에 혈액이 묻기도 한다.

(3) 발정휴지기(Diestrus)

황체가 완전한 기능을 수행하는 기간으로서 소는 발정주기의 약 5일에 시작된다. 혈중 progesterone의 농도가 증가하는 것이 처음으로 확인되며, 발정주기의 16~17일에 황체의 퇴행과 동시에 끝이 난다.

(4) 발정전기(Proestrus)

황체의 퇴행과 함께 시작되며 progesterone의 농도가 저하되고 발정이 개시될 때까지 연장되며 난포가 급성장하면서 estrogen의 농도도 증가한다. 발정전기의 지속기간은 1일 정도이다.

3) 발정기의 호르몬 변화

성 성숙된 암소는 난포의 성장, 난자의 성숙, 배란, 황체형성 및 황체퇴행 등을 반복하게 된다. 이러한 일련의 과정들은 시상하부, 뇌하수체 전엽, 난소 등의 상호작용으로 이루어지며, 난소와 자궁의 상호작용으로 자궁으로부터 $PGF_{2α}$가 분비되어 황체를 퇴행시킴으로써 progesterone의 생산도 중지시킨다. Progesterone의 농도는 발정휴지기에는 높지만, 발정전기에는 낮아진다. 또한 발정전기에는 FSH, LH, estrdiol의 농도가 증가하기 시작하여 발정기에는 급증한다. 발정기 말에는 prolactin의 급증이 일어나며, 발정후기와 발정휴지기에 FSH와 estradiol의 소량 증가가 일어난다.

Progesterone은 발정주기를 제어하는 데 중요한 역할을 하며, 발정휴지기의 황체는 다량의 progesterone을 분비하여 시상하부와 뇌하수체 전엽에 전달되어 부(負)의 피드백 작용에 의하여 FSH, LH의 분비를 억제할 뿐만 아니라 발정행동도 억제한다. Progestreone의 농도가 저하되어 시상하부의 부(負)의 피드백작용이 상실되면 GnRH, FSH, LH의 방출이 다시 증가되고, FSH의 급증은 급격한 난포성장과 다량의 estradiol을 분비한다.

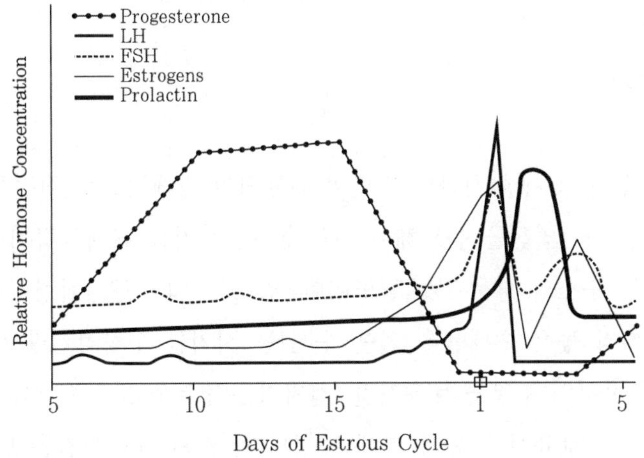

그림 5-4. 발정주기 중 혈중 호르몬 농도의 변화

Progesteroen의 농도가 저하된 후 2~3일에 estradiol의 농도는 3배 정도 증가하여 estradiol의 정(正)의 피드백 작용으로 시상하부로부터 GnRH, 뇌하수체 전엽으로부터 FSH, LH가 급증한다. 또한 고 농도의 estradiol은 암컷의 발정을 발현하는 데 필수적이다. LH의 급증은 난자의 성숙과 배란을 촉진하며, 발정초기에 일어나서 6~10시간 동안 지속된다. 또한 LH급증 후 24~30시간 후에 배란이 되고 배란된 장소에는 황체가 형성된다.

3. 배 란(Ovulation)

성숙난포가 파열하여 난자가 방출되는 현상을 배란이라고 하며, 배란직전의 성숙난포는 핵과 세포질 성숙, 과립막세포 간에 존재하는 세포결합의 손실, 난포외벽의 박약화와 파열과 같은 일련의 과정을 겪게 된다. 배란 전 LH급증으로 염증과 같은 기전으로 배란이 일어나는데, 난포 내에 estradiol과 prostaglandins이 증가하며 이 prostaglandins는 난포정점에 있는 lysosome을 파괴하여 plasminogen이 plasmin으로 활성화된다. 단백질분해효소들이 백막, 내・외협막세포를 분해하고 기저막을 약화시켜 난포벽이 박약화되어 난포가 파열된다.

제4절 수정 및 난할

1. 수정적기

성 성숙 후 체 성장 및 생식기관의 발달이 진행되어 경제적으로 적절한 시점을 고려하여 종부 혹은 수정으로 임신을 유도해야 하는데, 이 시기를 교배적령기라 한다. 일반적으로 교배적령기는 수소의 경우 12개월령이며, 암소는 14~22개월령이다. 한 발정기 중에 수정에 의해 가장 높은 수태율을 얻을 수 있는 시기를 수정적기라 한다. 수정적기는 배란시기, 배란된 난자의 수정능 보유시간, 정자의 수정부위 도달시간과 수정능획득 소요시간, 정자의 수정능 보유시간 등에 의해 결정된다. 소의 배란시간은 발정개시로부터 24~36시간 후(평균 30시간), 또는 발정종료로부터 10~14시간 후에 일어난다. 배란된 난자는 난관 내에서 18~20시간 정도 생존하지만 배란 후 5~6시간이 경과하면 정상적으로 발생하는 수정란 수가 격감한다. 수정률을 높이기 위해서는 난자가 배란 후 5~6시간 이내에 정자와 만나 수정이 이루어져야 한다.

발정개시 후 12~16시간에 인공수정하면 발정개시 후 약 25시간 경에 난관팽대부에 많은 정자가 도착하게 되고, 이때가 배란이 일어나기 6~7시간전에 해당되며, 배란된 난자는 짧은 시간 내에 난관팽대부에 도착되므로 이 시기의 인공수정에서 수정률이 가장 높게 된다. 따라서 발정기의 중기에서 발정종료 이전에 인공수정을 시키면 높은 수태율을 얻을 수 있게 된다.

2. 수정과정

수정이란 암수 생식세포인 정자와 난자가 결합하여 하나의 새로운 생명체 접합자(zygote)를 형성하는 현상을 말하며 정자와 난자가 만났을 때 시작되어 전핵이 형성될 때 종료된다.

1) 수정과정

(1) 정자의 투명대 통과

자성생식관을 경유하면서 수정능을 획득한 정자는 난자주위에 접근하면 정자두부의 원형질막과 첨체외막이 부분적으로 융합하여 첨체(acrosome)로부터 hyaluronidase가 방출되어 난구세포의 기질을 분해하고 방사관세포의 기질을 소화하여 투명대 표면에 도달한다. 정자첨체의 단백질분해효소인 acrosin의 작용과 정자의 운동성에 의해 투명대를 통과한다.

(2) 정자와 난자의 융합

투명대를 통과한 정자는 위란강(perivitelline space) 내에 진입하여 난자의 원형질막과 융합한다. 정자가 세포막 표면에 도착하면 운동성은 급격히 저하되고 정자두부의 후반부가 난자의 세포막과 융합하여 정자는 난자 내에 진입하고 정자핵은 난자의 세포질 내에서 팽대화(decondensation)되어 웅성전핵(male pronucleus)을 형성한다. 정자가 침입한 난자는 활성화되어 표층과립반응이 일어나고 성숙분열이 재개되어 제 2극체(secondary polar body)를 방출하고 나머지 염색체는 자성전핵(female pronucleus)으로 발달한다.

(3) 전핵의 발달과 융합

자·웅성전핵은 크기가 증가되어 난자의 중앙으로 이동하여 DNA복제가 시작되어 DNA함량은 2배가 된다. 전핵의 크기가 최대가 되면 이 전핵들은 핵막이 붕괴되어 융합하여 2배체(diploid)핵을 형성하게 되고, 핵소체가 소실되고 염색체가 출현한 후 난할이 시작된다.

3. 난 할(Cleavage)

수정이 완료된 수정란은 자궁에 착상하기 전 난관과 자궁에서 유리상태로 체류하면서 난할이 일어난다. 수정 후 1세포기 난자는 용적이 체세포보다 크고 핵에 대한 세포질의 비율이 높다. 난할은 유사분열에 의해 이루어지고 수정이후의 수정란의 각 세포는 2배체의 염색체를 가지고 있으며 난할 과정에서 다량의 DNA가 합성된다.

수정란이 난할되어 2, 4, 8,세포기를 거쳐 16~32세포기가 되면 할구(blastomere)는 투명대 내에 밀집되는데, 이때의 배아를 상실배(morula)라고 한다. 난할이 진행되어 수정란의 중앙에 강(腔)이 생기고 그 속에 액체가 충만해지는데, 이렇게 생긴 내강을 배반포강(blastocoele)이라 하고 이때의 배아를 배반포배(blastocyst)라고 한다. 베반포배는 그 후 투명대를 일탈하게 되는데 이를 부화(hatching)라고 한다.

다만 우리나라에서는 현재 부화전까지의 배아를 통상 "수정란"이라고 칭하고 있는데 학술적으로 배아라고 칭해야 옳다.

4. 착 상(Implantation)

자궁 내에서 배아의 위치가 결정되어 모체와 배아 사이에 접촉이 이루어지는 것을 착상이라고 한다. 임신초기의 자궁은 progesterone의 작용으로 자궁운동이 감소되어 수정란이 착상하기 좋은 상태로 되고 자궁내막에는 혈관분포가 증가하여 혈액공급이 늘어나고 자궁상피가 농후해지며 자궁선이 발달하는 등 착상성 변화가 일어난다.

자궁 내로 하강한 배아는 부유 상태로 성장하면서 일정시기에 착상을 하게 되는데 소의 배아는 20~30일정도 부유한 후 착상을 한다. 소의 배반포배는 수정 후 8일경에 투명대가 소실되고 수일 후에 배반포배(10 mm)가 신장하기 시작하여 18일에 160 mm까지 신장한다. 배아외막이 완성되고 임신 33일경에는 융모가 자궁소구(carucle)와 접촉을 시작하여 양측의 모세혈관 간에 물질 교환이 시작된다. 그 후 수일이 지나면 배아와 모체조직사이에 밀접한 접착이 일어나며, 배아는 자궁소구를 통하여 영양을 섭취하게 되며 착상이 완료된다.

제5절 임신과 분만

1. 임 신(Gestation)

수정란이 모체의 난관 및 자궁에서 발육하는 것을 임신이라 하며, 임신황체로부터 progesteroe이 지속적으로 분비됨으로써 임신이 유지된다. 자축이 임신이 되면 여러 가지 구조적 및 생리적 변화를 통하여 배아와 태아의 정상적인 발달에 필요한 기능을 갖추게 된다.

1) 임신기간

엄밀한 의미의 임신기간이란 수정일로부터 분만일 까지를 말한다. 가축은 종과 품종에 따라 일정범위의 임신기간을 갖고 있으며, 자축이 출생 직후에 곧 일어설 수 있고 스스로 포유할 수 있게 태아가 발달하도록 충분한 임신기간을 가지고 있다. 소의 임신기간은 품종에 따라 다소 차이가 있는데 Holstein과 Aberdeen-Angus는 280일, Hereford와 한우는 283~285일, Brahman은 292일 정도이다.

2) 임신우의 생리

임신초기에 progesterone은 임신을 유지하 데 중요한 역할을 하는데, 만약 임신이 되지 않았다면 소의 경우 15~17일 사이에 자궁내막으로부터 prostaglandin $F_{2\alpha}$($PGF_{2\alpha}$)가 분비되어 황체가 퇴행되었을 것이다. 임신이 되면 수정란이 자궁내막으로부터 prostaglandin $F_{2\alpha}$($PGF_{2\alpha}$)의 분비가 억제되고 prostaglandin E_2가 분비되면서 황체가 퇴행되지 않고 임신황체로서 지속적으로 progesteroen을 분비하여 임신을 유지하게 하는 현상을 모체의 임신인지(maternal recognition of pregnancy)라고 한다. 임신이 되면 자궁외구는 꼭 닫혀 있으며 자궁경 내막와(子宮頸 內膜窩)가 증가하고, 점조한 점액을 분비하여 자궁경관을 봉쇄한다. 임신이 진행됨에 따라 자궁은 점차 증대되며 자궁근층은 수축을 중단함으로써 유산을 방지한다. 임신자궁은 처음에는 자궁내막이 증식하고, 그 이후에는 성장 및 확장되면서 배아와 태아의 발육에 적합하도록 변화한다. 또한 골반안대(pelvic ligaments)는 점차 유연해지고, 특히 분만이 가까워지면 급속히 이완된다.

임신우에서는 황체가 발달함에 따라 progesterone이 상당히 높은 수준으로 유지되다가 임신 250일령부터 감소하기 시작하여 분만직전에는 소멸된다. Estrogen은 임신기에 일정수준 유지되다가 임신 250일령부터 급증하여 분만직전에 최고 수준에 이른 후 분만과 더불어 소멸한다.

3) 태 반(Placenta)

포유동물의 초기발생의 특징은 태반을 통하여 모체로부터 영양공급을 받는다는 것이다. 태반은 태아조직인 태막과 모체조식인 자궁내막이 부착되어 형성되며, 태아와 모체간의 물질교환을 수행하는 기관이다. 태막(fetal membrane)은 태아를 둘러싸고 있는 가장 내측의 양막(amniotic membrane)이 있는데, 태아가 들어있는 양막낭에는 양수(amniotic fluid)가 충만 되어 있다. 양막의 외측에는 요막(allantoic membrane)이 있으며, 요막낭에는 요수(allantoic fluid)가 충만되어 있다. 가장 외측의 융모막(chorionic membrane)은 요막과 융합되어 있고 그 표면에는 부분적으로 융모가 밀생해 있다.

소의 태반은 형태학적으로 면양, 산양과 같은 궁부성 태반(cotyledon placenta)이며, 태아혈액과 모체혈액을 이간(離間)시키고 있는 조직층을 태반장벽(placental barrier)이라고 하는데, 이 장벽의 구조가 소에서는 가장 많은 6겹이나 되어 상피융모성 태반(epitheliochrorial placenta)에 분류된다.

4) 배아 및 태아의 발달

배아가 발달하여 분화가 완료되면 그 이후는 태아기라고 한다. 배아가 난할을 반복하여 배반포배가 되면 내부세포괴(inner cell mass)와 영양막세포(trophoblast)를 형성하고 그 중앙에 배반포강(blastocole)이 생성된다. 내부세포괴는 배반(embryonic disc)이 되고 이러한 과정에서 투명대가 박리되며 미분화된 상태의 세포구조물이 각종 조직과 기관으로 분화를 완성해 간다. 이러한 배를 장배(gastration)라고 한다. 배반(胚盤)과 영양배엽은 3층의 배엽(blastoderm)인 외배엽(ectoderm), 중배엽(mesoderm) 및 내배엽(endoderm)으로 분화한다. 외배엽은 피부, 피모, 발굽 등과 뇌 및 신경계로 분화되고, 중배엽은 배반에서 형성되어 체절(somites), 순환계와 성선 및 생식관 등으로 분화하고, 내배엽은 선(gland), 간 및 소화관 등으로 분화한다. 태아기는 분화된 각 기관들이 성장하는 시기로서 태반이 완성되고 태아의 성장에 필요한 각종 물질 공급과 배설물 처리가 이루어진다.

5) 임신진단

임신진단(pregnancy diagnosis)이란 수정 또는 종부 후의 어느 기간에 임신징후를 관찰하여 임신여부를 추정 또는 확인하는 행위를 말하며, 임신을 확인하려면 태동(胎動)을 감지하거나 태아의 심음(心音)을 청취하거나 또는 태아를 촉지(觸知)할 수 있는 등의 임신확징(positive signs of pregnancy)을 확인할 수 있어야 한다. 소와 말에서 주로 이용하는 임신진단법은 직장검사법(rectal palpation)인데, 이 방법은 시술자가 직장(直腸) 내 손을 넣어 자궁과 난소의 상태를 촉진하여 임신여부를 진단하는 방법으로서 자궁각의 비대칭, 중자궁동맥(uterine artery)의 굵기와 박동상태, 양막낭(amniotic vesicle)의 유무 등을 근거로 임신여부를 확인한다. 또한 임신이 되면, 가축의 영양상태가 좋아지고 행동이 침착해지며 복부가 팽대하는 등 외형적인 변화가 나타나게 되고 대부분 발정이 재귀되지 않는다. 다만 10% 내외의 소들에서 임신발정을 보이기도 한다.

2. 분 만(Parturition)

모체로부터 태아와 태반이 만출력(explusive force)에 의하여 모체 밖으로 배출되는 생리적 과정을 분만이라고 한다.

1) 태위(胎位)와 태향(胎向)

정상적인 분만이 시작되기 전 자궁 내 태아의 태위와 태향은 축종에 따라 다르다. 분만 시에는 골반강을 쉽게 통과할 수 있어야 한다. 소와 말과 같은 단태동물(單胎動物)의 태아는 임신 중에는 하태향(下胎向)을 취하고 있다가 분만직전에는 상태향(上胎向)으로 회전하며, 태위는 코와 앞다리를 모체의 외음부로 향하는 전태위(前胎位), 즉 두위(頭位)로 계속 위치하고 있다가 분만되는데, 간혹 미위(尾位)로 정상 분만을 하는 경우도 있다(그림 5-5).

2) 분만개시 기전

분만은 내분비, 신경 및 기계적 요인 등의 복잡한 작용에 의해 개시된다. 그러나 이들 요인들의 정확한 역할과 상호관계에 관해서는 충분히 밝혀져 있지 않다. 분만의 개시와 관련이 있는 모체의 중요한 생리적 변화는 혈중 progesterone 및 estrogen 농도의 변화이다.

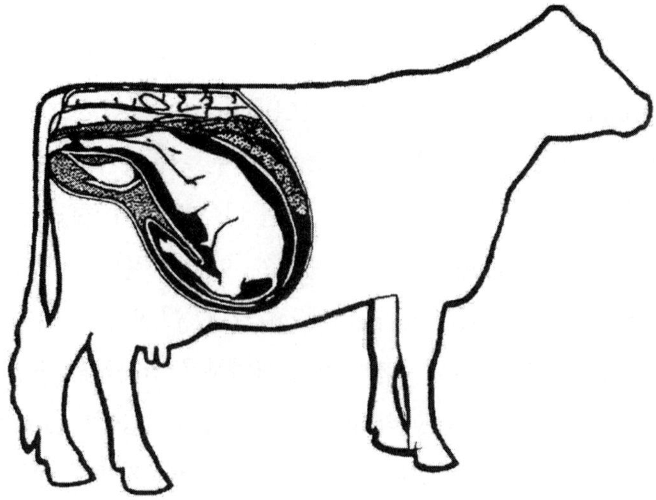

그림 5-5. 소의 정상태위(Salisbury 등, 1978).

3) 분만징후

분만이 가까워지면 외음부가 충혈 되고 점조성이 있는 점액이 질 내에 고이며 외음부로 누출되기도 한다. 도한 미근(尾根)의 양쪽이 함몰하고 유방이 팽창하며 정서적으로 불안해진다.

4) 분만과정

분만과정은 자궁경관 확장기, 태아만출기, 태반만출기 등으로 구분할 수 있다. 자궁경관확장기에는 자궁이 수축되면서부터 자궁경관이 충분히 확장될 때까지로서 자궁내막에서 분비되는 prostagladin $F_{2\alpha}$($PGF_{2\alpha}$)와 뇌하수체 후엽에서 분비되는 oxytocin에 의하여 자궁근층의 수축이 일어나고 수축력에 의하여 태막이 자궁경관으로 밀리면서 자궁경관이 확장되고 질(膣)도 팽창한다. 자궁근의 수축은 자궁각의 전단부(前端部)에서 일어나서 후단부(後端部)로 전파된다. 이때 융모성 요막이 파열되어 요수가 배출되는데 이것을 제 1파수(first rupture of bag)라고 한다. 태아만출기는 태아 및 태수를 담고 있는 자궁경관과 질을 확장되면, 이로 인하여 일어나는 반사적 수축(Ferguson's reflex)으로 복근(腹筋)이 수축함으로써 만출력을 발생시키고 뇌하수체 후엽에서 분비되는 oxytocin은 자궁근의 수축을 더욱 강화시킨다. 이와 같이 복강내압(腹腔內壓)과 자궁내압(子宮內壓)이 합쳐져서 태아를 만출 시킨다. 태아의 일부가 만출되면 양수가 터지는데, 이를 제

2파수(second rupture of bag)라 하고, 이때 분출된 양수는 자궁수축을 더욱 자극하여 태아의 만출을 돕는다. 태아가 만출된 후에는 자궁각의 전단부에서부터 주기적인 자궁수축이 일어나기 시작하여 융모막-요막이 모체태반으로부터 분리된다. 분리된 태반이 산도에 있게 되면 이로 인하여 또 다시 노책(努責)을 일으킴으로써 태반도 만출된다. 태아가 만출한 다음에도 태막이 만출되지 않고 잔류하는 경우가 있는데 이러한 현상을 후산정체(retention of placenta)라고 한다.

제6절 인공수정

인공수정이란 정자를 자연 교미에 의하지 않고 인위적 수단에 의하여 암컷의 생식관 내에 주입시킴을 말한다. 소의 인공수정은 1902년 러시아의 Ivanoff가 처음 시작하여 이미 1928년에 러시아에서는 120만 두의 소에 인공수정을 실시한 바 있다. 소의 인공수정이 오늘날과 같이 실용화된 것은 1952년 영국의 Polge와 Rowson이 소의 정자를 동결 보존하는 데 성공함으로써 가능하게 된 것이다.

1. 인공수정의 장·단점

1) 장 점

① 종모우 두당 연간 종부가능 회수는 자연종부는 50회 정도이나, 인공수정은 20,000~40,000회까지 증가시킬 수 있어 소의 생산능력을 향상시킬 수 있다.

② 단기간에 많은 딸소가 생산되므로 후대검정을 통한 종모우의 유전능력을 조기에 판정할 수 있다.

③ 인공수정을 하면 많은 종모우를 보유할 필요성이 없으므로 종모우의 사육에 드는 비용을 절감할 수 있다.

④ 자연교미시 전염될 수 있는 질병의 전파를 예방할 수 있다.

⑤ 정액의 동결보존이 가능하므로 우수 종모우의 이용기간을 연장할 뿐만 아니라 장거리 수송도 가능하다.

⑥ 신체적 장애, 노령우 등 자연교미가 불가능한 경우에도 수정이 가능하다.

⑦ 정액의 성상을 미리 검사함으로써 인공수정 후 수태율의 향상을 도모할 수도 있다.

2) 단 점

① 하루에 수차례 발정확인을 하는데 많은 시간과 노력이 수반되고 정확한 수정적기의 판단이 어렵다.

② 숙련된 시술자와 기구 및 시설이 필요하다.

③ 정액취급의 부주, 기구의 비위생적인 취급, 부적절한 시술 등으로 번식효율이 저하될 수 있다.

④ 우수하고 바람직한 종모우의 정액을 선별 활용치 못하면 유전적 개량의 효과를 기대할 수 없다.

2. 정액의 채취 및 검사

1) 정액의 채취

종모우로부터 정액을 채취하기 위한 여러 가지 방법이 고안된 바 있으나 인공질법이 주로 사용되며, 승가가 어려운 종모우의 경우에는 전기 자극법으로 정액을 채취하기도 한다.

사정은 요선부(腰仙部)에 중추를 둔 신경의 반사에 의하여 일어나는데 사정중추를 직접적으로 자극하는 수입자극(輸入刺戟)은 교미시에 음경에 가해지는 자극으로 음경에 가해지는 자극 중에서 소에서는 온도, 압력 및 윤활 등이 중요하다. 전기 자극법은 이 사정중추에 전류를 통하여 자극을 줌으로써 사정토록 하는 원리이다.

(1) 인공질법

① 채취전 준비 : 정액을 채취할 때에는 전 과정을 원활하게 진행될 수 있도록 사전에 모든 준비가 완료되어야 한다. 종모우는 사전에 충분히 훈련이 되어 있어야 하며, 채취기술자는 숙련된 사람이어야 한다. 정액 내 세균의 감염을 방지하기 위하여 수소의 표피내부를 세척하여야 하며, 인공질 등 정액채취에 사용되는 모든 기구류는 소독되어 있고, 위생관리가 철저히 되어야 한다. 종모우는 정액을 채취하기전 가승가를 수차례 반복한 다음 정액을 사정하게 하면 성상이 좋은 정액을 다량으로 얻을 수 있으며, 구요도선액이 분비되어 요도를 세척함으로써 깨끗한 정액을 얻을 수 있다.

② 인공질의 구조 : 소의 인공질은 채취관이 인공질통 밖으로 노출되는 단형과 인공질

통 내에 넣어져 있는 장형의 2종류가 있다. 단형은 깨끗한 정액을 얻을 수 있는 장점이 있으나 채취된 정자가 저온충격을 받기 쉬운 단점이 있으며, 장형은 이와 반대이다. 구조는 경질의 고무, 금속 또는 플라스틱제의 외통과 부드러운 고무의 내통으로 되어 있으며, 외통과 내통 사이에 온수와 공기를 넣어 음경이 삽입되는 내부의 압력을 조절하도록 되어있다. 인공질을 준비할 때 가장 중요한 요인은 온수의 온도인데 채취 당시에 42~45℃가 적당하다.

③ 의빈대와 보정틀 : 의빈대는 수소의 체중을 충분히 감당할 수 있게 견고하여야 한다. 의빈대가 없거나 수소가 의빈대를 승가하지 않을 경우에는 보정틀에 수소나 암소를 보정하여 의빈대를 대신할 수 있다.

④ 채취의 실제 : 채취자는 인공질을 의빈대나 대용축의 측방에 위치하여 수소가 승가할 때 포피 개구부의 바로 뒷부분을 다른 손으로 잡아 음경을 인공질에 삽입하게 한다. 사정시 수소는 전방으로 돌진하므로 인공질도 이에 맞추어 준다. 사정 후에는 정액이 완전히 채취관에 모인 후 채취관을 42~45℃의 비커에 담아서 정자가 냉각감작을 받지 않도록 해야 한다.

(2) 전기자극법

인공질법으로 정액 채취가 불가능한 소에서 사용하게 되는 전기자극법은 최초로 Gunn(1936)이 고안한 방법으로 양극의 전극봉을 직장 내에 주입하고 사출중추신경을 자극하여 정액을 채취하는 방법으로 소에게는 1950년대 이후에 적용되었다. 정액의 채취는 직장 내 분변을 제거하고 전극 봉을 직장 내에 삽입하여 전기자극을 반복하여 전압을 상승시키면 음경이 발기하여 낮은 전압에서 부생식선 분비액이 분비되고 높은 전압에서 사정이 일어난다. 음경포피의 오염이 없이 깨끗한 정액의 채취가 가능하고 사출량은 많으나 정자의 농도가 낮은 편이다. 후구마비 또는 승가할 수 없는 수소, 교미욕이 없는 수소, 다루기가 힘든 수소의 경우 전기자극법으로 정액을 채취할 수 있다.

2) 정액의 검사

정액과 정자의 검사는 수소의 수정 능력의 판정과 불임의 원인을 규명하기 위하여 필요하나, 인공수정에 있어서는 정액의 사용여부를 판정하고 희석배율을 결정하기 위하여 필요한 검사를 하게 된다. 채취한 정액은 채취 즉시 간단한 검사를 하고 시간이 소요되는 검사를 위하여 최소량의 정액을 검사용으로 남기고 희석 보존하는 과정으로 이행하게 된다.

(1) 육안적 검사

육안적 검사 항목은 일반적인 외관, 즉 색, 점조도, 정자농후도 등과 정액량, 운무상의 출현 상태 및 수소이온 농도 등이다. 외관상 정액은 투명도에 따라 크림상(creamy), 유상(milky) 및 수양상(watery)로 구분한다. 정액은 채취시 혈액, 고름, 체모 및 오물 등이 섞이는 경우가 있는데 혈액이 혼입되면 적색 또는 갈색, 고름이 혼입되면 노란색 또는 회록색의 침전물이 생기기도 한다.

(2) 현미경적 검사

주요 현미경 검사 항목은 정자의 활력, 정자의 농도, 생존률, 기형률 등으로 수태율을 예상할 수 있다.

① 정자의 활력(직진운동정자률) : 정자의 활력 또는 직진 운동은 수정 능력을 예견하는 좋은 지수가 되며, 또한 정액을 동결하여 인공수정으로 사용할 것인가를 결정하는 척도가 된다. 정자의 활력은 검사자의 주관적 관찰에 의하여 판정하게 된다. 관찰자의 판단의 편의를 위하여 다음과 같은 기준이 사용되고 있다.

5=최상의 활력 : 80% 혹은 그 이상의 정자가 대단히 빠른 전진운동으로 파도와 소용돌이를 쳐 개개의 정자를 구별할 수 없다.

4=상당히 좋은 활력 : 약 70~80%의 정자가 활발히 전진운동을 한다. 파도와 소용돌이가 빠른 속도로 변한다.

3=좋은 활력 : 50~70%의 정자가 운동을 하며 파도와 소용돌이를 형성하나 서서히 사라진다.

2 =보통의 활력 : 20~30%의 정자가 운동을 하나 파도와 소용돌이는 형성되지 않는다.

1=빈약한 운동 : 30% 이하의 정자가 운동을 하며 운동은 상당히 약하여 전진을 못하고 진자운동을 한다.

0=운동정지 : 정자는 운동력이 없다.

② 정자의 농도 : 정액 중의 정자농도를 산출하는 것은 인공수정 업무 중 정액의 희석배율을 결정하는데 도움이 되며, 수소의 수정 능력을 예측하는 데도 도움이 된다. 정액 중의 정자의 농도는 혈구계산판이나 광전비색계 등을 사용하여 계산한다.

③ 정자의 기형률 : 정자의 형태와 수태율과의 관계를 연구한 보고에 의하면 기형정자 %가 30% 이상이면 수태율이 현저히 저하되지만 20% 이하에서는 유의적인 여향을 미치

지 않는다. 정자의 기형은 그림 5-6과 같이 분류되며, 크게는 두부, 중부, 미부의 기형으로 나눌 수 있다.

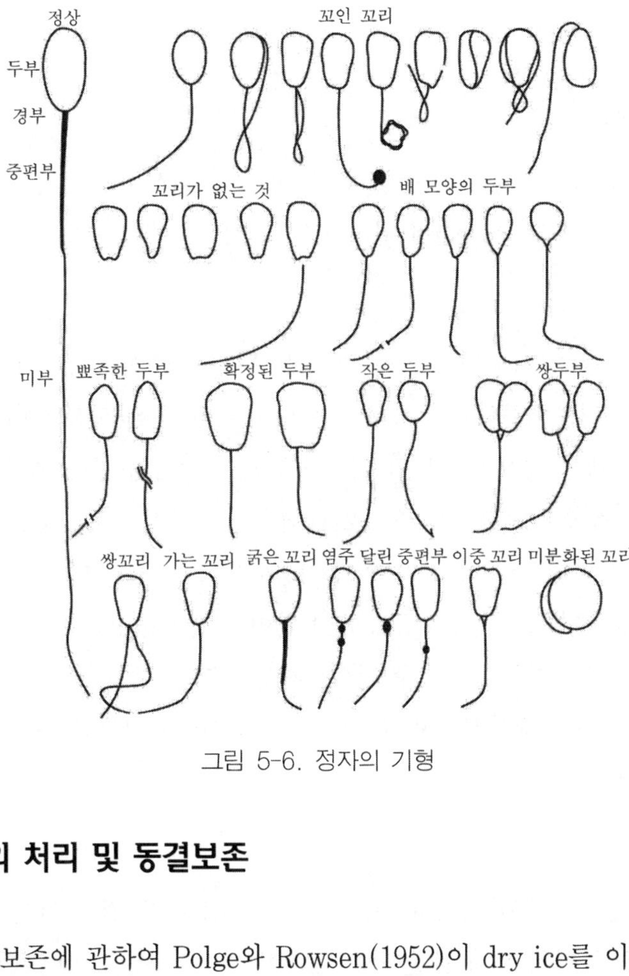

그림 5-6. 정자의 기형

3. 정액의 처리 및 동결보존

소정자의 동결보존에 관하여 Polge와 Rowsen(1952)이 dry ice를 이용하여 −79℃에 동결보존 후 융해하여 38두에 인공 수정시킨 결과 79%의 수태율을 얻음으로써 동결정액 이용의 전기를 마련하게 되었다. 이때 Polge 연구진의 동결정액에 성공한 요인으로는 ① 동해방지제로 glycerol을 사용한 것과 ② glycerol 평형에 유의한 것과 ③ 냉각속도를 조절한 것이었다. 인공수정 사업에 동결정액이 실용화됨에 따라 우수한 종모우의 정자가 국내외로 배포될 수 있게 되었다.

1) 정자의 내동성

동결 · 융해한 정자의 생존성을 동결전 정자의 생존성과 비교하였을 때에 동결 전후 생존성의 차이가 적을수록 그 정자는 내동성이 높다고 한다. 정자의 내동성은 동물 종에 따라 차이가 매우 크며, 품종, 개체, 사정회수, 정자의 성숙도, 계절 등에 따라서도 유의할 정도의 차이가 있다. 유전적 능력이 대단히 우수한 종모우도 정자의내동성이 낮으면 널리 이용할 수가 없게 된다.

2) 동결전 처리

정자를 동결하기 위하여 필요한 동결전 처리는 1차 희석, 냉각, 2차 희석(glycerol 첨가), 정액의 분주 및 봉인, glycerol 평형의 5단계로 구분할 수 있다.

(1) 1차 희석

희석액으로 가장 많이 사용되는 희석액으로는 난황을 주성분으로 한 난황-구연산소다액, 난황-트리스 아미노메탄액과 우유를 수성분으로 한 우유 희석액이다. 이들 중 난황-트리스 아미노메탄액은 냉각과정을 필요로 하지 않는 장점이 있다. 우유희석액은 간편한데 현미경 검경시 지방구가 부련을 주므로 균질유를 사용하며, lactenin이라는 정자사멸물질을 불활성화 시키기 위하여 끓인 후에 사용한다.

1차 희석은 액상정액으로 이용할 경우에서 같이 원정액을 30℃ 전후의 실온에서 같은 온도의 희석액으로 희석한다. 이 경우 희석충격을 받지 않도록 여러 번 나누어서 서서히 희석하여야 한다. 정액채취부터 1차 희석이 끝나기까지는 가능한 한 조속히 완료되도록 해야 한다.

(2) 냉 각

20～30℃의 실온에서 1차 희석한 정액은 60～120분간에 걸쳐 서서히 5℃ 까지 냉각한다. 희석 정액을 동일 온도의 물을 담은 비커에 넣어서 냉장고에 넣되 그 비커의 크기를 적당하게 선택하여 냉각시간을 조절하면 된다.

(3) 2차 희석

5℃로 냉각한 1차 희석 정액과 같은 온도의 2차 희석액을 같은 양으로 천천히 첨가하여 혼합하는 것을 2차 희석이라고 하고, 또한 glycerol을 함유한 2차 희석액을 첨가하게 되므로 glycerol 첨가라고도 한다. 2차 희석액에는 glycerol이 14% 전후 함유되게 하므로 삼투압이 높기 때문에 전량을 한번에 1차 희석 정액과 혼합하면 삼투압의 급변이 정자에 악영향을 주므로 10분 간격으로 4～5회 나누어 첨가하는 것이 좋다.

(4) 정액의 분주 및 봉인

2차 희석이 끝난 희석정액은 5℃의 실내에서 스트로에 분주한다.

(5) Glycerol평형

2차 희석 후 분주 및 봉인한 정액은 4~5℃에서 일정시간 정치한 후에 동결할 경우 양호한 성적이 얻어지는데 이 시간을 glycerol 평형 시간이라고 한다. Glycerol은 정자에 대하여 투과성이 높아 정자 내 유리수분과 교환하여 결빙형성을 감소시킨다. 또한 glycerol은 결합력이 커서 물에 신속하게 용해하여 이들의 빙점을 저하시키는 힘이 크다. 이와 같은 성질은 동결시 용질의 농축을 최소한으로 하여 동결시 정자의 상해를 방지한다는 동결 보호제로서의 중요 기능이다.

3) 동 결

Glycerol 평형이 끝난 희석 정액은 여러 가지 방법에 의하여 동결할 수 있다. 일반적으로 소정자의 동결은 자동 세포동결기를 이용한 완만동결법으로 실시한다. 정액을 동결할 목적으로 특수한 동결기가 시판되고 있다. 온도를 하강하기 위해서는 드라이아이스-알코올(dry ice-alcohol), 액체산소 및 액체질소 등을 사용해 왔으나 오늘날은 액체질소를 주로 사용하고 있다.

동결기는 정액의 온도를 일정한 속도로 냉각시킬 수 있도록 제작되어 있다. 냉각속도에 대하여 이론이 많으나 보통 －15℃ 까지는 매분 1~2℃ 정도의 속도가 좋다. －15℃ 까지 냉각한 다음에는 점차 냉각속도를 높여간다. 동결조작이 끝나면 정액이 들어 있는 스트로를 －196℃의 액체질소에 그대로 침적하여 보관한다.

4) 동결정액의 보존과 수송

동결정액을 보존할 때에는 진공 밀폐된 액체질소통을 사용한다. 동결된 정액을 액체질소 중에 보관하면 정자의 수정 능력은 반영구적으로 유지된다. 동결정액은 액체질소통에 넣어 어디든지 수송할 수 있으며, 정액을 다른 액체질소통으로 옮길 때에는 정액온도가 －130℃ 이상으로 상승하는 일이 없도록 액체질소가 담긴 작은 용기 내에 있는 채로 옮기도록 하여야 한다. 순간적으로 정액온도가 －130℃ 이상으로 상승하면 빙정의 재결정이 일어나기 때문에 생존성과 융해 후의 활력이 저하된다.

5) 융 해

동결정액의 융해온도는 동결속도와 마찬가지로 중요하며, 동결시 －15～－25℃ 구간이 정자의 생존에 특히 유해하기 때문에 이 온도구간을 신속히 통과시킬 필요가 있었던 것과 마찬가지로 융해시에도 이 온도를 빨리 통과하는 것이 좋은 것으로 생각된다. 최적 융해온도는 35～40℃가 적당하며, 융해한 정액은 가급적 신속하게 주입하도록 하여야 한다.

4. 정액의 주입

1) 정액주입 방법(직장질법)

정액주입 방법에는 질경주입법과 직장질법이 있다. 초심자에게는 질경주입법이 쉬운편이나 이 방법으로는 자궁경관을 통과하여 자궁체 입구에 주입하기가 어려워서 결국 직장질법에 비하여 수태율이 10% 정도 낮게 되므로 숙달된 인공수정사는 모두 직장질법에 의하여 정액을 주입하고 있다.

(1) 정액주입기

정액의 주입기구는 정자에게 유해작용이 없어야 하고, 조작이 간편하고 세척과 소독이 용이하며, 빈축이 약간 움직여도 파손될 염려가 없고, 구조가 간편하여야 한다. 주입기는 대부분 0.5㎖ 스트로를 이용하나 어떤 지역에서는 0.25㎖의 미니스트로를 이용하고 있기도 한다. 스트로용 주입기는 스트로를 고정하는 스트로관과 스트로관을 고정하는 주입기로 구성되어 있다.

(2) 주입방법

직장질법은 정액을 주입하기 위하여 우선 직장 내에 한 손을 넣어 자궁경을 고정한 후 주입기의 선단을 손의 감촉으로 자궁경관 내로 유도하여 넣고 주입하는 방법이다. 먼저 음순을 살짝 벌려 정액이 들어있는 주입기를 질 내에 삽입해 놓고, 왼손을 직장에 넣어 자궁경을 보정한다. 오른손으로는 주입기를 삽입하여 주입기의 선단이 자궁외구에 도달하도록 한 후에 직장 내에 있는 왼손의 조정으로 자궁경관의 심부 또는 자궁체 내에 주입기의 선단이 삽입되도록 하여 정액을 주입한다.

(3) 주입부위

정액의 주입부위로는 자궁경관 심부, 자궁체 및 자궁각을 들 수 있는데 이들 주입부위의 수태율 간에 큰 차이가 없다는 보고가 많고, 자궁 내 심부 주입법은 자궁의 손상 및 감염의 위험이 높다는 보고들도 있으나, 숙련된 수정사들의 경우는 이러한 문제로 염려할 경우가 드물기 때문에 자궁각에 주입하는 방법이 높은 수태율을 얻게 될 것이다.

제7절 수정란이식

1. 수정란이식의 정의와 역사

1) 수정란이식의 정의

인공수정, 수정란이식, 임상번식치료 등 중요한 기술은 가축의 개량을 위한 목적으로 개발되어 왔다. 특히 소의 인공수정은 정액의 동결보존법의 확립에 의해 널리 보급되어, 유우의 비유능력을 비약적으로 향상시켰고, 육우의 산육능력을 개선시켰으며, 생식기전염병을 예방하는 등 커다란 경제적 효과를 가져왔다. 이는 인공수정에 의해 고능력 종모우의 정액을 효율적으로 이용할 수 있게 되어 소의 육종개량이 되어온 결과이다. 수정란이식(embryo transfer)이란 공란우(donor)로부터 수정란을 회수하거나 체외수정란을 수란우(recipient)에 이식하야 임신시키는 기술을 말한다. 수정란이식기술은 유전적으로 우수한 암컷의 난자를 효과적으로 이용할 목적으로 개발된 기술이다. 수정란이식의 경우도 인공수정을 병용함으로써 육종개량 효과는 인공수정 단독의 효과보다 훨씬 크다. 특히 소의 수정란이식은 고능력우의 자손을 단기간에 증식시키는 데 유효한 수단이다. 이러한 수정란이식 기술의 이용분야는 ① 우수한 암컷의 개체를 선발하여 과배란처리로 다수의 난자를 생산하여 능력이 불량한 개체나 다른 개체에 이식하여 우수한 유전형질을 이어받은 산자를 다수 생산하여 가축개량이 촉진된다. ② 공란축을 특정품종으로 하고 수란축은 일반 암컷을 이용한다면 산업적으로 요망되는 특정품종의 산자를 생산하는 것이 가능하다. 예를 들면, 유우에 육우의 수정란을 이식하면 우유 생산량을 감소시키지 않고 육우생산의 증산을 기할 수 있다. ③ 수정란동결에 의한 장기보존기술을 이용하면 가축수정란의 국제무역이 가능하며 고가의 가축을 많은 수송비를 들여 수입할 필요가 없어진다. 농가에서는 번식능력이 있는 암컷을 소유하고 있다면 동결보존란을 구입하여 이식함으로써 원하는 산자를 저렴한 경비로 도입이 가능하다. ④ 수정란을 2개 이식하여 쌍자생산이 가능하다. 쌍자생산에 의한 불충실한 쌍자의 사육기술 및 다른 문제점도 있지만 기대할 만한 분야이다. 이와 같은 수정란이식 기술의 현황과 산업화의 이용시의 문제점 및 앞으로의 연구방향 등에 관하여 소개하고자 한다.

2) 수정란이식의 역사

영국의 Heape(1890)가 토끼에 수정란을 이식하여 자토를 생산한 것이 최초의 수정란이식이다. 1951년에 도축장 유래 5일째의 수정란을 외과적으로 이식하여 최초의 송아지를 생산하였다(Willette 등, 1951). 1964년에는 Mutter에 의해 비외과적 방법에 의한 수정란이식기술이 소개되었으며, 1970년에는 북미에서 최초의 상업적인 수정란이식이 시작되었으며, 수정란의 회수 및 이식은 외과적인 방법으로 실시되었다. 1973년에는 Willmut와 Rowson에 의해 수정란의 동결보존이 가능해짐에 따라 수정란이식의 산업화가 가속되는 계기가 되었다. 1981년 Brackette에 의해 체외수정에 의한 송아지 생산이 가능해짐으로써 수정란이식연구는 급진전되었다.

국내에서는 고 등(1981)이 수정란이식에 의한 임신을 보고하였으나 정 등(1983)에 의해 수정란이식에 의한 최초의 송아지가 생산되었다. 1980년대에는 과배란유기에 의한 체내수정란의 생산 및 이식이 진행되었고, 1990년부터는 체외수정란의 이식이 활발해졌다. 체외 수정란이식에 의한 송아지 생산은 황 등(1993)이 보고하였으며, 박 등(1994)과 한 등(1994)도 한우 체외 수정란이식에 의한 한우 송아지 생산을 보고하였다.

2. 수정란의 채취

1) 공란우의 선정

최근에 소의 과배란처리 기술의 진전에 따라 공란우 1두로부터 회수되는 정상란 수가 평균 6~8개로 향상되고, 이식기술도 간편화되어 수태율이 향상되게 되었다. 공란우로서의 평가는 시장성도 중요하지만 본질적으로 육용우에서는 육질과 증체량이 많은 것이 대상이 된다. 또한 강건성이나 번식능력이 높은 것도 경제적인 측면에서 볼 때 무시할 수가 없다. 유전적으로 우수한 형질을 가진 것은 유전질환이 없고 번식능력이 높으며, 건강하고 전염성 질환이 없고 시장가치가 높은 개체를 선발해야 한다. 또한 공란우로서의 직접적인 선정조건은 산력(産歷) 명료하고, 성주기가 정상이며 임신의 유지에 장해를 가져오는 질병이 없는 개체가 공란우로서 적당하다. 일반적으로 1두당 회수란 수와 수정란 수는 연령, 분만 후의 일수, 성주기에 대한 성선자극호르몬 투여개시일, 계절, 품종, 산차 등에 관련된다. 공란우로 선택하는 연령은 10세가 초과하면 원시난포가 적어서 배란수가 감소하므로 초산부터 10세까지의 범위 내에서 선택하는 것이 좋다. 성 성숙과정에 있는 소는 외인성의 성선자극호르몬에 대해서 민감한 반응을 나타내지만 자궁이나 난관의 상태는 수정란을 정상적으로 발육시킬 수 없고 능력판정도 불가능하므로 공란우의 후보축으로 제외하는 것이 좋다. 분만 후 6개월간, 즉 번식기능이 활발히 활동하고 있는 시기를 선정하여 과배란 처리를 한다면 좋은 성적을 얻을 수 있다. 과배란을 유기하기 위한 성선자극호르몬의 투여일은 성주기의 9~14일의 범위가 좋다. 자궁내막염, 생식기질병, 난소낭종, 장기공태 등의 번식장해우 및 노령우 등은 공란우로부터 제외하는 것이 좋다.

2) 과배란 유기

소 수정란이식을 위해서는 안정적으로 많은 수의 유전적으로 우수한 수정란이 필요하다. 자연발정의 경우 소는 1~2개의 난자를 배란하지만, 성선자극호르몬을 투여하면 다수의 난포를 발육시켜 배란을 유도할 수 있는데 이를 과배란(superovulation)이라고 한다.

과배란유기에 사용되는 호르몬은 난포자극호르몬(Follicle stimulating hormone, FSH)과 임마혈청호르몬(Pregnant mare serum gonadotrophin, PMSG)이 주로 사용된다. 반감기가 긴 PMSG는 1회 처리로 과배란유기가 가능하지만 난자의 수정과 수정란의 발달에 악 영향을 주어 정상 수정란의 수가 적고, 수정란의 질도 저하되며, 채란 후에도 성숙난포들이 잔존하여 낭종화의 우려가 있는 단점이 있기 때문에 FSH를 주로 사용하고 있다. FSH는 반감기가 짧아 3~5일 동안 1일 12시간 간격으로 2회 주사를 해야 하는 번거로움이 있는 것이 단점이다.

자연발정을 이용한 과배란 유기법은 자연발정발현 9~14일에 성성자극호르몬(FSH) 투여는 일반적으로 3~4일 동안 1일 12시간 간격으로 2회 주사하고 FSH투여 5회와 6회째에 $PGF_{2\alpha}$를 투여한다. $PGF_{2\alpha}$투여 후 2일째에 아침에 발정이 대부분 발현되는데 승가를 허용하는 공란우는 오후에 2스트로의 정액으로 오후에 수정하고 다음날 아침에 재수정을 실시한다. 혈중 LH의 급증을 촉진시켜 수정란 생산효율을 증진시키기 위하여 수정시 GnRH를 주사하기도 한다.

3) 공란우의 발정과 인공수정

과배란 처리에 의한 체내수정란 생산을 위해서는 일반적으로 2회의 인공수정을 실시한다. 공란우의 인공수정시에는 아직 배란이 개시되지 않고 난관채가 팽대되어 난소를 싸고 있는 상태이므로 이 시기에 난소를 촉진하면 배란 또는 수정을 저해할 우려가 있기 때문에 인공수정은 신중하게 실시한다. 또한 외음부의 소독을 철저히 하여 인공수정에 의한 자궁내부의 오염을 야기시키지 않도록 주의해야 한다. 오염된 상태로서의 인공수정은 정상란이 감소를 가져오고, 변성란과 비수정란의 증가를 가져온다.

4) 수정란의 회수

(1) 수정란의 발육과 난관하강

배란 후 난관팽대부에서 수정한 수정란은 약 1일 후에 2세포기, 2일 경과 후에 4세포기, 3~4일 후에는 8~16세포기로 되어 난관협부를 하강하여 약 5일 후에는 자궁각 선단부까지 하강한다. 따라서 비외과적 관류에서는 수정후 5일 이후가 아니면 수정란회수가 불가능하다.

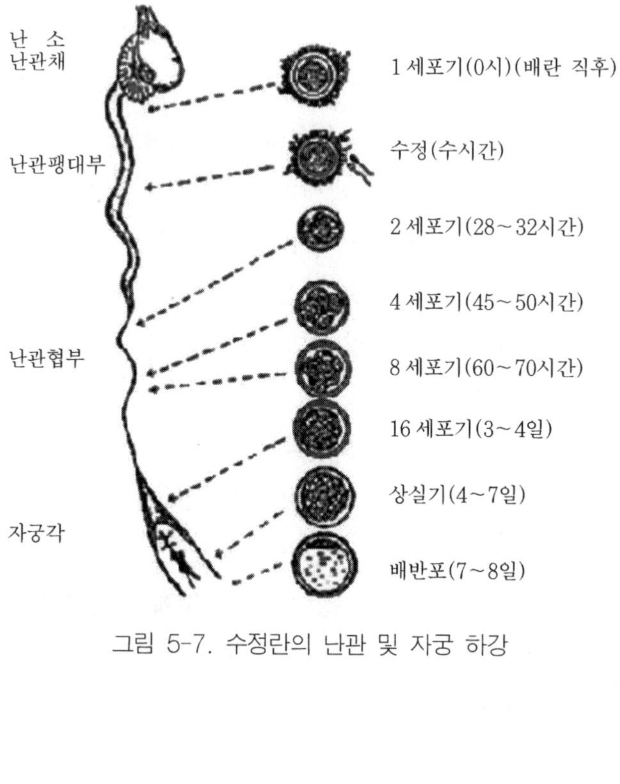

그림 5-7. 수정란의 난관 및 자궁 하강

(2) 수정란의 회수

인공수정 후 5~6일째에 난소를 검사하여 황체수를 확인하고, 소 수정란 회수시에 사용되는 관류액은 D-PBS에 10%의 태아혈청을 첨가하여 수정란을 회수한다. 공란우는 분변을 제거한 후 외음부 주위를 깨끗이 하여 오염을 방지한다. 전구는 상면보다 약 30 cm 정도 높게 하여 관류가 잘되도록 보정한 후 2% lidocain 또는 procain을 5~7mℓ를 미추경막외에 주사하여 마취시킨다.

철심으로 보정된 balloon catheter를 자궁경관을 경유하여 자궁각의 분기로부터 약 5cm부위에 삽입한다. Catheter의 선단이 자궁각에 달했을 때, 공기를 주입하여 balloon catheter선단의 풍선을 팽창시켜 ballon catheter를 고정한다. 자궁내 관류액의 주입은 자궁의 크기에 따라 다르지만 처음에는 20~30mℓ을 주입하고 3~4차례 관류시에는 자궁 용량의 100% 양을 주입하여 관류한다. 공란우 두당 약 1,000mℓ의 관류액이 필요하며 8~10회 정도 반복하여 수정란을 완전하게 회수한다. 관류후 공란우는 항생제를 자궁각 내에 주입하여 자궁내막염을 예방하며 $PGF_{2\alpha}$ 25 mg을 근육 내에 투여하여 임신예방과 신속한 발정재귀를 유도할 수 있다.

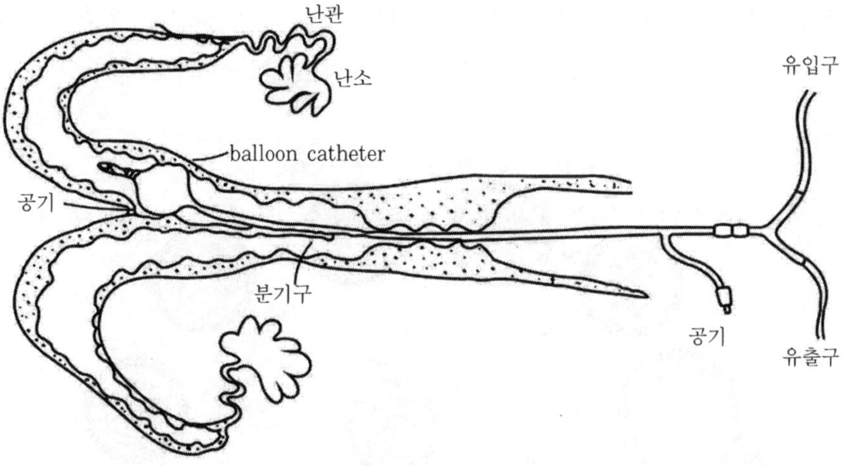

그림 5-8. Ballon catheter의 삽입 위치

3. 수정란의 검사

1) 수정란의 형태

소 수정란의 크기는 직경 150~200㎛이고, 투명대는 12~15㎛이다. 투명대를 갖지

않은 성숙한 세포의 직경은 120~160μm로서 색조는 엷은 갈색을 띠고 있다. 수정란의 발육단계는 국제수정란이식학회(IETS)에서 미수정란을 1, 2~12세포기를 2, 초기 상실배(early morula)를 3, 상실배(morula)를 4, 초기 배반포(early blastocyst)를 5, 배반포(blastocyst)를 6, 확장 배반포(expanded blastocyst)를 7, 부화 배반포(hatched blastocyst)를 8, 확장 부화배반포(expanded hatched blastocyst)를 9로 코드화하여 구분하고 있다.

투명대(zona pellucida)는 세포의 분할구를 보호하는 기계적 보호역할과 난세포에 접한 위난강의 조절기능을 가지고 있으며 주성분은 당단백질로 구성되어 있다. 위난강(perivitelline space)은 세포와 투명대의 간격을 말하며 후기 상실배에서는 세포가 수축하기 때문에 위난강이 확장되지만, 배반포에서는 위난강이 세포로 채워져 있다. 포배강(blastocyst capacity, blastocoele)은 초기배반포로부터 세포의 일부에 명확한 강이 형성된다. 배반포의 일부에 불투명한 세포괴가 형성된 것을 내부세포괴(inner cell mass)라 하며 태아, 난황낭 및 배로 되는 부분이다. 배반포로 되면 세포의 주위에 불투명한 조직이 세포를 둘러싸고 있는 세포를 영양배엽세포(trophoblast)라 하며 태막이나 태아의 태반이 되는 부분이다. 상실배(morula)는 수정 후 5일째에 회수되는 수정란으로서 구상의 세포괴로 보이며, 개개의 분할구를 분별하는 것은 불가능하다. 응축 상실배(compacted morula)는 개개의 분할구의 결합은 강하여져 소형화한 괴로 되어 있고 괴는 투명

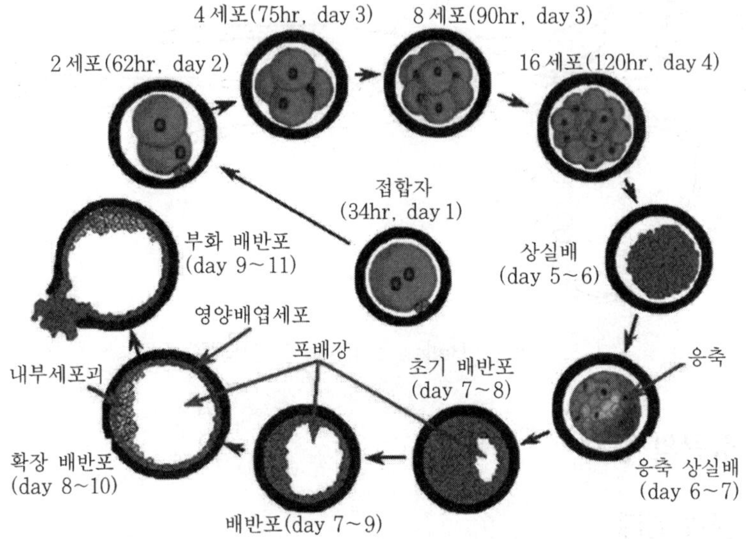

그림 5-9. 소 수정란의 발달단계

(2) 배란장애

난포가 발육·성장하여 배란되는 시간의 경과와 난포의 형태변화 등에 이상 있는 배란장애(ovulation failure)는 내분비 이상으로 기인되며, 특히 LH 분비기능의 저하 또는 LH 분비지연 등을 들 수 있다. 난포가 성장·발육이 잘 되지 않거나 성숙이 되었더라도 배란되기까지의 장시간이 소요되는 배란지연(delayed ovulation), 난포가 성숙되어도 배란되지 않는 상태로 폐쇄퇴축(閉鎖退縮) 또는 폐쇄황체화(閉鎖黃體化)되는 상태를 무배란 발정(anovulatory estrus)이라고 한다.

3. 수정장애

정상적인 교미가 이루어져도 수정이 되지 않는 것을 수정장애(fertilization failure)라고 한다. 그 원인은 정자가 난자 내에 침입하기 전에 사멸하거나, 정자의 구조적·기계적 이상, 정자와 난자의 면역학적 불친화성 등이 원인이 될 수 있다. 난자의 노화는 수정 능력에 영향을 미치며, 또한 다정자침입이 일어날 수도 있다. 또한, 노화정자는 정자 중 DNA함량이 감소되므로 수정란의 조기사멸(early mortality)의 원인이 될 수도 있다.

수정이상으로 다정자침입(polyspermy), 전핵형성이상(failure of pronucleus formation), 자성생식(gynogenesis), 웅성생식(androgenesis), 단위발생(parthenogenesis) 등이 있다.

4. 출생전 폐사

소, 면양, 돼지에서 배의 폐사는 25~40%로서 수정시기에서부터 착상 전에 많이 발생한다. 이러한 배 폐사는 내분비 이상, 유전적 요인, 면역학적 불친화성, 염색체 이상 등 여러 가지 요인이 원인이 되어 발생한다. 태아의 미이라 변성(mummification)은 태아의 혈액공급 장애, 태반형성의 결함, 임신자궁의 감염 등으로 태아가 사망하거나 유산장애로 인하여 체외로 배출되지 않고 태수의 재흡수, 태막과 태아의 탈수 및 자궁퇴축 등이 연속적으로 일어나 발생한다. 생존능력이 없는 태아가 분만 전에 만출되는 유산(abortion), 리피트 브리더(repeat breeder) 등이 있다.

5. 임신 및 분만장애

1) 분만전 · 후의 사망

분만전 · 후의의 태아사망은 분만직후, 분만시 또는 분만 후 24시간 이내에 신생자가 사망하는 현상을 말한다. 이는 모축의 영양, 연령, 유전적 인자들이 신생자 사망의 주요한 사망원인이다. 출생 후 2~3주 내에 사망하는 경우를 신생자 폐사라 하며 주원인은 영양, 유진, 환경조건, 세균감염 등이다.

2) 난 산(Dystocia)

태아나 모체의 이상 또는 기계적 원인에 의해 발생하는데, 태아측의 원인으로는 태위(胎位), 태향(胎向)의 이상 또는 거대태아, 기형아로 인히여 발생하고, 기계적 원인으로는 태아와 골반의 크기의 불균형, 자궁경과 질의 협착 및 선천성 기형 등을 들 수 있다. 이러한 난산은 초산이나 다태임신축에서 많이 발생한다.

3) 후산정체(Retention of placenta)

분만 3기에 배출되어야 하는 태반이 정체되어 있는 것으로 모체의 자궁으로부터 태아의 융모가 분리되지 않아 발생한다. 분만기를 조절하는 내분비기전의 불일치로 발생한다고 알려져 있으며, 자궁에 손을 넣어 물리적으로 제거하거나 prostagladins $F_{2\alpha}$ 등을 투여한 후 제거하기도 한다.

4) 질탈과 자궁탈

질탈(prolapse of vagina)은 골반인대의 과도한 이완에 의해 발생하며, 자궁탈(prolapse of uterus)은 분만 후 몇 시간 내에 발생하지만, 문만 후 5~6시간 후에도 발생하기도 한다. 발정 호르몬이 함유된 목초를 먹은 가축에서 난산 및 후산정체 등이 원인이 되어 발생한다.

6. 전염성 번식장애

세균감염에 의한 질병으로는 브루셀라병(brucellosis), 비브리오병(vibriosis), 렙토스피이라병(leptocpirosis) 등이 있으며, 바이러스 감염에 의한 질병에는 소의 유행성 유산

(epizootic bovien abortion) 등이 있고, 원충감염에 의한 질병으로는 트리코모나스병(trichomoniasis), 톡소플라스모병(toxoplasmosis) 등이 번식장애를 유발한다.

7. 웅축의 번식장애

1) 정자형성의 장애

웅축의 정자형성 장애는 사양관리가 나쁠 때에는 정자형성시기가 지연되고, 여름에는 정자의 농도가 감소하고 운동성도 저하되며, 기형률이 증가하는 하절불임(summer sterility)현상이 나타나기도 한다. 양측잠복정소의 경우에는 불임의 원인이 되며, 정소염(orchitis) 또는 정소상체염(epididymitis)은 정자수가 적고 기형률이 높아 수정 능력이 저하되기도 한다.

2) 정액과 정자의 이상

무정자증(azoospermia), 정자감소증(oilgospermia), 정자무력증(asthenospermia) 등은 조정기능(造精機能)의 장해, 정관폐쇄 및 부생식선 분비액의 이상 등의 원인이 되어 발생한다. 이러한 정액 및 정자이상은 수태능력이 현저히 감소되거나 완전히 상실된다.

3) 교미장애

요추부의 신경중추는 음경의 발기와 사정의 반사기능을 지배하며, 가축의 성행위는 대뇌피질을 거쳐 전달되는 자극에 의해서 이루어진다. 이러한 기능들이 원활하게 수행되지 않으면 교미장애가 발생한다. 교미장애에는 교미욕 감퇴, 음경 만곡, 발기불능증, 헤르니아와 복부팽대 등에 의해서 발생한다.

〈참 고 문 헌〉

1. Bearden, H.J., Fuquay, J.W. and Willard, S.T. 2004. Applied Animal Reproduction(6th edition).
2. Braackett, B.G. 1981. Applications of in vitro fertilization. New Technologies in Animal Breeding. Academic Press, New York. 141~161.
3. Gunn, R.M.C. 1936. Austral. Council for Sci. Washington, D.C., 4 : 44.

4. Heape, W. 1890. Preliminary note on transplantation and growth of mammalian of within uterine poster-mother. Proc Roy Soc Lond, Vol 48, 457~458.
5. Hunter, E.S.E. 1993. Reproduction in farm animals (6th edition).
6. Ivanoff, E.I., 1902. Biol. Zbl., 23 : 640.
7. Polge, C. and Rowson, L.E.A. 1952. Freezing of bull semen in egg yolk-sodium citrate. 2nd Int. Congr. Physiol. Path. Anim. Reprod. and AI. 3 : 90.
8. Roy, J.H.B., Gillies, C.M., and Shotton, S.M. 1975. Factors affecting first oestrus in cattle and their effects on early breeding. In The Early Calving of Heifers and its Impact on Beef Production. J.C. Taylor (ed). Brussels, European Economic Communities.
9. Seidel, G.E. Jr., Elsden, R.P. and Hasler, J.F. 2003. Embryo Transfer in Dairy Cattle. Hoard's dariyman.
10. Willette, E.L., Black, W.G., Casida, L.E., Stone, W.H., Bucker, P.J. 1951. Successful transplantation of a fertilized bovine ovum. Science (New York), Vol. 113, 247.
11. Willmute, I. and Rowson, L.E.A. 1973. Experiments on the low-temperature preservation of cow embryos. Veterniary Record. 92 : 686~690.
12. 고광두, 정길생, 이기만. 1981. 한우의 수정란이식에 관한 연구. 수정란의 비외과적 채취와 이식. 한국축산학회지. 23 : 331~337.
13. 박충생, 공일근, 노규진, 주영국, 송상현, 황영균, 박준규, 조성근, 전병균, 이경미, 윤희준, 최민철, 곽대오, 이효종, 최상용. 1994. 체외성숙, 수정 및 배양된 한우 체외수정란의 유우의 이식에 의한 산자의 생산. 한국가축번식학회지. 18 : 47~54.
14. 정길생 등, 1995. 가축번식생리학. 선진문화사.
15. 정길생, 윤종삼, 이훈택, 유승환, 김정익. 1983. 수정란이식에 의한 우의 쌍태유기 연구. 비외과적으로 이식한 신선 및 동결수정란의 분만성적. 한국축산학회지. 25 : 424~429.
16. 한용만, 이철상, 이정호, 김선종, 신상태, 김동훈, 이훈택, 정병현, 정길생, 김영수, 김영훈, 이건세, 김교국, 황윤식, 이경광. 1994. 체외수정란 유래의 송아지 생산. 한국가축번식학회지. 18 : 7~13.
17. 황우석, 조충호, 이병천, 신태영, 노상호, 김성기, 전병준, 이강남, 신언익, 임홍순. 1993. 한우정액 유래 체외수정 송아지 생산에 관한 연구. 한국수정란이식학회지. 8 : 143~149.
18. 한국수정란이식학회, 1998. 소 수정란이식, 정문각.
19. 한국수정란이식학회, 농촌진흥청 축산연구소, 2005. 소의 최신번식기술, 월드사이언스.

제 6 장 영양소 요구량

제 1 절 유 지

1. 절식대사

유지(維持)란 영양소의 체내 축적 또는 체조직의 분해로 인하여 체중이 늘거나줄지 않고 평형상태를 이루는 것을 말하며, 동물의 체중에 증감이 없다고 하더라도 체조직을 유지하기 위해서는 일정량의 영양소가 필요한데 이를 유지요구량이라 한다. 만일 이 요구량이 부족하면 체조직의 분해로 인하여 체중이 감소되고 심하면 정상적인 생리활동이 이루어지지 못하게 된다.

동물은 생명유지하기 위하여 내부작용, 즉 호흡, 혈액순환, 근육유지, 호르몬 분비 등이 필요하며 이를 위해서는 외부로부터 영양소의 공급이 있어야 한다. 그러나 사료를 먹지 않아도 체내 대사활동이 일어나는데 이를 기초대사라 하며, 이때 체조직의 분해가 따르게 되며 이를 절식분해대사(絶食分解代謝)라 한다. 정미에너지는 유지를 위한 것(NEm)과 생산(NEp)을 위한 것으로 이루어지고, NEm은 기초대사량과 자율활동에 필요한 에너지로 구성된다. 기초대사는 절식동물이 휴식상태에서 호흡・혈액순환 등 생명유지에 필요한 최소한의 에너지이다. 위에서 NEm에 '자율활동'에 필요한 에너지를 포함시킨 것은 동물이 완전휴식 상태를 유지하는 것이 어렵기 때문이다.

또한 동물체 유지를 위해서 최소한의 질소가 필요하며, 이는 무질소・적량 에너지 사료 급여시 오줌으로 배설되는 최저질소로서 측정되며 이것을 내생요질소(內生尿窒素, endogenous urinary nitrogen, EUN)라고 한다. 무질소 사료를 급여하면 요질소는 점차 감소하게 되는데, 요질소의 최소 배출량에 이르는 시간은 측정 당시의 사양 조건에 따라 달라지는 바, 고단백 투여구가 저단백 투여구보다 길어지게 된다.

2. 유지요구량

1) 유지를 위한 에너지

유지에너지 요구량은 생체 에너지의 평형을 이루는 데 필요한 양, 즉 정미에너지로 말하면 절식분해 대사의 에너지를 의미한다. 그러나 이것을 사료로 공급할 때는 분뇨에너지·열량증가 및 자율 운동 에너지를 포함시키게 된다. 그러나 유지에너지 요구량은 여러 가지 요인에 의하여 영향을 받고 있는바, 품종에 있어서 Bos indicus는 Bos taurus에 비하여 10% 낮다고 하며, 성별에 있어서도 수소는 거세우나 암소에 비하여 15% 낮다. 또한 보상성장시의 유지요구량은 평소보다 20% 낮다고 하며, 환경 온도에 있어서도 쾌적 온도(20℃)를 벗어날 경우 요구량에 영향을 주게 된다. 환경 온도가 내려감에 따라 섭취된 사료의 소화관 통과속도가 빨라져 소화율이 감소되며 이뿐만 아니라 체온 보존을 위한 에너지도 추가로 필요하게 된다. 유지에너지 요구량의 측정은 장기간 사양시험을 실시하여 체중유지에 요하는 사료량, 또는 사료급여량에 따른 체중변화에 의하여 정하게 된다. 이 방법 이외에도 호흡대사시험을 통한 방법도 있는데 이 방법은 복잡하고 비용이 많이 들며, 공시두수의 한계와 함께 실제사양조건으로의 보정에 어려움이 따른다. 유지요구량을 측정하는 방법은 이외에도 비교 도체조사시험법이 있다. 이는 ME와 축적에너지를 직접 측정하고 HE를 추정하여 실제 사양조건과 유사한 조건을 만들어 결정하게 된다.

NRC(1996)에서는 유지요구량의 측정에 다음 공식을 적용하고 있다.

$$NEm = 0.077\ Mcal/EBW^{0.75}$$

(EBW : empty body weight)

한우 사양표준(2002)에서는 TDN, DE, ME를 같이 표기하고 있으며 성빈우의 유지요구량을 예로 들면 표 6-1과 같으며, DE 요구량은 ME 요구량을 대사율 0.82로 나누어 구하였고, TDN 요구량은 DE 요구량에 4.41을 곱하여 구하였다.

MEm은 성빈우의 경우 다음 식에서 보듯이, 유지에너지 이용효율의 차이를 한우 거세우의 MEm 요구량에 적용하여 구하였다. DE 요구량은 TDN 요구량에 있어서는 거세우에서 적용한 식으로 구하였다.

$$MEm = 0.1244 \times W^{0.75}$$

암소의 육성에 필요한 유지에너지 요구량은 $MEm = 0.1186 \times W^{0.75}$식을 적용하였다.

표 6-1. 성빈우 유지에 필요한 영양소 요구량

체중 BW (kg)	건물량 DMI (kg)	대사 에너지 ME (Mcal)	가소화 에너지 DE (Mcal)	가소화 영양소총량 TDN (kg)	대사 단백질 MP (g)	조단백질 CP (g)	칼슘 Ca (g)	인 P (g)	비타민 A Vit. A (1000 IU)	비타민 D Vit. D (1000 IU)
350	6.1	10.99	13.40	3.04	562	661	11	12	14.84	2.1
400	6.7	12.15	14.81	3.36	569	669	12	13	16.96	2.4
450	7.3	13.27	16.18	3.67	576	677	13	15	19.08	2.7
500	7.9	14.36	17.51	3.97	582	684	15	16	21.20	3.0
550	8.5	15.42	18.81	4.27	587	691	17	18	23.32	3.3
600	9.1	16.46	20.08	4.55	593	698	18	20	25.44	3.6

주) CP 함량이 12% 이하인 경우, 최저농도를 12%로 산정함. 한우사양표준(2002).

2) 유지를 위한 단백질

유지를 위하여 흡수된 단백질은 내생요질소를 충당하고, 시험사료의 소화에 부수되는 대사분 손실을 보충하여야 한다. 대사체중당 요질소 손실은 일정하지만 유지사료의 구성 및 종류에 따라 분 중 손실량이 달라질 수도 있다. 조사료를 많이 섭취하는 성숙한 반추동물에서는 대사분 질소(metabolic fecal nitrogen)가 내생요질소를 초과하는 경우가 많다. 또한 성체성장을 위한 부분도 유지요구량에 속하게 된다. 성체성장이란 털, 발굽 등 외피 조직의 성장 및 갱신을 말하며, 단백질 요구량이 부족되어도 계속 성장하게 된다. 체 유지를 위하여 공급되는 단백질은 아미노산 조성이 대상 동물의 체 구성 아미노산과 같은 비율의 것이 바람직하다고 하겠으나 반추동물에서는 섭취된 단백질이 반추위에서 발효과정을 거치게 되고 위내 미생물에 의하여 재합성되기 때문에 단위동물의 경우처럼 민감한 문제는 아니다. 그리고 단백질의 생물학적 가치에 있어 유지를 위한 것과 성장을 위한 것은 정량적 및 정성적으로 다르다. 전자는 조직의 분해를 대체하기 위함이고, 후자는 조직단백질의 합성을 위한 것이다. 가축의 경우 특수한 경우를 제외하고는 유지보다는 성장 및 생산이 목적인 경우가 대부분이므로 이 두 가지가 모두 충족되어야 한다(곽 등, 1996).

유지단백질의 요구량은 질소평형으로부터 구할 수 있다. 이 방법은 질소평형에 필요한 최소 단백질량을 구하는 것으로서 과부족 상태에서의 평형이 아닌 모든 단백질 조직이 완전히 보호될 수 있는 상태의 최소량이 구해져야 한다. 또 사양시험으로부터 구하는 방법도 있다. 이것은 장기간에 걸쳐 사양실험을 실시하는 것으로서 적당한 에너지와 함께 공급하는 상태에서 오랫동안 체중의 감소 없이 유지가 되는 상태에서의 요구량을 의미한다.

유지를 위한 단백질 요구량은 체 유지를 위한 최소요구량이며, 실제 사양에 있어서는 이보다 높아야 하고 생물가가 다른 여러 가지 사료에 의하여 필요한 단백질의 양을 충족시켜야 한다.

한우의 유지에 필요한 단백질은 표 6-1에 성빈우를 예로 나타내었다. 이 표에서 MP란 대사단백질(metabolizable protein)을 나타내는 것으로서 소장에서 흡수되어지는 의미하며, 미생물단백질(microbial protein, MP)과 반추위 내 미분해단백질(undegraded intake protein, UIP)로 이루어진다. 즉 단위 동물에서의 가소화 조단백질과 유사한 개념을 가진다(지 등, 2001).

NRC(1984, 1985)에서는 유지를 위한 대사 단백질 요구량을 요인법(factorial method)으로 구하였으며, 여기에는 대사분 손실(metabolic fecal losses), 요손실(urinary losses), 비듬손실(scurf losses) 등이 포함된다. 이 방법은 분손실과 요손실을 독립적으로 측정하기 어려우며, 순 대사성분손실(true metabolic fecal losses)로부터 분중의 미생물 손실도 분리하기 어렵고 실제보다 높게 측정될 우려가 있다.

NRC(1996) 사양표준에서는 Wilkerson 등(1993)과 Susmel 등(1993)의 3.8 g MP/kg BW0.75의 기준을 적용하였다.

한우사양표준(2002)에서는 거세 한우의 비육 및 수소 육성·비육에 필요한 유지조단백질 요구량(CPm)을 질소균형시험으로부터 구하였고, 유지를 위한 정미단백질 요구량(NPm)은 CPm에 변환효율(EP) 0.51(中央畜産會, 2000)을 곱하여 구하였다.

$$CPm = 5.56W^{0.75}$$
$$NPm = CPm \times 0.51$$

성빈우의 유지에 필요한 조단백질(CP)과 대사단백질(MP) 요구량은 RP＝0으로 하여 거세우와 같은 방법으로 구하였다. 그리고 수유 중의 유지에 첨가하는 조단백질 요구량은 유량과 유지율로부터 DCP 요구량을 다음과 같이 구하고 있다.

$$\text{DCP 요구량} = (26.6 + 5.3 \times FAT) \times MILK$$

유성분은 평균적으로 무지고형분 9.2%, 단백질 4.1%, 지방 4.7%이므로 수유 중에는 유지에 첨가되는 일당 영양소 양의 DCP는 유지율을 4.7%로 하고 다음 식(1999, 中央畜産會)으로 구하였다.

$$\text{DCP 요구량} = 53 \times MILK$$

그리고 수유 중인 암소의 CP 요구량은 암소에 대한 일반적인 급여사료의 소화율(0.65)을 추정하여 다음 식으로 구하였다.

CP 요구량=DCP/0.65

3) 유지를 위한 광물질과 비타민

동물체의 정상기능을 유지하기 위해서는 여러 가지 광물질 대사가 이루어져야 한다. 에너지나 단백질은 이용되고 남은 것은 전부 방출 또는 배설되지만 광물질은 일부가 재흡수 이용되고 있으며, 절식시에도 일정량의 각종 무기물이 체외로 배설되고 있다. 광물질의 유지요구량은 내생손실과 사료광물질의 효율로부터 구할 수 있다.

무기물의 요구량(NRC, 1996)은 체중 300 kg의 비거세 육성우의 경우 일당증체량이 1 kg일 때 칼슘과 인의 유지요구량은 각각 9 및 7g, 증체요구량은 23 및 9 g이며, 칼슘과 인을 제외한 무기물의 요구량과 최대 한계농도는 표 6-2에 제시하였다.

그리고 축우에게 유해한 무기물의 최대 한계농도는 표 6-3과 같다.

유지를 위한 비타민 요구량에 관한 문헌은 매우 적은 편이다. 대부분의 가축은 생산을 위하여 사육되기 때문에 유지와 생산을 한데 묶어 표시하는 경우가 많다. 유지를 위한 비

표 6-2. 무기물 요구량 및 최대 한계농도

광 물 질	단 위	요 구 량			최 대 한계농도
		육성 및 비육우	암 소		
			임 신	비유초기	
크 롬(Cr)	mg/kg	–	–	–	1,000.00
코발트(Co)	mg/kg	0.10	0.10	0.10	10.00
구 리(Cu)	mg/kg	10.00	10.00	10.00	100.00
요오드(I)	mg/kg	0.50	0.50	0.50	50.00
철(Fe)	mg/kg	50.00	50.00	50.00	1,000.00
마그네슘(Mg)	%	0.10	0.12	0.20	0.40
망 간(Mn)	mg/kg	20.00	40.00	40.00	1,000.00
몰리브덴(Mo)	mg/kg	–	–	–	5.00
니 켈(Ni)	mg/kg	–	–	–	50.00
칼 륨(K)	%	0.60	0.60	0.70	3.00
셀레늄(Se)	mg/kg	0.10	0.10	0.10	2.00
나트륨(Na)	%	0.06~0.08	0.06~0.08	0.10	–
황(S)	%	0.15	0.15	0.15	0.40
아 연(Zn)	mg/kg	30.00	30.00	30.00	500.00

NRC(1996).

표 6-3. 소에게 유해한 무기물의 최대 한계농도

무 기 물	농도(mg/kg)	무 기 물	농도(mg/kg)
알루미늄(Al)	1,000.00	불소(F)	40.00-100.00
비소(As)	50.00 유기태로 100.00	납(Pb)	30.00
브롬(Br)	200.00	수은(Hg)	2.00
카드뮴(Cd)	0.05	스트론튬(Sr)	2,000.00

NRC(1996).

타민 요구량은 성장이나 번식의 경우보다 낮다.

축우에 있어 비타민 B, C, K는 체내 합성이 가능하여 결핍되는 일이 거의 없으며, 보충 급여할 필요가 있는 비타민 A와 D의 요구량은 표 6-1에 제시하였다.

제2절 성장과 비육

1. 성 장

동물의 성장이라고 하면 비육의 경우와 마찬가지로 영양소가 체내에 축적되는 것을 말하지만, 성장은 골격이나 근육이 증가되는 것으로서 주로 축적되는 물질이 단백질이나 무기물이며, 비육은 주로 지방이 축적되는 것이다. 성장의 속도나 한계는 영양 공급에 따라 영향을 받을 수 있지만 유전적 한계를 초월하지는 못한다.

그리고 성장의 양은 각 부위에 따라 다른바, 생시 대비 성장시의 배율은 근육 48배, 골격 26배, 폐 20배, 간 14배, 뇌 4배, 눈은 2배이다. 동물의 성장률을 측정하는 가장 간단한 방법은 체중측정이다. 체장, 체고 등 체측치를 이용하는 방법도 있겠지만 총체적인 것은 체중이라 할 수 있다. 정상적으로 관리된 동물에 대한 평균체중과 일령과의 관계를 그래프로 나타낸 것을 성장곡선(growth curve)이라 하고, 이 범위 안에 들면 일반적으로 정상성장이라고 판단한다. 그러나 체중증가만으로 정상성장 여부를 판단하는 것은 다소의 무리가 따르므로 명확한 판단을 위해서는 영양소 균형시험이나 도체분석을 하여야 한다. 그리고 단백질·지방·광물질 등 각 영양성분의 체내축적은 어릴 때와 성장완료기에 접근하였을 때는 많은 차이가 있게 된다. Palson(1955)에 의하면 뼈가 제일 먼저 자라고, 그 다음 근육, 지방조직의 순으로 성장하여 성시체중에 이른다고 한다.

2. 성장을 위한 영양소 요구량

1) 성장을 위한 에너지 요구량

성장 중의 동물에게는 유지요구량과 성장에 필요한 에너지를 모두 공급해 주어야 한다. 성장하는 동물의 에너지 요구량 중 유지요구량의 비율은 성장이 진행됨에 따라 증가한다. 그리고 성장 그 자체에 필요한 요구량은 성장률과 증가된 조직의 성분에 따라 다르다. 동물은 월령이 경과함에 따라 지방조직의 비율이 증가한다. 원래 성장이란 지방이 아닌 단백질과 무기물의 축적을 의미하지만 실제 상당량의 지방 증가는 육생산에 있어 피할 수 없는 부분이며, 증체조직에 지방 함량이 많을수록 에너지 요구량은 많아지게 된다. 그러나 대부분의 경우 유지요구량은 새 조직의 형성에 소요되는 요구량보다 많다. 성장하는 가축의 에너지 요구량은 다음 방법으로 측정할 수 있다(곽 등, 1996).

① 요인법 : 성장을 위한 요구량은 기초대사, 임의활동, 성장요구량의 합계로서 구하게 된다. 일반적으로 단위 체중에 대한 에너지의 축적률은 어릴 때는 크고 성장함에 따라 적어진다.

② 사양시험법 : 현재 사용되고 있는 대부분의 사양표준은 사양시험으로부터 얻어진 결과이다.

성장을 위한 ME 요구량(한우사양표준, 2002)은 암소 육성을 예로 들어 제시하면 표 6-4와 같으며, 각 조건별 요구량은 사양표준을 참조하기 바란다. MEg는 도체시험성적을 기초로 하여 구한 수치에 표준 급여사료 내의 에너지 대사율(q)로부터 ARC 표준(1980)에 준하여 구한 kf로 나누어 산출하였다.

$$NEg = 0.0533 \times W^{0.75} \times DG(kg)$$
$$q = 0.5304 + 0.0748 \times DG$$
$$kf = 0.78 \times q + 0.006$$
$$ME = NEg/kf$$
$$ME = MEm + NEg$$

2) 성장을 위한 단백질 요구량

성장에 필요한 단백질 요구량은 유지에 필요한 양까지 포함되어있다. 성장하는 동안 일당 단백질 요구량은 나이 및 체적의 크기에 따라 증가하지만, 단위 체중당 요구량은 감소

표 6-4. 암소 육성에 필요한 영양소 요구량

체중 BW (kg)	일당 증체 DG (kg/d)	건물량 DMI (kg)	조단백질 CP (%)	가소화 영양소 총량 TDN (%)	대사 에너지 ME (Mcal)	가소화 에너지 DE (Mcal)	가소화 영양소 총량 TDN (kg)	대사 단백질 MP (g)	조단백질 CP (g)	칼슘 Ca (g)	인 P (g)	비타민 A Vit. A (1,000IU)	비타민 D Vit. D (1,000IU)
150	0.6	4.0	12.0	62	9.05	11.04	2.50	305	447	20	10	6.4	0.9
	0.8	4.2	12.2	66	10.09	12.30	2.79	361	517	25	11	6.4	0.9
	1.0	4.4	13.9	69	11.01	13.43	3.05	417	587	30	13	6.4	0.9
	1.2	4.5	15.5	73	11.85	14.45	3.28	476	656	35	15	6.4	0.9
300	0.2	5.6	12.0	55	11.06	13.49	3.06	307	452	13	11	12.7	1.8
	0.4	6.3	12.0	58	13.27	16.18	3.67	318	503	17	12	12.7	1.8
	0.6	6.8	12.0	62	15.22	18.56	4.21	350	554	20	13	12.7	1.8
	0.8	7.1	12.0	66	16.96	20.69	4.69	387	605	24	15	12.7	1.8
400	0.2	6.9	12.0	55	13.73	16.74	3.80	354	536	15	14	17.0	2.7
	0.4	7.9	12.0	58	16.47	20.08	4.55	357	575	18	15	17.0	2.7
	0.6	8.4	12.0	62	18.89	23.04	5.22	374	614	21	16	17.0	2.7

주) CP 함량이 12% 이하인 경우, 최저농도를 12%로 산정함. 한우사양표준(2002).

한다. 단백질 요구량은 다음 방법으로 구할 수 있다(곽 등, 1996).

① 요인법 : 다음 세 가지의 합으로 구한다.

○ 유지 요구량 : 내생요질소량과 동일하며, 직접 또는 기초대사로부터 측정할 수 있다.

○ 성장 요구량 : 도체분석법을 이용할 수 있다.

○ 대사 손실량 : 흡수된 양으로 표시할 수 있다.

② 질소 균형법 : 급여하는 사료 단백질의 축적률을 최대로 유지할 수 있는 상태에서의 최소요구량으로 구한다.

③ 사양 시험법 : 최대의 성장률을 가져올 수 있는 단백질 요구량은 단백질 공급 수준을 달리한 사양시험을 통하여 구할 수 있다. 도체분석 결과가 있으면 성장한 부분의 체조직 조성을 일 수 있기 때문에 보다 정확한 결과를 얻을 수 있다.

성장을 위한 단백질 요구량에 있어 육성우의 각 체중에서 증체에 필요한 단백질 축적량(RP)은 수소에서와 같이 단백질 이용효율의 차이를 한우 거세우의 RP 요구량에 적용하여 암소를 위한 계수를 구하였다(한우사양표준, 2002).

$$RP = DG \times (224.7 - 0.314 \times W)$$

CP 요구량은 NP 요구량을 단백질 변환 효율(eP)로 나누어 구하였다.

NP=NPm+RP
CP=NP/0.51

그리고 MP 요구량(유지+증체)은 유지와 증체를 위한 대사에너지의 각각의 정미효율(NRC, 1996)로 나누어 구하였다.

MPm=NPm/유지를 위한 대사에너지의 정미 효율
MPg=RP/증체를 위한 대사에너지의 정미 효율
MP=MPm+MPg

3) 성장을 위한 광물질 및 비타민 요구량

광물질의 유지 및 성장을 위한 정미요구량은 내인성 손실량(endogenous losses)과 축적량(quantity retained)을 더하여 구한다. 예를 들면 어느 축우가 1일 증체에 소요되는 Ca의 내인성 손실량이 5g이고, 1일 체내축적량이 3g인 경우 1일 요구량은 8g이 된다. 이때 이용률이 40%일 경우 Ca 요구량은 20g이 된다. 이 방법 이외에도 균형시험을 통하여 구할 수도 있다.

비타민은 대사과정에서 손실되지 않는다. 따라서 비타민 요구량은 요인법보다는 사양시험에 의하게 된다. 이때 요구량의 결정은 공시동물의 성장률, 결핍증상의 발현율을 기준으로 한다. 결핍증상은 외부 증상 및 혈중 함량 등 생리적 시험을 병행하게 된다. 또한 조직성분이나 혈중 함량 등을 통하여 축적량을 조사하는 방법도 있다. 비타민 요구량이란 기준 설정에 따라 달라지게 된다. 특정 대사이상이나 질환의 예방 수준에 따라 영향을 받게 되므로 동물의 건강유지 및 생산성의 유지에 미치는 영향을 참작하여 결정하여야 한다. 뿐만 아니라 사양조건에 따라서도 많은 영향을 받게 되는 바, 지용성 비타민 요구량은 동물의 체중에 비례하는 반면, 비타민 B군은 사료섭취량, 특정 영양소 섭취량 및 체내대사에 많은 영향을 받는다. 예를 들면 thiamin은 탄수화물 섭취량에, riboflavin은 단백질 섭취량에 따라 요구량이 달라진다. 그리고 반추동물은 소화기관내 합성이 가능하므로 별도의 보충은 필요 없다. 일반적으로 목초를 충분히 급여하는 경우 비타민 A의 공급은 문제가 되지 않는다. 또한 양질의 건초급여와 일광욕으로 비타민 D의 공급량을 절약할 수 있다.

주요 광물질 및 비타민 요구량은 거세우 육성 비육에 필요한 영양소 요구량을 예로 들어 표 6-4에 나타내었으며 체중별 및 조건별 요구량은 사양표준을 참조하여주기 바란다.

3. 번식을 위한 영양소 요구량

1) 번식을 위한 에너지 요구량

번식에 필요한 에너지 요구량은 태아・태막・자궁비대・유선발육 등 조직증대와 이 과정에서 소요되는 에너지의 총합이다.

표 6-5. 임신 말기 2개월간 유지 추가영양소 요구량

대사 에너지 ME(Mcal)	가소화 에너지 DE(Mcal)	가소화 영양소총량 TDN(kg)	조단백질 CP(g)	칼슘 Ca(g)	인 P(g)
2.71	3.30	0.75	166	13.7	4.5

한우사양표준(2002).

임신 말기로 가면서 요구량이 많아진다. 그리고 가축들은 흔히 발육이 완전하게 발육되기 전에 임신하게 되므로 임신 중 모체의 성장분도 고려되어야 한다. 또한 재임신한 가축의 경우 전 기간에 비유로 인한 체중 손실이 회복되어야 하기 때문에 이 것 또한 가산되어야 한다.

또한 임신 말기의 유지에 첨가할 에너지 요구량은 임신 말기 2개월간 태아에 축적되는 영양소량을 임신에 필요한 영양소량으로 하고, 이것을 분만전 2개월간에 평균적으로 급여하는 것으로 한다. 임신일 t에 있어서 태아의 에너지 함유량(E(t), kcal)은 다음 식(岩崎和雄, 1986)과 같다(한우사양표준, 2002).

$E(t) = A \times t^{5.45601}$
A=송아지 생시체중(27kg)으로 보정한 정수
$E(t) = 1.338 \times 10-9 \times t^{5.45601}$

한우 임신기간을 285일로 하고, 분만시의 E(t)로부터 분만 2개월 전의 E(t)를 감하여 구하였다. 분만 전 2개월에서 태아로 축적되는 에너지를 2개월로 평균하여 일당 태아에 필요한 ME량을 산출한다. ME 이용효율을 15%로 하여 ME 증가급여량을 얻었다(한우사양표준, 2002).

ME(kcal/일)=(E(285)−E(222))/63/0.15
분만전 2개월간의 ME

$$E(285)\text{-}E(222)=25{,}563.0$$
$$ME(Mcal/day)=25{,}563.0/0.63/0.15/1{,}000=2.71$$
$$DE(Mcal/day)=2.71/0.82=3.30$$
$$TDN(kg/day)=3.30/4.41=0.75$$

2) 번식을 위한 단백질 요구량

단백질 공급이 부족하면 암컷의 경우, 난소 호르몬의 분비가 원활하지 못해 발정이 중지되거나, 수정이 되더라도 태아의 발육이 불량해지기도 하고 허약한 새끼를 낳거나 사산이 되기도 한다. 수컷의 경우는 고환의 발육이 부진하고 testosterone 분비가 저하된다. 임신 주령이 경과됨에 따라 단백질 요구량이 증가되는데, 특히 임신 말기에 영양소 요구량에 있어 에너지 보다 단백질의 증가율이 월등히 높아진다.

그리고 모축이 성장 중에 있거나 여윈 경우 이 요구량을 충족할 수 있도록 하여야 한다. 그리고 임신 중 체내에 단백질이 충분히 비축되어 비유로 인한 분만 초기의 체중손실을 최소화 하도록 한다.

임신 말기의 유지에 필요한 조단백질 요구량은 분만전의 임신자궁으로의 단백질 축적량(TP, g)을 임신기간(t, day)으로부터 AFRC의 식(AFRC, 1993)으로 구하였다. 분만전 2개월간의 임신자궁으로의 조단백질 축적량을 2개월로 평균하여 일당 태아에 필요한 조단백질을 산출하였다.

$$TP(t)=(1.468\times10^{-4}\times t^3-4.247\times10^{-2}\times t^2+3.173\times t-0.328)\times$$
$$(-0.323\times10^{-6}\times t^3+3.000\times10^{-4}\times t^2-9.430\times10^{-2}\times t+11.263)\times6.25$$

TP=TP(임신기간)－TP(임신기간－63)로부터 아래의 식에 의해 DCP 요구량을 구한 후, CP 요구량을 산출하였다. 다만 위의 식은 송아지의 출생시의 체중이 38.5 kg인 경우이므로 단백질 축적량이 생시체중에 비례하는 것으로 하여 한우의 생시체중 27.0kg으로 보정하였다.

$$DCP=TP/3.85\times27.0/63/\text{생물가}+\text{대사성 분단백}$$

현재, 생물가는 0.6으로 하였고 대사성 분단백은 日本飼養標準(2000)에서 원용하였다.

$$DCP(G/day)=4.804/38.5\times27.0/63/0.6+35.7$$
$$CP\ \text{요구량}(g/\text{일})=DCP/0.75$$

3) 번식을 위한 광물질 및 비타민 요구량

동물의 정상적인 번식활동을 위해서는 무기물의 원활한 공급이 필요하다. 특히 태아의 골격형성에 소요되는 P, Ca는 임신말기에 요구량이 급증하게 된다. 그리고 Fe는 모체 및 태아의 조혈작용에 관련되며, I의 결핍은 자축의 갑상선종을 일으키게 된다. 이외에도 Se, Mg, Zn도 번식활동에 중요한 요소이다. 칼슘 및 인의 요구량은 거세우 비육에 적용되는 아래 식에서 F 이외의 항목을 0으로 하여 구하였다. 이시기의 성빈우의 일당 증체량 0.5 kg을 기준으로 할 경우 이것은 모우의 증체가 아닌 태아의 발육에 기인되는 증체이다.

그리고 임신말기에 유지에 첨가하는 비타민 A 및 D의 양은 체중 kg당 33.16 및 4 IU로 하였다. 소의 경우 비타민 B군은 장내 합성이 가능하므로 결핍되는 일이 거의 없다. 비타민 A가 부족하면 수컷에서 고환상피세포의 퇴화, 정자생산 감소 및 중지, 암컷에서는 발정이상, 유산 등 번식장애가 나타난다. 또한 비타민 D의 공급이 원활한 경우 자축의 구루병 이환율이 낮아진다. 양질의 목건초가 좋은 공급원이다.

$$비타민\ A = 0.075 \times W$$
$$비타민\ D = 0.01 \times W$$

4. 비육을 위한 영양소 요구량

에너지 요구량 거세비육시의 MEm은 에너지 출납시험성적에 집단사육시의 추가에너지 10%를 더하여 125.0 kcal/$W^{0.75}$로 하였다. 그리고 수소의 육성·비육에 필요한 유지 요구량은 거세우 유지요구량에 15%를 더하여 130.7 kcal/$W^{0.75}$으로 하였다(한우사양표준, 2002).

육성우의 각 체중에서 증체의 단백질 축적량(RP)은 한우 거세우 체구성에 대한 자료로부터 도출한, $RP = DG \times (224.7 - 0.251 \times W)$ 식으로 구하였고, 정미단백질 요구량은 다음 식으로, CP 요구량은 NP 요구량을 단백질 변환 효율(eP)로 나누어 구하였다(한우사양표준, 2002).

$$NP = NPm + RP$$
$$CP = NP/0.51$$

거세 한우의 비육에 있어 MP 요구량(유지+증체)은 유지와 증체를 위한 대사에너지의 각각의 정미효율(NRC, 1996)로 나누어 구하였다(한우사양표준, 2000).

MPm=NPm/유지를 위한 대사에너지의 정미효율
MPg=RP/증체를 위한 대사에너지의 정미효율
MP=MPm+MPg

수소 육성・비육에 있어 증체에 필요한 단백질 축적량(RP)은 日本飼養標準(2000)에서 제시한 거세우와 수소의 RP 요구량의 비율을 단백질 이용효율의 차이로 보고 한우 거세우의 RP 요구량에 적용하여 한우 수소를 위한 계수를 구하였다. CP와 MP 요구량은 거세우와 동일한 방법으로 구하였다.

RP=DG×(224.7−0.209×W)

비육에 필요한 영양소 요구량은 거세우 및 수소의 육성・비육을 예로 들어 표 6-6 및 6-7에 나타내었다.

한우사양표준은 한우의 칼슘과 인의 요구량(이유 후)의 경우 NRC(1996) 방식을 채택하고 있다.

Ca=(0.0154×W+0.071×게+1.23×MILK+0.0137×F)/0.5
P=(0.0280×W+0.039×게+0.95×MILK+0.0076×F)/0.85

표 6-6. 거세우 육성・비육에 필요한 영양소 요구량

체중	일당 증체	건물량	조단백질	가소화 영양소 총량	대사 에너지	가소화 에너지	가소화 영양소 총량	대사 단백질	조단백질	칼슘	인	비타민 A	비타민 D
BW (kg)	DG (kg/d)	DMI (kg)	CP (%)	TDN (%)	ME (Mcal)	DE (Mcal)	TDN (kg)	MP (g)	CP (g)	Ca (g)	P (g)	Vit. A (1,000IU)	Vit. D (1,000IU)
150	0.6	3.3	13.9	70	8.37	10.21	2.32	373	458	21	10	6.4	0.9
	0.8	3.6	14.9	72	9.28	11.31	2.57	441	532	26	12	6.4	0.9
	1.0	3.8	16.0	74	10.14	12.36	2.80	511	605	31	14	6.4	0.9
	1.2	4.0	16.8	75	10.96	13.36	3.03	581	678	36	15	6.4	0.9
300	0.6	5.6	12.0	70	14.08	17.17	3.89	406	577	22	14	12.7	1.8
	0.8	6.0	12.0	72	15.60	19.03	4.31	442	635	26	15	12.7	1.8
	1.0	6.4	12.0	74	17.05	20.79	4.71	482	694	30	17	12.7	1.8
	1.2	6.8	12.0	75	18.43	22.47	5.10	521	752	35	18	12.7	1.8
600	0.4	8.5	12.0	68	20.99	25.59	5.80	534	732	23	21	25.4	3.6
	0.6	9.4	12.0	70	23.68	28.88	6.55	536	761	25	22	25.4	3.6
	0.8	10.1	12.0	72	26.24	32.00	7.26	538	790	27	22	25.4	3.6
	1.0	10.7	12.0	74	28.67	34.96	7.93	548	819	29	23	25.4	3.6

주) CP 함량이 12% 이하인 경우, 최저농도를 12%로 산정함. 한우사양표준(2002).

표 6-7. 수소 육성·비육에 필요한 영양소 요구량

체중 BW (kg)	일당 증체 DG (kg/d)	건물량 DMI (kg)	조단 백질 CP (%)	가소화 영양소 총량 TDN (%)	대사 에너지 ME (Mcal)	가소화 에너지 DE (Mcal)	가소화 영양소 총량 TDN (kg)	대사 단백질 MP (g)	조단 백질 CP (g)	칼슘 Ca (g)	인 P (g)	비타민 A Vit. A (1,000IU)	비타민 D Vit. D (1,000IU)
150	0.6	3.8	12.0	61	8.40	10.24	2.32	366	466	21	10	6.4	0.9
	0.8	4.0	13.5	63	9.17	11.18	2.54	439	542	27	12	6.4	0.9
	1.0	4.1	15.3	66	9.88	12.05	2.73	515	617	32	14	6.4	0.9
	1.2	4.2	17.2	69	10.53	12.84	2.91	592	693	38	16	6.4	0.9
300	0.6	6.4	12.0	61	14.13	17.23	3.91	425	591	23	14	12.7	1.8
	0.8	6.8	12.0	63	15.42	18.81	4.27	481	655	28	16	12.7	1.8
	1.0	7.0	12.0	66	16.61	20.26	4.59	542	718	32	17	12.7	1.8
	1.2	7.1	12.0	69	17.71	21.60	4.90	605	782	37	19	12.7	1.8
600	0.6	10.8	12.0	61	23.76	28.97	6.57	517	791	27	22	25.4	3.6
	0.8	11.4	12.0	63	25.94	31.63	7.17	540	830	30	23	25.4	3.6
	1.0	11.7	12.0	66	27.94	34.08	7.73	572	869	33	24	25.4	3.6
	1.2	11.9	12.0	69	29.79	36.32	8.24	606	908	35	25	25.4	3.6

주) CP 함량이 12% 이하인 경우, 최저농도를 12%로 산정함. 한국사양표준(2002).

또한 비타민 A의 요구량(한우사양표준, 2002)은 체중 kg당 42.4 IU이다. 비타민 D의 요구량은 성장중인 송아지에서는 체중 kg당 6 IU가 필요하다.

비타민 A = 0.0424×W
비타민 D = 0.0006×W

제3절 영양소 요구량에 영향을 미치는 요인

동물이 체유지, 성장 및 생산활동을 하기 위해서는 영양소의 공급이 필요하며, 이에 소요되는 영양소도 내외부 환경에 따라 증감될 수 있다. 그리고 성장·비육·임신·비유·산란·운동량 등에 따라서도 요구량이 다르게 되는 바, 이에 알맞은 공급량을 정해 놓은 것이 사양표준이다. 그러나 영양소 요구량 산정에 있어서 동물이 처해 있는 매우 복잡하고 다양한 환경을 모두 수용하여 제정할 수는 없다. 그리하여 영양소 요구량에 영향을 미치는 요인에 대하여 이해하고 이를 보정할 수 있도록 하여야 한다.

동물의 사육 환경으로는 기온·습도·기류·햇볕 등의 열환경(thermal environment), 빛 · 소리 · 시설 · 사육밀도 · 인공색채 등의 물리적 환경(physical environment), 공기 · 물 · 대기가스 · 먼지 · 사료 · 농약 등의 화학적 환경(chemical environment), 위도 · 고도 · 지세 · 지형 · 토양 등의 지모 · 토지환경(geomorphological and soil environment), 야생동식물 · 유해동식물 · 유해미생물 · 목야초 · 수림 등의 생물적 환경(biotic environment), 동종가축 · 이종가축 · 관리자와 가축 · 친자 · 자웅 등의 사회적 환경(social environment)을 들 수 있다(三村耕와 森田琢磨, 1982).

몇 가지 주요 요인에 대하여 살펴보면, 방목시에는 사사시보다 동일량 채식에 필요한 시간이 길어지고, 활동량도 증가된다. 육성우를 중등 정도의 초지에 방목시킬 경우 에너지 요구량은 사사시보다 30% 정도 많아지게 되며, 조건이 열악할수록 추가 요구량은 더욱 많아진다.

그리고 기온과 관련하여, 고온시 호흡수 및 혈액순환 촉진 등 이에 적응하기위하여 에너지 요구량이 증가하며, 스트레스로 인하여 채식량이 감소하게 된다. 축우는 29~30℃부터 이러한 현상이 나타나는데(Morrison과 Lofgreen, 1979), 이때에는 열량증가가 적은 사료를 공급하는 것이 유리할 것이다. NRC(1981)에 의하면 저온 환경에서의 유지요구량은 10, 0, −10, −20 ℃의 경우 적온에 비하여 9, 18, 27, 36% 증가한다고 한다. 橋弧德三 등(1966)도 화우에 있어 −5~−10℃의 경우 0~5℃보다 열생산량이 50~70% 증가한다고 하였다.

또한 군집사육의 경우도 개별사육에 비하여 영양소 요구량이 증가하며, 조사료와 농후사료를 분리 급여할 때는 혼합하여 급여할 경우에 비하여 반추위 내의 pH 평형 유지 · 사료이용성 증가 등에 있어서 불리한 결과를 가져온다.

이외 생체 내 에너지 이용효율에 영향을 주는 요인으로서는 ① 동물의 생리적 상태를 말할 수 있다. 대사에너지의 경우 유지시의 이용효율이 가장 높고, 그 다음이 산유시, 비육시의 순이라 할 수 있다. 이는 열량증가에 있어 비육시가 유지나 산유에 비하여 많기 때문이다. 비육시에는 지방의 축적이 많고 성장시에는 단백질의 축적이 많아 성장시의 에너지 이용효율이 높다고 생각된다. 그리고 유지시에는 열량증가가 실제적으로 체온유지에 쓰이는 비율이 높아 대사에너지 이용효율이 가장 높다. ② 비육시는 사료의 화학적 조성에 있어 단백질보다 탄수화물이 ME 효율이 높다. 그리고 저단백질 사료는 정상수준의 사료보다 DE 및 ME가 낮아지게 된다. ③ 각종 영양소의 균형이 맞지 않을 경우 ME 이용효율이 저하된다. 또한 비타민이나 무기물의 부족도 열량증가를 높게 하는데, 이는 대사에 관여하는 각종 효소의 활성이 낮아지기 때문이다. ④ 사료의 가공형태에 있어 펠

릿은 ME 값을 올리며, 사료 급여수준에 있어서는 섭취량이 많으면 소화기관 통과속도가 빨라 NE 이용성이 저하된다. 이외에도 연령・품종・성에 따라 ME 이용효율이 달라지게 된다.

〈참 고 문 헌〉

1. Agricultural Research Council. 1980. The Nutrient Requirements of Ruminant Livestock. Commonwealth Agricultural Bureaux., Slough, U.K.
2. Agricultural and Food Research Council. 1993. Energy and Protein Requirement of ruminants, CAB International. Wallingford.
3. Palsson, H. 1955. Conformation and body composition, in the physiology of farm animals. Vol. 2. Edit. by Hammond, J. London pp. 430-442.
4. National Research Council. 1981. Effect of environment on Nutrient Requirements of Domestic Animal. National Academy Press. Washington D.C.
5. National Research Council. 1984. Nutrient requirements of beef cattle, sixth Rev. Ed. Washington D.C. : National Academy Press.
6. National Research Council. 1985. Ruminant Nitrogen Usage. Washington D.C. : National Academy Press.
7. National Research Council. 1996. Nutrient requirements of beef cattle, Seventh Rev. Ed. Washington D.C. : National Academy Press.
8. Susmel, P., M. Spanghero, B. Stepano, C.R. Mills, and E. Plazzota. 1993. Digestibility and allantoin excretion in cows fed diets differing in nitrogen content. Livest. Prod. Sci. 36 : 213-222.
9. Wilkerson, V.A., T.J. Klopfenstein, R.A. Britton, R.A. Stok, and P.S. Miller. 1993. Metabolizable protein and amino acid requirements of growing cattle J. Anim. Sci. 71 : 2777-2784.
10. 橋弧德三, 加藤道弘, 針生程吉, 辰巳博, 增淵敏彦, 波多野松重. 1966. 牛のェネルギ- 代謝に關する研究Ⅲ. 和牛の安定時代謝におよぼす環境溫度の影響. 畜試研報. 11 : 39-49.
11. 三村耕, 森田琢磨.1982. 家畜管理學. 養賢堂. 日本. p. 14.
12. 岩崎和雄. 1986. 黑毛和種牛の妊娠におけるェネルギ-代謝とェネルギ-利用效率. 畜産研究, 45 : 25-36.
13. 中央畜産會. 2000. 日本飼養標準-乳牛. 日本 中央畜産會.
14. 中央畜産會. 2000. 日本飼養標準-肉用牛. 日本 中央畜産會.
15. 곽종형, 권순기, 이영상, 장윤환, 안병홍. 1996. 가축사양학. 선진문화사.
16. 지설하, 배동호, 지규만, 이봉덕, 이수기. 2001. 가축사양학. 유한문화사.
17. 한국사양표준제정위원회. 2002. 한국사양표준-한우. 농촌진흥청 축산기술연구소.

제 7 장 한우의 안전사료 급여방안

WTO가 만들어지고 농축산물의 국제무역에서 비관세장벽을 감소시키는 협상의 최종 협정에는 위생 및 식물위생조치의 적용에 관한 협약(SPS협약)과 무역에서 기술적 장벽에 관한 협약(Technical Barriers to Trade, TBT협약)이 포함되어 있다. 축산물안전성과 관련하여, SPS협약은 위생실무 규정이나 지침, 시료채취 및 분석의 방법, 식품첨가물, 동물약품과 농약의 잔류, 오염물질 등과 관련하여 국제식품규격위원회에서 설정한 기준이나 지침 및 권고사항을 참조하고 있다.

앞으로 한우 유래 축산식품이 국제식품규격(Codex)의 동물약품이나 농약의 최대잔류허용한계(MRLs)와 오염물질의 Codex에서 규정한 최대수준이하임을 보증하기 위해서는 한우사육농가 급여사료에 대하여 잠재하고 있는 위해를 예방, 제거 또는 감소하기 위하여 가축 사양단계에서 축산물의 안전성을 유지하기 위한 관리를 도입하여야 할 것이다.

제 1 절 사료 위해요소

광우병과 다이옥신・살모넬라균 등의 주 오염원이 사료에 기인한 것으로 밝혀지면서 사료의 안전성이 더욱 중시되고 있는 추세이다. 앞으로 안전성이 입증되지 않은 사료를 이용해 생산한 한우고기는 소비자가 외면하게 될 것으로 본다. 영양소공급만을 목적으로 한 사양관리는 축산물에 대한 소비자들의 불신을 높이고 수입축산물에 대한 의존도만을 높이게 될 수 있을 것이다. 따라서 FTA대응 방안으로 축산물에 대한 신뢰도를 증진시키기 위해서는 안전사료급여에서부터 시작되어야 한다.

사료 위해요소란 자연독소(곰팡이독소), 병원성미생물, 화학물질, 농약, 동물용의약품 잔류, 돌, 유리조각 쇠조각, 플라스틱 및 주사기와 같은 이물질 등의 생물학적, 화학적,

물리학적인자 등 사료에 포함될 수 있는 모든 것을 말한다.

1. HACCP 농장적용에 대한 요구

HACCP 시스템의 기본적인 개념은 '식품의 생산에서 소비에 이르기까지의 일련의 과정에 있어서, 위해의 원인이 될 수 있는 모든 요소를 특별히 규정하고, 그 위해 발생을 예방하기 위한 관리 수단(도구)'이라 할 수 있다. 즉 가축의 사양관리 단계에서부터 HACCP시스템에 의한 위생 관리를 시행함으로써, 축산물(한우고기)의 안전성에 대하여 축산농가 스스로 입증하거나 검증할 수 있는 도구(Tool)로서 활용할 수 있다.

2. 유해사료의 범위(유해사료의 범위와 기준고시 제4조)

동물의 건강유지와 성장에 지장을 초래하여 축산물생산에 저해하는 물질로서(생 배설물・소변・장내용물・치료(수술) 후 적출물, 가죽과 피혁가공 부산물(사료용으로 적합하게 가공된 것 제외), 파종을 목적으로 작물보호제를 처리한 종자 또는 부산물, 목재보호제(약품)를 처리한 나무 또는 톱밥 등, 하수종말처리장에서 배출된 하수 슬러지, 비닐 등 농업용 포장재를 말한다.

3. 동물성 단백질사료

광우병은 '86년 영국에서 처음 확인된 후 '92년 37,280두의 환축이 확인되었고, '90년대에는 유럽을 중심으로 22개국에서 발생이 보고되었으며, 영국의 광우병 원인체로 육골분이 주목되면서 유럽, 일본, 캐나다 등 여러 국가에서는 반추가축에 급여중단 등 가축의 사료로서 이용이 크게 제한하고 있다.

육골분은 사료원료로 옛날부터 닭, 돼지배합사료의 단백질원으로서 널리 사용되어 오고 있기 때문에 사료제조, 유통, 사용 등의 각 단계에 반추동물 단백질을 함유하고 있는 닭, 돼지 및 개의 사료와 소 사료가 섞이지 않도록 분리된 생산시설이 갖추어진 배합사료 공장에서 생산된 사료만 구입하여 급여하여야 할 것이다.

동물성사료는 국제적으로 축종에 따라 급여가 규제되어 있다. 특히 식품부산물 이용자나 배합사료를 이용하는 축산농가는 세심한 주의가 필요하다. 한우 사료에 이용을 제한해야 하는 동물성 단백질사료로는 모든 가축의 혈분·혈청단백과 포유류의 육골분·골분·장기분·증제골분·가수분해단백·제분·각분·피분 및 수지박을 비롯하여 포유동물, 가금, 어패류 유래의 골회·골탄 등이 해당된다.

※ 소해면상 뇌증과 관련된 사료사용 제한

○ 유해사료의 범위와 기준 개정고시(제2003-41호, 9. 23)

· 동물성 유지(불용성 불순물 함량이 중량 환산으로 0.15% 이상인 것에 한함. 다만 반추동물 대용유용은 0.02% 이상), 어분·어즙 흡착사료·어류의 가공품 및 부산물, 젤라틴 및 콜라겐. 다만 농림부장관이 다음 각목에 해당되어 승인한 젤라틴 및 콜라겐과 기타 농림부장관이 지정하는 것은 제외한다.

표 7-1. 한우 사료에 이용을 제한해야 하는 동물성 단백질사료

주요 대상 품목	유 래	사용금지여부
유, 유제품, 난, 난제품, 젤라틴 및 콜라겐	포유동물, 가금	○
어분 등(어패류 이외의 제조공정과 완전 분리된 공정에서 제조된 것)	어패류	×
혈분, 혈청단백	소 돼지, 말 가금	× × ×
육골분, 골분, 장기분, 증제골분, 가수분해단백, 제분, 각분, 피분, 수지박	포유류, 가금, 어패류	×
가금부산물, 우모분	가금	×
식품잔사	포유동물, 가금, 어패류	×
골회, 골탄 제2인산칼슘(광물유래, 지방/단백을 포함하지 않은 것)		○

표 7-2. 섬유질배합사료에 사용제한 사료용 유지

유지의 종류	불용성 불순물	원료 예	대용유	소사료
동물성 유지				
특정 동물성 유지	0.02이하	식용(계·우·돈)지	○	○
폐식용유	0.02이하	식용(계·우·돈)지가 함유 식물유	○	○
폐식용유	0.15이하	식용(계·우·돈)지가 함유 식물유	×	×
치킨오일	0.15이하	계부산물(확인제)	×	○
YG	0.15이하	우혼합부산물	×	×
사망우 YG	0.15이하	사망우	×	×
어 유	–	고기	○	○
기 타	–	식물유	○	○

제2절 사료 안전성을 위한 관리 및 기록

1. 사료 안전성을 위한 관리

사료보관창고는 반드시 저온, 저 습도 및 좋은 환기조건을 갖추고 있어야 하며, 곤충, 설치류 및 기타 오염물질로부터 보호될 수 있어야 한다. 고온은 영양소를 파괴시키고, 고습도는 곤충, 미생물, 곰팡이의 번식을 촉진하여 사료의 부패를 촉진시키므로 사료보관창고의 온도는 가능한 낮게, 습도는 40~50% 유지한다. 사료창고의 환기시스템은 사료창고 내 나쁜 냄새를 제거하고 사료에 나쁜 냄새가 스며들어 기호성이 저하되는 것을 방지하며, 빛 중 자외선은 리보플라빈과 같은 영양소를 파괴하므로 사료는 빛이 들어오지 않도록 차단하고, 사료보관시는 바닥에 파렛트 등의 깔판을 설치하여 환기를 좋게하고 습기 등을 제거하여 곤충이나 해충 등의 번식을 방지하고 사료취급도 용이하게 해야 한다. 사료보관창고 위치는 수분의 침투를 방지하기 위하여 수도, 스팀, 배수관 등이 없어야 하며 반드시 사료만 저장해야 한다.

2. 사료검사 및 기록

사료에 대한 품질관리를 위하여 사료의 육안검사를 실시한다. 색, 냄새(신선한, 특유한), 습기, 온도(열처리의 흔적이 없는), 이물질의 흔적이 없고 새나 설치류, 곤충의 오물 흔적 사항 등 을 기록한다. 부패위험성 및 변질위험성이 높은 사료는 별도 저장하고, 장기간 젖소에게 급여되는 사료로서 위험성이 높은 사료 중 지방, 지방정제 부산물, 제조공장의 부산물, 보조사료, 첨가물 같은 사료는 공급자에게 품질명세서를 제공하도록 요청하고 신뢰할 수 있는 공급자를 찾고 그들과 계속 관계를 유지한다. 특히 식품제조 부산물 이용시 세심한 주의가 필요하다.

제3절 사료 위해요소관리 국제동향 및 관리방향

1. 화학물질

사료에 잠재되어 있는 오염물질은 잔류농약(살충·살균제)과 중금속(수은, 납, 카드

뮴), 다이옥신, PCB(polychlorinated biphenyl)와 같은 환경오염물질 등이 있다. 특히 오염된 사료로부터 축산물이 다이옥신에 오염됨에 따라 식품 내 다이옥신과 PCB의 최대 허용수준을 설정하기 위하여, WHO는 1998년 5월에 Geneva에서 다이옥신의 건강 위해성에 대한 전문가 회의에서 인체 건강에 위해하지 않은 다이옥신 1일 허용량은 체중당 10 pg/kg에서 체중당 1~4 pg/kg으로 감소시켰다. Dioxins와 PCB는 환경이 오염된 곳은 어느 곳이나 존재한다. PCB와 Dioxins는 물리적 및 화학적으로 비슷한 특성을 가지고 있으며, 이것들은 지방조직에 침착되고 식품 연쇄반응에 의해 생물에 축적된다. 그리고 산업폐기물은 토양과 물을 오염시키고 목초지에 축적되어서 오염된 지역에서 자란 목초를 섭취한 축산물은 안전성이 떨어진다.

2. 위해요소관리

축사환경은 많은 잠재적인 화학적 위해요소들이 있기 때문에, 화학제에 대하여 가축과 관련된 유독물질에 대한 지식을 갖고 있어야 하며, 토양 살충제와 같은 독성화학제는 적절히 취급되어야 한다. 생산자가 가축의 중독 사고를 피할 수 있도록 하는 최고의 관리사항은 모든 화학제를 잠재적 위험요소로 처리하고 그것을 사료 저장소나 사료를 섞는 지역과 떨어진 곳에 보관을 한다. 또한 보관용기(비닐류, 포장)가 터져서 새는 곳이 없는지 확인하고, 모든 사료 취급도구를 정기적으로 검사하고, 사료가 이물질로(금속 등) 오염되지 않도록 한다. 사료와 다른 물질을(비료나 죽은 동물) 함께 다루게 되는 도구(삽 등)는 사료를 취급하기 전에 철저하게 세척해야 한다. 또한 오염된 토양에서 생산된 사료는 적절한 관리가 필요하다.

3. 동물약품

동물약품은 가축과 양식 어류의 사료 내 첨가되어지고 있는데, WHO는 항균제 내성문제 때문에 가축의 성장촉진제로 사용하고 있는 항생·항균제는 사용하지 못하도록 하였고, EU연합의 항생제 내성에 대한 전문가위원회(1999.5)에서도 비슷한 내용이 제안되었다.

앞으로 우수동물약품사용기준(GVP)에 따라 최대허용수준(MRLs)을 초과 사용되어서는 안 되고, 사료첨가제를 포함하여 가축에 항균제 내성이 갖지 않도록 주의가 필요하다. 인체에 사용하는 항균제는 가축사료 첨가제로서 사용하지 않도록 하는 것이 바람직할 것이다.

축산물의 안전성에 영향을 미치는 각종 위해물질은 주로 가축이 섭취하는 사료와 물, 예방 또는 치료제로부터 유래하여 축산물에 검출될 수 있으므로 안전한 축산식품 생산의 첫 단계는 농장에서 이루어 져야한다.

4. 곰팡이 독소 오염 및 방지방법

사료 내 아플라톡신 발생빈도는 감소되는 경향을 보이나 아직도 외국의 경우 보다 발생률이 높은 경향을 보이고 있으며, 배합기 내와 사료조 내에서 높게 나타나는 경향이 있어 적절한 사료조 청소가 필요하다. 국내 농가의 사료조 청소상태 및 청결도를 상태를 살펴본 결과 불량한 농가의 비율은 11.3%를 보였다. 농장에서 아플라톡신 저감방법으로 사료는 건조한 장소에 보관하며, 가능한 한 제조일로부터 최단 시일 내에 급여한다.

먹이통과 축사 내부를 정기적으로 청소하여 곰팡이의 서식 장소를 없애고 덩어리지거나 곰팡이가 있는 사료는 제거하며, 사료빈을 이용하고 있는 농가의 경우 최초 구입 설치 후 한번도 청소를 해본 적이 없는 농가들이 있다면 청소를 하는 것이 급선무 일 것이다. 또한 곡물저장고 및 자가사료 배합시설 등이 습기가 차지 않도록 해야 할 것이다.

제4절 조사료의 유해성 물질생성과 종류

가축이 먹을 수 있는 사료작물과 산야초의 일부 식물에는 가축에게 유해하거나 기호성을 저해하는 특정의 성분이 함유되어 있다. 따라서 이들 사료를 가축에게 직접 생초로 급여할 때는 가축의 생리적 장애를 일으키며, 증상이 심할 경우에는 중독되어 치사의 원인이 되기도 한다. 가축의 중독작용을 일으킬 수 있는 물질은 식물체 내에서 직접 합성된 유기성의 복합 화합물과 토양으로부터 흡수 축적된 중금속 물질로 구분할 수 있다.

식물체 내에서 직접 합성된 유기성의 화합물질에는 수수류 식물에서 합성되는 듀린물질과 질산태질소, 색소 피그멘트, 왁스 및 기타의 페놀류에 속하는 성분들이 있다. 이상의 유기성 화합물질 중 듀린물질에서 생성되는 청산(Cyanogenic glycosides)은 가축에 대한 중독작용이 매우 높은 편이다. 그러나 다행히 이들 물질을 포함한 많은 종류의 유기성 화합물질은 식물체의 재배방법과 조제방법을 통해 쉽게 중화 또는 경감되는 특성이 있다. 이와 같은 특성 때문에 가축에게 유해한 성분이 함유된 청예사료도 이용방법에 따라서는 안전하게 급여할 수가 있다. 이에 반해 식물체 내에 흡수・축적된 중금속 류의 제거 및 안전급여에는 상대적으로 어려움이 있다.

1. 청산(HCN)에 의한 가축중독

수수 및 수단그라스에는 듀린(dhurrin)물질이 들어 있으며 이들 물질로부터 가축에게 유독한 청산(HCN)이 만들어진다. 듀린물질은 본래 자라고 있는 식물체에서는 독성이 없는 매우 안전한 물질에 속하나 사람이 수수 식물체를 낫으로 베거나 또는 가축의 채식으로 인하여 식물체 조직이 파괴될 경우 위액의 효소에 의해 청산을 생성하게 된다.

이때 채식한 식물체에 들어있는 청산의 농도가 750 ppm 이상으로 높은 경우 가축의 혈액에서 "시안 헤모글로빈"을 형성하여 질소공급이 차단되기 때문에 가축이 질식하여 죽게 되는데 청산중독에 의한 가축피해는 특히 임신우에서 주의를 요한다.

수수식물체의 청산 함량에 따른 가축피해는 건물 중 청산 함량이 1,000 ppm 이상이면 가축의 중독 및 치사를 피하기가 어렵다.

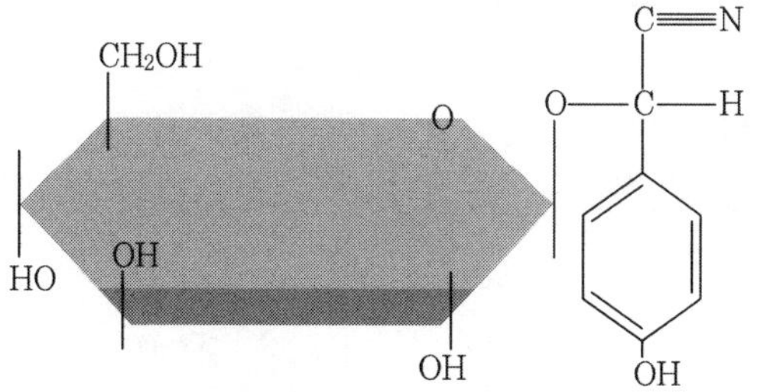

그림 7-1. 듀린(Dhurrin)물질의 구조

표 7-3. 청예사료 중의 청산 함량과 가축피해

청산 함량(HCN)	가 축 피 해 정 도
250ppm 이하	임신우와 일반우 모두에게 안전급여가 가능
250~500ppm	임신우에는 급여를 제한, 일반우도 주의를 요한다.
500~750ppm	임신우 치사 가능성이 있고, 일반우도 급여제한
750~1,000ppm	임신우는 치사 회피가 어렵고, 일반우도 치사가능
1,000ppm 이상	임신우 및 일반우 모두 치사 회피가 어렵다.

1) 청산 함량의 변화

청산의 듀린물질은 기본적으로 토양에서 흡수된 질소(N)성분을 기본으로 질소대사과정에서 생성된다. 따라서 수수 식물체 내의 청산은 종자가 발아함과 동시에 생성되므로 발아 후 5~10일이 경과되는 2~3엽기에는 이미 청산 함량이 1,500~2,000 ppm에 이르러 최고 농도에 달한다. 그러나 이와 같은 청산농도는 식물이 자람에 따라 급격한 속도로 감소되어 초장이 100~120 cm에 달하는 시기에는 250 ppm 이하로 낮아져 가축에 대한 생초의 안전급여가 가능하다.

한편 수수 식물체의 청산 함량은 생육단계 이외에도 수수속 작물의 품종, 생육기간 중의 기상조건 및 시비방법에 따라 큰 차이가 있는데 대체적으로 순수한 수수 교잡종이 수수×수수그라스 교잡종 및 순수한 수단그라스 교잡종에 비해 청산 함량이 높다.

청산 함량은 온도가 높고 건조한 조건에서 높다. 특히 높은 온도에서 수수 식물체가 왕성하게 자라는 도중에 갑자기 온도가 떨어지고 일사량이 부족할 때 크게 증가한다. 이와 같은 원인은 흡수된 많은 양의 질소가 정상적인 아미노산 대사과정에 참여하지 못하고 청산생성의 물질로 전환되기 때문이다.

청산 함량은 질소비료가 높은 곳에서 크게 증가되며, 인산은 이들 합성을 경감시키는 역할을 한다. 가축분 퇴비와 질소비료가 많이 시용된 곳에서 자란 식물체에는 일반 토양 재배보다 청산 함량이 현저하게 높다.

표 7-4. 수수 교잡종의 생육단계별 청산 및 질소 함량 변화

생육시기	초 고(cm)	청산 함량(ppm)	질산 함량(%)	가축에 대한 피해
2 엽 기	4~6	2.384	1.42	생초급여 불가능
3 엽 기	10~12	1.397	1.53	생초급여 불가능
5 엽 기	40~50	719	1.04	임신우 주의
7 엽 기	80~90	234	1.04	임신우 주의
8 엽 기	100~110	172	0.81	임신우 질산 중독주의
지엽출현	160~200	97	0.51	안전 급여가능
출 수 기	200~300	62	0.32	안전 급여
개 화 기	200~300	40	0.30	안전 급여

※ 수수×수수 교잡종 Pioneer 931 품종기준.

2) 청산 함량의 경감대책

청산은 어린 식물체에서 높게 생성되고 그 이후에는 생육이 진전됨에 따라 급격히 감소되는 특성이 있다. 따라서 청산에 의한 가축피해 방지를 위해서는 생육단계별 함량을 고려하여 키가 100~120 cm 이상 자랐을 때 이용하되, 가축 퇴비 및 질소비료를 많이 시용

되었을 경우에는 120~150 cm 이상 자랐을 때 이용하는 것이 안전하다. 또한 질소비료가 많이 시용된 곳에서는 상대적으로 인산비료를 충분히 시용토록 한다.

표 7-5. 수수 식물체에서 예건에 따른 청산 함량 감소효과(건물기준)

이용시기	청 산 함 량(ppm)		
	3엽기 식물	5엽기 식물	8엽기 식물
예취 직후	1,850	824	316
5시간 건조	397	225	183
10시간 건조	182	131	119
24시간 건조	75	60	38

한편 듀린물질로부터 생성된 청산은 매우 불안정한 상태로 외부요인 중 특히 광선으로부터 쉽게 분해되는 특성이 있다. 이러한 점에서 수수를 일찍 베어 이용할 때에는 5시간 이상 태양에 노출시켜 예건한 다음에 급여하면 되고, 사일리지 조제시에도 재료 중의 청산은 거의 전량이 중화 제거된다.

2. 질산태질소(NO_3-N)에 의한 가축중독

농가에서 이용하고 있는 청예용 사료작물 중에는 질산 함량이 높아 이로 인해 가축이 피해를 받는 사례가 종종 있다. 질산의 축적은 모든 사료작물에서 문제가 되고 있으나 작물의 특성상 단백질 함량이 높은 클로버와 유채류 등에서 높은 것으로 알려지고 있다. 따라서 최근에 재배이용이 늘어나고 있는 유채는 특히 질소의 축적이 높아 이들 작물을 단일재배 이용할 경우 질산중독에 의한 가축피해가 크게 우려되는데, 실제로 단기용으로 재배한 유채를 급여한 농가의 피해 사례가 종종 보고되고 있다.

질산에 의한 가축의 피해도 청산중독에서와 같이 일정농도 이상의 질산이 축적된 사료작물을 섭취시에는 가축의 혈액에서 "메틸 헤모글로빈"을 형성, 산소공급이 차단되어 가축이 죽게 된다. 그러나 질산에 의한 가축의 중독 작용은 일반적으로 청산에서와 같이 강력하지 못한 것으로 알려지고 있다.

1) 질산 함량의 변화

수수 식물체 중의 청산 함량은 작물이 자람에 따라 급격히 감소하는데 비해 질산은 생

표 7-6. 청예사료 중의 질산 함량과 가축피해

질산 함량(NO_3-N)	가 축 피 해 정 도
0.25% 이하	임신우와 일반우 모두에게 안전급여가 가능
0.4~0.8%	임신우에는 급여제한, 일반우도 주의를 요함
0.8~1.65	임신우 치사 가능성이 있고, 일반우도 급여제한
1.6~2.4%	임신우는 치사 회피가 어렵고, 일반우도 치사가능
2.4%이상	임신우 및 일반우 모두 치사

육초기 일정기간 동안은 점차 증가되는 특성이 있다.

따라서 질산에 의한 가축피해는 청산과는 달리 작물이 상당히 자란 상태에서도 우려되는데 청예 유채사료의 질산 함량은 개화초기에서도 높은 수준이다. 이와 같이 질산의 축적이 키가 자랐을 때도 크게 감소하지 않는 것은 이들 성분의 축적은 잎보다 줄기에 많으며, 아래 부위로 갈수록 높기 때문이다.

한편 식물체의 질산축적은 작물의 종류와 재배지역의 환경조건 및 시비방법에 따라 큰 차이가 있다. 일반적으로 현재 농가에서 재배 이용되고 있는 사료작물 중에서 유채, 수수류, 클로버류, 근채류와 야초의 명아주 식물이 질산축적이 높으며, 옥수수, 맥류사료, 사료용 피 및 일반 화본과 목초류는 질산 함량이 낮은 작물에 속한다. 비료의 영향으로는 질소질 비료와 가축퇴비가 많이 사용될 경우 질산의 축적이 높으며, 인산질 비료의 시용은 질산환원 효소(NRA)의 활성도를 촉진시키는 효과가 있어 질산의 축적을 경감시킨다.

표 7-7. 사료용 유채의 생육단계별 질산 함량(건물기준)

생육단계	질산 함량(%)	가축 피해정도
3엽기	1.8	임신우 치사가능, 일반우 제한급여
초장 20cm	2.6	임신우 치사, 일반우 치사가능
초장 40cm	2.3	임신우 및 일반우 모두 치사가능
초장 60cm	1.9	임신우 치사가능
개화시기	1.4	임신우 급여제한

표 7-8. 수수×수단그라스 교잡종의 잎과 줄기 부위별 질산 함량

구 분	잎		줄 기		
	윗 부위	아래 부위	윗 부위	중간 부위	아래 부위
NO_3-N(mg/kg)	58	151	357	511	610

2) 질산 함량의 경감대책

청예사료에 함유되어 있는 질산 함량을 경감시키는 일은 매우 어렵다. 질산은 청산과는 달리 식물체를 건조시키거나 사일리지를 조제시에도 감소 속도가 느리며, 감소 폭도 적은 편이므로 질산 함량이 높은 청예용 사료작물은 5시간 이상의 태양 건조를 시킨 후에 질산 함량이 낮은 다른 사료와 혼합하여 급여하는 것이 안전하다.

이와 관련하여 최근 농가에서 많이 재배하고 있는 유채는 귀리와 혼파하면 가축의 기호성을 높이는 동시에 유채 단일사료 채식에서 야기되는 질산에 의한 가축피해를 방지할 수 있다. 조사료의 생산성과 사료품질을 고려할 때 유채와 귀리의 혼합 파종비율은 유채 25%+귀리 75%가 적합하다.

표 7-9. 수수 및 유채사료 조제방법에 따른 질산 함량 변화

구 분	수수교잡종(%)		유 채(%)	
	5 엽기	출 수 기	유 식 물	개 화 기
생 초	1.21	0.74	1.85	1.03
사일리지	0.52	0.31	0.78	0.53
건 초	0.80	0.47	0.91	0.64

3. 리드 카나리그라스의 알칼로이드 독성

식물체의 알칼로이드 독성(plant alkaloid)은 대체로 곰팡이의 생육과 관계가 깊으며, 소와 양에서 일종의 마비증세를 일으킨다. 알칼로이드 함량은 주로 가을철 목초의 새로운 지상부 생육이 시작되거나 서늘한 기후조건에서 비가 온 다음 재생되는 목초를 이용할 때 높아진다.

또 다량의 질소시비는 목초 내의 알칼로이드 함량을 증가시킨다.

증상은 몇 가지 유형으로 분류가 가능하나 일반적으로 방목시 갑작스런 허약증세를 보이며 비틀거리고 힘이 없다. 이러한 현상은 알칼로이드 독성이 가축의 중앙 신경조직에 영향을 주기 때문이며 심하면 가축을 폐사시킬 수 있다. 그렇지만 모든 목초나 사료작물이 모두 알카로이드 독소를 가지고 있는 것은 아니다.

1) 예방과 초지관리

우리나라에서 습지에 주로 재배되고 있는 리드 카나리그라스는 알칼로이드를 함유하고

있다. 이 목초는 점점 성숙함에 따라 독성은 점차 감소하므로 성숙된 풀은 독성이 낮으나, 대신 거칠어져서 가축의 기호도와 섭취량을 저하시켜 축산물의 생산성을 저해시킬 수 있다.

지금은 리드 카나리그라스를 어릴 때 이용하여도 알칼로이드독성의 피해가 작고 가축에 대한 기호성이 높은 품종이 개발되어 있으며, 또 적절한 질소비료의 시용으로 알칼로이드 함량을 낮추고 잎을 부드럽게 하여 기호성을 높일 수 있다.

다른 예방책으로는 다량의 질소시비를 피해야 하는데, 특히 가을철 많은 양의 질소시비는 금하는 것이 좋다. 질소비료는 반드시 여러 번 나누어 주는 것이 바람직하고, 소의 제1위 내에 코발트 펠렛(cobalt pellet)을 넣어두는 것도 한 가지 예방책이 될 수 있다. 급성 알칼로이드 중독에는 별다른 치료방법이 없다.

표 7-10. 리드 카나리그라스 품종별 알칼로이드 함량

품 종	알칼로이드 함량(%)		
	질소 200kg/ha	질소 300kg	평 균
플라톤(Palaton)	0.10	0.18	0.14
벤처(Venture)	0.10	0.13	0.12
프론티어(Frontier)	0.15	–	–

4. 목초 테타니병

목초 테타니병은 가축의 혈액에 마그네슘(Mg)이 결핍될 때 나타나는 질병장애로 사초내의 낮은 마그네슘 함량이 가축혈액 내에서 마그네슘 결핍을 일으키고 따라서 목초 테타니병 증세가 나타나게 되는 것이다.

1) 발병 및 증상

이 병은 반추가축에게 잘 나타나며, 특히 송아지를 막 분만한 암소와 비유초기의 암소에게 발생률이 높고 심하게 착유한 소에서도 잘 걸린다. 또 봄철 풀이 무성할 때 방목시키면 목초 테타니병의 증세를 자주 보이는데 특히 비가 올 때 심하다. 대부분의 마그네슘 결핍은 급성대사성 질환인 저마그네슘 테타니병(低 Mg-tetany)과 관련된다.

증상으로는 식욕이 부진하고 호흡이 곤란해지며, 연한 설사(軟痢)를 하고 소화불량 증세와 비정상적인 근육수축 증세를 보여 증체율이나 산유량이 감소하게 된다. 또 마그네슘

결핍은 반추가축의 제 1위 내의 미생물균을 변화시켜서 셀룰로오스(cellulose) 소화율과 생체내 소화율을 급격히 저하시킨다고 한다. 사료에 마그네슘을 첨가하면 젖소의 유지율과 지방산 흡수율을 증가시킨다.

표 7-11. 산화마그네슘(MgO) 첨가가 유지율과 지방산 흡수에 미치는 영향

구분	대조구	농후사료+조사료	농후사료+조사료+산화마그네슘
일당 산유량(kg)	18.5	20.3	18.8
유 지 율(%)	3.0	2.5	3.0
유선에서 지방산 흡수(%)	60.2	56.6	72.1

2) 예방과 초지관리

화본과 목초와 두과 목초의 혼파

일반적으로 두과 목초는 화본과 목초에 비해 광물질 함량이 높은데, 특히 두과 목초에는 마그네슘 함량이 많다. 따라서 목초파종은 두과 목초를 화본과 목초와 같이 혼파하여 영양분의 균형을 맞추어 주는 것이 좋다.

(1) 적절한 토양산도와 비옥도 유지

토양의 pH(토양산도)가 높거나 낮으면 식물체의 마그네슘 흡수기작은 제기능을 발휘하지 못해 목초 내 마그네슘은 부족되기 쉽다. 우리나라의 경우 토양이 산성이므로 초지조성이나 재배할 때 반드시 충분한 양의 석회를 주어 토양산도를 높여주어야 한다. 또 토양 비옥도를 적절히 유지시켜 주는 것이 좋으며, 특히 질소비료와 칼리비료의 균형시비가 바람직하다.

(2) 방목할 때 건초의 자유섭취

방목할 때는 건초를 자유섭취 하도록 해주는 것이 좋으며 목초가 15~20 cm 정도가 될 때까지 휴목시키는 윤환방목이 좋다. 또 초생이 불량한 곳은 대기방목시켜야 하고, 초봄 목초의 생육이 왕성할 때에는 방목 시작 1개월 전부터 15% 정도의 광물질을 급여하는 것도 예방책이 될 수 있다.

(3) 급성치료

급성 목초 테타니병의 치료는 소가 의식을 잃기 전 마그네슘, 인산 그리고 덱스트로즈

가 섞인 칼슘염용액을 정맥 주사해 주어야 하며, 그 다음 산화마그네슘(MgO)을 매일 투여해야 한다.

5. 페스큐 홑 중독

페스큐 홑 중독(fescue foot poisoning)은 톨 페스큐(tall fescue) 초지에서 장기간 소를 방목시킬 때 주로 발생하는 질병장애로 최근 미국에서 많은 문제가 되고 있다. 우리나라에서는 아직까지 별다른 문제가 없다.

1) 원인 및 발생

미국에서는 지난 30여 년 동안 기후나 토양에 대한 적응성이 높은 톨 페스큐 없이는 초지조성이 어려웠다. 품종이 개량되고 재배기술이 향상되어 생산성이 높아졌음에도 불구하고 가축의 증체에는 별다른 효과가 없었다는 점에 대해 의구심을 가져 왔었다. 1973년경부터 미국에서는 이 의구심에 대한 연구가 활발히 진행되어 최근에서야 엔도파이트(endophyte)라고 하는 일종의 진균(眞菌, fungus)이 원인인 것으로 밝혀졌다.

2) 증 상

페스큐 홑은 비전염성 질병으로 소에서 주로 발생하며 호주에서는 양에서도 발생하였다는 보고가 있다. 증상으로는 소의 체온이 상승하고 빠른 맥박과 빠른 호흡증세를 보이며, 털(피부)에 윤택이 없고 거칠어지고, 몸의 고통과 경직성이 나타난다. 또 뒷발을 절름거리는데 보통 왼쪽 발부터 먼저 절게 되며, 발굽부위가 부어오르고 등이 활처럼 굽는다. 그 외에도 극단적 신경증세를 보이며 더위를 못 참고 그늘을 찾으며 물가에 오래 서 있으려고 한다.

일단 이 병에 걸리면 젖소는 산유량이 약 반으로 급격하게 떨어지고, 송아지는 이유할 때 체중이 저하되며, 육우는 증체량이 절반으로 낮아진다. 감염된 초지에서의 일당 증체량은 0.50 kg이었으며, 다른 지방에서도 대체로 0.40～0.54 kg의 불량한 증체가 나타나고 있다. 이러한 증상이 계속되면 소의 발굽부위가 심하게 부어오르며 붉은 색을 띠게 되고 때때로 무릎 위까지 번진다. 따라서 심하게 발을 절름거리며 혈액순환이 불량하게 되어 꼬리 끝에 검자주색 종양이 생기게 된다.

3) 예방과 초지관리

이 페스큐 홑 중독은 양호한 초지관리로 충분히 예방할 수 있으며, 우리나라의 경우 대면적의 톨 페스큐 우점초지가 별로 없어 크게 문제는 되지 않을 것으로 생각된다.

(1) 두과 목초의 혼파

이 중독증은 순수한 톨 페스큐 초지에 소를 방목할 때 잘 발생하므로 열악한 기후나 토양조건에서 환경적응성이 뛰어난 톨 페스큐를 주 초종으로 파종할 때는 반드시 두과 목초를 함께 혼파해야 한다.

(2) 적정한 초지시비

페스큐 홑 중독은 영양이 결핍된 소와 기생충에 감염된 소에게 발생이 높음으로 질소, 인산, 칼리비료 등을 적절히 시비해 주면 피해를 경감시킬 수 있다. 특히 다량의 질소시비는 이 병의 발생을 증가시킴으로 기준시용량 이상의 질소시비는 피하고 질소비료는 반드시 분시해 주는 것이 좋다.

(3) 윤환방목과 포장관리

방목이용시에는 재생되는 목초가 충분히 자랄 수 있도록 윤환방목을 실시해 주는 것이 바람직하며, 오래된 톨 페스큐 초지에는 소를 방목시킬 때 발생률이 높음으로 늦가을이나 겨울 전 1년에 한번 정도는 방목이나 예취로 전체 포장의 톨 페스큐를 지상부가 무성하지 않게 이용하거나 제거해 주는 것이 좋다. 이는 질병을 야기시키는 잠재 미생물의 영향을 줄일 수 있기 때문이다.

특히 톨 페스큐 이삭의 종자 속에는 엔도파이트 진균이 많이 들어있기 때문에 이 목초를 이삭이 나온 다음까지 방치할 경우에는 피해가 많음으로 포장관리를 잘 해야 한다. 또 여름철 가뭄이 계속되면 독성이 높아지므로 주의를 요하고 이슬이 많은 지대의 습지나 늪에서의 방목을 피해야 한다.

(4) 가축관리

톨 페스큐 초지에서 방목되는 소가 발을 절름거리거나 뻣뻣할 때는 주의해야 하는데, 특히 방목 첫 달과 추운 기후조건에서 그러한 증세가 잘 나타난다. 초기 증세가 나타날 때는 소를 다른 초지로 옮기든지 다른 목건초를 급여하면 수주일 내에 완전히 회복될 수 있다. 또 톨 페스큐 초지에서 가축이 방목되는 동안 양질의 다른 건초를 같이 급여하면 좋다.

(5) 비감염 종자 파종

이 균은 톨 페스큐의 이삭에 많기 때문에 초지를 조성할 때 이 병에 감염되지 않은 보증종자를 파종하는 것이 바람직하다. 또한 종자를 양호한 상태로 잘 보관할 경우 1년 이상 경과하면 종자에 기생하고 있는 병균이 많이 죽는다고 한다.

6. 가축에 해로운 독초

반추가축에 필요한 조사료를 확보하기 위해서는 사료작물을 생산하는 이외에도 부존사료자원을 적극 개발 이용해야 할 것이다. 이와 관련하여 우리나라에는 이용가능한 산야초 자원이 풍부하여 그 잠재성은 매우 높은 편이다. 그러나 이들 산야초 중에는 가축에 해로운 야초가 있음으로 특히 이들 야초가 군락을 이루고 있는 곳에서는 이용에 유의해야 한다.

가축에 해로운 야초로 분류되고 있지만 개별 야초의 가축에 대한 독성작용과 예방대책은 명확하게 정리되지 못하고 있는 실정이다. 그러나 이들 해로운 산야초가 많이 우점된 곳에서 생산된 야초는 가능한 건초형태로 말려서 이용하거나, 다른 조사료와 혼합하여 이용하면 피해를 줄일 수 있다(표 7-12).

1) 고사리 중독

고사리 중독은 가축이 고사리를 과량 섭취했을 때 나타나는 질병으로 소에 가장 많이 발생하며 다음이 말이다. 양에서는 발생이 적은 편이며 돼지에서는 발생이 없다고 보고되고 있다.

(1) 원인 및 발생

고사리 중독에서 독성물질은 고사리의 푸른 잎에 주로 있으며, 이 독성물질이 가축의 체내에서 비타민 B_1을 파괴시킨다. 수분 함량이 많은 다른 청예사료가 적은 늦여름이나 건조기간 동안 고사리가 많은 지역에 소를 방목할 때 많이 발생하며, 마른 고사리가 많이 함유된 건초를 섭취할 때에도 발생률이 높다. 외국에서는 19세기 말부터 고사리 중독에 관한 보고가 있으나 우리나라는 1974년 제주도 목야지에서 처음 발생하였다.

표 7-12. 가축에 해로운 산야초

한 국 명	학 명	영 명	한 국 명	학 명	영 명
지아비꽃	Aconitum chilsanense	Aconite	등 대 풀	Euphorbia helioscopia L.	Sum spurge
왕바가지꽃	〃 ssp	–	좁 쌀 풀	Euphrasia ssp	Eyebright
부 추	Allium odorum(ssp)	mountain leek	송 이 풀	Pedicularis silvatica L.	Wood betony
산 파	〃 allgulosum L.	–	자 리 공	Phytolacca esculenta	Indian plke
산 마 늘	〃 vinealt L.	–	고 사 리	Pteridium aquilinum L.	Eagle fern
눈동의나물	Caltha palustris L.	Marsh-Mari gold	할 미 꽃	Pursatilla koreana	–
애기똥풀	Chelidonium majus L.	Rockpoppy	개구리자리	Ranunculus scleratus L.	Celery-lea ved Ache
실 새 삼	Custuca ssp	Love-Vine	미나리아재비	〃 japonicum	Buttercups
흰독말풀	Datura alba	Thorn apple	쑥방망이	Senecio argunensis	Gundsel
쇠 뜨 기	Equisetum arvense L.	Horse tail	가는개발 나물	Sium cicutafolium	Water parsnep
개쇠뜨기	〃 palustris L.	Moor horse tail	박새참여로	Veratum album L.	White Hellebore
흰 대 극	Euphobia esula L.	Spurgo	미친냉이	Cardamine pratensis L.	Bitter cress

(2) 증 상

증상은 소와 말에서 약간 다르다. 대체로 소의 경우 체온이 상승하여 보통 40℃까지 오르며, 소화기 및 호흡기 장애를 보여준다. 이때 소는 혈변(血便), 혈뇨(血尿) 또는 빈혈 및 호흡곤란 증세를 보이며, 비탈저(脾脫疽)나 방광염이 발생할 수도 있다. 또 가시점막 및 체표에 출혈이 있으며 결국에는 힘이 빠져 폐사하고, 초기 증세로는 연변(軟便)이나 설사, 가쁜 호흡, 식욕부진, 원기부족, 과도한 타액분비 증상을 보일 수 있다.

(3) 예방과 초지관리

고사리 중독피해는 고사리가 많이 자생하는 초지에서 고사리를 제거해 주는 것이 가장 실용적인 예방책이다. 고사리는 생초나 건초 모두 독성을 가지고 있으므로 우점지역에서는 제초제를 사용하여 고사리를 방제하든지, 고사리가 적은 지역에서는 인력으로 제거해

주어야 한다.

또 고사리가 있는 지역에서 소를 방목시킬 경우 때때로 가축의 혈액검사를 통한 조기발견으로 방목을 중지시킬 수 있으며 곧 충분한 보충사료를 급여해 주어야 한다. 일반적으로 고사리 중독피해를 입은 소는 거의 회복이 어려우며 말의 경우는 비타민 B_1 을 정맥주사해 주는 것이 좋다.

2) 솔잎 중독

솔잎 중독(pine meedle poisoning)은 소가 푸른 솔잎이나 누른 상태의 솔잎을 먹었을 때 나타나는 질병으로, 키가 큰 소나무지대에 소를 방목시킬 때 주로 발생한다. 우리나라의 경우 최근 임간초지에 대한 관심도 증가로 소나무지대에서 소를 방목시킬 때 발생이 우려되므로 이때는 약간의 주의를 요한다.

(1) 증 상

보통 육성우에게는 솔잎 중독이 별로 문제되지 않으나 임신우에게서 문제가 된다. 특히 임신 후반기에 누른 상태의 솔잎을 많이 섭취하면 유산의 위험이 있으며, 임신 마지막 3개월 동안 다량의 솔잎 채식은 유산과 과도한 출혈이나 복막염을 유발시킨다. 유산은 누른 솔잎에 많이 함유되어 있는 테러빈유(turpentin油) 때문에 야기되며, 태어나는 송아지는 정상적인 분만은 되나 약하다.

(2) 예방과 사초관리

가능한 한 임신우는 소나무가 밀집된 지역에서의 방목을 삼가하는 것이 가장 좋다. 소는 솔잎을 언제나 섭취하며, 사양관리가 잘 되고 배가 부를 때에도 솔잎을 조금씩 먹는 경향이 있으므로 임신우는 격리 방목시키는 것이 바람직하다.

또 봄철 등 솔잎이 많을 때 갈퀴로 누른 상태의 솔잎을 긁어모아 제거시켜 주는 것이 좋고, 중독증세를 보이면 특별히 치료방법은 없는 편이다.

〈참 고 문 헌〉

1. Codex Alimentarius Commission : Procedual Manual.
2. Familton, A.S. 1990. Charpter 9. Animal disorders arising from consumption of pasture. Pastures. Oxford Univ. Press. : 284-298.

3. Jung, H.G., D.R. Buxton, R.D. Hartfield. and J. Ralph. 1991. Forge Cell Wall Structure and Digestibility. American Society of Agronomy. InC.
4. Matche, A.G.(editor). 1973. Antiquality components of Forages. The Crop Science Society of America.
5. Mayland, H.F., and R.R. Cheeke. 1995. Forage-induced animal disorders. In Forages. Vol. Ⅱ. The Science of Grassland Agriculture. Iowa State Univ. Press. USA : 121-136.
6. Minsou, D.J. 1990. Forage in Ruminant Nutrition. Academic Press InC. London.
7. Suttle, N.F. 1991. The interactions between copper, molybdenum, and sulfphur in ruminant nutrition. Annu. Rev. Nutr. 11 : 121-140.
8. The Codex Alimentarius : Understanding.
9. Van Soest, P.J. 1968 Structural and chemical characteristics which limit the nutritive value of forages, in Forage Economics-Quality. American Society of Agronomy. pp 64-76.
10. 배동호. 1997. 낙농학. 선진문화사.
11. 세계농업이 기술적 쟁점분야. 2005 국제회의 결과 정리(상반기) 2005. 9. 농촌진흥청.
12. Working Group on Prolamin Analysis and Toxicity : Proceedings of the 19th Meeting.

제 8 장 조사료 가공기술

사료를 동물이 효과적으로 이용할 수 있도록 하기 위하여 풍미를 증진시켜 기호성을 좋게하고, 세포벽구성물질(cellulose, hemicellulose, pectin, lignin, silica)이 많아 소화율이나 섭취량이 낮은 사료의 가치를 개선시키거나, 또는 사료의 배합을 원할히 할 수 있게 만들며 유해물질을 제거하고 보존성을 높이기 위하여 물리적・화학적 및 발효처리 등의 방법을 수행한다. 조사료의 가공방법에는 절단, 분쇄, 압편, 박편처리, 펠렛팅, 익스트루딩, 발효처리 및 암모니아 처리 등 다양한 방법이 있으나, 최근 많이 이용되고 있는 사일리지(silage), 완전배합사료(TMR), 빅-베일 사료(big round bale) 및 볏짚의 암모니아처리 방법 등을 중심으로 설명하고자 한다.

제 1 절 옥수수 사일리지와 옥수수-계분 사일리지

사일리지(silage)는 수분 함량이 많은 작물의 대표적인 저장방법으로서 다즙질(多汁質)의 풀사료가 없는 월동기간에 다즙질 사료를 그대로 안전하게 저장하여 급여하기 위하여 사일로(silo)에 충진하고 공기를 완전히 배제하여 혐기상태(anaerobic condition)로 유산발효시키는 방법으로서 발효생성물에 의한 부패균이나 곰팡이 등의 유해 미생물의 증식을 억제시켜 저장성을 향상시킨 사료를 말한다.

최근 유럽 여러 나라에서는 목초 사일리지(grass silage)가 급속히 보급되고 있으며, 우리나라에서도 낙농산업의 급진적 발전과 한우산업의 기업화로 사일리지의 중요성이 높이 평가되고 있다. 즉 다즙질 사료를 연중(年中) 안정하게 저장하여 매일 일정량을 급여시키는 것이 가능하기 때문에 ① 유량 편차 방지, ② 유량 증가, ③ 번식장애 방지 및 ④ 토지면적에 대한 영양수량 증가(홀-크롭 사일리지 : whole crop silage, 호숙기~황숙기)의 장점이 있다.

한편 양질의 사일리지를 제조하기 위해서는 ① 사초의 적기수확, ② 수분 함량을 적절히 조절해야하며, ③ 사초의 절단길이를 알맞게 하고, ④ 수용성 당 함량이 높은 재료의 선택, ⑤ 재료를 사일로에 빨리 충전시키고 잘 답압하여 공기(산소)를 완전히 배출시키고 비닐로 잘 덮어 밀봉하고, ⑥ 사일로 상부에 충분한 무게로 눌러 재료압착이 잘 되어야 한다.

1. 옥수수의 수확시기에 따른 영양가치

1) 옥수수의 중요성

우리나라에서 옥수수는 반추동물 사육농가에서 재배하고 있는 가장 중요한 사료작물이다. 과거에는 겨울철에만 사일리지로 제조하여 급여하였으나, 최근에는 연중급여체계로 전환하는 농가가 많다. 그런 측면에서 옥수수 사일리지는 과거 어느 때보다 그 중요성이 강조된다. 가소화영양소총량, 당분 및 전분 함량이 높기 때문에 사일리지 제조기술이 부족한 농가에서도 쉽게 양질의 사일리지를 만들 수 있으며 저장 중 손실도 적기 때문에 사료포 면적이 좁은 우리나라의 경우 매우 중요한 사료작물이다. 또한 생산, 수확, 저장 및 급여에 이르기까지 기계화가 노동력 절약이 가능하고 노동시간당 생산성이 높은 사료작물이다. 특히 옥수수 사일리지는 짧게 절단되고 수분이 알맞아 사일로에 채우기와 꺼내기 등 취급이 쉽고 완전배합사료(TMR) 제조에도 알맞다.

2) 옥수수의 재배와 수확적기

(1) 재배요점

① 품종 선택 : 옥수수 품종의 구비요건은 건물수량이 높고 암이삭의 비율이 많아 가소화영양소총량(TDN) 생산량이 높아야 하며, 수확시의 평균 기상조건이나 농가의 2모작 파종시기를 고려한 사일리지 제조시기와 수확적기가 일치되는 품종이라야 한다. 또한 잘 쓰러지지 않고 병충해, 특히 흑조위축병에 강하고 수확할 때까지 잎의 녹색도가 높아야 한다.

② 파종기 : 가능한 조기 파종하는 것이 전체 수량과 암이삭의 비율을 높여 가소화영양소총량이 높은 사일지리를 제조할 수 있으며 2모작 파종에도 유리하다. 파종시기가 늦어지면 건물수량 감소, 암이삭의 비율과 건물 함량이 낮아 사일리지의 품질이 나빠진다.

③ 재식밀도 : 옥수수 파종시 포기수가 적당할 때 높은 수량과 우수한 품질의 사일리지

를 기대할 수 있다. 재식밀도는 품종의 조·만숙성과 재배지역에 따라 다르나 너무 좁게 심으면 도복이 쉬우며 암이삭의 비율도 줄어 가소화영양소총량이 감소된다. 반대로 너무 드물게 심으면 전체 수량이 낮아진다.

④ 적절한 비료주기 : 옥수수는 많은 비료를 요구하는 작물이므로 적기에 적당량의 퇴비를 주어야 건물수량과 양분 함량을 높일 수 있으며 연작피해를 줄일 수 있다.

(2) 수확적기

옥수수를 수확할 때 성숙정도는 수량, 사일리지의 양분 함량, 사일리지 발효 중의 건물 손실, 수확시 포장손실 및 사일리지 섭취량에 크게 영향을 미친다. 옥수수의 수확적기는 암이삭에서 수염이 약 50% 나온 때부터 35~42일(평균 39일)이 되면 황숙초기로 건물 함량이 27~30%일 때이며, 다른 방법으로는 옥수수의 낟알에 나타나는 전분선(혹은 밀크라인)의 위치를 관찰하여 수확적기를 판별하기도 한다. 전분선은 낟알의 상단이 약간 쭈그러져 들어간 후 나타난다(그림 8-1). 이것은 낟알 중의 고형과 액상전분 사이의 경계선으로 낟알의 상단은 고형의 노랑색이고 하단의 내배유는 흰색 혹은 유백색이다. 이 경계선이 낟알의 하단에 도달되면, 즉 액상전분이 전부 고형화 되면 없어지고 흑색층이 형성된다.

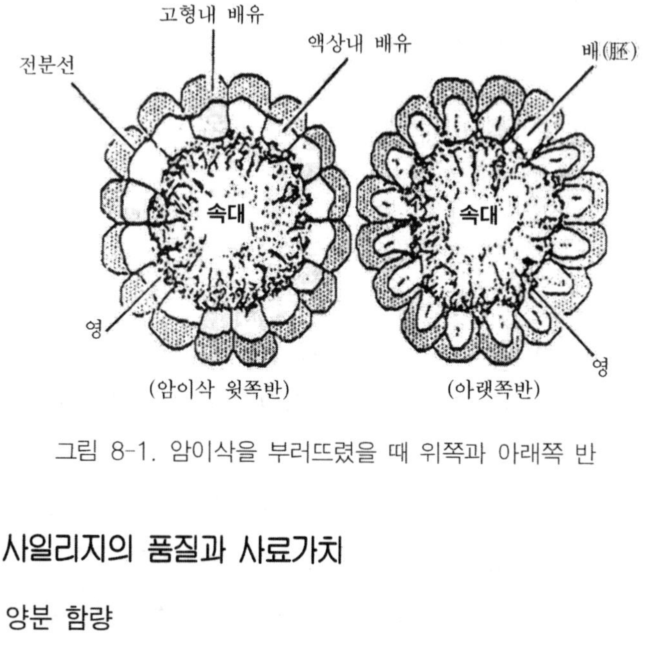

그림 8-1. 암이삭을 부러뜨렸을 때 위쪽과 아래쪽 반

3) 옥수수 사일리지의 품질과 사료가치

(1) 옥수수의 양분 함량

옥수수는 생육이 진행됨에 따라 건물, 가용무질소물 및 조지방 함량은 증가하며 조단백

질, 조섬유 및 조회분 함량은 감소한다. 옥수수는 좋은 품종을 선택하여 적절히 재배하고 적기에 수확한다면 가소화영양소총량(TDN) 면에서 농후사료에 가까운 에너지 함량을 갖게 된다(표 8-1).

표 8-1. 옥수수의 생육단계별 화학적 성분 (%, 건물기준)

생육단계	건물	조단백질	조지방	조섬유	가용 무질소물	조회분	NDF	ADF	TDN
유숙기	21.0	9.1	1.8	23.6	59.1	6.6	55.0	30.5	65
호숙기	24.0	9.0	2.1	22.6	60.0	6.4	52.7	29.5	66
황숙초기	26.3	8.8	2.2	21.9	61.2	6.0	51.9	29.5	67
황숙중기	28.7	8.7	2.3	21.7	61.6	5.9	51.4	28.8	68
황숙후기	33.3	8.2	2.3	21.4	62.8	5.2	48.5	27.8	69
완 숙 기	38.4	8.0	2.6	20.0	64.8	4.7	46.9	26.2	69

(2) 사일리지의 품질

외관적 방법에 의한 양질 사일리지의 특징은 적기에 수확하여 색깔이 밝고 곰팡이가 없으며 연한 황갈색(올리브색)이고, 냄새는 향긋한 신과일향이고, 촉감은 부드럽고 기호성이 우수하며, 손으로 쥐었을 때 냄새가 손에 오래 남아 있지 않는 것이다.

화학적 방법에 의한 양질 사일리지의 특징은 유기산 조성에 있어 총산 함량 중 유산 비율이 높고 낙산이 거의 없으며, pH는 건물 함량에 따라 다르지만 동일 건물 함량 수준에서 낮은 것이 우수하다. 또한 암모니아태질소의 함량은 단백질이 분해될 때 생성되는 변패취로서 전체 질소에 대한 암모니아태질소의 비율이 낮을수록 우수한 사일리지가 된다.

(3) 옥수수 사일리지의 급여

일반적으로 옥수수 사일리지를 단일 조사료로 급여할 때 건초 단일 조사료나 건초+옥수수 사일리지 혼합 급여시 만큼 우수하지만 착유우에 단일조사료로 장기간 급여하면 절단길이가 짧으므로 대사장애를 일으킬 가능성이 높아진다. 그러므로 약 2kg 정도의 건초나 이에 상응하는 목초 사일리지를 함께 급여하면 대사장애를 줄일 수 있다. 단일조사료로 급여시는 단백질, 칼슘, 인, 미량무기물(특히 요오드와 코발트), 비타민 A와 D가 보충되어야 한다. 영양소의 균형을 맞추기 위해서는 옥수수 사일리지와 두과 목건초나 이들 사일리지와 같이 급여하는 것이 좋다. 사일리지가 공기와 접촉되면 부패되기 쉬우므로 특히 외기의 온도가 높을 때 공기와의 접촉을 막기 위하여 꺼내 먹이는 부분은 고무판이나 햇빛이 투과되지 않는 비닐 등으로 철저하게 덮어 공기와의 접촉을 막아야 한다. 또한 파

먹이는 단면은 울퉁불퉁하게 하지 말고 평평하게 유지하는 것이 공기와의 접촉을 줄이는 길이다. 사일리지는 파 먹일 때 원통형 사일로일 경우 여름에는 12 cm 이상 겨울에는 4 cm 이상을 파 먹이는 것이 호기적 변패를 방지할 수 있는 방법이 된다.

생육단계가 고능력 착유젖소의 건물 섭취량에 미치는 영향은 표 8-2와 같다.

표 8-2. 생육단계별 옥수수 사일리지의 건물 섭취량(곡류와 자유급여)

생 육 단 계	건물(%)	건물 섭취량(kg)/체중 kg
황숙초기～중기(건물, 26～32%)	27	1.88
황숙중기～후기(건물, 32～38%)	35	2.16
완 숙 기 이 후(건물, 38%이상)	50	1.97

곡류급여량 (건물기준) : 0.4～0.7kg/100kg(체중).

2. 양질 사일리지 제조를 위한 계분의 이용

옥수수를 황숙기에 예취하여 사일리지를 제조하면 재료 중의 당 함량과 건물량면에서 우수하여 양질의 사일리지를 제조할 수 있다. 그러나 옥수수 사일리지의 영양적 특성은 에너지 함량은 높으나 조단백질 함량이 낮을 뿐만 아니라, 조단백질의 소화율도 낮고 필수무기물인 칼슘과 인 함량이 낮아 옥수수 사일리지를 주 사료로 급여시 단백질 사료와 무기영양소를 충분히 공급하여야 한다. 한편 계분은 조단백질과 무기영양소 함량이 많으며(Fontenot 등, 1971 ; El-sabban과 Farouk, 1968), 반추동물의 사료로서 이용가치가 높지만(Ammerman 등, 1966), 항생제 등의 약물잔류나 살모넬라(salmonella) 등의 병원성 세균에 대한 위험이 있어 사료로서의 이용이 어려웠으나 이를 개선하기 위하여 건열처리, 프로피온산(propionic acid), 포름알데하이드(formaldehyde), 메틸부로마이드 가스(methylbromide gas) 등을 처리하여 병원성 세균의 위험성을 개선하였다(Harry 등, 1973 ; Evans 등, 1976 : Koenig 등, 1978). 그러나 이러한 처리방법과 비교하여 Harmon 등(1975)은 경제적인 처리방법으로 육계의 깔깃을 옥수수 사일리지 재료에 혼합하면 품질과 사료적·영양적 가치가 향상되며, 병원성 세균을 제거할 수 있고 유산발효에 의한 악취제거와 저장성이 증진된다(Cross와 Jenny, 1976 ; Caswell 등, 1978).

국내에서도 가축분의 사일리지 이용에 대하여 볏짚-계분 발효사료는 젖소에 있어 옥수수 사일리지와 비슷한 사료가치(Lee와 Kim, 1983)를 가진다고 하였으나, 이와 같은 볏짚이나 계분은 재료 자체가 사일리지 발효에는 부적당한 재료이므로 발효촉진제를 첨가하지 않고서는 양호한 발효를 기대하기는 어렵다. 따라서 고와 안(1987)은 국내·외적으로 처음 건조·분쇄한 육계분을 홀-크롭 옥수수에 혼합한 옥수수-계분 사일리지는 품질과 사료적 가치가 대단히 높고, 반추동물을 위한 양질 조사료 수급의 효과적인 방법을 개발하였다. 즉 건조·분쇄한 육계분의 혼합비율은 건물기준으로 옥수수 100 kg에 30 kg (30%)을 혼합하며, 실물기준으로는 옥수수 100 kg에 건조계분 10 kg(옥수수의 수분 함량이 약 65~70%임) 정도 혼합한다. 사일리지 제조시 혼합기가 있을 경우에는 혼합기를 사용하면 되지만 그렇지 못할 경우에는 사일로에 약 10 cm 정도 옥수수를 충진시킨 후 그 위에 해당하는 양의 건조·분쇄한 육계분을 넣고 곡고루 혼합한 뒤 다시 옥수수를 넣는 방법을 반복하여 혼합하면 가능하다(그림 8-2).

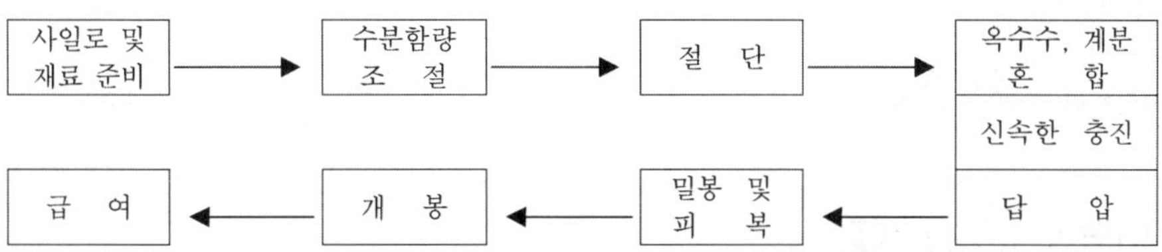

그림 8-2. 옥수수-계분 사일리지의 제조과정

3. 옥수수 사일리지와 옥수수-계분 사일리지의 영양가치

계분은 조단백질 함량이 30% 이상으로 높으며, 무기 영양소인 칼슘과 인이 많이 함유되어 있어 반추동물 사료로 이용하면 효과가 높은 것으로 많은 연구가들의 기대를 모아 왔다.

대표저자 등은 육계분을 홀-크롭 옥수수에 혼합하여 제조한 사일리지의 품질평가(1987 ; 1990a,b,c ; 1992 ; 1993a ; 1995a ; 1996a), 소화율 및 기호성 시험(1988 ; 1990a,b ; 1993a ; 1995a ; 1996a), 미생물 시험(1987 ; 1990c), 반추위 내 성상과 in situ 시험(1993b ; 1996b), 호기적 변패 시험(1991) 및 반추동물에 대한 사양시험(1990a ; 1995 ; 1995b) 등이 있으며, 이 외에도 수수-계분 사일리지(1995 ; 1995a, b, c)를 제조하여 반추동물에 대한 조사료의 이용성을 연구한 결과를 중심으로 설명하고자 한다.

1) 화학적 조성

옥수수에 30%의 산란계분 혼합한 옥수수-계분 사일리지의 건물 함량(25.1%)은 옥수수 사일리지(19.7%) 보다 높으나 유기물 함량은 옥수수 사일리지가 높다. 옥수수-계분 사일리지의 조단백질 함량(14.2%)은 옥수수 사일리지(6.3%)에 비하여 약 2.3배 증가된다. 그러나 섬유성분인 NDF, ADF, ADL, silica, hemicellulose 및 cellulose 함량은 산란계분을 첨가함으로써 약 6~11% 감소한다(표 8-3).

표 8-3. 옥수수-계분 사일리지의 화학적 조성 (%, 건물)

구 분	옥수수 사일리지	옥수수-계분 사일리지
건 물	19.7	25.1
조단백질	6.3	14.2
NDF	62.2	55.1
ADF	37.9	33.0
ADL	5.1	4.8
Hemicellulose	24.3	22.2
Cellulose	32.8	28.1
Gross energy(Mcal/kg)	4.5	4.3

(Kim 등, 1993a).

2) pH와 유기산 함량

홀-크롭 옥수수에 30% 계분을 혼합하여 제조한 옥수수-계분 사일리지의 건물 함량과 pH는 증가된다(표 8-4). 이것은 계분의 첨가로 인하여 사일리지 내의 암모니아태질소 함량이 높아짐으로써 pH 저하를 방해한 것으로서 발효기간 동안에 생성된 암모니아가 완충능력의 증가에 기인하여 최종 pH가 높아지기 때문이다(Harmon 등, 1975 ; McCaskey와 Anthony, 1975 ; Caswell 등, 1977 ; 고와 안 ; 1987). 유산 함량은 옥수수 사일리지(9.8%)가 옥수수-계분 사일리지(3.9%) 보다 높은데, 이는 사일리지 내의 낮은 pH는 본래 재료의 즙액이 삼출됨으로써 완충능력(buffering capacity)이 이동되기 때문이

표 8-4. 옥수수-계분 사일리지의 발효품질 (%, 건물)

구 분	옥수수 사일리지	옥수수-계분 사일리지
건 물	19.7	25.1
pH	3.78	4.85
유 산	9.8	3.9
총 휘발성지방산	3.2	5.9
아세트산	3.1	3.2
프로피온산	0.04	0.15
총 산	13.0	9.8
암모니아태질소/총질소	8.2	18.8

(Kim 등, 1993a).

다(Ohshima와 Oouchi, 1979). Propionic acid 함량은 계분을 첨가함으로써 약 2.5% 정도 높일 수 있어 비육우의 사육에 매우 효과적이다. 또한 총질소에 대한 암모니아태질소 함량의 비율도 계분을 첨가함으로써 높일 수 있는데, 이는 bacterial urease activity에 의해서 일어나는 결과이며(Harmon 등, 1975), 발효기간 동안에 생성된 암모니아는 비단백태질소에 포함(Caswell 등, 1978)된 것에서 유래한 성분이다.

3) 영양소 소화율

옥수수 사일리지와 옥수수-계분 사일리지 및 급여시 요소(urea)를 첨가하였을 때 일본재래산양에 대한 건물 소화율과 조단백질 소화율은 옥수수 사일리지(52.10%) 보다 옥수수-계분 사일리지(68.5%) 급여시 크게 증가되며, urea 첨가시에도 크게 향상된다. NDF, ADF, hemicellulose 및 cellulose 소화율도 옥수수 사일리지나 urea 첨가 보다도 계분을 첨가함으로써 향상된다. Obitus 등(1992)은 반추위 내 질소, 특히 urea의 분해정도는 건물 및 섬유성분 소화율에는 영향을 미치지 않았으나 반추위 내 미생물의 활동과 미생물체단백질 합성을 위한 urea의 이용에 중요한 요인으로 작용한다고 하였다.

수수 사일리지와 계분을 30% 혼합한 수수-계분 사일리지를 면양에 급여하면 유기물과 조단백질 소화율은 모두 높아진다. 또한 NDF와 ADF 소화율도 계분을 첨가함으로써 증가된다(표 8-5). 이는 계분속의 uric acid는 urea나 biuret 보다도 반추위 내 cellulolytic bacteria에 의한 cellulase 생성이 높으며, 반추위 내에서 암모니아의 흡수와 분해가 느리기 때문에 조단백질 소화율과 섬유성분 소화율이 증가되기 때문이다(Torell, 1975 ; Oltjen과 Dinius, 1976 ; Spoelstra 등, 1985 ; 고 등, 1991 ; Kim 등, 1993a).

표 8-5. 수수 사일리지와 수수-계분 사일리지의 면양에 대한 소화율

구 분	수수 사일리지	수수-계분 사일리지
유 기 물	55.0	58.6
조단백질	49.3	66.9
NDF	49.5	57.1
ADF	50.3	53.2
가소화 에너지	57.8	59.0

(류 등, 1995a).

4) 섭취량과 기호성

옥수수 사일리지와 옥수수-계분 사일리지의 1일 섭취량은 옥수수 사일리지가 옥수수-

계분 사일리지 보다 많았으며 배합사료를 10% 절감시키면 섭취량을 증가시킬 수 있다. 그러나 총 건물 섭취량은 계분을 첨가함으로써 증가시킬 수 있다(표 8-6).

또한 수수 사일리지와 수수-계분 사일리지의 건물 섭취량은 수수-계분 사일리지(97.5g) 급여시 증가시킬 수 있다. 또한 체중 kg당 섭취량도 수수 사일리지(1.97 g) 보다는 계분을 첨가시킴으로써 2.36 g으로 증가시킬 수 있다. 이는 옥수수 또는 수수를 사일리지로 제조할 경우에 계분을 30%(건물기준) 혼합하여 이용하면 건물 섭취량 및 기호성도 우수하기 때문에 반추동물의 질소공급에 중요한 역할을 할 수 있다고 생각된다.

표 8-6. 옥수수-계분 사일리지 급여시 1일 섭취량(kg)

처 리	사일리지	사일리지+농후사료	총 건 물	조단백질
옥수수 사일리지	37.9	6.5	13.8	2.1
옥수수 사일리지(절감)*	39.0	5.8	13.4	2.2
옥수수-계분 사일리지	35.3	6.6	14.9	2.2
옥수수-계분 사일리지(절감)*	36.7	6.0	14.9	2.0

* 배합사료 10% 절감

(고 등, 1990a).

5) 미생물상

총생균수는 사일로의 크기에 관계없이 옥수수 사일리지 보다는 옥수수에 계분을 첨가함으로써 증가한다. 유산균수는 소형백 사일리지의 경우 옥수수에 계분을 첨가함으로써 크게 증가하며, 대장균은 소형백을 이용하여 사일리지를 제조할 경우에는 101/g개 이상이지만 대형백을 이용할 경우에는 완전히 억제시킬 수 있다(표 8-7). 이와 같은 유산균은 초기에는 *Streptococcus* sp., 발효 10일 후에는 *Lactobacillus* sp.가 지배적이다(Woolford 등, 1980).

표 8-7. 옥수수-계분 사일리지의 미생물 변화

사일로	구 분	g당 미생물의 수(Log)			
		총 bacteria	유산균	Coliform	Yeast
S*	옥수수 사일리지	7.9	6.2	1.0	na
S	옥수수-계분 사일리지	9.7	8.0	1.4	na
L	옥수수 사일리지	7.2	6.4	<10	2.2
L	옥수수-계분 사일리지	9.1	7.5	<10	<10

*S : 소형사일로, L : 대형사일로.

(고와 안, 1987).

6) 반추위 내 발효특성

반추위액의 총휘발성지방산 함량은 수수-계분 사일리지가 수수 사일리지에 비하여 높았으며, 사료급여 후 2시간에 최고점(11.97 mg/100mℓ)에 도달한다. 반추위 내 암모니아태질소(RAN) 함량도 수수-계분 사일리지가 수수 사일리지보다 높으며, 사료급여 2시간 후에는 36.22mg/100mℓ가 생성되어 최고점에 도달한다. 사일리지 급여시 미생물체단백질 합성을 최대로 유지시키기 위한 반추위액의 암모니아태질소 함량은 5 mg/100mℓ 이상이며(Satter와 Slyter, 1974), 반추위액의 암모니아태질소 함량이 20 mg/100mℓ 이상(Mehrez 등, 1977 ; Leng, 1989) 또는 45 mg/100mℓ 이상의 높은 수준을 유지할 경우 건물 섭취량과 소화율이 최대가 된다(Kim 등, 1993b).

반추위액의 pH는 사료급여 30분 후에는 감소하며, 계분을 첨가함으로써 pH의 변화는 적어진다. Lactic acid 함량은 계분을 첨가함으로써 사료급여 30분에 높게(2.44 mg/100 mℓ) 유지되며, 그 후 급격히 감소하여 사료급여 2시간 이후에는 거의 zero에 가깝다.

반추위 내 acetic acid, propionic acid 및 butyric acid 함량도 수수-계분 사일리지 급여시 수수 사일리지에 비하여 현저히 높은 수준을 유지한다.

또한 3시간 발효시 수수-계분 사일리지의 건물과 조단백질 소실률은 현저히 증가하였으며, 48시간 발효시 건물과 조단백질 소실률은 각각 수수 사일리지는 51.13%와 67.76%가 소실되지만 수수-계분 사일리지는 56.43%와 81.77%가 소실된다.

고수분 옥수수 사일리지의 경우 반추위 내 초기발효(반추위 내 발효 0～9시간) 동안의 조단백질 소실률은 높으며, 반추위 내 48시간 발효시 약 65～70%가 소실되지만(Fujita 등, 1988), in situ 시험결과 옥수수 사일리지와 옥수수-계분 사일리지에 대한 조단백질 소실률은 반추위 내 0, 3 및 48시간 발효시 각각 54.1%와 63.1%, 63.9%와 79.4% 및 79.3%와 92.8%가 소실된다(Kim 등, 1993b).

건물 분해율(a 구분 : 가용성 구분, 즉 침지 0시간에서의 분해값)은 수수 사일리지는 16.66%, 수수-계분 사일리지는 25.8%이며, b구분(분해성 구분, 즉 침지시간의 경과에 따라 서서히 분해되어 소실되는 구분)은 수수 사일리지가 37.79%로서 수수-계분 사일리지의 32.53%에 비하여 높다. a+b구분(잠재적 소화율)은 수수-계분 사일리지는 58.35%로서 수수 사일리지의 54.45%에 비하여 증가한다. 조단백질 분해율(a 구분)은 수수 사일리지는 44.50% 이지만 수수-계분 사일리지는 57.32%로서 높지만 b 구분은 수수 사일리지가 27.60%로서 수수-계분 사일리지의 24.27%에 비하여 높다. a+b 구분은 수수 사일리지는 72.10% 이지만 수수-계분 사일리지는 81.59%로서 증가한다(표 8-8).

in situ 분해율은 옥수수-계분 사일리지는 옥수수 사일리지에 비하여 건물과 조단백질의 a 구분 및 a+b 구분은 각각 65.16%에서 70.33% 및 81.74%에서 91.01%로 공히 증가되는 경향으로서, 이와 같은 현상은 산란계분을 첨가하므로 발효 0시간에서의 분해값인 a 구분(수용성 구분 또는 소립자)의 증가에 기인한다(Kim 등, 1993b).

표 8-8. 수수-계분 사일리지의 반추위 내 건물 및 조단백질 분해율

	수수 사일리지	수수-계분 사일리지
건 물(%)		
a	16.66	25.82
b	37.79	32.53
c	0.028	0.030
a+b	54.45	58.35
조단백질(%)		
a	44.50	57.32
b	27.60	24.27
c	0.021	0.032
a+b	72.10	81.59

(류 등, 1995c).

7) 반추동물에 대한 생산성

볏짚, 옥수수 사일리지 및 옥수수-계분 사일리지를 거세 한우에 급여하였을 때 총 증체량은 옥수수 사일리지(449.3 kg)와 옥수수-계분 사일리지(459.8 kg)는 차이가 없으나 볏짚(434.2 kg) 보다는 높으며, 특히 계분을 첨가함으로써 그 효과는 크게 나타났다. 일당 증체량도 옥수수 사일리지(0.821 kg)와 옥수수-계분 사일리지(0.841 kg)는 차이가 없으나 볏짚(0.794 kg) 보다는 높다. 조사료 섭취량은 옥수수-계분 사일리지가 1373.7 kg으로서 옥수수 사일리지(1295.5 kg) 및 볏짚(1080.6 kg)에 비하여 증가하지만, 배합사료 섭취량은 볏짚(2914.8 kg)만 급여할 때가 옥수수 사일리지(2736.5 kg)와 옥수수-계분 사일리지(2742.6 kg)를 급여할 때 보다 높다. 사료요구율은 옥수수 사일리지(8.98)와 옥수수-계분 사일리지(8.95)를 급여하면 볏짚(9.20)만 급여하는 것 보다 약 2.3~2.8% 개선된다(표 8-9).

거세 한우에 볏짚, 옥수수 사일리지 및 옥수수-계분 사일리지 급여하였을 때 일당 증체량은 옥수수-계분 사일리지는 0.84kg, 옥수수 사일리지는 0.82 kg 및 볏짚은 0.79 kg으로서 계분을 첨가함으로써 증가한다. 등지방 두께는 옥수수-계분 사일리지 급여시는

표 8-9. 거세 한우에 대한 볏짚, 옥수수 사일리지 및 옥수수-계분 사일리지 급여시 증체량, 사료 섭취량 및 사료요구율(kg)

구 분	처 리 구		
	볏 짚	옥수수 사일리지	옥수수-계분 사일리지
개시체중	126.5	136.0	143.8
종료시 체중	560.7	585.3	603.6
일당 증체량	0.794	0.821	0.841
조사료		건물 기준	
섭취량	1,080.6	1,295.5	1,373.7
일당 섭취량	1.977	2.368	2.512
농후사료			
섭취량	2,914.8	2,736.5	2,742.6
일당 섭취량	5.330	5.003	5.014
사료요구율[1)]	9.203	8.978	8.949

[1)] 사료요구율 : 섭취량/증체량.

(고 등, 1999).

10.5 mm로 볏짚 12.1 mm와 옥수수 사일리지 12.6 mm 보다 얇고, 배최장근 단면적은 옥수수-계분 사일리지가 79.4 cm^2로서 볏짚 77.5 cm^2과 옥수수 사일리지 77.3 cm^2보다 높으며, 육량등급 중 A등급은 옥수수-계분 사일리지가 25%로서 볏짚 10%와 옥수수 사일리지 5% 보다 높다. 근내지방도는 볏짚 만을 급여할 경우 보다 옥수수 사일리지 또는 옥수수-계분 사일리지를 급여할 경우 우수하다. 육질등급 중 1등급 출현비율은 옥수수 사일리지와 옥수수-계분 사일리지 급여시는 45%로서 볏짚의 20%보다 약 25%가 더 높아 옥수수 사일리지 또는 옥수수-계분 사일리지를 급여하는 것이 볏짚을 급여하는 것 보다 고급육 생산면이나 경제적인 측면에서 유리하다(표 8-10).

표 8-10. 거세 한우에 대한 볏짚, 옥수수 사일리지 및 옥수수-계분 사일리지 급여시 도체특성

구 분	처 리 구		
	볏 짚	옥수수 사일리지	옥수수-계분 사일리지
생 체 중(kg)	560.0	584.0	601.2
일당 증체량(kg)	0.79	0.82	0.84
도 체 중(kg)	325.2	341.3	351.7
도 체 율(%)	58.1	58.5	58.5
등지방 두께(mm)	12.1	12.6	10.5
배최장근단면적(cm^2)	77.5	77.3	79.4
육량 등급(A : B : C)	2 : 18 : 0	1 : 17 : 2	5 : 15 : 0
근내지방도(No)	2.79	3.55	3.60
육 색	4.64	4.5	4.50
지 방 색	2.36	2.35	2.30
육질 등급(1 : 2 : 3)	4 : 13 : 3	9 : 9 : 2	9 : 9 : 2

(Ko 등, 2001).

옥수수 사일리지와 옥수수-계분 사일리지와 급여시 요소(urea)를 첨가하여 한국재래산양에 시험한 결과, 옥수수-계분 사일리지의 총증체량은 6.0 kg으로서 urea첨가(4.3 kg)와 옥수수 사일리지(3.9 kg) 보다 높다. 일당 증체량도 옥수수-계분 사일리지가 66.7 g으로서 다른 사료에 비하여 높다. 특히 계분을 첨가함으로써 옥수수 사일리지에 비해 3개월 동안의 증체량이 약 54% 향상되어 반추동물의 사료로서 건조계분의 첨가효과는 매우 크다고 하겠다(표 8-11).

표 8-11. 옥수수 사일리지, 옥수수-계분 사일리지 및 요소 첨가 사일리지 급여시 한국재래산양에 대한 증체효과(kg)

구 분	옥수수 사일리지	옥수수-계분 사일리지	요소 첨가 사일리지
공시두수(두)	7	7	7
시험 개시체중	11.7	11.6	11.6
시험 종료체중	15.6	17.6	15.9
총 증체량	3.9	6.0	4.3
일당 증체량	43.4	66.7	47.8

(Kim과 Ko, 1995).

또한 옥수수 사일리지, 옥수수-계분 사일리지 및 급여시 요소(urea)를 첨가하여 한국재래산양에 시험한 결과, 총 사료비는 요소 첨가 사일리지가 10,164원으로서 가장 높고, 옥수수-계분 사일리지는 9,634원으로서 가장 낮다. 총 증체량에 대한 총 사료가격에서도 계분을 첨가한 사일리지구가 1,606원으로서 옥수수 사일리지의 2,364원과 요소 첨가의 2,537원 보다 약 37%를 절감시킬 수 있다(표 8-12). 이는 요소 첨가 사일리지의 경우 다른 두 개의 사일리지에 비하여 사일리지 섭취량의 증가 때문이며, 계분 첨가 사일리지는 섭취량의 증가보다는 오히려 체중의 증가가 더 좋았기 때문에 사료가격이 낮아졌다.

표 8-12. 옥수수 사일리지, 옥수수-계분 사일리지 및 요소 첨가 급여시 한국재래산양에 대한 사료가격

구 분	섭취량 (kg)	사료가격(원)*			총 사료비 (A)(원)	총 증체량 (B)(kg)	A/B(원)
		사일리지	배합사료	건 초			
옥수수 사일리지	53.74	5,799	2,475	1,620	9,894	3.9	2,537
옥수수-계분 사일리지	55.82	5,420	2,594	1,620	9,634	6.0	1,606
Urea 첨가 사일리지	56.19	6,063	2,481	1,620	10,164	4.3	2,364

* 사료가격 : 볏짚, 65원/kg ; 옥수수 사일리지, 107.9원/kg ; 건초, 180원/kg ; 계분, 97.1원/kg ; 배합사료, 220원/kg ; 한국재래산양, 150,000원/18kg.

(Kim과 Ko, 1995).

제 2 절 TMR 사료

1. 개 념

젖소나 비육우에 있어서 영양소 요구량과 사료의 구성조건은 체중, 생산량, 증체정도, 임신기간 그리고 계절에 따라 달라진다. 이러한 축우의 조건들을 고려하여 하루 동안 필요로 하는 영양소 요구량을 충족시키도록 고안한 사료가 TMR(Total Mixed Ration, Complete Mixed Ration)이다. 원래 TMR은 최적사양을 위한 완전사료라는 개념으로 출발하였다가 1969년에 미국 죠지아 대학 Marshell E. McCullough가 젖소와 비육우에서 최대성적을 얻기 위한 최적사양(Optimum feeding)에서 활용하도록 고안한 데서 현장화되기 시작하였다.

일본에서는 1979년경에 육우사양에 시도하여 낙농에는 1983년경부터 본격적으로 도입한 바 있다. TMR은 원래 낙농에서 광범위하게 응용되어 온 사료조제 기법이었다. 젖소의 체유지와 유생산에 필요한 모든 영양소와 무기질, 비타민 등을 ① 성장단계, ② 비유단계(전기, 중기, 말기), ③ 번식단계, ④ 계절별, ⑤ 산유능력 등에 따라 우군을 나누어 각 단계에 맞는 사료를 적정수준 배합하여 급여하는 방식이었다. 사료의 배합은 조사료와 농후사료를 적정 배합비에 따라 함께 혼합시켜 소가 한 입을 먹으면 그 안에 조사료, 농후사료, 무기물, 비타민 등이 동시에 섭취하도록 고안된 "All in one"사료인 셈이다.

결국 TMR은 젖소나 한우에 있어서 체유지와 생산을 위해 하루 필요한 조사료, 농후사료, 무기물, 비타민과 첨가물을 개체 조건에 맞는 적정 함량비로 혼합시켜 단일 사료로 채식시킬 수 있는 "조건충족" 사료이다.

최근 한우분야 TMR을 "섬유질 배합사료"로 칭하여 낙농의 TMR과 구분하고 있다.

2. TMR의 분류

1) 영양 함량에 따른 분류

(1) 완전 TMR

TMR 배합시 가축의 최적요구 영양소가 모두 충족되게 원료들을 투입 혼합하여 제조하므로 기호성 증대를 위한 톱 드레싱(Top dressing) 외에는 추가로 부족분 영양소를 보충

할 필요가 없다. 주로 대단위 목장(비육장)에서 사용한다. 시설장비와 우군분리가 잘되고 있어 우군특성에 따른 정확한 사료 설계가 가능하여 개체축우의 영양소 요구량에 맞는 TMR을 말한다. 국내 시판 TMR의 대부분이 완전 TMR이 아니므로 영양분의 과잉, 부족분을 파악하여 조정해야 한다.

(2) 부분 TMR(또는 semi-TMR, partial TMR, 유사 TMR)

건초나 볏짚과 같은 조사료를 제외한 모든 원료사료를 혼합한 TMR이다. 우리나라의 우군분리가 어려운 목장, 농장에서 주로 채택한다. 목장에서는 별도로 소요되는 조사료를 따로 급여해야 하는데 대규모 사육장에서는 농후사료 자동급이기에 활용하는 경우가 있다.

2) 수분 함량에 따른 분류

(1) 건식 TMR

사료의 수분 함량이 13~17% 범위의 TMR이다. 수분이 높은 습식 TMR에 비해 보관과 취급이 용이하나 수분이 적어 섭취량이 저하되고 혼합되었던 사료성분들이 부분적으로 분리되는 단점이 있다.

(2) 습식 TMR

사료의 수분 함량이 40% 내외의 TMR이다. 원료를 맥주박, 엿밥, 사일리지와 같은 습윤사료를 사용하였으므로 건식보다 사료섭취량이 높고 건조한 단미사료와의 혼합이 안정적이고 잘 된다. 그러나 보관과 취급이 용이하지 않고 여름철 고온 다습시의 장기저장은 부패, 변질의 위험이 있다.

3) 제조 주체에 따른 분류

(1) 자가 TMR

독립 목장에서 개별적인 사양 프로그램과 설비를 갖추고 전문가 컨설팅을 받아 TMR을 제조 급여한다.

(2) 구입 TMR

시중에 「섬유질 배합사료」, 「섬유질 혼합사료」라는 이름으로 유통되는 단미사료 제조업체 생산공급 TMR.

(3) 생산자 단체 TMR

영농 조합법인, 농협, 축협, 낙협, 브랜드사업 단체 등 한우사육농가 결성체인 생산자 단체에서 TMR(혹은 섬유질 배합사료) 생산단지를 조성하여 주문형 TMR을 제조, 유통 보급한다.

3. 한우에 있어서 TMR 급여 목표

1) 반추위 내 pH 조정

한우 사양시 조사료와 농후사료의 구분 급여방식은 반추위 내 pH의 급격한 변화를 초래한다. 즉 농후사료 급여 후 일어나는 반추위 내 발효가 산의 증가를 가져오기 때문이다.

그러나 조사료와 농후사료 동시 섭취는 위 내 발효를 서서히 진행시켜 pH 변화가 완만해진다. 1위 pH가 지나치게 낮아지면 산독증(acidosis), 체액의 산/알칼리 불균형으로 인한 수태율 저하, 소화기 장애를 유발하여 생산성을 현저히 떨어트린다.

2) 반추위 내 미생물 균총의 균형 유지

반추위 환경은 사료종류, 섭취횟수에 따라 변화한다. 조사료, 농후사료(조·농) 분리 급여시 채식 후 1~2시간 내에 미생물 수가 최대로 증식되나 TMR 급여는 급격한 차이 대신 절대적인 균형과 안정적인 미생물수 최대치가 유지됨으로써 원할한 소화흡수와 소화기관 안정이 유지된다.

3) 반추위 내 암모니아태질소 변화

사료의 조·농 분리 급여시 1위 내 암모니아태질소량은 급격한 변화를 보인다.

채식 후 1~2시간째에 과다한 암모니아(NH_3) 발생으로 이들이 위벽을 통해 흡수되면 혈액을 통해 오줌으로 배출되어 반추위 미생물에 의한 비단백태질소의 단백질 합성에 사용되지 못하여 손실이 되고 만다.

그러나 TMR의 경우 반추위 내 NH_3가 서서히, 적당량 발생되어 미생물이 효율적으로 이용할 수 있게 된다.

4) 목장경영의 효율화

TMR 급여는 사료효율 향상을 위한 반추위 내 세균의 활동을 증진시켜 최적의 반추위 환경(Rumen condition)을 계속 유지해준다. 따라서 TMR 사양은 발정강화, 번식효율 증대, 저질 조사료와 요소 이용성 증대, 비육 단계별 적정 비육속도 유지가 가능하여 목장 경영 효율이 높아진다.

4. 한우에 있어서 TMR 이용의 장·단점

1) 장 점

① 소화기 계통 질병예방
② 사료 이용성 증대
③ 소화율 증대
④ 건물 섭취량의 증대
⑤ 사료 원가 절감-농가 부산물, 식품부산물, 부존자원 이용성 증대
⑥ 한우의 성장단계, 비육단계, 비육능력별 우군 사양이 가능하여 사양관리 체계화가 가능하고 비육성과의 원인분석, 경영진단이 가능하여 효율적인 목장경영
⑦ 노동력 절감-자유채식 방식
⑧ 비육우의 적정 조·농비 유지로 반추위 환경 개선
⑨ 사료 허실 방지

2) 단 점

① 시설, 장비(배합기, 원료사료 저장실)를 구비하는데 초기투자 과중
② 우군 분리 시설 요구-우사의 부분 개조
③ 정확한 TMR 배합기술, 성분분석 기술, 사양방식에 대한 고도 기술요구
④ 농가 상황에서의 불안정한 단미사료 보급선, 단미사료지식에 대한 미흡성
⑤ 정확한 개체별 성장, 비육단계 파악과 그에 따른 TMR 배합기술 요구(전산화 필수)
⑥ 단으로 묶였거나 길이가 긴 조사료는 배합 전에 세절해야 하는 번거로움

5. 한우에 있어서 TMR 이용의 의의

TMR의 근원적인 출발은 젖소사양의 최적화, 유생산량 극대화를 위한 사료급여 방식이었다. 물론 일부 지역에서는 육우의 다두사육에 사용되기도 하였다. 그러나 기술 방식의

중점은 젖소의 산유량 증대와 경제수명유지(Longevity)에 있었다.

그러면 한우에 대한 TMR의 의의는 무엇인가?

먼저 한우사양의 목표가 어디에 있는지를 살펴 볼 필요가 있다. 한우는 크게 번식우와 비육우사양으로 나뉜다. 비육우 또한 비육전기, 후기로 나뉘므로 TMR 사양의 그룹사양이 가능한 것이다. 따라서 한우 사육에서 육성우/비육 전기/ 비육 후기/번식우로 규격화한 TMR이 효과적으로 활용될 수 있는 것이다.

한우 사육시 각 단계별 사양방식의 특성을 고려하여 그에 알맞은 TMR 배합에 따른 급여로 효율성을 극대화 할 수 있는 것이다. 이를테면 육성기에는 양질 조사료 양을 늘려주고 비육 전기와 중기에는 건물 섭취량을 최대화하여 지방세포분화를 최대화하며 비육 말기, 즉 마무리 시기에는 지방 축적을 위해 에너지 양을 늘려주는 사양방식에 따른 TMR 배합이 가능하다는 것이다. 번식우의 경우에도 임신단계에 따른 TMR의 개발이용도 가능한 것이다.

최근 한우사료의 안정적 확보와 생산비 절감 및 고급육 생산, 브랜드 특성 강화를 위한 비육우 전용 TMR(섬유질 배합사료) 공장들이 한우영농조합법인, 축협, 브랜드 영농법인들을 중심으로 속속 설립 가동되고 있는 것도 이러한 가능성과 그 맥을 같이 한다고 볼 수 있다(아래 box 참조).

전국 한우 관련 섬유질 배합사료 공장 신규 준공 실태 (2003~2005년)

- 2003년 안성, 공주지역에서 양질 건초와 수분 및 첨가 재활용 TMR 공장 운영
- 2004년 3월 23일 거창축협 섬유질사료공장 준공(건평 653평)
- 2004년 8월 익산황토우영농조합법인-TMR 공장 준공
- 2004년 10월 남제주 축협-감귤껍질 이용 섬유질사료 개발

〈2005년도〉

- 1월 21일 경기도 고양시 고양한우영농조합법인-"꽃메한우" "고양 꽃메한우 고급육 사료 배합소"(1267평 규모) 준공
- 2월말 경기도 평택시 "미한우영농조합법인"-쌀 요구르트 바이오 사료 생산용 "평택 미한우 TMR 사료공장"(2000평 규모) 준공
- 3월 23일 전라북도 정읍시 단풍미인한우영농조합법인-보리총체, 이탈리안라이 그라스, 호맥 등을 이용한 "단풍미인한우 섬유질사료공장(TMR)"(1일 100톤 규모) 준공
- 5월 30일 전남 낙협, 나주 산포면 1일 100톤 규모의 고품질 섬유질사료공장 준공
- 전북 고창 부안축협 "복분자 한우사료"-복분자 줄기와 잎에 미생물첨가 발효 TMR 사료

특히 총체보리의 섬유질 사료 재료활용이 실용화 된 이후 최근 총체벼에 대한 사료화가 순조롭게 연구 중에 있어(농수축산신문 2005년 9월 21일자) 한우 TMR의 활용 폭이 더욱 확대 될 수 있는 여건이 마련되고 있다.

한편 한우 TMR은 기존의 볏짚과 같은 조악한 조사료 급여 상황을 좋은 섬유질 재료 확보와 유효 미생물에 의한 발효 TMR 공급으로 현저한 조사료 급여 개선에도 분명한 의의가 있음을 알 수 있다(위 box 참조).

6. 한우 TMR 이용의 실제

1) 한우의 성장단계별 사양의 이해

한우의 TMR을 위해서는 소의 성장단계에 따른 체조성의 변화와 그에 따른 사양방식의 맞춤형 체계마련이 필수적인 요소이다. 일부 한우 농가들이 젖소용 TMR을 응용, 비육단계에 급여하여 성과를 얻었다는 보고도 있으나 한우 특유의 비육생리를 간과해서는 안 될 것이다.

한우사양목표가 고급육 생산에 있다고 할 때 한우의 비육단계별 지방 축적생리에 최적조건이 될 수 있는 TMR 개발과 급여가 반드시 필요한 것이다.

축우는 성장시 뇌나 생명유지에 필수적인 기관의 성장이 우선되고 뼈, 근육, 지방의 순으로 진행되기 때문에 성장 단계에 맞는 사양이 이루어져야 한다. 즉 육성기에는 뇌와 뼈 그리고 소화기관의 성장을 도모하여 농후사료 제한 사양과 조사료의 무제한 급여로 소화기 발달을 유도해야 한다. 비육전기가 되면 근육을 늘려주고 지방세포수를 증대하기 위한 농후사료의 부분적인 자유급식이 필요한데 이때부터 이러한 점을 감안한 TMR도입이 요구된다. 비육후기에는 현저한 지방축적으로 근내 지방도를 높여 주어야 하므로 농후사

표 8-13. 성장단계별 체조성의 변화

	체 조 성 의 변 화	사 양 방 법
육 성 기 6~12개월	소화기관의 발달 골격의 발달	고단백(16~17%), 저에너지(TDN 68~70%) 농후사료 제한 사양(체중1.5%)
비육전기 13~18개월	근육 발달 지방 축적	중단백(13~14%), 중에너지(TDN 71~73%) 농후사료 증량(보상증체)
비육후기 19개월~출하	근육내 지방축적	저단백(11~12%), 고에너지(TDN 72~74%) 농후사료 자유급식, 조사료 제한(출하 20일전)

김 (1998).

료가 충분히 함유된 비육후기 전용 TMR 방식을 적용하여 체중의 1.8~2.4%의 건물 섭취가 이루어지게 하는 것이 좋다.

2) 전제 조건

한우 농가의 TMR 사양을 위한 전제 요건은 다음과 같다.

(1) TMR의 기본원리, 사양지식의 확보

TMR은 완전사료가 아닌 혼합사료라는 점, TMR이 만능이 아니라 일정 사육단계에 한정적으로 사용 될 수 있다는 점, 배합사료 위주에서 크게 벗어난 특이형 사양방식이라는 점 등에 유의한 사양 지식이 필요하다.

(2) 우군 분리

TMR은 자유급식체계를 기본으로 하는 사양방식이다. 왜냐하면 육성우와 비육기의 소가 같은 사료를 먹어서는 안 되기 때문이다.

비육기의 소라 해도 비육전기 생리와 사료 영양소 요구량이 비육후기 소와는 현격하게 차이가 난다. 따라서 자유채식방식을 위한 비육단계에 따른 우군 분리는 필수적인 전제가 아닐 수 없다.

(3) 자유채식을 위한 공간 설비 확보

자유채식은 개방적이고 연속적인 사료 공급이 전제되므로 별도의 공간과 설비가 구비되어야 한다.

(4) 혼합장비의 구비

개별 목장에서 TMR 생산을 위해서는 혼합장비가 반드시 필요하다.

국내에서는 영농조합법인, 축협 등 생산자 단체에서 생산 공급하는 경우 구비가 필요없다.

(5) 단미사료 확보의 안정성 구비

TMR 원료가 되는 단미사료는 균일한 품질을 유지하면서 안정되게 공급되는 시장 접근이 확보되어야 한다. 잦은 양적, 질적 변동은 TMR 사료 생산의 근본을 흔들며 사양 성적을 저하시킬 수 있다.

3) TMR 이용 방식

(1) 한우의 TMR사양 도입은 비육전기와 비육후기 사양에 중점적으로 적용하되 번식우나 육성우의 경우는 제한 적용을 한다.

(2) 국내 유통 TMR의 대부분이 부분 TMR, semi-TMR일 수 있으므로 농후사료(배합사료) 추가 급여는 정확한 자료에 근거를 두고 한다. 그렇지 않으면 번식우의 경우 과비우가 나타나 번식장애로 나타날 수 있다.

(3) 발효 TMR의 이용은 현재 하동, 부안 고창, 강진, 평택, 안성, 강원도 평창 등지에서 각종 농산, 식품 및 부존자원(맥주박, 엿밥, 귤박, 포도박, 복분자 잎과 줄기, 솔잎, 황토, 쌀겨, 총체보리, 총체벼, 귤껍질 등)을 각종 기능성 미생물로 발효시켜 제조하고 있다. 이러한 발효 TMR은 기존의 TMR보다 기호성 증대, 기능성 물질 함유 그리고 미지성장인자(UGF, Unknown growth factor) 증가로 육질 개선과 Brand 이미지 제고에 기여할 수 있는 것으로 보고되고 있다.

특히 발효형 TMR은 비육후기의 건물 섭취량을 증대시키고 지방 침착을 향상시켜 기존의 TMR이 증체속도는 빠르나 육질, 지방 침착도가 떨어지는 점을 해소해 준다는 점에서 한우농가들의 주목을 받고 있다.

(4) 한우 TMR 사육에서 유의할 체크 포인트는 다음과 같다.

① 무기질의 급여와 충족 여부

② 섭취환경(자유채식 환경)

③ 고급육 생산 가능성

④ 기호성 여부

⑤ 모니터링(Monitering) : 계속성, 역사성

⑥ 사료배합 프로그램의 적정성

⑦ 기록관리 : 누적 데이터

⑧ 환경관리 등

제3절 롤-베일 방식과 하베스터 방식의 품질비교

일반적으로 원료초의 절단은 사일리지의 품질을 향상시키며, 수분 함량 70% 이하의 중・저수분 재료 보다도 고수분 재료에서 효과가 크게 나타난다. 그 이유는 절단면에서 당분이 용출되어 유산균이 급속히 증식되며, 생성된 다량의 유산에 의해서 대표적인 불량균인 낙산균이 억제되기 때문이다. 한편 재료의 수분 함량이 70% 이하에서는 발효속도는 낮으나 낙산균의 증식이 억제되므로 절단의 필요성은 크지 않다.

롤-베일 사일리지(적정수분 50~60%)를 제조하면 절단한 경우보다 발효가 미약하며, 유산 생성량이 적기 때문에 pH는 높지만 불량발효의 지수가 되는 낙산의 농도에는 차이가 없으며, 재료에 따른 발효품질의 차이도 거의 나타나지 않는다(표 8-14). 이와 같이 적정수분으로 사일리지를 제조하면 품질에 있어서 문제가 없으며 기호성도 좋으나, 고수분 재료에서는 하베스터에 의한 방법이 안전할 수도 있다.

표 8-14. 롤-베일과 하베스터에 의해 제조된 사일리지의 발효품질 비교

수확기계	수분(%)	pH	유 기 산(%)			
			유산	초산	propionic acid	낙산
화본과 주체 1번초						
롤-베일	58.0	4.5	0.69	0.06	0.07	0.33
하베스터	62.0	5.2	1.20	0.12	0.02	0.34
알팔파 1번초(조성후 2년)						
롤-베일	66.7	4.5	2.73	0.51	0.01	0.09
하베스터	62.2	4.4	2.87	0.47	0.01	0.04
알팔파 1번초(조성후 3년)						
롤-베일						
대 조 구	55.6	5.0	0.63	0.48	0.01	0.05
유 산 균*	52.8	4.4	3.34	0.57	0	0
하베스터	54.9	4.7	2.63	0.64	0.01	0.01

* silogen (吉田과 高野, 1991a).

1. 롤-베일 사일리지의 제조방법

1) 양질 원료의 확보와 수분조절

원료초는 적절한 비배관리를 통하여 퇴비, 고엽(枯葉) 및 토사 등 불량발효의 원인이 되는 이물질이 적게 함유된 것을 사용한다. 적정 예취시기는 화본과 목초는 출수기 전・후, 두과 목초는 개화초기이며, 예건과 수확효율을 높이기 위해서는 mower conditioner를 사용하는 것이 좋다.

2) 예건작업

원료의 수분 함량은 50~60%를 목표로 하여 예건한다. 예건 중의 뒤집기 작업은 토사 혼입과 잎의 탈락을 방지하기 위해서 보통보다 약간 늦은 속도로 한다. 조기예취 목초나 두과목초의 혼합비율이 높은 혼합목초의 경우에는 잎의 탈락비율을 감소시키기 위해 뒤집기 작업을 중지하고 목초의 표면이 건조된 다음 조심하여 반전(反轉)시킨다. 청명(晴明)한 날이 2일 정도 계속되면 양질발효 조건인 60% 이하의 수분으로 조절된다. 가능한 단단하게 곤포하여 여름에는 3~5일간, 겨울에는 7~10일간에 걸쳐 한 개의 베일(bale)을 급여하도록 하면 된다.

3) 조기밀봉

조기밀봉은 양질의 사일리지를 제조할 수 있는 기본원칙으로서 밀봉이 지연되면 재료의 온도가 상승하며 발효품질은 불량하게 되며, 단백질 이용성도 낮아진다. 밀봉지연의 악영향은 여름철 고온하에서 크게 나타난다. 특히 작업상의 문제점으로 밀봉이 지연될 경우에는 표면에 propionic acid를 약 0.5% 첨가하면 발열에 의한 품질의 저하를 방지할 수 있다.

4) 밀봉방법

Bag 방법과 roll stack 방법으로 나눌 수 있다. 어떤 방법으로 밀봉할 것인가는 원료의 수분 함량에 의해 결정된다. 수분 함량이 60% 이상이면 저장 중에 즙액이 밑부분에 저장되어, 이 부분의 품질은 떨어지기 때문에 bag을 이용하는 방법보다는 roll stack 방법이 유리하다. Bag 방법으로 제조되었을 경우 즙액의 저류(貯留)가 발견되면, 즉시 곤포를 절

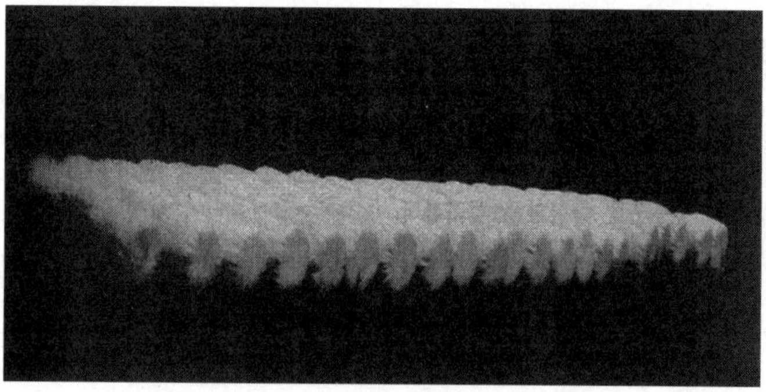

그림 8-3. 제조된 롤-베일 사일리지의 저장 모습

단하여 배즙을 시키지 않으면 안된다. 이것에 비하여 roll stack 방법은 즙액의 유출이 쉬운 구조로 되어있기 때문에 고수분 원료의 경우에도 안전한 저장이 가능하다. Roll stack 방법은 땅 위에 직접 원료를 저장하는 방법과 하부 시트를 사용하는 방법 등이 있다. 흙 위에 저장하는 방법은 여분의 즙액이 흙에 쉽게 침투되지만 장기간 저장하면 잡균 때문에 접촉면의 품질은 나빠진다. 특히, 월동 후에는 품질저하가 심하므로 하부 시트를 이용하는 방법이 유리하다.

5) 베일(Bale, 곤포) 랩

일본의 경우 1982년부터 롤-베일을 이용하여 밀봉·저장하는 곤포 랩 기계가 도입되었으며(그림 8-4, 8-5), 우리나라에서는 1995년경부터 수입되어 곤포 사일리지를 제조하고 있다. 이러한 기계장비를 사용함으로써 지금까지의 방식에 비해 밀봉작업의 기계화가 가능하기 때문에 노동력이 절약된다.

그림 8-4. 곤포 랩(兼用型)

그림 8-5. 곤포 랩(定置型)

6) 첨가제 이용

롤-베일 사일리지용 첨가제는 기계작업의 특성상 액상으로 분무하는 것이 가장 좋으며, 주로 베일러에 부착하여 사용한다. 첨가제는 일반 사일리지용 첨가제를 이용하면 된다.

7) 보관시 새나 쥐의 피해에 유의

사일리지의 윗부분은 차단망을 설치하여 새 등 조류로부터의 피해를 예방하여야 하며, 바닥 부분은 쥐 등의 설치류에 의한 구멍 피해를 최소화 시켜야 한다.

8) 수분 함량에 따른 보관

롤-베일 사일리지는 수분 함량에 따라 보관시 단의 높이를 조절하는 것이 중요하다. 즉 수분 함량이 75% 이상일 경우에는 1단으로, 65% 이상은 2단, 65% 이하일 경우에는 3단으로 하여 피라미드형으로 적재하는 것이 좋다.

9) 조류나 설치류의 피해시 즉시 밀봉

조류나 설치류의 피해로 구멍이 나면 사일리지 내 산소유입으로 불량균의 증식이 일어나 품질저하를 가져오기 때문에 보관시 주의하여야 하며, 구멍이 나면 즉시 테입 등으로 막아 주어야 한다.

2. 롤-베일 사일리지의 급여방법

롤-베일 사일리지는 그대로 급여장소로 옮겨 적당한 가대(架台)를 설치하여 급여하는 방법이 가장 효율적이다(그림 8-6). 사료혼합을 목적으로 할 경우에는 절단기가 필요하지만 노력과 비용이 많이 소요된다. 고영양 사일리지를 다급하면 건유우의 경우 과비의 위험이 있기 때문에 건유우와 착유우를 구분하여 사양하지 않으면 안된다. 축사외부에서 사일리지의 연속급이는 착유시를 제외하고는 주야(晝夜) 구분 없이 가능하지만, 겨울철 우사 내 동결이 염려되는 지역에서는 낮에만 급여하는 것이 좋으며 여름철 직사광선에 의한 가축의 스트레스 또는 강우로 인한 사일리지의 품질저하를 방지할 수 있는 예비시설이 필요하다.

그림 8-6. 건초가를 이용한 자유채식

제 4 절 All-in one 사일리지

All-in one 사일리지는 첫째로 고수분 함량으로 당 함량이 낮은 원료에 곡류, 밀기울 등을 혼합하여 수분 함량이 55~65% 로 조절하여 사일리지를 제조하는 것, 둘째는 사료가격이 낮은 원료에 다량의 농후사료를 혼합해서 수분 함량이 50~60%로 조절하여 사일리지를 제조하는 것, 셋째는 사일리지류, 건초, 짚, 헤이큐브 및 농후사료를 이용하여 유우 및 육우의 영양소 함량에 맞게 혼합하여 수분 함량을 40~50%로 조절하여 제조하는 완전(TMR)사료 등으로 나눌 수 있다(그림 8-7).

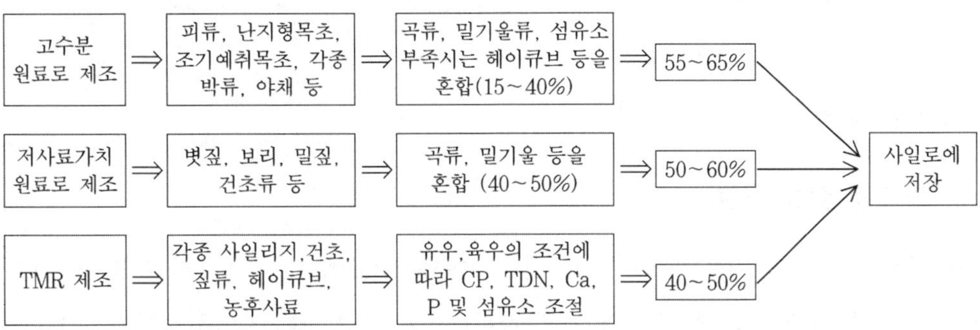

그림 8-7. All-in one 사일리지의 분류와 제조방법

1. All-in one 사일리지의 특징

농촌지역의 각종 부산물과 도시 근교에서 대량 발생되는 각종 생박류는 폐기물로서 처리에 어려움이 많으나, 이것을 동물의 부족되는 자급사료로서 보충하면 저렴한 가격으로 사일리지의 제조가 가능할 뿐 만 아니라 효과적으로 유우나 육우를 사양할 수 있다.

표 8-31은 all-in one 사일리지의 특성과 장점에 대하여 구체적으로 설명하였으며, 국내에는 볏짚 등 이용가치가 낮은 사료자원의 종류와 양이 많기 때문에 이것을 효율적으로 이용한다면 동물의 사료자원으로서 기대효과는 매우 클 것으로 생각된다.

2. All-in one 사일리지 제조

All-in one 사일리지는 고수분 재료 또는 수분 함량이 낮은 곡류를 이용하기 때문에 다

표 8-15. All-in one 사일리지의 장점

장 점	내 용
이용효율이 낮은 목초와 사료작물의 활용	고수분, 낮은 당함량, 낮은 사료가치로 이용이 효과적이지 못하지만 all-in one 사일리지로 제조하면 효과적으로 이용가능
각종 박류의 안정저장과 효과적인 이용	맥주박, 두부박, 치즈박, 주정박 등을 이용하여 낮은 가격으로 제조하여 효과적인 활용
저질 조사료를 농후사료와 혼합함으로써 사료가치를 높이고 효율적으로 활용	짚류는 단독으로는 기호성이 낮지만 농후사료와 혼합한 all-in one 사일리지는 유우, 육우의 채식량을 증가시킴
낮은 가격의 사일리지 제조가능	가격이 낮은 박류 등으로 all-in one 사일리지를 제조하면 연간 급여가 가능함
고능력의 유우, 육우의 사양에 적합	유우, 육우에 TMR의 활용으로 능력을 향상
곡류의 사일리지화로 소화율과 이용효율 향상	소화율을 향상시키고 이용효율을 높임

음과 같은 점에 주의하여야 한다.

1) 수분 함량 조절

All-in one 사일리지를 제조할 경우에는 고수분 원료에 대한 농후사료 또는 절단 곡류・헤이큐브의 혼합량 및 볏짚에 농후사료를 혼합할 경우에는 물 첨가량이 중요하다.

(1) 고수분 원료에 농후사료・곡류의 혼합량

원료수분 85%인 사료를 목표수분 65%로 조절하기 위해서는 수분 함량 15%의 농후사료를 어느 정도 혼합하여야 되는지를 그림 8-8에 나타내었다. 혼합하는 농후사료의 중량은 85～65=20 kg, 원료사료 중량은 65～15=50 kg으로 계산하면 된다. 즉 85% 원료사료 50 kg에 15% 농후사료 20 kg을 혼합하면 목표수분 65%가 된다.

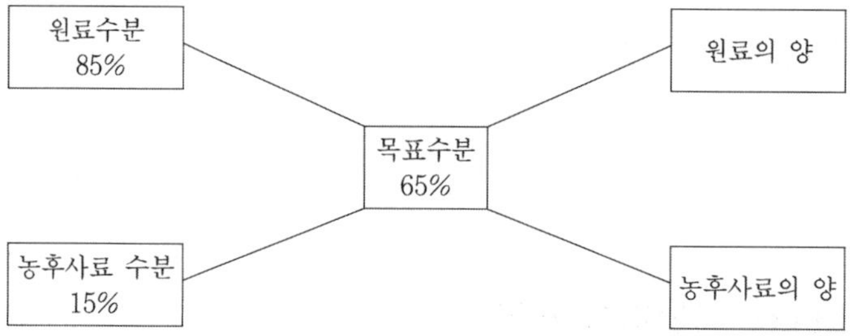

그림 8-8. 고수분 원료에 대한 농후사료의 첨가량 계산

(2) 볏짚 · 농후사료에 첨가하는 물의 양

절단 볏짚 50 kg에 옥수수를 50 kg 혼합하여 수분 함량 60%로 조절할 경우의 예를 그림 8-9의 방법으로 계산하면 원료 중량은 100－60＝40 kg, 물 첨가량은 60－15＝45 kg으로 계산하면 된다. 즉 절단 볏짚과 옥수수 혼합물 40 kg에 물을 45 kg 첨가하면 목표수분 60%가 된다.

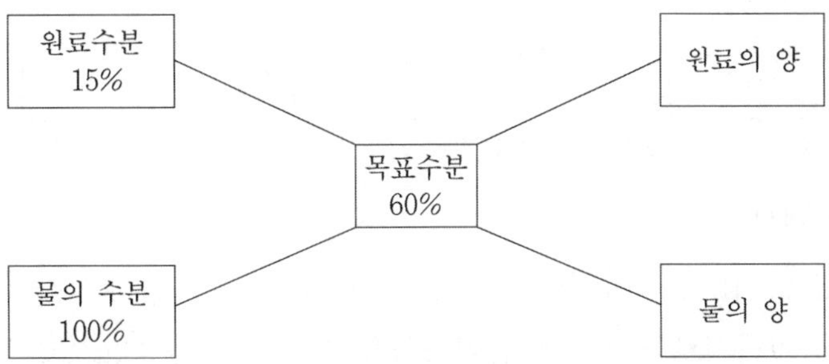

그림 8-9. 곡류와 농후사료 혼합물에 대한 물 첨가량 계산

2) 농후사료의 첨가 혼합

농후사료의 첨가에 대한 효과는 표 8-31에서 언급하였지만 가장 중요한 것은 수분 함량을 조절하는 것이며, 둘째는 곡류에 함유되어 있는 전분은 유산균에 의해서 신속한 유산발효를 일으켜 발효품질을 개선하는 것이며, 셋째는 농후사료의 혼합으로 사료가치를 향상시킨다는 것이다. 또한 수분 함량을 적절히 조절함으로써 발효 중의 건물손실을 최소화하는 것도 중요하다. 특히 현재와 같이 농후사료 가격이 고가(高價)일 경우에는 all-in one 사일리지로 제조하여 이용함으로써 일거양득(一擧兩得) 이상의 효과가 기대된다.

3) 농후사료의 혼합과 사료가치 향상에 의한 섭취량 개선

(1) 사료가치 향상

저질 볏짚과 난지형 목초에 농후사료를 혼합하면 사료가치의 개선효과는 크다. 볏짚의 TDN은 43%로 낮으나 볏짚 50 kg과 보리 50 kg을 혼합하면 혼합 사일리지의 TDN 함량은 66%로서 옥수수 사일리지와 비슷하게 된다. 또한 볏짚 50 kg과 보리 75 kg의 혼합 사일리지의 TDN 함량은 78%로서 현저히 개선된다. 마찬가지로 청예피의 TDN 함량도 60%로 낮지만 청예피의 50%를 옥수수로 대체하여 사일리지로 제조하면 TDN 함량은 76%로 향상되고, 75%를 옥수수로 대체할 경우에는 혼합 사일리지의 TDN 함량은 84%

로 개선된다.

표 8-15. 저질 조사료와 농후사료의 혼합에 의한 TDN 함량의 개선효과

볏짚과 보리 혼합			청예피와 옥수수의 혼합		
혼합 비(건물 %)		혼합물의 건물 TDN(%)	혼합 비(건물 %)		혼합물의 건물 TDN(%)
볏짚	보리		청예피	옥수수	
100	0	43	100	0	60
50	50	66	50	50	76
25	75	78	25	75	84

보리 TDN 84%, 옥수수 TDN 92%, 볏짚 TDN 43%. (吉田과 高野, 1991b).

(2) 섭취량의 개선

볏짚을 이용한 all-in one 사일리지의 총 증체량은 볏짚만을 급여하였을 경우 76.8 kg 이지만 볏짚을 사일리지로 제조하여 급여하였을 경우에는 80.8 kg으로 증체효과가 높다. 일당 증체량으로 볼 때 처리하지 않은 볏짚과 배합사료를 급여하였을 경우에는 0.85 kg 이지만, 이를 사일리지화하였을 경우에는 0.90 kg으로 증가된다. 특히 볏짚 70%와 배합사료 30%의 비율로 혼합하여 제조한 사일리지구의 증체효과가 높게 나타났다(표 8-16).

표 8-16. 한우에 대한 볏짚 all-in one 사일리지의 증체효과(90일간 사양)

처 리	볏 짚			볏짚 사일리지		
	I	II	평균	I	II	평균
시험개시체중	260.0	259.2	259.6	250.3	255.5	252.9
시험종료체중	337.8	335.0	336.4	320.7	346.8	333.9
총 증체량	77.8	75.8	76.8	70.3	91.3	80.8
일당 증체량	0.86	0.84	0.85	0.78	1.02	0.90

I : 볏짚 : 배합사료 : 유채=70 : 20 : 10, II : 볏짚 : 배합사료 : 유채=60 : 30 : 10. (고 등, 1989).

표 8-17. 볏짚을 이용한 all-in one 사일리지의 육성우에 대한 소화율(%)

처 리	건 물	조단백질	조섬유	NFE	DCP	TDN
I	63.60	64.33	58.88	76.09	8.03	65.99
II	63.54	76.71	51.42	74.74	10.72	69.03
III	62.70	68.14	40.98	76.82	9.66	69.04
IV	70.55	70.50	71.70	82.34	9.00	75.66
V	63.41	71.59	51.50	74.37	10.08	67.50

I : 볏짚 : 배합사료 : 유채=70 : 20 : 10, II : 볏짚 : 배합사료 : 유채=60 : 30 : 10, III : 볏짚 : 배합사료 : 유채=50 : 40 : 10, IV : 볏짚 : 배합사료 : 유채 : formic acid=70 : 20 : 10 : 0.5, V : 볏짚 : 배합사료 : 유채 : formic acid=60 : 30 : 10 : 0.5. (고 등, 1989).

(3) 소화율

볏짚을 이용한 all-in one 사일리지의 건물과 NFE 소화율은 배합사료 20%에 formic acid를 0.5% 처리한 Ⅳ번 사일리지구는 각각 70.55% 및 82.34%로서 향상되며, 조단백질 소화율은 배합사료를 30% 첨가한 Ⅱ번 사일리지가 76.71%로 증가된다. DCP 함량은 Ⅱ번구와 배합사료 30%와 formic acid 0.5% 처리한 Ⅴ번 사일리지에서 각각 10.72%와 10.08%로서 높으며, TDN 함량은 Ⅳ번 사일리지가 75.66%로서 높다.

이 외에도 우리나라에서 반추동물의 조사료로 가장 많이 활용하고 있는 볏짚을 위주로 한 대부분의 저질 조사료는 섬유소와 리그닌 또는 섬유소와 실리카 간의 결합구조가 양질 조사료에 비해 매우 단단하므로 제 1위액이 재료 내의 cellulose에 침투가 어려울 뿐만 아니라 hemicellulose, lignin, silica의 용해가 어려워 저질 조사료의 영양소 소화율과 사료 섭취량이 낮아 반추동물의 조사료로서의 이용에 제한요인으로 지적되고 있다. 이들 저질 조사료의 사료적 가치 증진을 위한 방법 중에서도 화학적 처리방법인 암모니아(ammonia) 처리와 알칼리(수산화나트륨 : NaOH)) 처리방법이 가장 효과적인 것으로 알려져 있다(표 8-18).

표 8-18. 암모니아와 수산화나트륨 처리방법 비교 및 효과

구 분	처리순서	작업내용	효 과
암모니아	① 바닥 비닐을 깔고 짚단을 쌓음 ② 짚단높이(2m), 주입구(짚 3~4단 높이) ③ 비닐포장 ④ 덮개 비닐 밀봉(흙, 폐타이어 등) ⑤ 암모니아 주입 ⑥ 완전 밀봉(약 21일 후부터 급여 가능)	① 바닥 비닐 6m×6m ② 비닐두께 0.2mm ③ 윗 부분은 산형 ④ 덮개 비닐 10m×10m ⑤ 짚 양의 3~5% 주입 ⑥ 1~2일간 바람 쐐기	① 섭취량 및 기호성 증가 ② 건물, 섬유소 소화율향상 ③ 조단백질 함량 증가 ④ 질소 함량 증가 ⑤ 간편한 처리 ⑥ 보존성 향상
수산화나트륨	① 짚 절단(2~5cm) ② 짚 1,000kg일 때 물 500kg에 NaOH 30~60kg을 용해 후 분무 ③ 완전 밀봉(약 5일 후부터 급여 가능)	① 소규모(cutter기 이용) 대규모(트랙터 이용) ② 첨가량 : 짚의 3~6% ③ 약 2일간 바람 쐐기	① 건물, 섬유소 소화율향상 ② 일당 증체량 향상 ③ 기호성 향상 ④ 보존성 향상

제5절 반추동물에 대한 쑥, 두충 및 칡의 급여효과

경제발전으로 생활수준이 향상됨에 따라 생활의 질을 높이고 윤택한 삶을 영위하기 위

한 방법으로 질병치료와 건강보호 측면에서 합성물질 보다는 생리활성 기능을 지닌 약용식물(천연 자연식물)을 이용한 제품을 선호하는 추세이다. 이러한 추세에 따라 한방에서는 오래 전부터 인진쑥, 두충, 어성초, 삼백초, 산초 등 다양한 약용식물을 이용하여 질병의 치료와 예방에 힘쓰고 있다. 또한 최근에는 고기에 대한 항생제의 잔류 및 내성문제에 소비자의 관심이 고조되면서 이와 같은 약용식물을 반추동물에 급여한 기능성을 가진 고급육에 대한 관심이 고조되고 있는 실정이다. 이러한 기능성을 가진 약용식물 중에서 쉽게 구입이 가능한 쑥과 두충 및 산야에 자생하고 있는 칡을 반추동물에 급여하였을 때의 효과를 중심으로 간단히 소개하고자 한다.

1. 쑥의 급여효과

쑥(*Artemisia montana* Pampan)은 번식력이 강한 다년생 식물로서 국화과에 속하며, 우리 나라의 자생종만도 30여종이 있다(육, 1988). Alkaloid, 비타민-A, B, C, 철분, 칼슘 및 인 등이 다량 함유되어 있고(이, 1965), 거담, 혈청 콜레스테롤의 감소 및 지혈제(정과 신, 1990)로 이용되고 있으며, 쑥 액즙의 약리성분 효과(류와 황, 1994)와 암세포 증식억제 효과(황 등, 1998)도 있다. 쑥 추출물 5% 첨가시 흰쥐의 증체량과 사료섭취량 향상, 장내 유익균인 *bifidobacteria*는 증가 및 유해균인 *clostridia*와 *E. coli*는 감소하며(이 등, 1995), 한우에 건조 쑥을 5% 첨가할 경우 생산성과 육질 향상(고 등, 2001), 한우 육의 EPA 함량 증가(Kim 등, 2002a ; b), 쑥 pellet 3% 급여시 반추위내 발효특성의 개선효과가 있다(김, 2005c).

쑥 사일리지 10% 급여시 일당증체량은 0.90 kg으로서 가장 우수하며, 도체율은 쑥 사일리지 5% 급여시 가장 우수하지만 등지방 두께는 쑥 사일리지를 급여함으로써 낮아졌다. 등심단면적은 쑥 사일리지 10% 급여시 94.0 cm^2로서 가장 넓었으며, 육량등급과 및 육질 1등급의 비율은 쑥 사일리지 5% 급여시 가장 우수하다(표 8-19).

반추위 내 pH는 0.5시간 후에는 전체적으로 하락하는 추세이며, 건조 쑥을 5% 급여할 경우에는 감소 추세가 현저하다. 사료급여 1시간 후에는 전체적으로 상승하는 추세이며, 8시간 후에는 처음과 비슷한 pH를 유지하고 있다. 특히 사료급여 후 0.5시간에 건조 쑥을 대체할 경우 pH의 감소가 현저한데, 이것은 쑥의 기능성 중 장내 유해균인 *C. perfringens*의 생육을 억제하고 장내 유익균인 bifidobacteria의 생육의 증가(임, 1992)와 건조 쑥 급여로 인해 반추위 내 발효 조건이 개선되었기 때문이다(Tharib 등, 1983;

표 8-19. 한우 거세우에 대한 쑥 사일리지 급여효과

구 분	조사료 대비 쑥 사일리지 급여비율(%)			
	0	5	10	15
개시체중(kg)	330.2	320.8	326.4	327.8
종료체중(kg)	600.4	641.0	676.0	655.7
일당증체량(kg)	0.69	0.82	0.90	0.84
도체중량(kg)	337.6	382.0	386.3	375.6
도체율(%)	56.3	59.6	57.2	57.3
등지방두께(mm)	12.8	7.2	7.2	8.2
등심단면적(cm^2)	82.8	90.0	94.0	85.6
육량등급(%, A : B : C)	20 : 80 : 0	100 : 0 : 0	80 : 20 : 0	40 : 60 : 0
근내지방도	3.4	4.6	4.2	4.2
육질등급(%, 1 : 2 : 3)	20 : 80 : 0	80 : 20 : 0	60 : 40 : 0	40 : 60 : 0

(김, 2003).

Deans와 Ritchie, 1987 ; 임, 1992).

사료급여 직전에서의 반추위 내 ammonia nitrogen 함량은 모두 6.13~6..45 mg/100 mℓ를 유지하며, 1시간에서 건조 쑥을 5%와 10% 급여시 9.55~9.73 mg/100mℓ으로 증가된다. 일반적으로 사일리지 급여시 미생물체 단백질 합성을 최대로 유지시키기 위해서는 ammonia nitrogen 함량이 5 mg/100mℓ 이상이며(Satter와 Slyter, 1974), 건물 섭취량과 소화율을 최고로 높이기 위한 ammonia nitrogen 함량은 20 mg/100mℓ 이상(Mehrez 등, 1977 ; Leng, 1989) 또는 45 mg/100mℓ 이상(Kim 등, 1993b) 으로서 연구자에 따라서 다소 차이가 있음을 보여주고 있다.

Total-VFA 함량은 사료급여 후 0.5시간에는 건조 쑥을 급여함으로써 8.37~8.50 mmol/100mℓ로 급격하게 증가하며, 1시간는 최고점에 도달한다. 사료중 지방 수준과 조지방 소화율이 높으면 제 1위 내 미생물 지방산과 total-VFA 함량이 증가되며(Bauchart 등, 1990), 조단백질 함량이 높을수록 total-VFA 함량과 acetic acid 함량이 증가(Wheeler 등, 1981)하기 때문에 건조 쑥으로 저질 조사료인 볏짚을 대체함으로써 조지방 함량과 조지방 소화율이 개선됨과 동시에 반추위 내 total-VFA 함량이 증가하였다.

2. 두충의 급여효과

두충(*Eucommia ulmoides* Oliver)은 두충과에 속하는 낙엽 교목(喬木)으로 두충의 수피(樹皮)는 중국의학에서도 5대 약초 중에 하나라 할만큼 귀중한 약재로 이용되고

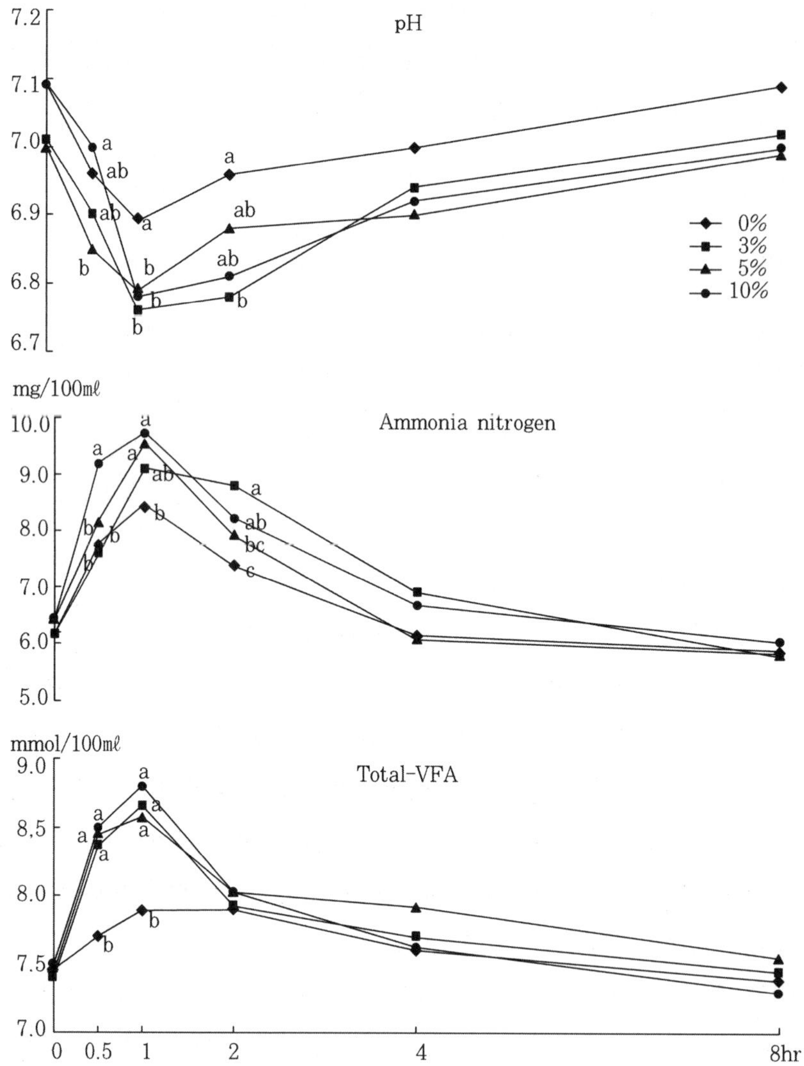

그림 8-10. 건조 쑥을 면양에 급여시 반추위액의 pH, total-VFA 및 ammonia nitrogen 함량 변화(김, 2005b).

있다. 우리나라에서는 1930년대부터 재배되고 있으며 두충 잎에는 배당체, alkaloid, pectin, 지질, 수지, 유기산, 당류 및 vitamin C 등이 함유되어 있으며, 혈압 강하작용을 하는 phenol성 화합물인 pinoresinol diglucoside의 약효성분이 함유되어 있는 것으로 알려져 있다(Deyama 등, 1987). 또한 두충에는 다양한 생리활성물질이 함유되어 있어 혈압강하(Metori 등, 1997), 이뇨작용 및 항당뇨활성(Hwang 등, 1996), cholesterol 저하, 비만방지 및 숙취방지(Nakasa 등, 1995) 등의 효과가 있다.

현재까지 동물에 대한 연구로는 두충 잎 추출물의 급여로 흰쥐의 손상된 간기능의 회복효과와 혈청지질 개선효과(전과 박, 2002), 혈중 HDL-cholesterol 증가, 총 cholesterol 감소 및 배변효과(김과 황, 1997) 등이 있다.

국내 두충의 생산량은 경남지역이 1,314 M/T(전국의 27.5%)으로 다량 생산되고 있으나(농림부, 2005), 최근 값싼 중국산의 수입으로 국내 한약재는 시장 경쟁력을 잃고 있으며, 대부분의 연구들이 인체에 적용하기 위한 생약분야의 연구들로서 동물의 질병예방 효과, 스트레스 경감 및 사료 이용률 개선 등에 관한 연구는 극히 미진하다.

따라서 저자 등은 거세 한우에 두충 잎을 급여시 생산성과 육질, 반추위 내 발효특성 및 질병치료에 미치는 영향에 대하여 연구한 바, 일당 증체량은 두충 잎 3~5% 급여시 0.70 kg으로 가장 우수하며, 도체율은 두충 잎을 급여할 경우 효과가 높다. 등지방 두께는 두충 잎의 급여수준을 증가시킬수록 낮아지며, 등심단면적은 두충 잎 3% 급여시 83.67 cm^2으로 가장 넓다. 또한 육량등급, 근내지방도 및 육질 1등급 비율 역시 두충 잎을 5~10% 정도 급여함으로써 증가한다(표 8-20).

표 8-20. 한우 거세우에 대한 두충 잎의 급여효과

구 분	두충잎의 급여비율(%)			
	0	3	5	10
개시체중(kg)	369.8	378.2	368.3	374.1
종료체중(kg)	606.3	629.4	618.2	620.1
일당증체량(kg)	0.66	0.70	0.70	0.68
도체율(%)	58.01	60.20	58.65	59.76
등지방두께(mm)	15.0	12.0	10.5	10.2
등심단면적(cm2)	80.00	83.67	82.33	82.00
육량등급(%, A : B : C)	55 : 45 : 0	70 : 30 : 0	65 : 35 : 0	65 : 35 : 0
근내지방도	3.5	3.9	3.7	4.3
육질등급(%, 1^+ : 1 : 2 : 3)	0 : 30 : 60 : 10	0 : 40 : 55 : 5	15 : 30 : 55 : 0	10 : 30 : 60 : 0

(고 등, 2001).

두충 잎을 면양에 급여시 반추위 내 pH 변화는 모두 사료급여 후 1시간까지는 급격히 하락하며, 2시간 이후에는 서서히 증가한다. RAN(암모니아태질소) 함량 변화는 모두 사료급여 후 0.5시간과 1시간 및 2시간에 급격히 증가하며, 4시간 이후에는 서서히 감소한다. Total VFA 함량 변화는 모두 사료급여 후 0.5시간에 급격히 증가하며, 2시간 이후에는 서서히 감소한다(그림 8-11). 이러한 현상은 반추위액의 pH는 반추위 내 미생물에 의한 질소화합물의 빠른 가수분해로 인한 암모니아의 생성이 사료급여 후 1~2시간에 증가

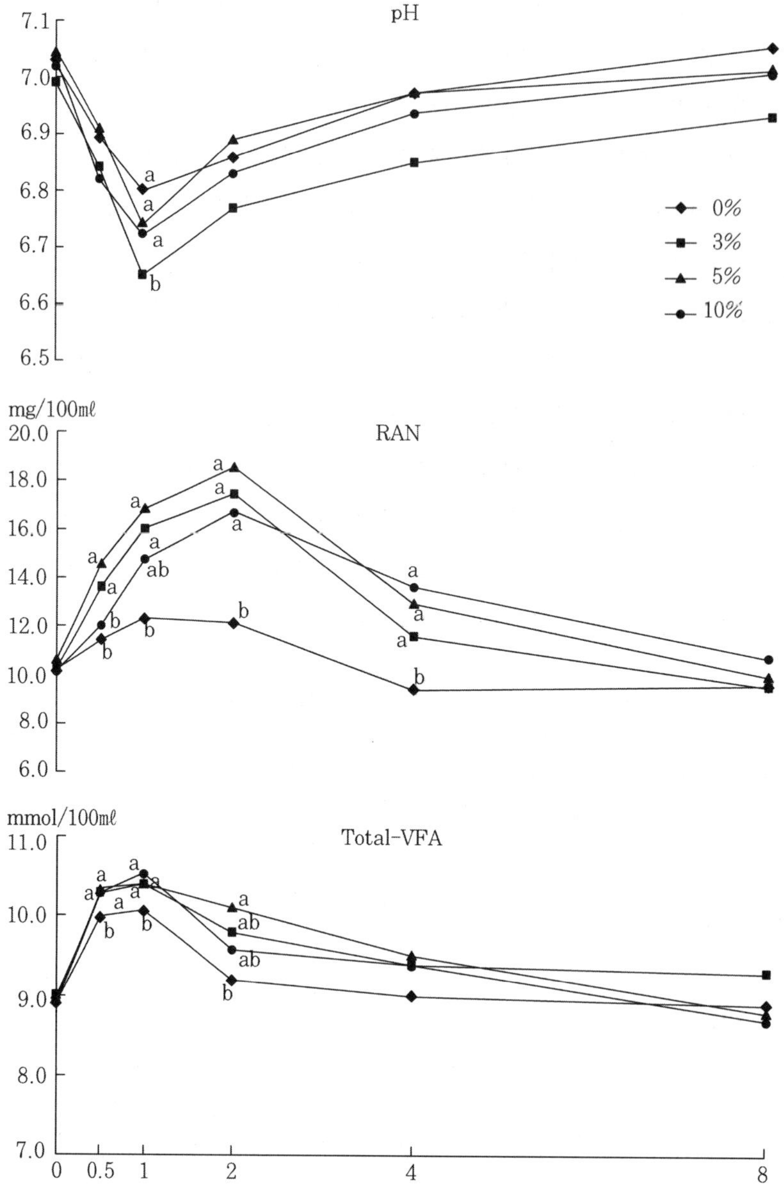

그림 8-11. 두충 잎을 면양에 급여시 반추위액의 pH, total-VFA 및 ammonia nitrogen 함량 변화(김, 2005a).

(Oltjen 등, 1968)하며, 가용성 당은 시간당 약 300%로 분해가 가장 빠르며 구조성 탄수화물은 시간당 3~4%로 분해율이 낮아 전분에 비해 5배 이상, 가용성 당에 비해서는 30배 이상 서서히 분해가 일어나므로(Sniffen과 Robinson, 1987) 두충 잎을 3~5% 대체 급여할 경우 반추위 내 미생물의 작용 촉진 또는 반추위 내 발효조건을 개선시켜 발효작

용이 더욱 활발하게 일어나기 때문에 두충 잎을 반추동물에게 급여시킬 경우 그 효과는 매우 높을 것으로 생각된다.

거세 한우에 두충 잎을 대체 급여하였을 때 하절기 하리의 발생비율은 두충 잎을 급여하지 않을 경우에는 약 20.26%이지만 두충 잎을 5~10% 급여하면 10.38~12.51%로 크게 감소한다. 동절기 호흡기 발병비율은 두충 잎을 대체하므로 개선되는 경향이지만 두충 잎을 급여하지 않을 때와의 차이는 없다(표 8-21).

위의 결과 하리발생 비율의 감소는 두충 잎 급여에 의한 반추위 내 미생물 환경의 개선과 영양소 이용률 개선에서 기인하는 것으로 생각되며, 호흡기 발생의 감소는 우사의 유해가스(NH_3) 발생량의 감소로 인해 호흡기 장애요소가 개선된 환경에서 사육할 수 있기 때문인 것으로 생각된다. 특히 최근에는 항생제의 체내 잔류문제나 인체 내성의 문제가 야기됨에 따라 대체물질의 개발에 관심을 집중하고 있는 현실을 감안할 때 생리활성 기능을 가지고 있는 두충 잎을 급여하므로 이와 같은 항생제의 문제점을 해결함과 동시에 소비자들에 안전한 축산물을 공급할 수 있기 때문에 국민 건강개선에도 상당한 도움이 될 것이다.

표 8-21. 거세 한우에 두충 잎 급여시 설사와 호흡기 질환의 발생 빈도(%)

구 분	두충 잎의 급여비율(%)				SEM
	0	3	5	10	
설사 빈도	20.26	15.61	10.38	12.51	1.570
호흡기 질병 빈도	41.25	38.25	39.01	37.48	1.456

(고 등, 2001).

3. 칡의 급여효과

우리나라 국토의 ⅔가 임야지이기 때문에 우리 주변에는 다량의 산야초가 방치되어 있다. 이러한 산야초를 개발·이용한다면 수입에 의존하고 있는 알팔파의 좋은 대체 조사료가 될 수 있다. 산야초 중에서도 칡(*Pueraria thumbergiana* Benth)은 긴 줄기와 넓은 잎을 지닌 덩굴성 두과야초로서 연간 10~20 m씩 자라며, 잎은 수확이 늦더라도 낙엽이 적고 잎의 비율이 50~60%의 높은 비율을 차지하기 때문에 건초로 이용하기에 유리하다. 이와 같은 칡을 사료로 이용한다면 자급 조사료 확보, 생산비 절감 및 단백질 자원의 효율적인 이용이란 측면에서 중요한 의의를 지니고 있으므로 칡의 사료가치 구명(김 등, 1989 ; 1994a)과 저장방법에 대한 시험(김 등, 1994b) 등 많은 연구가 있다. 따라서 여기에서는 칡을 건초로 만들거나 pellet으로 제조하여 면양에 대한 소화율, 기호성 및 반추위 내 발효특성을 수입 조사료인 알팔파와 비교·분석한 결과를 소개하고자 한다.

즉 건물, 조단백질, 조회분, NDF 및 ADF 소화율은 알팔파 건초와 알팔파 큐브를 급여함으로써 약 62.3%, 74.1%, 44.5%, 57.3% 및 54.7%로서 칡 건초나 칡 펠렛의 소화율에 비하여 약 15~20% 이상 높다(표 8-22). 일반적으로 펠렛 제조시에는 결착력과 기호성을 증진시키기 위하여 당밀을 많이 사용하고 있으며, 김(1992)은 칡 사일리지 제조시 당밀을 첨가할 경우 건물과 섬유소 소화율의 증가효과를 인정하였다. 이상의 결과 칡 건초와 칡 펠렛의 사료적 가치가 알팔파 건초나 알팔파 큐브보다 낮으나 칡 펠렛 제조시 당밀을 첨가하여 제조하면 수입 조사료원인 알팔파의 대체 조사료로서 우수한 조사료 공급원이 될 수 있다.

표 8-22. 면양에 대한 칡 건초, 칡 펠렛, 알팔파 건초 및 알팔파 큐브의 영양소 소화율(%)

구 분	처 리			
	칡 건초	칡 펠렛	알팔파 건초	알팔파 큐브
건 물	41.6	40.3	62.4	62.2
조단백질	55.8	55.2	74.9	73.2
조 회 분	37.1	37.2	43.4	45.6
NDF	44.1	40.9	57.6	56.9
ADF	40.1	37.2	55.3	54.1

(김 등, 1998).

〈참 고 문 헌〉

1. Ammernan, C.B., Waldroup, P.W., Arrington, L.R., Shirely, R.L. and Harms, R.H. 1966. Nutrient digestibility by ruminants of poultry containing dried citrus pulp. J. Agr. Food Chem. 14 : 279.
2. Bauchart, D., Legay-Carmier, F., Doreau, M. and Gaillard, B. 1990. Lipid metabolism of liquid-associated and solid-adherent bacteria in rumen content of dairy cows offered lipid-supplimented diets. Br. J. Nutr. 63 : 563.
3. Caswell, L.F., Fontenot, J.P. and Webb, K.E.Jr. 1978. Fermentation and utilization of broiler litter ensiled at defferent moisture levels. J. Anim. Sci. 46(2) : 547-561.
4. Cross, D. L. and Jenny, B. F. 1976. Turkey litter silage in rations for dairy heifers. J. Dairy Sci. 59 : 919.

5. Deans, S.G. and Ritchie, G. 1987. Antibacterial properties of plant essential oils. International J. Food Microbiol. 5 : 165.

6. Deyama, T., Ikawa, T., Kitagawa, S. and Nishibe, S. 1987. The constituents of *Eucommia ulmoides* Oliv Ⅵ. Isolation of a new sesquilignan and neolignam glycoside. Chem. Pharm. Bull. 35 : 1803.

7. El-Sabban, M. and Farouk, F. 1968. The influence of various factors on poultry litter composition. M.S. Thesis : The Pennsylvania State Univ., University park.

8. Evans, E., Moran, E.T.Jr. and Walker, J.P. 1976. Laying hen excreta as a ruminant feedstuff. Ⅰ. Influence of practical extremes in diet management procedure and stage of production on composition. J. Anim. Sci. 46 : 520.

9. Fontenot, J.P., Webb, K.E.Jr., Harmon, B.E., Tucker, R.E. and Moore, W.E.C. 1971. Studies of processing, nutrition value and palatability of broiler litter for ruminants. Proc. Internal. Symp. on Livestock Wastes, A.S.A.E. Pub. Prodc. 271.

10. Harmon, B.W., Fontenot, J.P. and Webb, K.E.Jr. 1975. Ensiled broiler litter and corn forage. Ⅰ. Fermentation characteristics. J. Anim. Sci. 40(1) : 144-155.

11. Harry, E.G., Brown, W.B. and Goodship, G. 1973. The influence of temperature and moisture on the disinfecting activity of methyl bromide on infected poultry litter. J. Appl. Bacteriol. 36 : 343.

12. Hwang W.K., Choi, S.B. and Kim I.H. 1996. Physiological activities of mixed extracts of *Acantopancis senticosi* radicis cortex and Eucommiae cortex. Kor J. Pharmacogn. 27 : 65.

13. Koenig, S.E., Hatfield, E. and Speares, E. 1978. Animal performance and microbial adaptation of ruminants fed formalhyde treated poultry waste. J. Anim. Sci. 46 : 490.

14. Kim, Y.M. Kim, J.H., Kim, S.C., Ha, H.M., Ko, Y.D. and Kim, C.H. 2002a. Influence of Dietary Addition of Dried Wormwood (*Artemisia* sp.) on the Performance, Carcass Characteristics and Fatty Acid Composition of Muscle Tissues of Hanwoo Heifers. Asian-Aust. J. Anim. Sci. 15(4) : 549~554.

15. Kim, J.H. Kim, C.H. and Ko, Y.D. 2002b. Influence of Dietary Addition of Dried Wormwood (*Artemisia* sp.) on the Performance and Carcass Characteristics of Hanwoo Steers and the Nutrient Digestibility of Sheep. Asian-Aust. J. Anim. Sci. 15(3) : 390~395.

16. Kim, J.H., Yokota, H., Ko, Y.D., Okajima, T. and Ohshima, M. 1993a. Nutritional quality of whole crop corn forage ensiled with cage layer manure. Ⅰ. quality, voluntary feed intake and digestibility of the silages in goats. Asian-Aust. J. Anim. Sci. 6(1) : 45-51.

17. Kim, J.H., Yokota, H., Ko, Y.D., Okajima, T. and Ohshima, M. 1993b. Nutritional quality of whole crop corn forage ensiled with cage layer manure. Ⅱ. in situ degradability and fermentation characteristics in the rumen of goats. Asian-Aust. J. Anim. Sci. 6(1) : 53-59.

18. Ko, Y.D., Kim, J.H. and Kim, C.-H. 2001. Influence of Whole Crop Corn Silage Ensiled with Poultry Manure on the Performance and Carcass Quality of Hanwoo Steers. Asian-Aust. J. Anim. Sci. 14(8) : 1133~1137.

19. Lee, N.H. and Kim, C.S. 1983. Digestivility and nitogen balance studies in sheep fed silages prepared with rice straw and manure of different origin. Korean J. Anim. Sci. 22 : 386.

20. Leng, R.A. 1989. In ruminant physiology and nutrition in Asia(Eds. C. Devendra and E. Imaizumi). Jap. Soc. Zootech. Sci.

21. Mehrez, A.Z., Orskov, E.R. and McDonald, I. 1977. Rates of rumen fermentation in relation to ammonia concentration. Br. J. Nutr. 38 : 437.

22. Metroi, K., Furutsu, M. and Takahashi. S. 1997. The prevention effect of ginseng with Du Zhung leaf on protein metabolism in aging. Biol. Pharm. Bull., 20 : 237.

23. Nakasa, T., Yamaguchi, M., Okinaka, O. and Metori, K. 1995. Effect of Du-chung leaf extract on plasma and hepatic lipids in rats fed on a high fat plus high cholesterol diet. Nippon Nogeikagaku Kaishi. 69 : 1491.

24. Obitsu, T., K. Taniguchi and Y. Yamatani. 1992. Effects of ruminal infusion rate of urea on digestion and nitrogen utilization in ruminants. Anim. Sci. Technol. (Jpn.). 63 : 277.

25. Oltjen, R.R. and Dinius, D.A. 1976. Processed poultry wasre compared with uric acid, sodium urate, urea and biuret as nitrogen supplements for beef cattle fed forage diets. J. Anim. Sci. 43 : 201.

26. Oltjen, R.R., Slyter, L.L., Kozak, A.S. and Williams, Jr.E.E. 1968. Evaluation of urea, biuret, urea phosphate and uric acid as NPN sources for cattle. J. Nutr, 94 : 193.

27. Satter, L.D. and Slyter, L.L. 1974. Effect of ammonia concentration on rumen microbial protein production *in vitro.* Br. J. Nutr. 32 : 199.

28. Sniffen, C.J. and Robinson, P.H. 1987. Microbial growth and flow as influenced by dietary manipulations. J. Dairy Sci. 70 : 425.

29. Spoelstra, S.F., Tjoonk, L. and Steg, A. 1985. Ensiling and feeding mixtures of cage layer manure and whole crop maize to beef bulls. In : Feeding value of by-products and their use by beef cattle. Melle-Gontrode, Belgium, 1983. 349-360.

30. Tharib, S.M., Gnan, S.O. and Veitch, G.D.A. 1983. Antimicrobial activity of compounds from *Artemisia campestris.* J. Food Protection. 46 : 185.

31. Torell, D.T. 1975. Recyling animal wasre. In : Proceeding sheep breeding and feeding for Profit Symposium. p 32. SID, Denver. SD.

32. Wheeler, W.E., C.H. Noller and J.L. White. 1981. Effect of level of calcium and sodium bicarbonate in high concentrate diets on performance and nutrients utilization by beef steers. J. Anim. Sci. 55 : 449.

33. Woolford, M.K., Cook, J.E., Hall, D.M. and Bonis, A. 1980. The use of pimaricin as an additive to improve the aerobic stability of silage. J. Sci. Food Agric. 31 : 558-566.

34. 吉田則人, 高野信雄. 1991. 最新 サイレージ調製と給與の決め手. 第 1章. サイレージの調製法 - 롤-베일 사일리지. 萬田富治. p 83-90. デーリイマン社.

35. 吉田則人, 高野信雄. 1991. 最新 サイレージ調製と給與の決め手. 第 1章. サイレージの調製法 - All-in 사일리지. 高野信雄. p 90-98. デーリイマン社.

36. 고영두, 김두환, 김재황, 임용기. 1990a. 배합사료를 혼합한 옥수수-계분 silage의 품질과 사료가

치. 한초지. 10(3) : 164.
37. 고영두, 김재황, 김삼철, 김영민, 박기동, 신재형, 김정태, 이주환. 2001. 두충의 생리활성 물질을 이용한 한우의 고급육 생산. 경상남도연구 보고서.
38. 고영두, 곽종형, 송또준. 1990b. 옥수수-계분 silage의 제조와 시료가치에 관한 연구. 한축지. 32(8) : 470.
39. 고영두, 곽종형, 송또준, 박구부. 1989. 볏짚을 이용한 비육우의 all-in-one silage 제조와 이용. 한축지. 31(2) : 71~78.
40. 고영두, 류영우, 김재황. 1995. 면양에 있어서 수수-계분 silage의 반추위내 발효특성. 한축지. 37(2) : 145.
41. 고영두, 안병관. 1987. 옥수수-계분 silage의 제조시험. Ⅰ. Silage 발효의 화학적, 미생물학적 특성. 한축지. 29(11) : 501.
42. 김광수 1998. 효율적인 축우 TMR 사양, 순천대학교 영농교육원. '98 최고 농업경영자 과정 교재(축산) 13~27.
43. 김광수 2000. 농가실정에 따른 TMR의 선택방향, 월간 축산 4월호 34~43.
44. 김기현, 김현진, 주종원, 이상락, 김동식, 맹원재. 1994b. 건조 인삼박의 알팔파 대체수준이 반추위 발효특성에 미치는 영향. 한영사지. 18 : 481.
45. 김대진, 김영규, 맹원재. 1994a. 칡의 대량생산 이용과 생리활성물질에 관한 연구. Ⅱ. 당밀, 칡즙 및 칡 뿌리의 첨가가 칡 사일리지의 발효품질과 사료적 가치에 미치는 영향. 한영사지. 18(2) : 122.
46. 김대진, 김영길, 맹원재. 1989. Pepsin-cellulase에 의한 국내산 주요 조사료의 DMD에 관한 연구. Ⅰ. 화본과 야초의 세포벽구성물질과 건물소화율. 한축지. 31 : 324.
47. 김삼철. 2003. 쑥 사일리지 사료 개발에 관한 연구. 경상대학교 박사학위논문.
48. 김영규. 1992. 당밀, 칡즙, 칡 뿌리 첨가가 칡 silage의 발효특성과 DMD 및 DUP에 관한 연구. 동아대 박사학위논문.
49. 김영민. 2005a. 두충(杜冲)의 반추동물 사료 개발에 관한 연구. 경상대학교 박사학위논문.
50. 김재황. 2005b. 건조 쑥이 면양의 반추위 내 발효특성에 미치는 영향. 경상대학교 농업생명과학연구. 39(2) : 1~9.
51. 김재황. 2005c. 쑥 pellet이 면양의 영양소 이용율과 반추위내 발효특성에 미치는 영향. 동물자원지. 47(3) : 419~428.
52. 김재황, 고영두, 이희석, 유성오, 이수칠. 1998. 칡 건초, 펠렛과 알팔파 건초, 큐브가 면양의 소화율, 기호성 및 반추위내 발효특성. 한영사지. 22(6) : 403~412.
53. 김지현, 왕수경. 1997. 쑥, 진피, 두충이 고지혈증 흰쥐의 체내 지질대사에 미치는 영향. 한국영양학회지. 30 : 895.
54. 농림부 2002. 한우 사육 길잡이. 166~172.
55. 농수축산신문 한우 농가 'TMR 사료공장 설립' 붐. 2005년 3월 30일자.
56. 농수축산신문 전남낙협, 섬유질 사료공장 준공. 2005년 6월 10일자.
57. 농수축산신문 2005년 9월 21일자.
58. 류영우, 고영두, 구재윤, 김재황, 유성오, 이희석. 1995a. 면양에 있어서 수수-계분 silage의 영양소 함량, 소화율, 질소출납 및 기호성. 한축지. 37(2) : 151.
59. 류영우, 고영두, 구재윤, 김재황, 유성오, 이희석. 1995b. Holstein 육성우에 대한 수수-계분

silage 급여가 증체량, 사료섭취량 및 경제성에 미치는 영향. 한축지. 37(3) : 232.

60. 류영우, 고영두, 구재윤, 김재황. 1995c. 면양에 의한 수수-계분 silage의 in situ 분해율에 미치는 영향. 상주대학교 기술연구소보. 제 2보. p 1138.
61. 류익상, 황주광. 1994. 자생식물 쑥, 돌외 및 환삼덩굴의 지역별, 재배방법별 생육 특성과 주요 약리성분. 藥作誌. 4(1) : 27~30.
62. 이선화, 우순자, 구영조, 신현경. 1995. 쑥, 양파 및 원지가 흰쥐의 장내환경에 미치는 영향. 한국식품과학학회지. 27 : 598
63. 이학철 등. 1985. 육우학. 서울 선진문화사 221~240.
64. 임병용. 1992. 쑥으로부터 추출한 정유의 항균효과. 한국식품위생안전성학회지. 7 : 157.
65. 전정례, 박정륭. 2002. 두충잎 물추출물이 사영화탄소를 투여한 흰쥐의 간손상에 미치는 영향. 한국식품영양과학회지. 31 : 124.
66. 정보섭, 신민교. 1990. 도해향약(생약) 대사전 식물편. 영림사. p. 551.
67. 황윤경, 김동처, 황우익, 한용봉. 1998. 쑥(*Artemisia princeps* Pampan.) 추출성분의 암세포 증식 억제효과. 한국영양학회지. 31 : 799.

제 9 장　송아지 사양관리

제 1 절　분만직후의 일반관리

정상적인 환경하에서 태어난 송아지는 생존능력이 있어 적절한 관리에 의해 건강하게 육성할 수 있다. 최근, 송아지가격이 상승하면서 분만 후 관리방법 및 시설이 많이 개선된 것을 볼 수 있다. 대규모 시설을 갖춘 목장의 경우 폐사율을 줄이려고 각종 질병이 적게 발생되는 시기에 분만을 조절하는 관리방법도 응용되고 있다.

송아지가 출생하면 먼저 어미 소의 상태를 정확히 판단한 후 송아지에게 초유를 급여하여야 한다. 특히 초산우의 경우 초유를 거부하거나 송아지를 핥지 않고, 유량이 적어 인공포유를 시키거나 난산을 하는 경우가 있다.

1. 체표면 건조

어미 소는 분만 후 본능적으로 송아지의 젖은 몸 표면을 핥아서 건조시켜 준다. 특히 추운계절에 외부환경에 노출되었을 때 송아지의 저항성을 높이기 위해서 반드시 필요한 행동이다. 송아지를 돌보지 않는 경우 관리자가 송아지 몸을 닦아주어야 한다. 몸을 마사지 해주면 혈액순환을 촉진하여 체온을 유지시키는 데 도움을 준다.

2. 송아지 호흡확인

갓 태어난 송아지의 입과 코에 소독된 거즈를 넣어서 끈적끈적한 양수를 말끔히 닦아낸다. 송아지의 호흡이 어려울 땐 콧구멍을 자극하여 재채기를 유도하거나, 거꾸로 들어 이물질이 흘러내리도록 하며, 가슴에 찬물을 붓는 방법 등으로 호흡을 촉진하여야 한다.

3. 탯줄소독

탯줄은 배꼽에서 약 7 cm 정도 떨어진 곳을 잘라주고 강옥도로 소독하여 제대염 발생을 예방한다. 어미 소는 자신의 후산을 먹는 습성이 있고, 이때 기도가 폐색되거나 고창증 및 제 1위 식체 등을 일으킬 수 있다. 분만 후 8시간 이상 후산이 배출되지 않으면 치료를 받아야 한다. 초유급여 전 어미 소의 유두를 세척하고 소독하는 것이 필요하다.

그림 9-1. 수유가 거부되어 마른송아지

제2절 송아지의 일반관리

1. 초 유 기

송아지는 작은 성축이 아니다. 송아지에 맞는 특유의 생리와 영양요구가 있고, 반추동물에서는 특히 그렇다. 특별히 배려해야 하는 것으로 면역성과 단위동물적 영양을 들 수 있다.

반추동물 태반의 태막은 결합조직으로 되어 있어 사람이나 토끼와는 다르고, 단백질과 같은 거대분자를 통과시킬 수 없다.

그 때문에 태아는 성축으로부터 면역글로브린을 받을 수 없고, 송아지는 미생물감염에 무방비 상태가 된다.

면역성은 초유를 섭취하면서 수동적으로 얻어지게 되므로, 반드시 먹게 할 필요가 있다. 그래도 생후 36시간 안에 급여하지 않으면 효과는 기대할 수 없다.

그 이유는 어린 송아지의 장관이 거대분자를 흡수할 수 있는 것은 이 시간까지로, 48시간 후에는 흡수 능력이 소실되기 때문이다. 또 제 4위 내용물은 생후 급속도로 산성으로 되어 펩신활성이 높아지므로 이시기를 벗어나면 면역글로브린은 분해되어 무효가 된다.

갓 태어난 송아지는 생후 30분 이내에 초유를 급여하고, 체중의 4~5% 수준을 24시간 내에 3~5회로 분할하여 급여하며, 부득이 초유를 먹이지 못하게 될 때에는 어미 소 혈액 200~500㎖를 송아지에 정맥 또는 피하주사 한다.

또는 계란 알브민을 생후 24시간 내에 먹이면 그때로 혈중으로 이행되어, 미생물감염에 대해 약간의 효과가 있으나 대용물을 준비해 두는 것이 필요하다.

농장의 위치에 따라 젖소사육농가에서 초유를 미리 확보해 냉동시켜 두었다가 분만이 진행되면서 더운물에 서서히 녹여 급여하면 된다.

표 9-1. 분만 후 시간 경과에 따라 초유성분의 변화

구 분	1일	2일	3~4일
고형분 함량(%)	23.9	17.9	12.9
단 백 질(%)	14.0	8.4	3.1
케 이 신(%)	4.8	4.3	2.5
면역단백질(mg/㎖)	48.0	25.0	0.6
지 방(%)	67	5.4	3.7
유 당(%)	2.7	3.9	5.0

(한우사육길잡이, 2002).

2. 포 육 기

출생 후 4~5일부터 2~3개월간은 반추위가 급속히 발달해, 단위동물형의 영양에서 복위동물형의 영양으로 이행하는 기간으로 중요하다. 이 시기의 사료는 반추위의 정상적인 발달을 촉진시키는 것이 되지 않으면 안 된다. 반추위의 발달은 위벽에 대해서 고형물의 물리적 자극과 휘발성 지방산의 화학적 자극에 따라 촉진된다.

송아지는 생후 1주간 정도에 소형사료를 먹기 시작해 반추도 일어나기도 하므로, 모유를 먹이는 동시에 우선, 밀기울과 같은 소화성이 좋은 사료를 주어 먹이통에서 채식하는 것을 습관화 할 필요가 있다. 이어서 양질의 배합사료와 조사료에 접근시켜 반추위의 발

달을 촉진하는 것이 일반적이다.

이와 같이 포유중의 송아지는 영양분보충과 이유촉진을 위해 주는 사료를 creep feed라 한다.

인공유 또는 calf starter(대용유)는 이것에 속하고 옥수수, 보리, 대두박, 밀기울, 알팔파분말, 어분 등을 배합하여 급여한다. 가격이 비싸므로 송아지만 접근하여 먹을 수 있도록 한다. 이러한 사양형태를 새끼 따로 먹이기라 한다.

송아지는 하루에 5~9회 모유를 마시고, 그 시간은 40~90분에 이르나, 성장과 함께 회수, 시간은 감소하고, 먹이통에서 사료섭취시간이 늘어간다. 송아지에서는 어미와 함께 6~7개월 령에 자연적으로 이유시키는 경우가 많다.

포육기의 송아지는 생리적으로 불안정해, 초유에서 수동적으로 얻어진 면역도 4주령경에는 소실되므로 질병에 걸리기 쉽다.

3. 송아지의 반추위발달

일반적으로 생후 4~8주부터 반추위 발달이 일어나는데, 고형사료를 빨리 급여하면 2주경부터 시작된다. 갓 태어난 송아지의 1위는 단위동물의 위와 비슷한 역할을 하며, 제4위가 60%정도 차지하고 있다.

표 9-2. 생육단계별 반추위 발달정도 (단위 : %)

연 령	제 1위	제 2위	제 3위	제 4위
생 시	25	5	10	60
3~4개월	65	5	10	20
성 우	75	5	10	10

1) 개체표시

송아지는 어미 소로부터 떼어 놓으면서 반드시 개체표시를 하여야 한다. 개체표시를 함으로써 여러 마리의 송아지를 기를 때에도 어느 소의 자손인지 알 수 있으므로 개량과 등록 그리고 능력검정 등 각종 기록유지에 필요하기 때문이다. 개체표시 방법은 사진, 스케치, 문신, 냉동인법 등의 영구적인 방법과 목 번호표, 귀 번호표 등을 부착시키는 방법이 있다.

2) 제 각

제각 시기는 보통 1~2주령에 실시하며 늦어도 30일을 넘기기 않도록 한다. 제각은 어릴 때 하는 것이 상처도 적고 빨리 아물며, 송아지에게 충격을 가장 적게 주고 제각하기에도 편리하다.

(1) 가성칼리봉 이용

① 생후 4~10일령 또는 뿔 자리를 쉽게 알 수 있는 시기에 실시하되 제각시기가 빠를수록 좋다.

② 뿔 자리 주위의 털을 깎는다. → 뿔 자리 주위에 바셀린이나 구리스를 둥그렇게 바른다. → 가성칼리봉을 적셔서 뿔 자리(생장점부위)에 돌리면서 문지른다.→겉 부분이 부드럽게 되면 다른 쪽 뿔에 문지르고 번갈아 가면서 반복한다.

③ 주의사항 : 너무 지나치게 많은 양의 가성칼리가 묻지 않도록 할 것. 뿔 자리 전체를 없앨 때까지 계속할 필요는 없다. 송아지를 격리하여 다른 송아지에게 문지르지 못하도록 한다. 뿔자리 주위에 바셀린이나 구리스를 발라서 약물이 송아지의 얼굴이나 눈에 들어가지 않도록 한다. 손을 보호하기 위해서 고무장갑을 끼고 가성칼리봉을 종이와 비닐을 이용, 이중으로 싸서 사용한다. 사용 후 가성칼리봉은 밀폐된 유리기구나 플라스틱 용기에 저장한다.

(2) 전기제각기 사용

시중에서 판매되는 전기제각기를 구입하여 송아지를 잘 보정하고 뿔 자리를 찾아 지져준다. 이것은 뿔의 생장점을 불로 지져서 더 이상 자라지 못하게 하는 것으로서 간편한 방법이다. 약 2~7주령사이에 실시하는 것이 가장 좋다.

제3절 거 세

1. 거세의 특징

거세는 수소의 정소를 제거함으로써 그 기능을 상실하고, 외모상으로 암소를 닮게 되며 공격적인 성질이 온순해지고, 육질이 부드러워지고 풍미가 좋아져 고급육으로 사육할 목적으로 실시되고 있다. 또한 유전능력이 떨어지는 개체의 번식을 방지하는 목적도 있다. 거세를 하게 되면 근섬유가 가늘어지고, 근내 지방도가 높아져 육질면에서 우수한 평가를 받게 된다. 한편 등심단면적이 적어지고, 등지방두께가 두꺼워져 육량은 오히려 감소하게 된다.

비거세우는 거세우에 비해 적육생산이 높아 불가식지방이 적게 형성된다. 한우에 있어서 거세우와 비거세우와의 발육성적 비교는 24개월 출하시기를 기준으로 체중에 있어서 비거세우에 비해 18개월령에서 약 6.4%, 24개월령에 약 11% 정도 발육이 늦어지는 반면, 근내지방도의 경우 1.7에서 4.3으로 향상되고, 연도도 9.4에서 6.4 kg/cm^{2}로 개선되었다. 거세에 대한 인식은 점차 확산되어가나 쇠고기 가격의 등락폭에 따라 전국적인 거세율은 향후 더욱 증가되어야 한다.

2. 거세시기

가축의 성장은 세포의 수가 증대하거나, 세포의 크기가 증대하는 것으로 구별할 수 있는데, 세포의 수는 태아시기부터 거의 결정되어지므로 세포크기의 증대가 성장과 밀접한 관련을 갖는다. 일반적으로 암소의 세포크기가 수소보다 작아 근내지방도가 작은 경향을 보인다. 거세시기에 있어서 조기에 실시하면 스트레스가 줄어드나 요결석의 피해를 우려하게 되고, 고기의 결, 근섬유의 굵기를 고려하여 대체로 브랜드 한우생산은 4~6개월 정도, 늦어도 8개월 내에 거세하기를 권장하고 있다.

3. 거세방법

거세방법은 음낭을 절개하여 고환을 떼어내는 외과적 수술방법과 고무링이나 무혈거세기를 이용하여 혈액순환을 막아 고환을 퇴화시키는 방법 등이 주로 사용되고 있다. 어떠한 방법을 이용하더라도 송아지에 주는 스트레스는 예상되나, 무혈거세기의 경우 조기에 이용하는 것이 바람직하다. 외과적 방법은 옆면을 절개하는 방법과 고환 밑 부분을 절개하는 방법이 있다. 수술방법으로는 거세방법에 따른 증체량의 변화는 거의 유사한 것으로 나타나 농가의 편에서 편리한 방법을 선택하는 것이 가능하다.

① 손과 기구를 물로 깨끗이 씻고 소독약으로 소독한다. ② 음낭을 소독약으로 닦고 소독한다. ③ 음낭의 비부를 아래로 잡아당기고 밑 부분을 한번에 절개한다. ④ 고환이 나

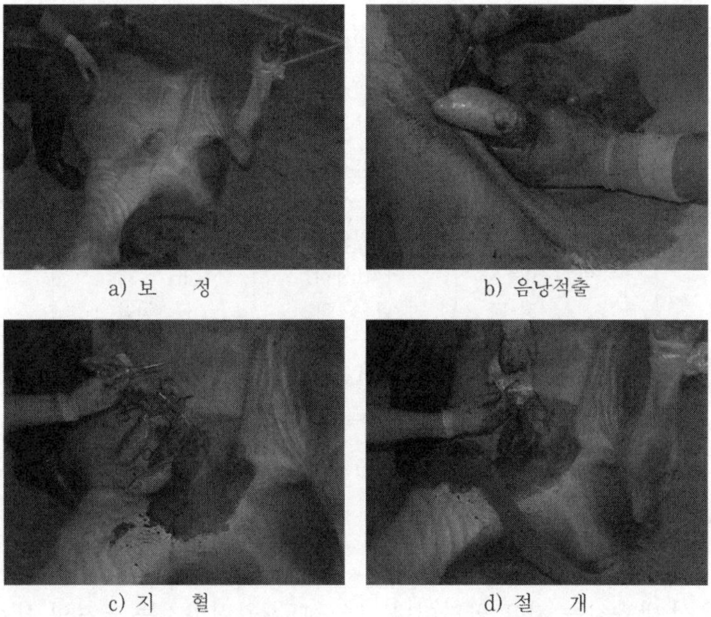

그림 9-2. 거세 진행과정(보정 → 음낭적출 → 지혈 → 절개)

오면 정관을 손가락에 감아 천천히 돌리면서 혈관이 막히지 않아 출혈의 원인이 되어 주의해야 한다. ⑤ 시술 후에는 절개부위를 희석한 옥도정기로 소독하고 항생제를 주사해야 한다(그림 9-2). 큰 송아지의 경우 간혹 과다출혈 및 환부의 화농으로 스트레스를 받는 기간이 길어지거나 폐사축이 발생하는 경우도 있다. 무혈거세기를 이용하여 거세하였을 때의 효과는 외과적 시술의 결과와 크게 차이가 나지 않지만 시술방법이 간편한 대신 스트레스를 받는 기간이 더 길어지고, 무혈거세 이후 정관의 복원율이 7.7%에 이르므로 시술 후 항상 복원여부를 확인해야 하고, 재 시술해야하는 단점도 있다.

제4절 송아지의 육성사양

송아지의 사양관리는 축주가 얼마나 관심을 갖고 사육하는가에 그 성패가 달려있다. 먼저 초유급여가 끝난 개체는 자연포유를 실시하고 양질의 건초를 자유채식토록 한다. 자연포유가 불가능할 경우 대용유 및 원유로 인공포유하며 개체별 건강에 따라 조절하여 급여한다.

따라서 처음 송아지가 입을 대는 대용유나 인공유에 유산균제제를 첨가 급여하는 것은 정장작용을 극대화 할 수 있다. 반대로 출생 후 열악한 환경하에 사육이 된다면 장의 오염으로 인한 하리를 유발할 수도 있다.

표 9-3. 각 조직별 성장순서

발육단계	1	2	3	4
부 위	머 리	어깨(사지)	흉 곽	허 리
조 직	신 경	골 격	근 육	지 방
골 격	관 골	경 골	대 퇴 골	골 반
지방부착	신장지방	근간지방	피하지방	근내지방

(Palsson, 1955).

1. 발육의 순서

출생해서 우선 발육하는 것은 골격이다. 14~15개월령까지는 골격의 발육이 매우 왕성하게 이루어져, 어느 정도까지 골격이 형성되는 단계에서 발육의 중점은 근육으로 바뀌어 간다. 더욱이 성장이 진행되는 단계에서 지방의 축적이 현저하며 성숙된다.

포유 중의 송아지는 골격이 발달하는 단계이다. 골격에도 부위에 따라 발육순서가 있다. 우선, 다리 선단의 관골이 가장 먼저 자라고, 이어서 경골이 자라며, 대퇴골, 골반이 발달하여 깊이와 폭이 커져간다. 따라서 송아지는 성우에 비해 흉심과 폭이 빈약하고, 다리가 긴 체형을 하게 된다.

표 9-4. 송아지와 성우의 체형비교

성	연 령	체 고	십자부고	체 장	흉 심	요각폭
수 소	생후 6개월	100	103	106	47	30
	성 우	100	100	124	55	43
암 소	생후 6개월	100	101	106	47	30
	성 우	100	98	128	57	42

(善林, 1994).

위의 표에서 6개월령 송아지의 체형에 각 부위의 비율을 비교해서 나타냈다. 시기에 따라 발육의 주요부위가 변하고, 체형도 변하는 것을 아는 것은 송아지의 발육을 살펴보는 것에서 중요하다.

일반적으로 무릎이 튼튼한 송아지는 몸이 커진다고 하는데, 골격에서 가장 먼저 발육하는 관골의 성장이 좋으면 그 후에 발육하는 다른 부위의 골격도 충분히 커진다고 보면 좋다는 것을 의미한다.

2. 사료의 급여방법

1) 별도 급여의 필요성

출생 직후부터 어미 소와 함께 자연포유로 길러진다. 따라서 어미 소의 비유량이 송아지의 발육에 크게 영향한다. 일반적으로 한우의 비유량은 2～3주령에 최고에 달해 그 후 일수가 지나면서 감소해 간다.

송아지의 경우 분만 후 일수가 지남에 따라 커가면서 하루 필요한 영양분은 차츰 많아진다. 즉 어미 소의 비유량 감소와 역의 관계에 있다. 자연포유하고 있어도 모유로만으로 영양분의 공급이 충분하지 않게 된다. 따라서 분만 후 1～2개월이 되면, 모유 이외에 양질의 사료를 급여하지 않으면 안 된다.

2) 포　유

정상적으로 분만된 송아지는 1시간 내에 일어서서, 어미의 유방을 찾아 젖을 빨게 되며, 이 초유에는 완화제적 작용이 있어, 태내생활 중에 장 내에 남은 태변을 배출시키는 물질이 포함되어 있어, 출산시 송아지에는 없어서는 안 될 물질이다. 따라서 다량이 함유된 완화제적작용이 있는 초유는 다른 송아지에 먹이지 못하고 버려왔는데, 최근에는 유산발효시켜 냉장 보관하여, 필요할 때 데워서 먹이는 초유 이용이 보급되고 있다.

인공포유의 방법에는 유두가 달린 포유병으로 먹이는 경우와 양동이로 먹이는 경우가 있다. 양동이로 먹이는 경우는 송아지가 익숙해 질 때까지 상당한 노력과 인내가 필요하다.

우선 왼손으로 초유가 들어있는 양동이를 잡고 오른손 검지, 중지로 유즙을 짜, 소의 입속으로 넣으면 흡유하기 때문에 그대로 천천히 양동이를 입으로 유도시키면 손가락사이에 초유를 흡음하게 된다. 이것을 몇 번 반복하면 자연적으로 양동이의 안에 우유를 스스로 마시게 된다.

양동이로 먹이면 벌떡 일어나 먹게 되어 설사를 한다고 얘기하는데, 포유병에 의한 방법과의 차는 없다는 의견도 있다.

포유병으로 주는 경우 송아지 습성으로 때로는 밀어 올리는 행동을 하기 때문에, 병을 관리자의 손으로 보정시킨다. 또 군사의 경우 관리상 많은 시간을 필요로 하는 결점도 있으나 많은 두수를 동시에 안전하게 포유시킬 수 있다.

표 9-5에서 제시된 포육방법을 농가수준에 맞게 적용할 필요가 있다.

표 9-5. 포유송아지의 여러 가지 포육방법

일 령	전유급여방식	전유-대용유방식	전유-인공유방식
0~3	초유급여	전유-인공유방식	전유급여
3	전유급여개시 체중의 10%	좌동	좌동
7	농후사료 · 인공유 급여개시	좌동	좌동
7~14		전유를 대용유로 전환	
21	양질건초 급여개시	양질건초 급여개시	양질건초 급여개시
60		대용유 급여개시	전유급여 종류
60~120	농후사료(1.8~2.2kg) 증량	인공유(1.8~2.2kg) 증량	좌동

(善林, 1994).

3) 이 유

초유를 준 후에는 보통 생유대신에 대용유를 써서 포유한다. 대용유는 조기이유방식을 행하는 것을 전제로서 5~8주령까지에 주는 분말성의 것으로, 뜨거운 물로 녹여서 급여한다. 이 조성은 탈지분유를 주된 성분으로 동식물성 단백질, 각종 비타민이나 송아지에 필요한 광물질 등을 혼합한 소화성이 높은 성분이 포함되어 있다.

따라서, 포유기에는 대용유를 주는 것이 가능하나, 조기이유를 시키기에는 조기에 제 1위를 발달시키지 않으면 안 되기 때문에, 대용유를 주기시작하면 고형사료인 인공유를 동시에 준다. 인공유는 소화성이 높은 입자나 분말의 사료로, 대용유로부터 건초나 농후사료로 전환하는 이유식이라 생각해도 좋다.

대용유, 인공유 또한 사료회사가 독자적으로 성분조성을 만들어 판매하고 있는데, 이 급여량은 제품의 지시를 따르는 것이 현명하다. 어떠한 경우에도 이유는 송아지의 건전한 발육과 그 이후의 육성기에 큰 영향을 미치므로 주의를 충분히 해서 실시하여야 한다. 이러한 제품은 부패하기 쉬우므로 장기저장이나 먹이통에 남지 않을 정도로 주의하고, 송아지에는 개체차나 환경의 차이도 있으므로 매일 관찰하여 적절한 처치를 하는 것이 중요하다.

또, 이유시에 주의할 것은 충분한 물의 공급을 잊지 말아야 한다. 특히 건초, 인공유을 잘 먹게 될 때부터 자유롭게 음수가 되도록 배려해야 한다.

4) 이유 방법

송아지가 사료를 섭취, 소화할 수 있는 반추위 발달은 약 8주령이면 완성된다. 우리나라 양축농가 대부분은 비육 밑소로서의 송아지 육성시 약 100일령 이후까지 어미 소와 합사하여 이유가 늦어진다. 한우의 비유생리상 약 80일령 이후의 한우의 비유량은 거의 바닥에 이르러 이 시기 이후의 포유는 사실상 의미가 없어지고 영양소 충족이 어려워져 허약축 발생 가능성이 높아진다. 따라서 약 75일령 전후로 이유일령을 설정하는 것이 생리적으로 알맞은 이유기가 된다. 포유기가 길어지면 어미 소의 호르몬분비체계이상으로 오히려 경제적인 번식간격을 유지할 수 없다.

물론, 이유할 때 인공유를 갑자기 육성사료로 대체하지 않고 어린송아지사료를 조금씩 줄이며 육성사료의 비율을 높여 가는 것이 좋다. 그러나 국내 한우사육 농가의 현실은 많은 차이가 있어 이유시기가 120~150일이 보통이다.

이는 이유시기 전에 관리를 어미 소에게 맡기고 있는 현실을 반영하고 있다. 75일령으로 이유시기를 선택적으로 조정하려는 의지가 있는 경우에는 송아지의 관리에 특별한 관리를 요한다는 것을 명심해야 한다.

송아지의 사양관리 중 농가가 가장 적절하게 조치하여야 할 중요한 포인트는 다음과 같다.

① 송아지에게 신선하고 깨끗한 물을 충분히 급여해야 한다.

반추위 미생물 중에서 가장 중요한 박테리아는 액상형태로 공기가 없는 혐기적 환경에서 생존하기 때문에 반추위 내에 물이 충분하지 않을 경우 반추위 미생물의 성장이 더디고 이로 인해 반추위의 발달이 저해 받게 된다.

② 이유 전까지 송아지가 먹을 수 있을 만큼의 충분한 양의 어린송아지 사료를 급여한다.

반추위 미생물은 어린송아지사료의 단백질과 탄수화물을 발효시켜 암모니아와 휘발성지방산을 생성하며, 특히 휘발성지방산은 위 내 미생물의 번식을 도와 반추위의 발달을 촉진한다.

따라서 어린송아지 사료는 생후 약 10일령부터 입을 붙이도록 하여 약 1개월령 부터는 섭취할 수 있도록 하는 것이 바람직하다. 그리고 하루에 500~1,000g의 어린송아지사료를 섭취할 때, 즉 75~90일령에 이유를 하는 것이 송아지나 어미 소 모두에게 유리하다.

5) 운 동

송아지의 육성단계는 운동으로 다리, 허리의 근육발달을 촉진시키고 호흡, 환경기능을 강화시키기 위해 깨끗한 대기나 밝은 태양아래 신선한 호기성이 높은 생초가 풍부한 방목장이 이상적이다.

성우의 체형이나 능력은 원칙적으로 유전적 소질에 따라 지배되는 부분이 많으나, 실제 문제로서는 그것과 같은 정도로 육성시대의 관리의 올바른 것에 크게 영향을 미친다.

〈참 고 문 헌〉

1. 이학철 외. 肉牛學. 1984. 선진문화사.
2. 善林明治. ビーフプロダクション -牛肉生産の科學- 1994. 養賢堂.
3. 岡田光男. 肥育のすすめ. 1990. チクサン出版社.
4. 野附 嚴외. 家畜の管理. 1991. 文永堂.
5. 龜高正夫 외. 基礎家畜飼養學. 2000. 養賢堂.
6. 고대환 외. 韓牛. 1999. 향문사.

제10장 육성-비육우 사양관리

제1절 비육 밑소의 선별 및 입식

1. 비육 밑소의 선별

외부에서 구입하거나 자체에서 생산하더라도 한우 사육의 기초는 송아지로부터 시작되므로 한우 사육에 있어 무엇보다도 중요한 것은 우량 송아지를 뽑는 것이다. 이는 농사짓는 농부가 농사짓기 전에 씨앗을 고르는 것과 같으므로 송아지를 잘 골랐느냐에 따라 비육결과 또는 암소갱신에 의한 능력향상이 좌우되며 소득까지 영향을 미치기 때문이다.

일반적으로 우시장에서 거래되는 송아지의 경우 매입자의 경험과 기준에 의해 송아지를 고르는데 입의 크기, 얼굴의 형태, 피부, 피모, 체장과 체고, 발목, 자세 등을 살핀다.

입의 크기와 얼굴의 형태는 송아지의 성격(행동)을 예측하는 것으로 먹성이 좋고, 건강하며, 우군 내 순위다툼에서 밀리지 않는 개체를 고르기 위함이다. 피부, 체장 및 체고 등은 체중과 관계가 있고, 피모는 조직감 등과 관계가 있을 것으로 예상하고 있다. 또한 발목은 뼈와 관계가 있으므로 정육률과 연계되어 생각할 수 있다.

1) 혈통확인

우선 혈통(부모)를 확인하여야 한다. 송아지의 능력은 부모로부터 물려받은 것이므로 부모의 능력이 떨어지면 아무리 사양관리를 잘한다 하더라도 능력이 우수한 송아지에 비해 능력이 떨어지기 때문이다.

2) 발육상태

송아지는 어미의 육성능력에 영향을 받으므로 이유시 체중에 모연령 보정계수를 가산하여 이유체중에 의한 순위를 추정한다. 다만, 외부에서 구입하는 경우 어미정보가 없을 수 있으므로, 체중과 월령 등을 고려하여 송아지를 선택하는 것이 바람직하다.

그러나 체중측정이 용이하지 않은 경우 체중과 유전상관이 높은 체장, 체위 및 체고 순으로 고려하여 동기우 보다 우량한 송아지를 선택해야 할 것이다.

3) 건강상태

외관상으로는 눈망울이 총명하고, 털이 윤기가 있고, 발걸음에 기운이 있어야 한다. 이외에 백신접종유무, 음모주위의 소금기, 설사유무, 피부병 등도 살펴본다.

2. 입식 전·후 관리요령

1) 입식초기 일반관리

송아지를 가축시장에서 구입한 경우 다음 세 가지 사항은 꼭 염두에 두어야 한다.

① 송아지가 많은 수송 스트레스에 시달렸을 것

② 송아지가 전에 살았던 사육환경과 새로 입식된 축사의 사육환경이 바뀐 데 대한 스트레스가 많을 거라는 것

③ 어린 송아지는 스트레스와 질환에 대해 스스로 극복하는 힘이 아주 적다는 것

이러한 스트레스가 송아지의 면역능력을 떨어뜨리고, 바이러스나 세균에 감염되어 수송열에 걸리게 되며, 수송열은 대부분 폐렴으로 발전하게 되므로 새로 구입하는 소만 따로 키울 수 있는 격리우사를 마련하고, 방역과 함께 수송 스트레스에서 빨리 회복할 수 있도록 입식 직후 관리를 철저히 해주어야 한다. 우선, 소를 입식하기 전 격리우사에 대한 청소와 소독을 철저히 한다.

3. 이유 및 입식 스트레스

1) 이유 · 입식한 송아지의 스트레스

송아지가 스트레스를 많이 받게되면 체내 생리적 변화가 유발되어 영양소 균형상태를 악화시키거나 결핍을 일으키게 되고 이러한 영양소 결핍은 스트레스에 대한 송아지의 방어능력을 상실하게 한다. 송아지가 받게되는 스트레스 정도는 입식 전후의 영양상태, 수송거리, 이동하는 동안의 수송시설, 입식 후 송아지 취급방법 등에 따라 다르다. 이미 어

떤 질병에 감염된 상태로 수송되는 송아지는 더욱 심한 스트레스를 받게 된다. 그림 1-1에서와 같이 이유 첫날은 80천보를 움직이고 점차 줄어 5일경부터는 정상으로 돌아왔다. 이와 같은 과다한 움직임은 체내의 영양소를 소비하므로 이유 후 질병발생의 주 원인이 되고 있다.

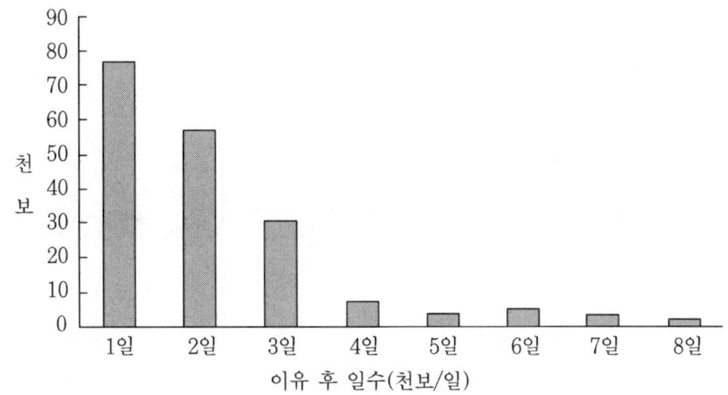

그림 10-1. 이유 후 한우송아지의 움직임의 변화(백, 2002).

그러나 입식한 송아지가 얼마나 스트레스를 받고 있는가를 육안으로 정확하게 판단하는 것은 사실상 불가능한데, 사육농가는 송아지의 원기나 활동성을 관찰하여 간접적으로 판단할 수도 있지만 원기와 활력이 있는 송아지도 정도의 차이가 있을 뿐 스트레스를 받고 있다는 사실을 알아야 한다.

2) 스트레스와 송아지 반응

송아지가 받는 스트레스는 영양 및 환경과 서로 밀접한 관계를 가지고 송아지의 체내 생리적 변화를 일으켜 증상을 나타나게 하는 것이다. 스트레스로 인해 송아지가 나타내는 일반적 증상은 식욕상실과 체중감소이고 나아가서 질병감염과 함께 심하면 폐사하게 되는 경우도 발생한다.

비육농가에 도착한 후 처음 1~3주 동안 송아지의 사료섭취 의지는 서서히 증가하게 되는데, 표 10-1에서 보는 바와 같이 도착 후 첫날은 송아지 중에 불과 21.7% 정도만이 사료를 먹고, 3일째 가서도 약 40% 정도는 사료를 섭취하지 않는다. 10일째에도 15% 정도의 송아지는 사료를 먹지 않음을 알 수 있다.

사료섭취량도 매우 불규칙적이고 낮다. 도착 후 1~7일 동안에 섭취하는 사료량을 보면, 적게 먹는 송아지는 체중의 0.5%, 많이 먹는 것은 1.5%정도나 된다. 8~14일째 가서도 사료섭취량은 체중의 1.5~2.5%로 넓은 범위를 나타내고 있어 개체간에 차이가 심하게 나타나고 있다는 것을 알 수 있다.

이와 같이 송아지가 나타내는 반응으로 볼 때 입식송아지에 급여하는 농후사료를 무제한으로 주는 것은 바람직하지 않다. 무제한으로 급여해도 다 먹지 않을 뿐 아니라 사료섭취욕구가 뛰어난 송아지에게는 과식하는 기회를 주게 되고, 이 경우 과식한 송아지는 발효이상을 일으켜 설사하게 된다.

표 10-1. 입식 송아지의 사료섭취 비율

도착후 경과일수(일)	섭취비율(%)	범 위(%)
1	21.7	0~50
2	36.7	10~60
3	56.7	30~90
4	61.7	30~90
6	68.3	40~90
8	71.7	60~90
10	85.0	60~100

Wagner 등(1991).

4. 입식시 사료급여

도착 후 첫날은 사료를 주지 않고 질 좋은 건초와 다음날부터 농후사료는 표 10-2와 같이 1~3일간은 두당 1kg, 4~7일은 1.5 kg, 8~14일은 2.0 kg, 15~30일은 2.5 kg씩 급여하면 과식에 의한 설사를 예방할 수 있다. 농후사료는 아침저녁으로 나누어 급여하고 분의 상태를 잘 살피면서 급여량을 가감 해 주면서 목표량까지 증가시킨다.

어린 송아지사료(인공유)를 급여하던 송아지인 경우는 어린 송아지사료와 육성비육사

표 10-2. 입식 송아지의 사료급여량 (체중 120kg기준)

도착후 경과일수	사료급여량(kg/일/두)	사료섭취량(체중%)
1~3일	1.0	0.5~1.5
4~7일	1.5	1.5~2.0
8~14일	2.0	2.0~2.5
15~30일	2.5	2.5~3.5

백 등(2003).

료를 70 : 30으로 4~5일간, 50 : 50으로 4~5일간, 30 : 70으로 4~5일간 급여후 완전히 육성사료로 바꾸어 준다.

① 소화촉진제 : 제 1위 추출물로 만든 소화제
② 물 : 겨울에는 따뜻한 물, 여름에는 시원한 물
③ 전해질 : 물에 타서 급여
④ 조사료 : 입식 초기에는 부드럽고 질 좋은 것을 골라 급여
⑤ 비타민 B군과 C : 수용성 비타민 복합제
⑥ 호흡기 예방 1 : 전염성 비기관염(IBR), 소 바이러스성 하리(BVD), 유행성 감기(PI3), 우합포체성 폐렴(BRSV), 헤모필러스 예방 혼합백신×6개월(국산) 또는 1년(수입품) 간격으로 추가 접종
⑦ 호흡기 예방 2 : 파스튜렐라성 폐렴 예방백신

3) 입식시 양질조사료 급여효과

식이성 설사의 원인은 농후사료의 과다 섭취에 의해 주로 발생하기 때문에 입식시 양질의 건초를 급여하고 사료급여량을 조절하는 등 주의를 기울여야 한다. 표 10-3은 입식초기에 볏짚보다 양질조사료 급여 효과를 보여주고 있으며, 이는 송아지의 스트레스 완화와 반추위 발효안정을 통한 증체량 개선에 유리하다고 할 수 있다.

표 10-3. 한우 입식송아지에 대한 조사료 종류별 효과 비교

구 분		볏 짚(6주)	건초(4주)+볏짚(2주)
개시시 체중(kg)		145.9	145.9
종료시 체중(kg)		174.5	181.5
일당증체량(kg)		0.68	0.85
1일 사료섭취량 (kg)	배합사료	2.01	2.05
	조 사 료	2.10	2.57
	계	4.11	4.62
사료요구율 (kg/증체kg)	배합사료	2.95	2.42
	조 사 료	3.08	30.4

정 등(2001).

제2절 거세와 육질개선 효과

1. 한우의 거세적기

거세는 가급적 조기에 하는 것이 스트레스를 적으며 체내 지방 축적이 잘되고 근내지방이 곱게 축적되어 육질개선 효과가 높다는 것이 일반적 이론 이다. 한우의 거세시기에 대한 연구에서는 송아지가 받는 거세스트레스로 인한 증체량 감소를 감안하여 입식 후 가급적 조기에 거세하는 것이 좋다. 이는 표 10-4에서와 같이 증체량이나 육질등급에서 통계적인 유의차는 없었으나 조기 거세시 송아지의 보정이 쉽고 안전사고의 위험이 적어 입식 후 가능한 빨리 거세하기를 권장하고 있다. 그러나 일당증체량 및 육질자료를 바탕으로 할 때 생후 8개월령까지는 언제 거세하더라도 육질과 발육에 큰 영향을 미치지 않을 것으로 보인다. 일본에서도 포유중과 이유 후 거세간에 증체와 사료 이용성에 차이가 없었고, 육질과 지육률에서도 일정한 경향이 없었다고 하여 생후 3∼5개월령의 포유기간 중에 거세하는 것을 권장하고 있으며, 발육정도에 따라 발육이 좋은 송아지는 3개월령, 다소 발육이 나쁜 것은 5개월령에서 거세하도록 하고 있다. 그러나 최근에는 너무 일찍 거세하면 증체가 나쁘다는 것과 뇨결석 피해를 입을 수 있다는 것 정도로, 때문에 거세시기를 다소 늦추는 경향이 있는 것도 사실이지만 거세시기가 12개월령 정도로 너무 늦어지면 일당증체량에는 유리한 효과가 있을지 모르나 육질은 나빠지고 1등급 출현율이 낮아질 가능성이 높다.

특히 우리나라의 경우는 송아지 거래가 4∼6개월령에서 주로 이루어지고 있고 번식우 농가에서 거세를 하지 않으므로 송아지를 구입 후에 건강한 송아지는 바로 거세를 하고 입식스트레스를 많이 받았거나, 허약하다고 판단되는 송아지는 건강을 회복시킨 후 적당

표 10-4. 한우 거세시기에 따른 발육 및 육질 비교

구 분	거세시기(월령)		
	3∼4	5∼6	7∼8
개시시 체중(kg)	9.3	52.6	204.0
종료시 체중(kg)	55.3	42.0	50.7
일당증체량(kg)	0.80	0.75	0.74
도체율(%)	62.7	62.6	62.3
육 량(A : B : C)	0 : 2 : 4	0 : 2 : 5	0 : 4 : 3
육 질(1 : 2 : 3)	5 : 1 : 0	7 : 0 : 0	6 : 1 : 0

백 등(1992).

한 시기에 거세하는 것이 바람직하다.

2. 거세 방법

거세 방법은 음낭을 절개하여 고환을 떼어내는 외과적 수술법과 고무링이나 무혈 거세기를 이용하는 무혈거세법이 주로 사용되고 있는데 어느 방법이나 장단점을 가지고 있다. 이 같은 거세 방법들은 어떤 방법이나 송아지에 스트레스를 주는데 일반적으로 무혈 거세기를 이용할 경우 3개월령 하는 것이 좋고, 5개월령이 지나면 외과적 수술방법이 송아지에 스트레스를 적게 주는 것으로 알려지고 있다. 고무링 방법은 간단해서 누구나 할 수 있어 좋으나 오랫동안 송아지에 고통을 주기 때문에 될 수 있으면 무혈 거세기를 사용하는 방법이 좋다.

거세 방법별로 송아지가 스트레스를 나타내는 생리적 반응정도는 다르겠지만, 일당증체량만으로 본 시험결과에서는(표 10-5) 첫 1주일 동안의 체중 손실이 외과적 수술방법에서 제일 크게 나타났지만 84일 동안의 일당증체량 조사에서는 거세 방법간에 차이를 나타내지 않았다. 거세로 인한 스트레스의 직접적인 영향이 증체량으로 나타난다고 볼 때 이 결과는 어느 방법으로 거세를 하든지 증체량에 미치는 영향이 같다는 것을 의미한다. 따라서 아래에서 제시되고 있는 거세 방법별 특징을 숙지하여 농가에서 편리하면서도 확실한 방법이라고 생각되는 방법을 선택하면 된다.

① 고무줄로 고환 상단 부위를 묶어서 혈액의 유입을 막아 괴사시키는 방법(그림 10-2) 누구나 손쉽게 할 수 있다는 장점이 있으나, 고환이 괴사되어 떨어져 나가기까지 소에게 상당기간 스트레스를 준다는 단점이 있어 권장하지 않는 방법이다.

② 무혈거세기로 외부에서 정관을 압착하여 정관의 기능을 상실하게 하는 방법(그림 10-3)

표 10-5. 거세 방법이 한우 송아지의 일당증체량에 미치는 영향

항 목	거세 처리 방법		
	수 술	고무 링	버디죠
개시시 체중(kg)	171.9	173.8	174.4
종료시 체중(kg)	218.4	222.3	224.7
일당증체량(kg)			
0~ 7일	−1.09	−0.27	−0.58
0~14일	0.18	0.21	0.21
0~21일	0.50	0.61	0.68

정 등(1997).

그림 10-2. 고무줄링법

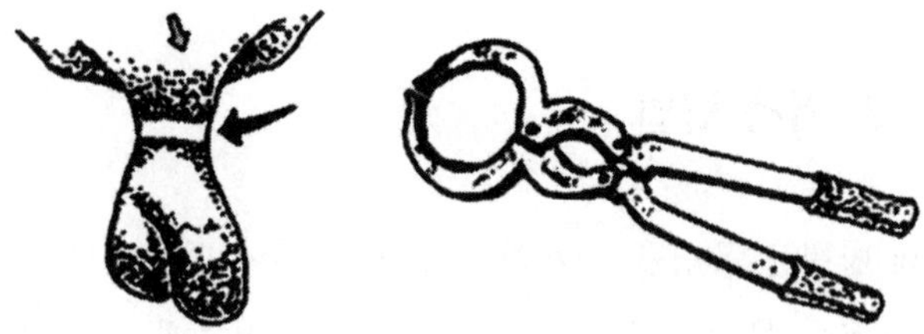

그림 10-3. 무혈거세법

거세시기가 늦어 체중이 큰 송아지는 거세를 하기가 쉽지가 않다. 또 혈관이 잘못 압착되면 혈액순환이 되지 않아 고환이 혈액으로 검게 변하여 고환 외피가 괴사되므로 스트레스가 오래 지속될 수 있고, 거세가 제대로 안되어 한 쪽 고환이 그대로 기능을 발휘하는 경우를 종종 볼 수 있는데(수소는 한 쪽 고환만 있어도 기능을 완벽하게 수행), 특히 잠복정소나 편측고환일 경우 농가에서 자칫 거세를 한 걸로 착각하는 경우가 많다.

③ 외과적인 수술에 의한 거세방법 : 고환이 들어 있는 음낭을 칼로 째고 고환을 밖으로 빼내는 방법으로서 먼저 송아지가 움직이지 못하게 보정한 다음 다리를 움직이지 못하게 기둥에 묶는다. 소를 보정하는 틀은 소 한 마리가 지나갈 정도(60 cm)의 폭이 좋다. 작업에 들어가기 전에 장갑 낀 손과 칼 등을 깨끗이 씻고 소독한다.

거세하기 전에 음낭을 깨끗이 닦고 소독약(70% 알코올이나, 베타딘 희석액 등)으로 충분히 적셔 깨끗이 소독한다. 음낭 옆면 아래쪽 피부를 3~5 cm 정도 칼로 절개한 후 고환 주변에 있는 결체조직을 모두 제거한 후 고환만을 외부로 노출시키고 정관을 실로 잘 묶

표 10-6. 외과적으로 거세할 때 필요한 기구

- ○ 수술용 고무장갑 : 위생적으로 작업을 할 수 있으며, 작업 도중 고환 등을 미끄럽지 않게 잡는데 편리하다.
- ○ 칼 : 공업용과 같이 날카롭고 쓰기에 편리한 것이면 된다.
- ○ 바　　늘 : 소독만 하면 집에서 쓰는 것도 괜찮다.
- ○ 수술용 실 : 250kg 이상의 큰 소를 거세할 경우 정관과 혈관을 실로 묶어 준다. 낚시 줄도 좋다.
- ○ 겸자(집게가위) : 정관과 혈관을 실로 묶고 잘라내기 전에 윗부분을 찝어 출혈이 없는 상태에서 작업하는 것이 편리하다.
- ○ 요오드팅크 : 거세를 하기 전, 후 고환 주변을 소독하는 데 사용한다.
- ○ 기　　타 : 거세한 곳 주변을 닦을 탈지면과 소를 묶을 로프(직경 1cm 가량)

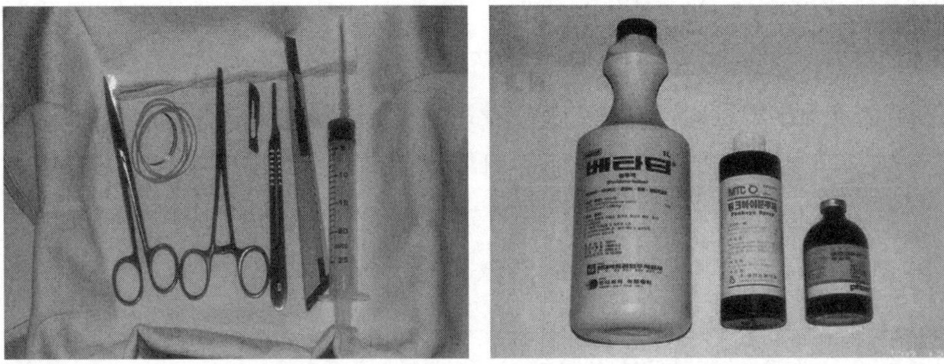

그림 10-4. 외과적 거세에 필요한 기구와 소독약

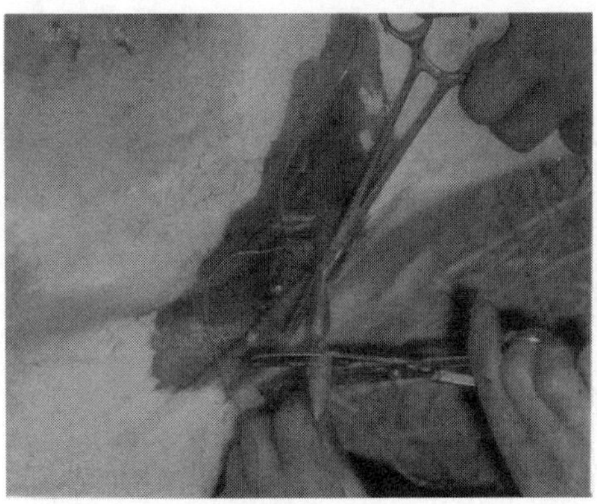

그림 10-5. 실로 묶은 후 자르는 모습

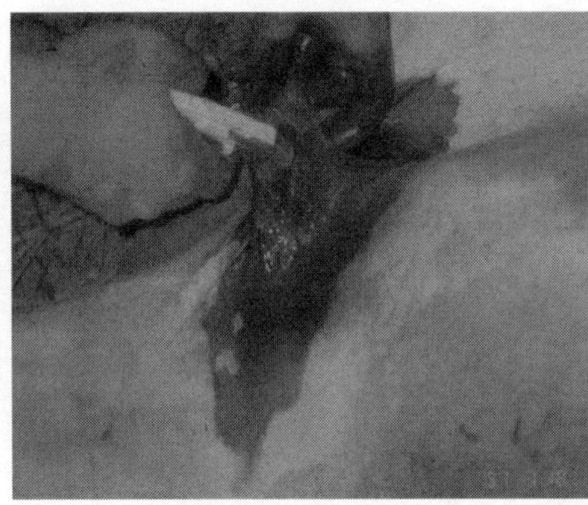

그림 10-6. 거세를 마친 후 소독

고, 아래 쪽 약 2~3 cm 부분을 칼이나 가위로 절단 한 다음 피부를 봉합하고 소독한다.

3. 거세에 의한 발육과 육질 변화

거세는 수소의 특성을 없애는 수단으로서 거세 후에는 외모상으로 암소를 닮게 되고 성질이 온순해져서 서로 투쟁하는 일이 적어 사고발생이 적어지며 사양관리가 매우 용이하다. 전단력과 관능검사를 통해 본 육질면에서는 고기가 부드러워지고 풍미가 좋아진다는 것을 알 수 있는데(표 10-6, 연구 A) 이는 거세를 하므로 근섬유의 직경이 가늘어지고 근내지방도가 높아지기 때문이다. 이처럼 한우는 거세를 하면 고급육 특성이 잘 나타나지만 비거세우를 가지고서 고급육을 생산한다는 것은 어려움을 알 수 있다. 도체특성의 특징으로서 육량형질의 경우 거세우는 비거세우보다 등심단면적이 적어지고, 등지방두께는 훨씬 두꺼워진다.

거세우와 비거세우의 발육성적을 보면(표 10-6, 연구 B) 비거세우의 경우 23.3개월령에서 655.8 kg, 거세우는 23.5개월령에서 571.5kg 정도 되고, 일당증체량은 비거세우가 0.93 kg, 거세우가 0.78 kg 정도 된다. 이 자료를 기초로 24개월령이 될 때 한우 비육우의 체중을 계산해 보면 비거세우는 650 kg, 거세우는 580 kg 정도 될 것으로 예상할 수 있다. 결국 생후 24개월까지 한우를 비육한다고 할 때 거세우는 수소보다 약 15% 정도 떨어지며, 사료 섭취량의 경우는 거세우가 8%정도 덜 섭취하지만, 체중 1kg 증체하는 데 소요되는 사료량으로 볼 때는 11%정도 더 소요된다. 이와 같은 사실로 볼 때 한우를 거세하여 비육하면 육질은 월등히 개선되는 반면, 일당증체량과 사료요구율은 비거세우에 비하여 좋지 않다는 것을 알 수 있다.

표10-6. 한우 거세우와 비거세우의 발육 및 육질 비교

구 분	연구 A		연구 B	
	비거세	거 세	비거세	거 세
개시시 체중(kg)	15.47	148.1	132.9	132.0
종료시 체중(kg)	550.7	551.3	655.8	571.5
일당증체량(kg)	0.96	0.78	0.93	0.78
1kg증체량 배합사료량(kg)	7.30	9.07	6.91	7.70
거래 정육률(%)	70.4	60.8	70.4	65.0
체지방(%)	12.7	20.3	17.2	23.1
배최장근단면적(cm^2)	82.9	76.3	89.6	75.0
근내지방도	2.2	4.7	1.7	3.87
등지방두께(cm)	0.38	1.43	0.69	1.11
다즙성(6점 만점)	4.3	5.0	4.92*	2.92*
연도(〃)	3.6	4.6	5.31*	2.64*
전단력(kg/cm^2)	9.4	6.2		

A : 백 등(1992), B : 정 등(1996).

제 3절 성장단계별 사양관리 요령

1. 거세 한우의 성장곡선 및 비육단계

소의 발육 특성은 유전적 배경과 생산목적에 따라 크게 달라지만 비육목적으로 소를 사육하면 보편적으로 S자 곡선의 형태로 성장과 비육을 하게 된다. 거세 한우의 경우 보통 송아지를 4~5개월령에 입식 후 거세하는 것이 보통이기 때문에 입식과 거세스트레스를

감안하면 7개월령 이후부터 변곡점을 형성한다. 이후부터 성장을 거듭하여 12~13개월령이 되면 성장속도가 좀더 빨라지는 2차 변곡점을 형성하면서 약 18개월령에 450kg이상의 체중을 보인다. 19개월령부터는 지방침착이 본격화되는 시기로서 증체속도가 완만해지지만 보통 24개월령에 약 600 kg 전후의 체중을 보인다. 비육단계의 설정에는 증체량, 조직발달 및 출하월령이 복합적으로 고려되어야 하고 비육단계별 사료급여량도 이러한 기준하에 급여하는 사료의 특성이 감안되어야 하는 복잡성이 있으므로 접근시에 신중을 요한다. 최근 비육기간이 연장되고 있는 추세를 감안할 때 당연히 이에 걸맞는 비육단계가 제시되어야 하지만 현재 자료를 수집중에 있다. 여기에 제시된 사료급여체계는 참고용으로 24개월령까지 비육시 육성기, 비육전・후기 3단계로 구분하였다.

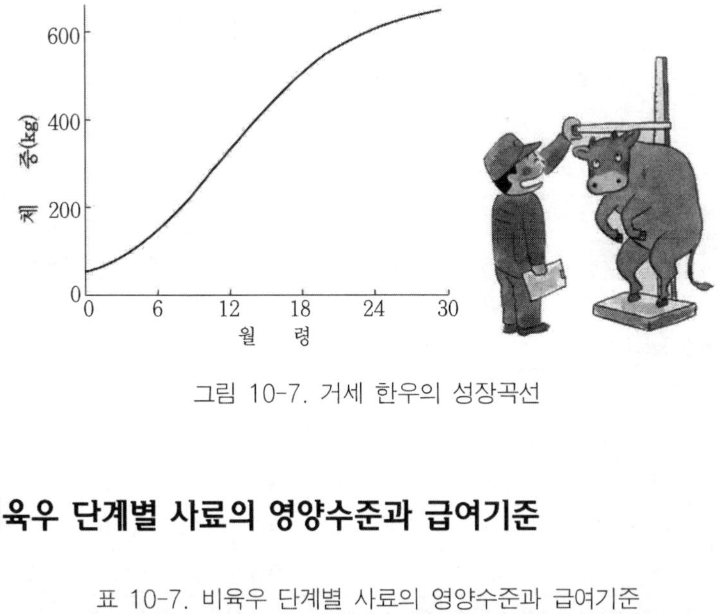

그림 10-7. 거세 한우의 성장곡선

2. 비육우 단계별 사료의 영양수준과 급여기준

표 10-7. 비육우 단계별 사료의 영양수준과 급여기준

구 분			육 성 기		비 육 기	
			이유~6개월령	7~12개월령	전기(13~18)	후기(19~24)
영양수준	CP		16~19	14~16	11~12	10~11
	TDN		70	38~70	71~72	72~73
급여기준 (체중비%)	배합사료		2.0~2.5	1.2~1.5	1.7~1.8	1.8~2.0
	조사료	생 초	3.0~5.0	6.0~8.0	3.0~5.0	–
		담근먹이	2.5~4.0	5.0~7.0	2.5~4.0	–
		목 건 초	1.0~1.2	1.2~1.5	1.0~1.2	0.5~0.8
		볏 짚	0.8~1.0	1.1~1.5	0.7~1.1	0.2~0.3

백 등(1992).

3. 육성기 사양관리

육성기는 젖뗀 후인 3～4개월령(체중 90～110 kg)부터 12개월령(체중 280 kg 내외)까지를 말하며, 이 시기는 뼈, 내장, 제 1위 등 소화기관과 체성장이 활발할 때이므로 조단백질(CP) 함량이 15～16%로 높고, 에너지 함량(TDN)이 69～70% 정도이면서 비타민・무기물이 풍부하게 함유된 육성용 배합사료를 체중의 약 1.5～1.7%로 제한 급여한다(표 10-8). 지나친 과비를 방지하기 위해 일당 증체량을 약 0.7kg정도 되게 하여 튼튼한 비육밑소로 기른다.

제 1위의 발육을 촉진할 수 있도록 영양가가 풍부하고 기호성이 좋은 양질의 조사료를 충분히 급여하여야 하며, 특히 비육후기 성장 극대화에 필수적인 반추위의 용적 확대를 위해 1일 섭취하는 가소화양분총량(TDN)의 40% 내외를 조사료로 공급하여야 한다.

표 10-8. 거세 한우 육성기 사료급여 기준

<table>
<tr><th colspan="3">월령 / 구분</th><th>4</th><th>5</th><th>6</th><th>7</th><th>8</th><th>9</th><th>10</th><th>11</th><th>12</th></tr>
<tr><td colspan="3">체 중(kg)</td><td>110</td><td>135</td><td>160</td><td>180</td><td>200</td><td>220</td><td>240</td><td>260</td><td>280</td></tr>
<tr><td colspan="3">일당증체량(kg/일)</td><td colspan="3">0.8～0.9</td><td colspan="6">0.6～0.7</td></tr>
<tr><td rowspan="5">사료
급여량
(kg/일)</td><td colspan="2">배합사료</td><td>2.5</td><td>3.5</td><td>4.0</td><td>3.0</td><td>3.0</td><td>3.5</td><td>3.5</td><td>4.0</td><td>4.0</td></tr>
<tr><td rowspan="4">조
사
료</td><td>건 초</td><td>1.0</td><td>1.0</td><td>2.0</td><td>3.0</td><td>3.5</td><td>3.5</td><td>3.5</td><td>4.0</td><td>4.0</td></tr>
<tr><td>생 초</td><td>5.0</td><td>5.0</td><td>8.0</td><td>12.0</td><td>15.0</td><td>15.0</td><td>17.0</td><td>17.0</td><td>17.0</td></tr>
<tr><td>옥수수담근먹이</td><td>3.5</td><td>3.5</td><td>5.0</td><td>9.0</td><td>11.0</td><td>11.0</td><td>13.0</td><td>13.0</td><td>13.0</td></tr>
<tr><td>볏 짚</td><td>1.0</td><td>1.0</td><td>1.5</td><td>2.5</td><td>3.0</td><td>3.0</td><td>3.0</td><td>3.0</td><td>3.5</td></tr>
</table>

* 조사료 급여량은 각각 별개 급여시의 기준량임. 백 등(1992).

이 시기에 적절한 양의 조사료를 섭취하지 못하면 제 1위를 포함한 소화기관의 발달이 부진하여 비육기에 소화기 장애, 간장장애, 요석증 등과 같은 대사성 질병이 발생하기 쉽고, 비육후기에 사료 섭취량이 늘어나지 않으므로 증체가 둔화되어 목표 체중까지 사육할 수 없게 된다. 따라서 육성기에는 지나치게 살이 찌는 것을 막으면서 소화기관과 골격을 발달시켜 튼튼한 비육밑소로 키우는 것이 가장 중요하며, 배합사료는 제한급여했는지, 조사료는 목표대로 먹었는지, 증체는 잘 되었는지, 환경관리는 잘 했는지, 소의 건강상태는 좋은지 등을 검토하여 목표에 미치지 못할 때에는 문제점과 원인을 분석, 개선하여야 한다.

1) 육성기 양질 조사료 다급 효과

육성기에 조사료를 많이 급여하면 조사료의 거침과 부피에 의해 제 1위와 소화기관 전체가 잘 발달될 뿐만 아니라 골격발달도 뒤따르면서 출하체중을 늘릴 수 있는 기초 체형을 형성시켜 장기비육시에도 지속적인 증체가 가능한 건강한 비육밑소로 육성할 수 있다.

육성기에 조사료를 많이 급여함으로써 내장 주위나 근육과 근육 사이에 지방이 조기 부착되는 것을 예방할 수 있고, 침의 다량분비를 촉진하여 제 1위 내 미생물을 활성화시켜 발효가 양호해지고 반추위의 기능을 원활하게 한다. 따라서 육성기에는 조사료를 충분히 섭취할 수 있도록 양질조사료를 급여하고 조사료를 배합사료보다 먼저 주는 것이 좋으며, 볏짚의 경우에도 5~10 cm 정도로 절단하여 급여해 준다.

비육기에 좋은 고기를 생산하는 사양관리체계를 유지하기 위해서는 육성기에 양질의 조사료를 다량 급여하여 장기비육에 대비해야 하는데, 표 10-9에서 보는 바와 같이 조사료로 볏짚만 급여하는 것보다는 알팔파나 옥수수 담근 먹이를 다량 급여하면 일당증체량이 늘어날 뿐만 아니라 체중 대비 조사료 섭취량이 증가하여 반추위 등 소화기관의 발달에도 도움이 된다. 특히 옥수수 담근 먹이를 많이 급여하면 발육과 사료이용성도 좋아지고 육질도 개선되는 효과가 있을 뿐만 아니라 생산비 절감도 기대할 수 있다.

최근에 육성기 동안 양질조사료를 급여할 목적으로 건초급여 또는 방목 후 양질조사료를 급여하였을 때에 전기간동안 볏짚 급여에 비해 일당증체량이 향상되고, 배합사료 이용효율이 개선되었을 뿐만 아니라 배최장근 단면적과 육질 1등급 이상 출현율이 향상되는 바람직한 연구결과가 제시되기도 하였다(표 10-9).

표 10-9. 육성기 거세 한우의 조사료 종류별 발육 및 사료 이용성

구 분	볏 짚	볏짚+알팔파	알팔파	옥수수 담근먹이
개시시 체중(kg)	147.0	152.2	145.7	141.3
12개월령 체중(kg)	257.7	282.7	288.0	292.6
일당증체량(kg)	0.61	0.72	0.79	0.84
1일 사료섭취량(kg)				
배합사료	3.1	3.2	3.2	3.3
조 사 료	2.9	3.9	4.3	10.0
조사료섭취량(체중비%)	1.4	1.8	2.0	4.6
조 : 농비율(TDN)	34 : 66	45 : 55	51 : 49	40 : 60
사료요구율(배합사료)	5.1	4.5	4.1	3.9

백 등(1994).

2) 육성기 배합사료 제한급여 효과

육성기에 배합사료를 제한급여하는 것은 결국 조사료의 섭취량을 늘리는 것과 같은 효과를 기대할 수 있으며, 육성기에 조사료 섭취량을 늘려야만 충분한 소화기관의 발달은 물론 골격을 발달시켜 비육기에도 지속적인 증체가 가능해 출하체중을 늘려 육생산량을 극대화할 수 있고 고급육을 생산할 가능성이 높아진다. 또한 조기 과비를 막아 도체에 등지방 등 불가식 지방의 부착을 감소시켜 육량등급도 개선된다. 표 10-10은 거세 한우에 배합사료를 육성기는 체중의 1.5%, 비육전기는 체중의 1.7~1.8%로 제한하고, 비육후기는 배합사료를 자유 채식한 결과이다.

육성기에 배합사료를 제한 급여하면 배합사료가 13%나 줄어들어 생산비를 절감하는 효과가 있고, 일당증체량이나 출하체중 550 kg 도달기간도 큰 차이가 없었다. 특히 육성기에 배합사료 제한급여를 준수할 경우 C등급 출현율을 현저히 낮출 수 있다는 결과에 주목할 필요가 있다.

표 10-10. 거세 한우의 배합사료 제한급여 효과

구 분	무제한급여	제한급여
개시시 체중(kg)	119.9	122.6
종료시 체중(kg)	551.4	551.0
비육기간(일)	580.0	570.0
일당증체량(kg)	0.74	0.75
육량등급(A : B : C)	0 : 1 : 6	0 : 5 : 1
육질등급(1 : 2 : 3)	7 : 0 : 0	4 : 2 : 0

백 등(1992).

4. 비육전기 사양관리

비육전기는 일반적으로 생후 13개월령(체중 280 kg) 전후부터 18개월령(체중 450 kg) 전후까지를 말한다. 이 시기는 조사료 위주로 육성된 비육밑소가 본격적인 근육성장을 하면서 체지방도 함께 증가하는 기간으로 육성기 배합사료 제한급여에 따른 성장억제가 보상성장으로 이루어져 일당증체량이 가장 높은 시기이다. 그러나 이 시기 역시 증체량을 너무 추구하여 과도하게 배합사료를 급여하게 되면 피하지방이 두꺼워지는 부작용이 있으므로 조단백질(CP) 11~12%, 가소화양분총량(TDN)이 71~72%인 비육전기사료를

1.7~1.8%로 제한급여 해 준다(표 10-11). 특히 비육전기의 후반에는 근내지방축적이 활발하게 일어나는 반면, 조사료 섭취량 감소와 배합사료 섭취량 증가로 대사성질병인 요석증과 같은 질병이 나타날 우려가 있으므로 일광욕을 시키고 충분한 급수로 요석증을 예방하고, 발병시에는 조기에 발견하여 치료할 수 있도록 잘 관찰하여야 한다.

표 10-11. 거세 한우 비육전기 사료급여 기준

구분 \ 월령			13	14	15	16	17	18
체중(kg)			300	330	360	390	420	450
일당증체량(kg)			0.9~1.0					
사료 급여량 (kg/일)	배합사료		5.5	6.0	6.5	7.0	7.5	8.0
	조사료	건초	4.0	3.5	3.5	3.0	3.0	2.5
		생초	13.0	13.0	10.0	10.0	10.0	10.0
		담근먹이	10.0	7.0	7.0	7.0	7.0	7.0
		볏짚	3.5	3.5	3.0	3.0	2.0	2.0

백 등(1992).

1) 비육개시 월령별 비육 효과

고급육 생산 거세비육은 장기간 비육을 해야하므로 육성기에 소화기관의 충분한 발달이 필요한데, 조기 육성비육할 경우 대사성 질병발생의 우려가 높고 불가식지방 함량이 많이 생기는 등 생산성이 떨어지는 경우가 보통이다.

비육 밑소을 육성시킨 후 비육개시 시기를 달리 했을 때의 연구결과를 보면(표 10-12) 전기간 일당증체량은 비육개시 월령에 따라 차이를 보이지 않았고 6개월령 비육개시시는 1등급 출현율이 높았으나 등지방두께가 두꺼워 육량등급에서 모두 C등급이 생산되는 결과를 보였다. 전반적으로 12개월령에 비육을 시작할 때 배합사료 이용효율, 배최장근단면적, 체지방량이 개선되면서 수익이 개선되는 효과를 볼수 있었다. 실제적으로 너무 일찍 배합사료 급여량을 늘려주게 되면 갈비두께가 얇아지고 근간지방 함량이 높아 거래정육률이 저하되므로 유의해야 한다.

5. 비육후기 사양관리

비육후기는 생후 19개월령(체중 450 kg)부터 출하까지를 말한다. 이 시기는 비육을 마

표 10-12. 거세 한우 비육개시 월령별 발육 및 도체성적

구 분	비육개시월령			
	3	6	9	12
개시시 체중(kg)	92.7	154.7	230.0	307.7
종료시 체중(kg)	608.5	589.4	579.6	601.3
일당증체량(kg)	0.82	0.80	0.82	0.81
1kg 증체/농후사료(비육기)	8.6	8.1	8.8	9.4
1kg 증체/농후사료(전기간)	8.6	7.8	7.6	7.3
체 지 방(%)	23.3	23.6	21.3	20.7
근내지방도	4.3	3.5	3.3	3.4
육질등급(1 : 2 : 3)	5 : 1 : 0	3 : 4 : 0	4 : 1 : 2	3 : 4 : 0
배최장근단면적(cm^2)	81.5	81.4	81.0	85.6
등지방두께(cm)	2.0	1.5	1.2	1.0
육량등급(A : B : C)	0 : 0 : 6	0 : 3 : 4	0 : 5 : 2	0 : 5 : 2

조 등(1995).

무리하는 기간으로 근육 주위의 지방이 근육 속으로 골고루 축적되어 육질이 개선되도록 고에너지(열량)사료로 가소화양분총량이 72~73%인 비육후기사료를 급여한다(표 10-13).

배합사료는 자유 채식시켜 최대한 섭취량을 많게 하여 체중을 최대한 늘리되 조사료는 최소한의 양(전사료의 10%)만 제한적으로 급여하여야 하며, 거세와 장기비육에 의한 대사성 질병(요석증 등)이 발생하지 않도록 세심한 주의를 한다. 육질개선을 위해 배합사료를 최대한 많이 먹을 수 있도록 보리를 공급하거나 사료급여 회수를 늘려 주고, 사료를 남길 때에는 사료 고르기를 해주며 적당한 운동 등의 적절한 사양관리를 해주어야 한다.

표 10-13. 거세 한우 비육후기 사료급여 기준

구 분 (월령)			19	20	21	22	23	24
체 중(kg)			470	490	510	530	530	570
일당증체량(kg)			0.6~0.7					
사 료 급여량 (kg/일)	배합사료		8.5	9.0	9.0	9.5	9.5	10.0
	조사료	건 초	2.5	2.5	2.5	2.5	2.5	2.5
		볏 짚	2.0	2.0	2.0	2.0	2.0	2.0

백 등(1992).

제4절 고급육 생산을 위한 비육기술

1. 종모우 능력에 따른 비육우의 고급육 생산과 경제성

근내지방도 육종가가 상위인 종모우의 자손, 육종가가 하위인 종모우의 자손과 시장에서 구입한 비육밑소를 이용 비육하였든 바, 육질 우수 종모우의 자손의 근내지방도가 22% 높았으며, 등지방 두께는 오히려 육종가가 하위인 종모우의 자손이 11% 더 두꺼웠고, 농가소득에서는 근내지방도 육종가가 상위인 종모우의 자손를 이용한 비육이 23% 더 높았다.

그러므로 비육밑소의 자질이 얼마나 중요하다는 것을 알 수 있으므로 번식우 사육시 우량 종모우의 유전능력을 고려한 계획 종부로 자질이 우수한 비육밑소 생산을 위해 많은 노력을 해야겠다.

표 10-14. 종모우 능력에 따른 비육우의 고급육 생산과 경제성

구 분	근내지방도 육종가 상위 축군	근내지방도 육종가 하위 축군	가축시장 구입 축군
개시시 체중(kg)	140.6	134.1	148.4
종료시 체중(kg)	638.6	628.0	602.5
일당증체량(g)	742	736	677
1kg증체당/농후사료량(kg)	6.6	6.7	7.4
육량등급(A : B : C)	3 : 5 : 2	2 : 6 : 2	2 : 6 : 1
근내지방도 (지수)	4.5(122)	3.5(95)	3.7(100)
육질등급(1^+ : 1 : 2 : 3)	2 : 6 : 2 : 0	1 : 4 : 4 : 1	1 : 4 : 4 : 0
경 제 성(지수)	142	116	100

김 등(2003).

2. 비육기간 연장과 육질변화

고급육을 생산하기 위해서는 거세비육이 필수적이지만, 거세를 한 경우에도 비육기간 또는 출하월령이 매우 중요하다. 이는 고급육 형질이 충분히 나타나는 데는 일정기간이 소요되어야 하기 때문이다. 일반적으로 비육기간을 연장하면 배최장근 단면적, 근내지방도, 육질등급 및 도체성숙도 등을 개선시키고 연도, 다즙성 및 풍미 등의 관능적 특성을

개선시킨다고 알려져 있지만 필요이상의 기간 연장은 도체형질의 추가적인 개선효과를 볼 수 없을 수 있으며, 등지방두께와 같은 일부형질은 오히려 불리해 질 수도 있다. 따라서 비육기간 연장에 의한 최대 효과를 보기위해서 유전적 도체형질이 최대로 나타나는 적정시기를 파악하는 것이 매우 중요하다.

표 10-15. 출하월령의 차이가 거세 한우의 육량 및 육질에 미치는 영향

항 목	출 하 월 령			
	22	24	26	28
개시시 일령	9.8	1.0	168.3	171.0
종료시 일령	7.8	1.0	774.3	827.0
냉도체중량(kg)	22.3	4.4	356.0	95.8
등지방두께(cm)	1.14	0.05	0.24	1.52
등심단면적(cm^2)	0.08	0.16	80.40	80.8
육량등급(A : B : C)	0 : 9 : 3	0 : 11 : 1	1 : 8 : 3	0 : 3 : 9
근내지방도	3.75	3.75	3.92	3.26
육 색	4.58	4.33	4.33	4.42
지방색	2.08	2.50	2.41	3.08
육질등급(1 : 2 : 3)	7 : 5 : 0	8 : 3 : 1	9 : 3 : 0	6 : 6 : 0

정 등(1997).

비육기간에 관한 연구 성적이 많지 않아 아직까지 뚜렷한 결론을 제시할 수는 없으나 20개월령에서 24개월령으로 출하월령이 증가될 때는 1등급 출현율이 월등히 개선되고, 근육조직의 탄력성과 결의 섬세함도 크게 향상되는 것은 분명한 사실이다. 특히 브랜드육 생산과 관련하여 비육기간을 연장하고자 하는 농가가 늘어나고 있지만 비육기간 연장 역효과, 즉 등지방두께의 증가를 미연에 방지하기 위해서는 한우고급육 장기비육 프로그램을 이용하면 된다.

표 4-2에서 제시하고 있는 시험내용은 22개월령에서 28개월령까지 2개월간격으로 출하월령을 증가시켰을 때의 등급출현율을 본 것인데, 26과 28개월령에서 육질 1등급 출현율은 큰 변화없이 등지방두께와 배최장근단면적이 증가하였고, 특히 28개월령에서는 C등급 출현율이 급격히 높아지는 것으로 나타났다. 이러한 결과는 전형적으로 24개월령까지의 사양프로그램을 가지고 28개월령까지 연장 적용하면서 비육후기사료(TDN 74%)의 자유채식 기간이 약 10개월로 길어지면서 나타난 현상으로 볼 수 있다.

3. 출하월령별 거세 한우의 육량 및 육질 비교

한우의 성장단계별 사양관리에 따라 사육하고 비육기간을 생후 31개월령으로 연장하여 출하체중도 650kg 이상으로 높이면 배최장근단면적이 넓어지고 근내지방도가 높아진다. 그러나 30개월령 이상으로 비육기간을 연장하면 도체형질의 추가적인 개선효과를 기대하지 못할 수 있으며, 등지방두께와 같은 일부형질은 오히려 불리해 질 수도 있다.

특히 최근 브랜드 단체가 많이 생기면서 브랜드한우고기 생산과 관련하여 비육기간을 연장하고자 하는 농가가 늘어나고 있지만 등지방두께의 증가와 육량 C등급 발생을 미연에 방지하고 소득을 안정적으로 확보하기 위해서는 비육기간 연장에 따른 비육단계별 적정사양관리, 즉 고급육생산 장기비육 프로그램을 이용해야 한다. 출하월령에 따른 도체특성은 표 10-16과 같다.

일반적으로 쇠고기의 맛을 결정하는 것은 쇠고기의 올레인산 함량으로 알려지고 있다. 거세 한우를 출하월령별로 올레인산과 불포화지방산 함량을 분석한 바 도축월령에 따른 차이 없이 비슷한 경향을 보였다(표 10-17).

표 10-16. 출하월령별 거세 한우의 육량 및 육질 비교

구 분	출 하 월 령					
	26	27	28	29	30	31
도체중(kg)	384.1	397.1	453.7	460.3	478.9	497.8
배최장근단면적(cm^2)	87.3	87.5	91.3	96.7	100.60	108.7
등지방두께(mm)	8.2	8.8	12.6	11.2	13.3	15.1
육량지수(%)	69.2	68.9	67.3	68.3	67.6	67.5
육량등급(A : B : C), 두	8 : 7 : 0	8 : 7 : 0	3 : 9 : 3	5 : 8 : 2	4 : 8 : 3	4 : 9 : 2
근내지방도	5.9	5.7	5.4	6.4	6.7	6.7
육질등급(1^+ : 1 : 2), 두	10 : 4 : 1	9 : 4 : 2	6 : 6 : 3	13 : 2 : 0	13 : 2 : 0	14 : 1 : 0
1등급 이상 출현율(%)	93	87	80	100	100	100

강 등(2005).

표 10-17. 한우 거세우 출하월령별 등심의 지방산 비교 (단위 : %)

구 분	출 하 월 령					
	26	27	28	29	30	31
올레인산	49.1	50.2	48.3	49.5	49.3	50.6
불포화지방산	57.7	58.8	57.1	58.5	57.0	59.0

강 등(2005).

4. 비육후기 보리급여 효과

보리의 사료가치는 조단백질 함량이 12%내외이고, 가소화양분총량은 약 74%정도로서 비육후기 배합사료의 영양성분과 비슷하다(표 10-18).

표 10-18. 보리의 사료적 가치

구 분	수 분	조단백질	조지방	조섬유	조회분	DCP	TDN
보 리	12.3	11.0	2.0	4.5	2.6	7.0	74.4
비육후기사료	13.0	11.0	3.1	3.1	4.0	7.3	73.0

비육우에 대한 보리급여는 지방의 색과 경도를 좋게 한다고 알려져 있다. 옥수수에 비해 보리의 전분과 단백질은 반추위에서 쉽게 용해되는 특성을 가지고 있어 영양소의 효율적인 이용성 측면에서는 바람직하지 않을 수도 있다. 그러나 보리는 기호성이 좋아 비육후기와 같이 사료섭취량이 떨어지기 쉬운 시기에 사료섭취량을 개선시켜 궁극적으로 증체량, 지육중량, 육질을 개선하는 효과가 있으므로 사료용 보리의 수입가격이 비교적 저렴할 경우 사용을 고려해 볼 수 있다.

그러나 일반 곡류사료와 같이 보리도 통보리를 분쇄, 압편 등으로 가공처리를 해주어야 사료섭취량, 소화율 개선 등을 통해 비육성적이 개선된다는 것을 염두에 두어야 한다. 축산기술연구소에서 가공보리를 비육후기 9개월간 급여하였을 때 사료섭취량 개선에 따른 여러 가지 바람직한 결과가 표 10-19에 제시되어 있는데 비육후기 사료 내 분쇄보리를 20% 사용했을 때 사료섭취량이 개선되고 등지방두께의 증가 없이 근내지방도가 향상되는 효과를 볼 수 있었다. 농가에서도 기존 배합사료 외에 분쇄보리를 별도로 보충급여하면 사료섭취량 개선에 효과를 볼 수 있다.

5. 담근먹이 급여와 지방색과의 관계

비육기부터 출하시까지 조사료로서 담근먹이를 급여하면 지방색에 영향을 주지 않을까? 이러한 의문은 자급조사료 생산기반이 있는 농가에서 항상 궁금해 하는 사항이다. 양질의 조사료는 β-카로틴 함량이 비교적 높아 실제 비육기 육질개선에 바람직하지는 않지만 에너지 공급량이 볏짚보다 높기 때문에 발육속도가 빠르고 농후사료 공급량도 적게 소

표 10-19. 거세 한우에 대한 비육후기 보리급여 효과

구 분	대조구 (옥수수 40%)*	분쇄보리구 (옥수수 20+보리 20)	분쇄+압편보리구 (옥수수 10+보리 30)
개시시 체중(kg)	489.2	496.1	503.1
종료시 체중(kg)	664.9	674.6	653.3
일당증체량(kg/일)	0.63	0.64	0.54
배합사료 섭취량(kg/일)	8.55	8.80	8.66
등심단면적(cm^2)	84.6	92.5	85.0
등지방두께(cm)	10.5	10.5	9.3
육량등급(A : B : C)	3 : 4 : 5	3 : 5 : 2	5 : 3 : 2
지방색	3.0	3.0	2.6
근내지방도	5.0	5.5	5.3
육질등급(1^+ : 1 : 2)	4 : 4 : 2	6 : 3 : 1	5 : 3 : 2
올레인산 함량,%	50.0	50.9	51.5

* 배합사료중 함량.

이 등(2001).

요된다는 장점이 있다(표 10-20). 특히 지방색에 있어서 담근먹이 급여로 인한 β-카로틴 축적으로 황색 및 연 지방이 발생하여 호맥과 이탈리안 라이그라스 담근먹이를 섭취한 소의 일부는 육질등급이 일부 떨어지는 결과를 보이기도 하였다. 그러므로 비육 후기에는 담근먹이 급여를 중지하고 건초나 볏짚으로 교체하므로 지방의 황색화를 방지할 수 있다.

표 10-20. 거세 한우에 각종 담근먹이 급여효과

구 분	볏 짚	담근먹이		
		옥수수	호 맥	이탈리안 라이그라스
개시시 체중(kg)	200.8	198.5	200.0	196.0
종요시 체중(kg)	535.8	560.0	547.8	540.1
일당 증체량(kg)	0.70	0.75	0.72	0.72
농후사료소요량(kg)	5.9	5.6	5.6	5.6
육질등급(1 : 2 : 3)	5 : 0 : 0	5 : 0 : 0	2 : 3 : 0	1 : 2 : 1
근내지방도	4.6	4.8	4.2	4.5
지 방 색	4.2	5.6	5.6	6.8
육량등급(A : B : C)	0 : 5 : 0	0 : 5 : 0	0 : 5 : 0	0 : 3 : 1

홍 등(1996).

6. 한우 거세우에 보리 총체 담근먹이 급여효과

보리 총체 담근먹이는 볏짚보다 조단백질 함량이 높고 가소화양분총량(TDN)도 약

64%로 밀기울 보다는 약간 낮으나 이정도의 영양소를 가지는 사료라면 조사료라기보다는 강피류에 가까운 사료라 할 수 있다. 보리 총체 담근먹이는 보리 황숙기에 보리 알곡도 함께 담근먹이를 제조하므로 영양과가 높은 것이다.

표 10-21. 보리 총체 담근먹이의 영양분 함량(건물기준)

구 분	조단백질	조지방	조섬유	조회분	TDN	지 수
볏 짚	4.20	0.98	31.88	16.39	42.38	55
보리총체담근먹이	7.52	2.57	25.08	5.55	63.89	83
밀 기 울	16.29	4.48	9.43	5.33	76.95	100

표 10-22. 보리 총체 담근먹이 급여시 발육 및 사료이용성

구 분	볏짚급여구	보리 총체 담근먹이 급여구
개시시 체중(kg)	142	139
종료시 체중(kg)	533	621
일당증체량(kg)	0.72	0.89
kg증체당 요구량(kg)		
배 합 사 료	8.1	6.8
도 체 율(%)	61.6	63.3
거래정육률(%)	52.9	51.2
체 지 방(%)	15.5	18.6

조 등(1996).

한우 거세 비육시 조사료로 볏짚과 보리 총체 담근먹이로 비육한 결과 보리 총체 담근먹이급여 구는 볏짚급여구 보다 발육이 24% 더 잘 자랐으며, 비육우가 1 kg 증체되는 데 필요한 배합사료량도 조사료를 보리 총체 담근먹이로 사용시 배합사료를 19% 절감 할 수 있었다.

표 10-23. 보리 총체 담근먹이의 급여 우의 육질(관능검사) 비교

처 리	다즙성(1~6)	연도(1~6)	향미(1~6)
관행구(볏짚+건초)	4.13	3.98	4.31
보리 총체 담근먹이	4.63	4.31	4.61

관행구의 다즙성, 연도 및 향미는 각각 4.13, 3.98 및 4.31로 나타난 반면에, 보리 총체 담근먹이구는 각각 4.63, 4.31 및 4.61로 나타나 보리 총체 담근먹이의 급여로 인해 관능

검사 전 항목에서 좋은 점수를 얻게 되어 소비자의 기호도가 증가할 수 있을 것으로 판단된다.

한우 거세 비육시 조사료로 보리 총체 담근먹이를 사용하므로 볏짚급여구 보다 출하체중이 24% 더 높았을 뿐만 아니라 육질 1등급 출현률도 7% 향상되었고, 육량도 B등급이상 출현률이 11% 개선되므로 보리 총체 담근먹이 급여는 증체량이 향상되었고, 배합사료 소요량이 절감되어 두당 월간 소득이 볏짚 급여구에 비하여 100% 증가하였다.

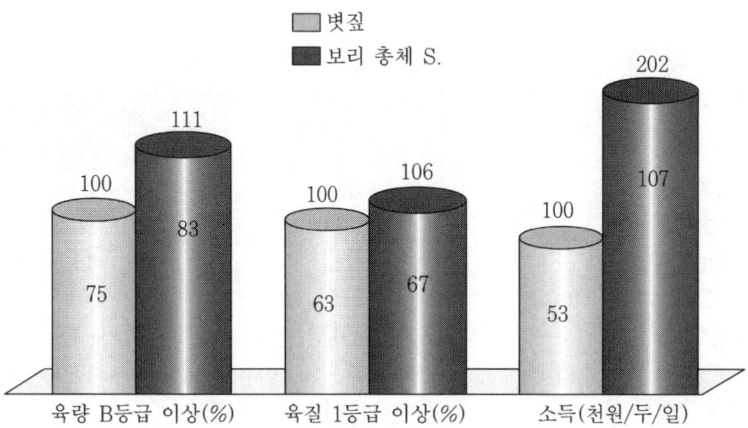

그림 10-8. 조사료원별 도체등급 및 소득비교

7. 섬유질배합사료를 이용한 사료급여체계

한우산업의 경쟁력을 키우는 것은 결국 맛있는 고기를 보다 저렴한 가격으로 생산하는 것, 즉 육질을 개선하고 쇠고기 생산비 중 가장 높은 비중을 차지하는 사료비를 줄여나가는 길이라 하겠다. 따라서 현재와 같이 비육 전기간 배합사료 의존도가 높은 사육체계보다는 새로운 사료자원이나 성장단계별 사료급여체계가 필요하다.

섬유질배합사료의 장점은 기존의 사료급여 형태인 배합사료와 조사료를 분리하여 급여시 문제점인 소의 기호성이나 개체의 강약에 의한 사료의 선택채식을 방지할 수 있으며, 배합사료와 조사료를 동시에 섭취하여 반추위 발효안정화를 유도하는 장점을 갖고 있다. 또한 고급육 생산을 위한 거세 한우의 사료급여 방식인 육성기와 비육전기에 체중에 따른 배합사료의 제합급여가 매월 체중측정의 어려움과 매번 사료의 무게를 측정하여 급여해야 하는 번거로움으로 농가에서 잘 지켜지지 않고 있는 현실을 감안할 때 자유급여체계인

섬유질배합사료 급여형태가 품질균일화를 유도할 수 있어 브랜드한우 농가 입장에서는 유리하겠다. 또한 부존 사료자원의 이용 등으로 사료비를 절감할 수 있으며, 신선한 사료를 제조 할 수 있고, 원료사료의 수급 및 가격변동에 쉽게 대처할 수 있으며, 브랜드한우 생산농가의 축산물 생산을 차별화하여 높은 가격을 받을 수 있다는 여러 장점이 있다.

거세 한우에 대한 섬유질배합사료 급여효과를 보면 분리 급여한 구와 23개월령까지 섬유질배합사료를 급여하고 출하시키기까지 분리 급여한 것이 근내지방도 개선되어 1등급 이상 출현율이 2배정도 상승하는 효과를 보였다.

표 10-24. 시험축의 육질, 육량 성적

구 분	분리급여	섬유질배합사료 (생후 23개월령까지)
도체중(kg)	386.9	382.2
배최장근단면적(cm^2)	86.7	86.9
등지방두께	11.3	14.3
육량등급(A : B : C)(%)	33 : 56 : 11	22 : 67 : 11
근내지방도	4.7	6.8
육질등급(1^+, 1, 2, 3)(%)	22 : 22 : 56 : 0	78 : 11 : 11 : 0
1등급 이상 출현율(%)	44	89
소득지수	100	120

오 등(2003).

8. 비타민 A 제한급여 효과

비타민 A를 제한할 경우 지방축적이 개선된다. 이는 비타민 A가 IGF-1과 갑상선 호르몬의 활성을 촉진하여 지방세포의 분화를 억제, 비타민 A 공급억제로 지방세포의 분화가 촉진되어 근내지방도 증진, 일본에서 비육기간 중 사료 중 비타민A 함량을 최소한으로 유지시키고 결핍증상이 나타날 경우 주사제를 통하여 추가적으로 보충해주는 방법으로 결핍증 예방, 조절이 완벽하지 않을 경우 식욕저하로 발육부진, 피모조강, 설사, 요석증 등이 문제되어 소의 건강과 경제적 손실 발생될 수 있다.

비타민 A 결핍기간이 길어질수록 농후사료 섭취량 감소, 근내지방도와 근내지방 함량은 전 기간 공급되었을 때 가장 낮았으며, 12개월령부터 21개월령까지 제한시킬 때 가장 높았다.

비육전, 중기에만 비타민 A를 급여하지 않아 혈중 농도를 40 IU/dℓ 정도로 유지시켜주고, 이후 권장량을 급여하여 비타민 A를 조절하면 근내지방이 다소 향상될 수는 있지만 우리나라는 육질등급에 따른 가격차이가 비타민 A 결핍에 의한 피해를 보상할 만큼 크지 않고, 한우농가에서 결핍증상의 조기발견이나 혈중 농도조사 등 그에 따른 조치를 하기가 어려우므로 많은 경험을 쌓은 후에 적용하는 신중함이 요구된다.

표 10-25. 비타민 A 제한 급여와 육질개선 효과

구 분	사료섭취량		증체량 (kg/일)	피하지방 두께(cm)	근내 지방도	육색	결	조직감	등심 중 지방(%)
	농후사료	조사료							
대조구	3,886	829	0.89	3.2	2.8	4.8	2.6	3.0	16.2
처리 1	3,575	790	0.75	2.3	4.7	4.3	3.5	3.7	24.1
처리 2	3,465	814	0.72	2.9	6.8	4.3	4.5	4.5	33.6

* 대조구 : 전기간 2개월 간격 비타민 A 100만 IU 근육주사. 九州農業試驗硏究(1999).
처리 1 : 12개월령부터 비타민 A제한, 18개월령 이후 2개월 간격으로 비타민 A 100만 IU 근육주사.
처리 2 : 12개월령부터 비타민 A제한, 22개월령 이후 2개월 간격으로 비타민 A 100만 IU 근육주사.

9. 비타민 C 급여효과

비타민 C는 자연에 존재하는 천연물질로 산화방지효과를 지니며, 생체 내 콜라겐의 구성물질로서 생리적 스트레스를 해소하는 역할을 한다. 일본의 연구결과에 의하면 화우의 지방전구 세포의 초기배양시 인산결합된 비타민 C 농도를 증가시켜 첨가하였을 때 지방합성 표지인자인 Sn-glycerol-3-phosphate dehydrogenase(GPDH)효소의 활성도와 지방구가 생겨난 세포의 숫자가 유의적으로 증가하였다고 하였으며, 일본화우에게 12～24개월령에 비타민 C를 첨가할 경우 근내지방도가 대조구에 비해 약 76% 높아졌으며 지방색과 육질의 색택과 조직감이 개선되었고, 반추동물은 비타민 C의 체내합성이 이루어지므로 성장단계 전 기간 급여보다는 지방대사가 활발히 이루어지면서 비타민 C 합성능력이 떨어지는 시기에 집중적인 급여가 바람직하고, 또한 반추위를 통과할 수 있는 비타민 C 보호기술(bypass)이 필수이다.

비타민 C 첨가구는 비육중기(12～24개월령)에만 40 mg/체중 kg/일의 수준으로 급여하였고, 비육후기에 무첨가 한 결과 근내지방도, 육색의 밝기(brightness), 단단함(firmness) 및 조직감(texture) 등이 향상되었고, 총 조수입이 40%가량 높게 나타났으나, 비타민 C 급여비용을 제외하면 20%정도의 경제적 이익이 예상되며, 첨가제의 가격을 내리는 것이 시급한 해결사항이다.

표 10-26. 비타민 C 첨가 급여효과

구 분	대 조 구	비타민 C 첨가구
도체중량(kg)	436.8	436.9
등심단면적(cm^2)	54.8	57.5
갈비두께(cm)	7.9	8.6
등지방두께(cm)	2.0	2.2
근내지방도	3.3	5.8*
근내지방 등급	2.8	4.0*
육색등급	3.3	4.3*
조직감	3.3	4.3*
지방색 및 등급	3.3	4.3*

松下厚志 등(2002).

10. 육색개선 기술

1) 육색과 도체 가격과의 관계

최근 소비자들은 쇠고기 구입시 신선도의 기준으로 쇠고기의 육색을 많이 이용하고 있다. 이는 쇠고기는 도축 후 시간이 경과하면 할수록 육색이 진하게 변하기 때문이다. 일본과는 달리 우리나라에서는 지금까지는 소비자들이 육색에 대하여 비교적 민감하지 않았으나 앞으로는 육색이 신선도의 기준이 되면서 점차 육색이 좋은 고기를 선호할 것으로 보인다.

도체 단가에 영향을 주는 육질등급의 요인으로서 근내지방도와 육색, 지방색, 성숙도, 조직감 등이 있지만, 이 중 육색은 지금까지는 크게 중요시하지 않다고 믿고 있었지만 실제적으로 도매시장에서도 평균 도체단가가 육색도(1 → 7)에 따라 가격차이를 보이고 있는 것을 알 수 있다(표 10-27).

표 10-27. 육색도별 출현두수 및 경락가격 (단위 : 원/지육 kg)

육 색 (No.)	경 락 가 격			계(지수)
	암 소	수 소	거세우	
4	9,030	8,412	9,724	9,161(100)
5	8,950	8,217	9,652	8,872(97)
6	8,467	7,924	9,220	8,217(90)

축산물등급판정소(2000).

2) 육색개선제의 이용

출하 스트레스에 의한 체내 글리코겐의 고갈을 방지하고 스트체스를 사전에 예방할 수 있는 미량첨가사료의 급여를 고려할 수 있다. 그림 4-2과 표 4-15에서 보는 바와 같이 거세 한우 출하시에 포도당과 비타민, 광물질을 포함한 미량첨가사료를 출하 1일 전 2회 급여하였을 때 스트레스호르몬인 코티졸 농도가 줄어들고, 경증 암적색육의 출현율을 감소시키면서 전반적인 육색의 향상을 도모할 수 있다.

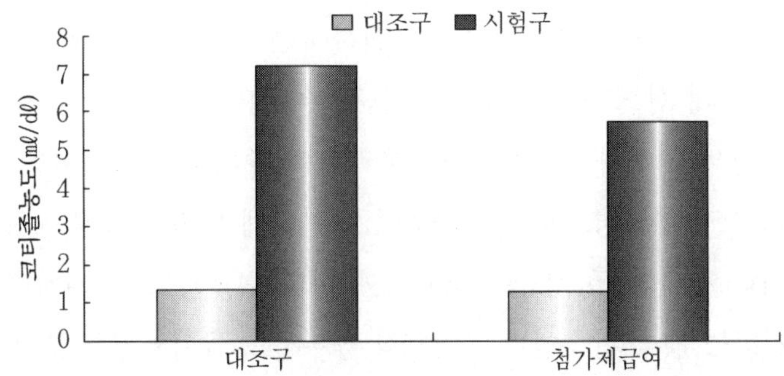

그림 10-9. 출하 한우 수송시 스트레스호르몬 농도변화 (이 등, 2002).

표 10-28. 출하 한우에 미량첨가사료 급여시 육색 및 수송감량 변화

구 분	육 색	수송감량 (kg)	Hunter Value		
			L	a	b
대 조 구	5.2	12.8	29.3	17.8	6.6
미량첨가 사료급여구	4.4	11.0	31.2	15.8	6.1

이 등(2002).

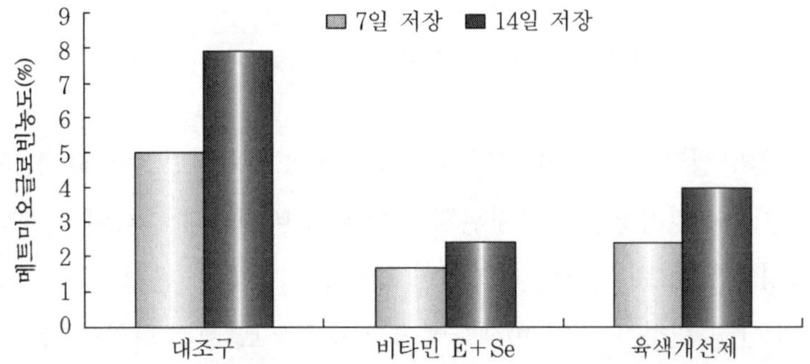

그림 10-10. 거세 한우에 대한 비타민 E와 육색개선제의 급여에 따른 등심 중 메트미오글로빈의 농도변화(이 등, 2002).

또한 비타민 E를 비롯한 항산화제를 비육후기 3개월 동안 급여할 경우(그림 10-10) 도축 후 2일째와 7일째 등심근육 중 메트미오글로빈의 농도가 미량첨가사료를 급여한 처리구에서 7일째에 현저하게 감소하여 육색의 보존성이 더 우수한 것으로 나타났으며, 특히 미량첨가사료의 급여로 도체등급 판정시 육색이 개선되는 효과도 볼 수 있다.

11. 사료급여회수와 생산성

1) 사료급여회수와 반추위 발효와의 관계

비육후기에는 배합사료의 자유채식이 불가피하지만 이와 같이 배합사료를 많이 섭취하는 경우에는 반추위 내 산도가 낮아져서 젖산축적이 일어나는 경우가 자주 발생하며, 심할 경우 사료섭취량의 저하와 산 중독증을 초래하여 증체량과 사료이용률을 떨어뜨리게 된다. 일반적으로 소가 우선적으로 농후사료를 섭취하게 되면 유입된 사료에 의하여 반추위의 산도가 급격히 낮아진 후 시간이 경과함에 따라 위액과 침에 의하여 서서히 회복되어 정상치를 유지하는 것을 반복한다. 1일 2회 농후사료 급여와 6회 급여시 반추위 내 산도의 변화이다(그림 10-11).

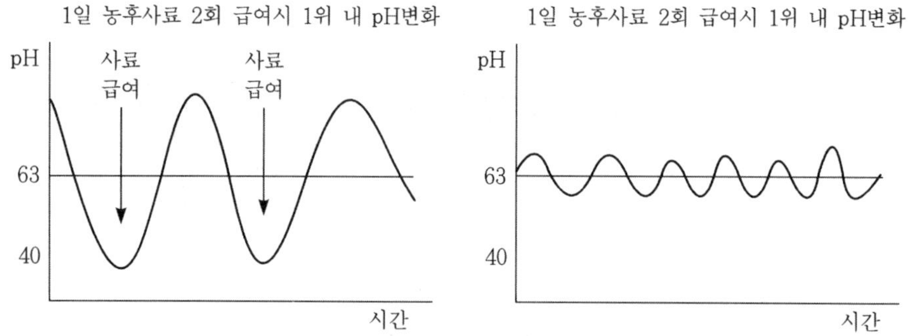

그림 10-11. 사료급여회수와 제 1위 내 pH변화

반추위 미생물의 성장과 증식에 적당한 산도는 6.3 내외이고 이보다 산도가 낮아져서 5.5 미만이 되면 반추위미생물의 생활환경이 나빠져 미생물의 증식이 억제되며, 이는 미생물단백질 합성량 감소로 이어져 생산성이 낮아질 수 있다. 반면 사료급여회수를 많게 하면 반추위 내 산도 변화가 적어 미생물에게 지속적으로 좋은 환경을 제공하게 되어 미생물단백질 공급량을 증가시킬 뿐만 아니라 섬유질 소화율도 증가시켜 발육성적이 개선되는 효과를 기대할 수 있다.

2) 적정 사료급여회수

사료급여회수의 효과는 체중(연령), 농후사료와 조사료 비율, 사료급여량 제한정도, 사료가공형태, 사료의 품질 등에 따라 차이가 있을 수 있으나 가능한 급여회수를 많게 하는 것이 좋다.

거세 한우에 대한 농후사료급여회수를 1~3회로 달리하여 비육한 연구결과를 보면(표 10-29) 일당증체량은 1일 3회 급여시가 1회나 2회 급여시보다 높고, 1회와 2회 급여간에는 차이가 없다는 것을 알 수 있었다.

육량형질의 경우 급여회수가 적을수록 등지방두께가 두꺼워지는데 반하여, 등심단면적은 작아지는 경향을 보인다. 이는 1일 사료량을 한꺼번에 많이 먹게 만드는 것은 순간적으로 섭취한 과잉의 에너지가 체지방으로 축적되면서 등심주위의 지방이 등심조직을 압박하면서 발생되는 현상이라고 할 수 있다. 그러나 육질형질인 근내지방도와 1등급 출현율이 사료급여회수의 조절에 의해 영향을 받는다는 증거는 볼 수 없었다.

사료급여회수에 의해 등심단면적, 등지방두께와 같은 육량등급이 개선된다는 것이 분명한 것으로 보여 급여회수를 최소한 2회 이상하는 것이 유리한 것으로 판단된다.

표 10-29. 사료급여회수별 거세 한우의 발육 및 육질 비교

항 목	사료급여회수(농후사료)		
	1	2	3
개시시 체중(kg)	224.7	222.3	218.4
종료시 체중(kg)	616.4	612.0	627.7
일당증체량(kg)	0.79	0.78	0.82
냉도체중(kg)	348.8	334.0	348.5
등지방두께(cm)	1.76	1.35	1.27
등심단면적(cm^2)	75.83	78.27	81.18
육량등급(A : B : C)	0 : 4 : 8	1 : 7 : 3	1 : 6 : 4
근내지방도	3.58	4.0	3.45
육질등급(1 : 2 : 3)	9 : 2 : 1	9 : 1 : 1	7 : 3 : 1

정 등(1997).

12. 사료섭취 특성과 섭취량 개선방법

1) 사료섭취량 저하 원인

한우 거세우의 비육후기 사료섭취량을 극대화시키기 위한 시도가 많이 이루어져 왔으

나 아직 사료섭취량의 조절기전은 명확하게 밝혀져 있지 않다. 반추가축은 섭취한 탄수화물이 체내에서 휘발성지방산으로 분해되므로 반추가축의 사료섭취는 반추위 내에서 생성되는 최종 대사산물인 초산, 프로피온산 및 낙산 등에 의하여 조절된다고 알려져 있다.

한우의 경우 비육후기에 육질개선을 위해 농후사료의 섭취량을 높게 유지시켜야 하는데 일반적으로 비육후기는 서서히 사료섭취량이 떨어지는 것이 흔히 볼 수 있는 현상이나 갑자기 사료섭취량이 떨어지는 경우가 종종 있다.

이것은 농후사료의 비율이 높아 반추위가 산성화되면서 반추위미생물이 활력이 저하되거나 휘발성지방산 중 프로피온산이 급격하게 증가하여 호르몬 균형이 깨져서 나타나는 경우가 많다.

참고로 표 10-30은 사료 중 섬유질과 전분 함량의 차이로 인해 달라지는 반추위의 발효패턴(초산/프로피온산 비율)을 나타내고 있다.

표 10-30. 한우에 대한 단미사료별 초산과 프로피온산 생성비율

사 료	총 VFA (mmol/g)	총 VFA 중 함량(%)			A : P
		초산(A)	프로피온산(P)	낙 산	비 율
밀	145.8	61.0	21.7	13.9	2.81
타피오카	139.6	63.2	21.3	13.1	2.97
옥 수 수	115.6	62.9	19.2	14.8	3.28
대 두 박	156.5	64.5	18.6	13.1	3.47
비트펄프	150.9	67.1	18.4	12.3	3.65
알팔파큐브	114.6	66.9	17.2	13.0	3.89
볏 짚	104.8	66.8	16.5	13.6	4.05

오 등(2003).

2) 사료섭취량 개선방법

사료섭취량이 감소될 수 있는 프로피온산형 발효는 반추위 내 pH가 비교적 장시간 6 이하로 유지되는 경우에 나타나기 쉽다. 이는 농후사료에 함유되어 있는 가용성 탄수화물(당, 전분 등)에 의한 것이므로 사료배합시에는 에너지는 높지만 전분 함량이 적은 사료 즉 글루텐피드, 비트펄프, 대두피, 맥주박 등을 곡류사료와 함께 급여하는 것이 반추위의 발효 안정화와 과산증 예방의 측면에서 중요하다.

비육단계별 적정 섬유질수준으로서 사료 중 섬유질 함량(NDF, 건물기준)을 비육전기에 30%, 중기 25% 및 후기 20% 이상의 수준으로 유지해 주는 것이 사료섭취량 유지와 소의 건강에 좋다. 특히 비육기간을 장기간으로 연장시키고자 할 때에는 너무 일찍 사료

섭취량을 피크에 도달시켜 조기에 사료섭취량이 저하되지 않도록 하고 비육후기의 사육환경을 양호하게 유지하여 사료섭취량 피크기간을 좀더 유지할 수 있도록 한다.

이러한 측면에서 배합사료의 경우에도 후레이크-펠렛사료는 기호성을 증진시키는 효과는 있지만 급속발효의 우려가 있기 때문에 비육기간이 28개월 이상으로 연장될 경우에는 사료의 물리성을 부여하고 급속발효를 막기 위한 노력이 필요하다.

13. 환경조건에 따른 영양소 공급 조절

1) 환경조건과 영양소 요구량

사료를 섭취하게 되면 반추위 발효와 영양소의 대사과정에서 발생하는 열이 체온유지에 쓰이는 동시에 체표면으로부터 열이 방출된다. 일반적으로 체온은 체내에서 생산되는 열량과 체외에 방출되는 열량의 평형에 의해 거의 일정한 범위 내에서 유지되지만 이런 평형은 너무 높거나 낮은 고온과 저온 환경에 노출될 때, 특히 몸의 건강상태가 좋지 않을 때 영양소요구량이 달라지고 따라서 사료섭취량이 영향받게 된다. 표 10-31에서 보는 바와 같이 유지요구량은 보디컨디션, 온도, 풍속 등에 의해 크게 달라지게 된다.

표 10-31. 환경조건에 따른 육우의 유지요구량 변화 (Mcal/일)

보디 컨디션 (신체충실지수)	온 도 (℃)	풍 속(km/h)		
		0	16	32
5	20	13.3	13.3	13.3
	0	13.4	13.4	14.6
	−20	13.6	16.1	21.7
3	20	11.5	11.5	11.5
	0	11.6	11.6	14.1
	−20	11.9	14.9	21.3

2) 영양소 공급량 조절방법

일반적으로 하절기의 고온상태에서는 유지에 필요한 에너지요구량이 약 10% 정도 높아지지만 체온의 상승, 반추위 운동저하, 사료의 반추위 체류시간의 지연으로 인해 섭취량이 불가피하게 낮아지기 때문에 열발생량 효과가 높은 볏짚을 가급적 줄여주고 배합사료의 에너지 함량을 높게 하는 것이 좋다. 그러나 고급육 비육체계에서는 사료의 변경에 신중을 기해야 하므로 스트레스를 최소화하는 사육시설을 제공하거나 스트레스를 완화시킬 수 있는 비타민과 광물질을 보급해 주는 것이 좋다.

저온환경하에서는 특히 풍속이 강해질 경우 방출열이 크게 증가하기 때문에 체온의 항상성 유지를 위해 사료섭취량이 증가하는 반면, 유지요구량도 높아지기 때문에 증체량이 둔화되는 것이 보통이다. 이때 우체가 분뇨로 지저분해지거나 바닥이 얼어있는 경우 소가 받는 스트레스로 인해 유지요구량이 더욱 높아져서 체중이 떨어지는 경우가 종종 있으므로 풍속이 센 곳에서는 저온환경조건을 최소한으로 완화시켜주어 증체량 감소를 최소화시켜야 한다.

14. 거세 한우 고급육 생산우의 출하적기

1) 출하적기

일반적으로 출하적기는 한계비용과 한계수익이 같을 때이나 소값이 하락하면 한계수익이 떨어지므로 출하체중이 낮아지고, 반대로 소값이 상승하면 출하체중이 증가하게 된다. 또한 출하시 사육자의 기술수준, 사료비 등의 경영비, 시장가격의 동향, 출하여건 등을 고려하여 결정해야 한다. 일반적으로 고급육생산기술에 따라 사육한 거세 한우의 출하적기는 근내지방의 축적이 12개월령 내외에서 가시적으로 보이기 시작해서 24개월령 내외까지 직선적으로 증가하는 것으로 볼 때, 출하월령은 24개월령 이상을 목표로 한다. 그러나 한우는 아직도 개체간의 차이가 많으므로 월령뿐 아니라 체중도 고려하여 일반적으로 24개월령에 체중이 550～600 kg이면 출하적기로 볼 수 있다.

또한 비육우를 도살하였을 때 살코기에 붙어서 거래되는 지방은 총지방의 23～24%정도이며 여기에 신지방 등 여분의 지방을 넣으면 실제의 지육지방은 28% 정도가 되는데, 육질이 좋은 고기는 이와 같은 여분의 지방이 있어도 도체단가를 높게 받을 수 있으나 육질이 나쁠 때는 지방이 많을수록 도체단가가 내려간다. 그러므로 한우의 근내지방도와 지방축적 등을 고려할 때 24개월령에 출하하는 것이 좋으리라 생각되며, 이때의 체중은 550 ～600 kg이다.

2) 출하시 주의사항

자체 농장에서 우상인이나, 유통업체에 판매시는 비육우를 수집상이 잘 처리할 것으로 보나 만약에 자체 브랜드화하여 시범판매점에서 판매될 경우 또는 계통출하를 통해 공판장에서 경매할 경우 비육이 완료된 출하우는 출하당일 사료는 줄여주고 비육우의 수송은 가능한 한 1시간 이내에서 옮기고 차량에 적재시 비육우간에 공간을 어느 정도 유지하고, 도축장에 도착하면 도축 전에 일정시간을 안정시키는 것이 좋다. 따라서 도축전 소에 대한 스트레스를 가능한 한 최소화하여 도축 후 고기색이 나쁜 암적색육(DFD)의 발생을 예방해야 한다. DFD육의 발생은 출하시 스트레스가 주원인이며, 도체등급 판정에 있어 육색의 문제로 근내지방도에 의한 육질등급을 한 단계 떨어져 큰 손해를 볼 수 있다.

표 10-32. 스트레스 요인별 사육관리 수준

구 분	조사두수 (두)	분리사육 (%)[1]	출 하 및 수 송 방 법(%)				
			계 통 출 하	구 입 출 하[2]	출하월령 (생후, 월)	수송밀도 (두/톤)	개체분리 수 송
암적색육 다발농가	1,448	21.0	55.6	31.3	19.5	2.0	50.0
육질상위 농 가	2,566	50.0	91.7	0	21.0	1.8	88.9

[1] 체중 및 월령 기준분리.
[2] 우시장 또는 농가구입 후 출하.

〈참 고 문 헌〉

1. Jung, K.K., Choi, C.B., Park, N.C., Do, J.C., Choi, C.W. and Lee, S.Y. 1996. Effect of castration method on stress responses and body weight changes in Hanwoo calves. The 8th AAAP Animal Science Congress Proceedings. Vol.2. pp. 546~547.
2. Jung K.K. 1996. Hanwoo(Korean native cattle) beef production in Korea. The 8th AAAP Animal Science Congress Proceedings, Vol.1. p. 497~504.
3. Wagner, J.J., Thomason, J.U. and Hanson, R. 1991. Feeding programs for newly arrived calves. Great Plains Beef Cattle Handbook. GPE-1608. p. 1608.1-1608.6. South Dakota State Univ., Brookings, SD.
4. 松下厚志 등. 2002. 비타민C의 사료첨가가 비육우의 육질에 주는 영향. 교토대 심포지엄.
5. 九州農業試驗硏究推進會議. 1999. 九州지역 중요신기술연구성과. No.33. 비타민A 적정제어에 있어 고품질우육 생산기술의 개발. 28.
6. 강수원, 김경훈, 김형철, 박범영, 오영균, 이상철. 2005. 거세한우 장기비육 사양 시스템개발. 축산연구소.
7. 김용곤. 1996. 소 암적색육(DFD)발생요인에 관한 연구. 농촌진흥청.
8. 김영근. 2001. 비육밑소 선발 및 저비용 생산기술 개발. 축산시험연구보고서.
9. 백봉현. 1992. 한우거세적기에 관한연구. 축산시험연구보고서. 축산기술연구소.

10. 백봉현. 1994 한우고급육생산기술. 농림수산부.
11. 백봉현. 2003. 한우송아지 이유사료 개발. 축산시험연구보고서. 축산기술연구소.
12. 이상철, 장선식, 오영균, 김경훈. 2002. 수출용 한우고기 육색개선을 위한 영양학적 조절기술 및 비육후기 사료개발. 축산시험연구보고서. 축산기술연구소.
13. 오영균. 1999. 한우의 사료섭취량 극대화를 위한 발표 Index 개발. 축산시험연구보고서. 축산기술연구소.
14. 오영균, 김경훈, 강수원, 이왕식, 이현정, 이상철. 2003. 거세한우에 대한 섬유질 배합사료 적정 급여 기간 구명. 축산시험연구보고서. 축산기술연구소.
15. 오영균, 김경훈, 이상철. 2003. 한우에 대한 단미사료별 초산과 프로피온산 생성과 분해 연구. 축산시험연구 보고서. 축산기술연구소.
16. 오영균. 2003. 거세한우 섬유질배합사료 급여체계 및 사료배합프로그램 운영. 한우 섬유질 배합사료 현황과 기술개발, 심포지엄자료. 축산기술연구소.
17. 장선식. 2002. 보리의 급여수준과 형태에 따른 한우의 발육과 도체특성에 관한 연구. 충북대학교 박사학위 논문.
18. 정근기. 1997. 출하월령의 차이가 한우 기세우의 육량 및 육질에 미치는 영향. 동물자원특수과정 교재(2001학년도 대학원 공개과정). 영남대학교 대학원 축산학과. pp. 49~91.
19. 정근기. 1997. 사료급여횟수가 한우 거세우의 증체 및 육량과 육질형질에 미치는 영향.
20. 정근기, 김웅배, 고기환. 2001, 한우 입식 송아지의 사양체계 확립을 위한 연구. 한국 동물자원 과학회지. 43(6) : 905-918. 동물자원특수과정 교재. 영남 대학교 대학원 축산학과. p. 49~91.
21. 조원모, 홍성구, 강희설, 김재환, 이종문, 백봉현, 조병대. 1995. 거세한우의 비육 개시월령이 육량 및 육질에 미치는 영향 농업논문집 37(2) : 521-527.
22. 조원모, 홍성구, 백봉현, 이종문. 1996. 보리 Whole crop silsge 급여에 의한 한우육질 개선 효과. 축산시험연구보고서. 축산기술연구소.
23. 축산물 등급판정 연보. 2000. 축산물 등급 판정소.
24. 홍성구, 이병석, 강희설, 조원모, 이종문, 백봉현, 김내수, 송만강. 1996. 담근먹이 급여가 거세한우의 도체특성에 미치는 영향. 한국축산학회지. 38(1) : 69~76.

제11장 번식우 사양관리

번식우의 사양목적은 우량한 송아지를 생산하는 것이며 최대한 영양, 사양관리를 하여 1년에 한 마리씩 송아지를 생산할 수 있어야 한다. 이렇게 하기 위해서는 어미소의 초산이 생후 24개월 정도 되게 하고 매년 정기적인 분만을 위해서는 분만 후 재귀발정을 촉진하고, 정확한 발정징후를 발견하여 수정 적기를 놓치는 일이 없이 임신시켜야 할 것이며 번식 장애의 원인을 최대한 없애고 적당한 운동과 개체관리를 철저히 하여야 할 것이다.

1. 한우 번식적령기

한우는 생후 8개월령을 전후해서 발정증세를 나타내기 시작하지만 계속해서 체성숙이 진행되고 있어서 한우의 번식적령기는 성성숙 보다도 늦은 생후 15개월령에 체중도 250 kg 이상일 때부터 번식적정기로 보기 때문에 육성기를 거친 미경산우는 체중과 월령을 감안해서 인공수정이나 자연종부를 시켜 새끼를 수태하여야 한다.

우량한 번식우로 사육하려면 적정월령에 번식을 시켜야 하는데 그동안 송아지 값이 좋을 경우 많은 사육농가가 번식월령을 앞당기는 경향이 있는데 번식적령기 이전에 수태가 되어 송아지를 앞당겨서 낳게 되면 다음과 같은 조기번식의 피해가 있다.

① 어미소의 체구가 적어서 유산, 난산이나 사산을 일으킨다.

② 태아의 발육이 부진하며 송아지 생시체중이 적고, 허약해진다.

③ 어미소의 비유량이 적어 송아지 발육이 늦고 육성률도 낮아진다.

④ 산후회복이 늦어져 발정재귀 지연으로 인한 분만간격이 길어진다.

⑤ 심할 경우 번식장애와 어미소의 이용년수가 단축되어 암소의 경제적 이용이 어렵다.

2. 번식우의 기본 사양관리

한국종축개량협회와 축협이 공동조사하여 만든 한우 암소의 발육정도에 따른 월령별 발육표준은 표 11-1과 같다.

번식우의 사양의 주요목적은 건강한 송아지를 1년에 1두씩 생산하는 것이다. 우량한 암소는 조산 없이 1년에 건강한 송아지를 1두 생산함은 물론 생산된 송아지를 건강하게 할 수 있도록 충분한 젖을 생산할 수 있어야 하며, 원하는 분만시기에 맞추어 발정이 오

표 11-1. 한우 암소 발육표준

생후월령 (개월)	상		중		하	
	체중	일당증체	체중	일당증체	체중	일당증체
0	26	–	25	–	24	–
1	44	0.6	41	0.533	38	0.467
2	62	〃	57	〃	52	〃
3	80	〃	73	〃	66	〃
4	99	0.633	88	0.5	81	0.5
5	117	0.6	104	0.533	95	0.467
6	135	〃	120	〃	109	〃
7	153	〃	136	〃	123	〃
8	172	0.633	152	〃	138	〃
9	190	0.6	168	〃	152	〃
10	208	〃	184	〃	166	〃
11	223	0.5	200	〃	177	0.367
12	237	0.4	215	0.5	187	0.333
13	251	0.467	228	0.433	197	〃
14	263	0.4	240	0.4	205	0.267
15	274	0.367	251	0.367	213	〃
16	284	0.333	261	0.333	221	〃
17	295	0.367	271	〃	228	0.233
18	304	0.3	279	0.267	234	0.2
19	312	0.267	286	0.233	240	〃
20	320	〃	293	〃	246	〃
21	327	0.233	299	0.2	251	0.167
22	333	0.2	305	〃	255	0.133
23	340	0.233	310	0.167	260	0.167
24	350	0.333	319	0.3	268	0.267
43	400kg		354kg		304kg	

* 한종협, 축협공동조사, '87-88년, 한우개량단지 12개소, 4,532두 표본조사.

게 할 수 있도록 잘 적응된 암소여야 한다.

그림 11-1은 생리적으로 암소가 1년에 한 마리의 송아지를 낳을 수 있는 모형이다.

<table>
<tr><td colspan="7">· · · · · · · · · · · · · · · · · 365일 · · · · · · · · · · · · · · · · ·</td></tr>
<tr><td colspan="3">· · · 포유기간(3~4개월) · · ·
· · · · · · · · 80일 · · · · · · ·</td><td colspan="2">· · · ·
· · · ·</td><td colspan="2">· · · · 임신기간(285일) · · ·</td></tr>
<tr><td>분
만</td><td></td><td>임
신</td><td></td><td>이
유</td><td></td><td>분
만</td></tr>
</table>

그림 11-1. 송아지의 연산 모형도

따라서 번식우의 사양관리에 있어서 기본적으로 고려할 사항은, 첫째는 초임우의 경우는 태아의 성장은 물론 경산우의 경우 암소가 임신하면 임신우 자체의 건강유지와 배속에 있는 태아의 발육에 필요한 영양분의 공급을 잘해야 하고, 셋째는 젖먹이 어미소의 경우 분만 후 어미소의 산후회복과 건강유지, 그리고 송아지용 젖생산에 필요한 영양분을 공급해야 한다.

번식우의 사양이 부적합하여 저영양 사양시 임신우의 경우 어미소 자체의 건강불량뿐만 아니라 태아의 발육불량으로 송아지의 생시체중이 적어지고 심하면 허약 또는 유산된다. 또한 분만 후 어미소의 산후회복 지연으로 발정재귀가 지연되고 유량의 감소로 송아지의 성장 발육까지 크게 떨어진다. 젖먹이 어미소 역시 산후회복이 늦어지고 발정재귀도 지연되며 수태율도 떨어진다.

그러나 번식우에 필요이상의 영양과다인 경우 분만시 조산 또는 난산 등, 분만 장애율이 증가하고 이로 인하여 산후회복이 지연되고 발정재귀시 수태율 저하, 그리고 산후 비유량의 감소로 송아지의 육성률도 떨어진다. 과비로 인한 비만상태는 번식성적이 크게 떨어지고, 번식장애우의 60~70%가 사양관리부적에서 초래될 뿐만 아니라 값비싼 사료의 낭비로 번식우 경영에 더욱 불리하게 한다.

때문에 번식우의 영양분 공급은 과소 또는 과다한 영양공급을 하지 말고, 단백질과 탄수화물 및 지방뿐만 아니라 각종 비타민과 칼슘 및 인을 포함한 미량광물질과 소금을 급여하고, 암소에 있어서 초임우와 송아지를 분만한 경산우 등을 구분해서 임신전기 임신말기 및 포유기 등에 따라 영양분 요구량을 조절하고, 계절에 따라 사료의 종류와 급여량을 갑자기 변화를 시키지 말고, 다두 사육시 영양상태가 나쁜 것은 구분하여 별도 관리하고, 사료는 양질의 조사료를 충분히 급여하는 것을 원칙으로 한다.

3. 임신우의 사양관리

사양관리 중 적절한 BCS(Body Condition Score)를 유지하여야 한다. 몸의 건강상태를 체지방의 축적 정도를 보아 측정하는 기준으로 BCS를 이용하는데, 그 측정 요령과 BCS별 소 몸의 상태를 보면 그림 11-2와 표 11-2와 같다.

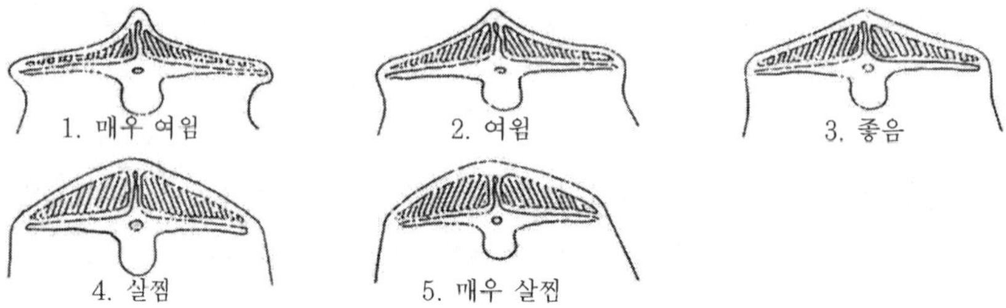

그림 11-2. BCS별 소의 몸 상태(영양상태)

표 11-2. BCS 측정요령

평 점	1	2	3	4	5
측정부위	매우 여윔	여 윔	좋 음	살 찜	매우 살찜
이상돌기 (늑횡돌기)	튀어나온 것이 명확하여 울퉁불퉁하게 보인다. 근육은 조금만 붙어있고 만져보면 예리하게 느껴짐.	튀어나온 정도는 심하지 않으나 돌기 하나 하나를 눈으로 확인할 수 있다. 선단에는 근육이 다소 붙어 있으나 만져보면 예리하게 느껴진다.	튀어나와 울퉁불퉁한 것이 명확치 않고 매끄럽다. 돌기 하나 하나 손으로 가볍게 눌러 보면 식별 가능.	튀어나온 부분은 나타나지 않고 둥글게 되어 있으나 평평하게 보인다.	골격모양이 외관상 분명치 않으며 피하지방 축적이 현저하다.
등선	뾰족한 봉우리형상을 나타내며 척추 하나 하나가 명료하게 보임.	근육이 조금 붙어 있고 척추 하나하나는 눈으로 확인할 수 없으나 손으로 만져보면 쉽게 식별할 수 있다.	둥그스럼하게 봉우리 형상을 나타낸다.	등부분은 둥글고 매끄럽지만 허리와 둔부는 평평하게 보인다.	등, 허리, 둔부는 둥글고 외관상 명확치 않고 피하지방의 축적이 현저하다.
요각과 좌골	근육은 조금만 붙어 있어 각이 심하게 져있으며 둔분의 움푹한 정도도 심함.	튀어나와 있지만 둔부의 움푹함은 그 정도가 심하지 않다.	둥그스럼하고 매끄럽다. 둔부에 지방축적은 없으나 매끄럽게 느껴진다.	둥글며 요골과 요각 사이는 평평하게 보인다.	골격모양은 외관상 명확치 않고 피하지방의 축적이 현저하다.
미근부	미근부 밑과 좌골과 좌골사이는 많이 움푹하고 그 부분의 골격은 튀어나와 있어 뾰족하게 보인다.	미근부 밑과 좌골과 좌골 사이는 움푹하나 그 부분의 골격에는 근육이 다소 붙어 있다.	미근부 둘레나 좌골사이에 지방축적이 없으며 매끄럽게 보인다.	미근부나 좌골주위는 둥글고 피하지방이 축적되어 있는 현상.	미근부는 지방조직으로 매몰되어 있는 것 같이 보인다.

암소가 일단 임신이 되면 어미소가 건강유지를 위한 영양분외 태아의 발육과 성장에 필요한 영양분이 추가로 요구된다.

사료급여수준	포유기간 (4개월간)	임신초기	임신중기	임신후기
150%	›››››››››			
120%				›››››››››
100%(기준량)		››››››››››››››		
기간(구분)	분만 1 2	임신 1 2 3 4 5 6		7 8 9 분만

그림 11-3. 한우 번식우의 사양체계

그러나 일반적으로 임신 6개월까지는 태아의 발육(약 5 kg)이 미진하여 별도로 사료급여량을 증가시킬 필요는 없다.

분만 전 2~3개월간은 태아가 급격히 성장발육을 하게 되므로 어미소 자체 몸유지를 위한 영양분 이외에도 많은 량의 단백질과 비타민 A 등의 영양분을 올려 주어야 한다. 동일체중의 임신우와 육성우의 경우 하루의 증체 목표량이 0.4 kg라고 할 때 영양소 요구량은 임신우가 오히려 적게 요구된다.

임신우의 사료급여 기준량은 임신초기나 중기까지도 태아의 발육이 미약하기 때문에 평상시와 같이 급여한다. 그러나 임신후반기(분만전 2~3개월간)에는 태아의 하루 증체가 0.4kg 정도이므로 평상시 요구량의 10~20% 정도를 더 급여한다. 또한 초임의 경우는 임신 초기나 중기까지는 자체의 성장이나 증체 등을 감안해서 하루에 0.6 kg 정도의 증체량을 보고 육성우 같은 기준량을 주도록 한다.

암소가 수태가 되어 임신이 확정되면 외부로부터 과격한 충격을 방지하여 놀라게 하지 않는다. 특히 임신초기 3~4개월간의 급격한 충격은 유산의 위험성이 있다. 임신우의 경

표 11-3. 한우 암소의 사육단계별 영양소 요구량 비교

체중별 (kg)	육 성 우		성 빈 우		임 신 우		포 유 우	
	CP	TDN	CP	TDN	CP	TDN	CP	TDN
300	0.51	3.34	0.40	2.39	0.51	3.23	0.62	3.73
350	0.54	3.82	0.43	2.62	0.56	3.53	0.66	4.01
400	0.57	4.02	0.51	2.97	0.60	3.81	0.71	4.29
450	0.60	4.52	0.55	3.24	0.65	4.08	0.75	4.57
500	–	–	0.58	3.51	0.69	4.35	0.79	4.83
550	–	–	–	3.77	0.73	4.61	0.83	5.09

표 11-4. 동일 체중의 임신우와 육성우의 영양소 요구량 비교

구 분	일당 증체량 (kg)	체중 (kg)	조단백질 (kg)	가소화양분총량 (kg)	칼슘 (g)	인 (g)	비타민 A (1000 IU)
임신우	0.4	300	0.51	3.23	20.2	13.5	30
	0.4	350	0.56	3.53	21.7	15.1	35
	0.4	400	0.60	3.81	23.3	16.8	40
육성우	0.6	250	0.53	3.27	19.9	12.2	17
	0.6	300	0.56	3.74	19.8	13.3	20
	0.6	350	0.58	4.38	19.9	14.5	23

* 한국표준 가축사료 급여기준. 농촌진흥청(1992).

우 과도한 운동은 피하여야 하나 하루에 최소한 3~4시간 이상의 운동을 하도록 하여 어미소의 건강 유지와 조직의 탄력성 증대 및 조직 발달을 도모하여 난산을 방지한다. 그리고 적당한 운동은 산후회복과 발정재귀에도 큰 영향을 미친다.

4. 매년 송아지 분만을 위한 번식우 관리

번식우를 사양할 경우 번식경영의 안정을 도모하기 위해서는 매년 우수한 송아지 생산과 암소의 번식에 이용할 수 있는 경제년한을 늘리고 두당 생산성을 높이는 번식집단을 만들어야 한다.

일본 흑모화종의 번식에 공용하고 있는 산차는 3~4산, 분만간격은 13~14개월, 송아지 생산율은 80% 전후이다. 이 수치는 번식장애 등의 이유로 비교적 조기에 도태되는 소가 많고, 분만 후 사산을 하거나 불임으로 인하여 송아지를 생산할 수 없는 번식우가 있기 때문이다. 번식우가 송아지를 낳지 못하고 사육된다면 많은 생산비가 늘어나게 되므로 이점이 대단히 중요하다. 그림 11-4는 번식우의 1년 1산을 위한 사양관리를 제시하고 있다.

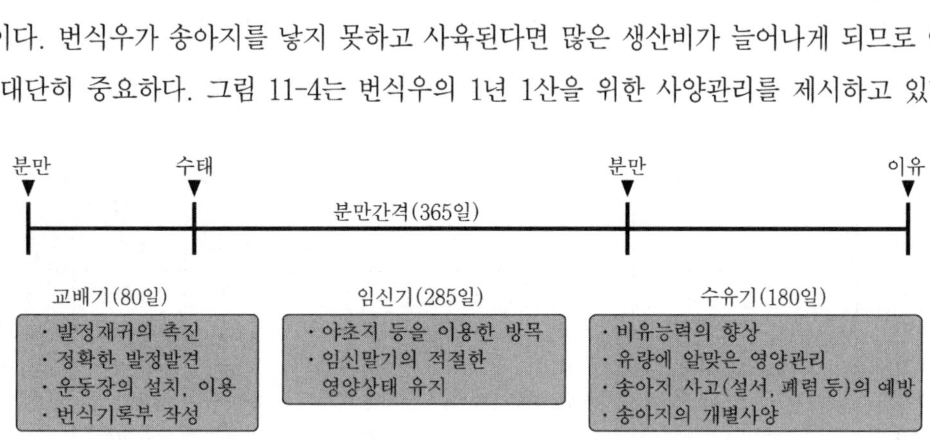

그림 11-4. 1년 1산을 위한 번식우 관리요령

위와 같이 매년 송아지를 생산하기 위해서는 분만 후 약 3개월까지가 대단히 중요한 시기이므로 주의 깊게 관찰하여 다음 임신을 위해 발정재귀를 촉진하여 적기 수정을 하도록 최선을 다하여야 한다. 이를 위해서는 우사를 청결히 하여 젖먹이 송아지의 설사나 호흡기 질병을 예방하여야 한다.

영양관리 측면에서도 가소화영양분총량이나 가소화조단백질 등의 양분 요구량이 상당히 높기 때문에 곡류사료와 양질의 조사료가 필요한 시기이다. 이 시기에 관리를 소홀하게 하면 다음 번식을 위한 발정발견과 발정재귀의 지연으로 매년 송아지 생산을 시킨다는 것이 불가능하게 된다. 그렇기 때문에 어느 시기보다도 분만 후 약 3개월간은 가장 중요하므로 세심한 관리가 요구된다.

한편 임신이 확인되면 유량도 급격히 감소하게 되고 영양소 요구량도 수유기 전반에 비하여 낮아지기 때문에 방목지에 방목하여도 좋다.

5. 젖먹이 어미소의 사양관리

젖먹이 어미소는 송아지를 분만하여 어미소 자체가 몹시 허약한 상태이지만 송아지에게 먹일 젖을 매일 지속적으로 생산하여야 하므로 분만 후의 젖먹이 어미소는 자체의 산후회복과 건강유지를 하고 송아지에게 먹일 우유생산 등을 위해 많은 영양이 필요하게 된다.

따라서 젖먹이 어미소는 하루의 증체량을 고려하지 않아도 건물량을 비롯해서 가소화조단백질, 가소화영양소총량 뿐만 아니라 어린 송아지의 골격형성과 발육을 위한 유생산을 하기 때문에 동일한 체중의 임신우보다 훨씬 많은 영양분을 요구하게 된다.

표 11-5. 동일한 체중의 임신우와 젖먹이 어미소의 영양분 요구량 비교

구 분	일당증체량 (kg)	체 중 (kg)	고형물량 (kg)	조단백질 (kg)	가소화량분 총량(kg)	칼 슘 (g)	인 (g)
임신우	0.4	300	6.4	0.51	3.23	20.2	13.5
	0.4	350	6.9	0.56	3.53	21.7	15.1
	0.4	400	7.5	0.60	3.81	23.3	16.8
젖먹이 어미소	−	300	7.7	0.62	3.73	17.1	13.8
	−	350	8.2	0.66	4.01	19.4	15.4
	−	400	8.8	0.71	4.29	20.9	17.1

* 한국표준 가축사료 급여기준. (농촌진흥청, 1992).

젖먹이 어미소의 영양소 요구량은 임신우보다 많이 요구하기 때문에 대체적으로 임신우보다 약 10∼15% 정도 더 증량급여 한다. 이와 같은 젖먹이 어미소는 분만직후부터 바로 사료를 증량하는 것이 아니고 분만 후 1주일경부터 서서히 증량하는 것이 이상적이다.

6. 주간에 분만유도 기술

암소를 다두사육하고 번식률을 높이기 위하고, 또한 관리를 편리하게 하기 위하여 계절번식을 시키거나 밤과 낮의 구별 없이 분만하는 것을 관리에 편리한 주간에 분만시키게 하는 기술이 높아지고 있다. 분만시에 사고를 방지하기 위해서는 낮에 분만하는 것을 유도하는데, 외국에서는 오래전부터 야간 사료급이에 의하여 낮 동안에 분만을 시키는 방법을 강구하고 있다.

육우의 실증실험에 의하면 야간급이를 함으로써 낮 동안의 분만율이 90% 이상으로 높았고, 분만 3∼1주 전부터 야간급이를 하여도 70∼80%가 낮에 분만하는 것으로 보고되었다.

야간에 사료를 급여하는 기본적인 방법을 소개하면 다음과 같다.

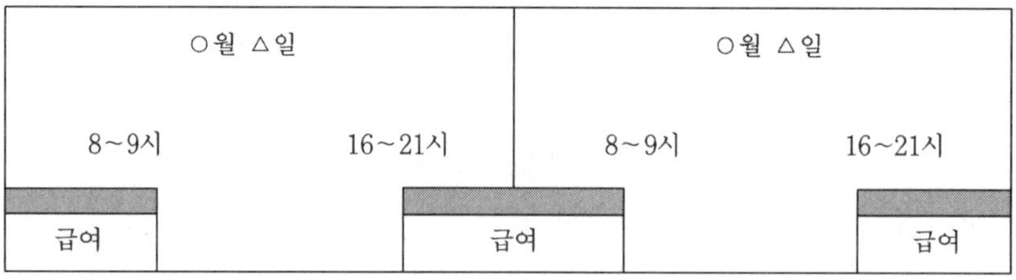

그림 11-5. 주간 분만유도를 위한 야간급이 방법

① 분만 예정일 최저 7일전부터 실시한다.

② 16∼21시간 사이에 일정한 시간을 정하고 매일 같은 시간에 하루 먹을 양을 급여한다.

③ 사료는 급여시간부터 다음날 오전 8∼9시까지 자유채식하게 하고 음수 섭취도 자유로 한다.

④ 오전 8∼9시에 남은 사료는 수거하고 낮에는 사료를 주지 않는다.

7. 번식우의 번식효율 향상

현재 한우의 평균 분만간격은 15~16개월인데 이는 번식우가 1년에 한 마리의 송아지를 생산하지 못하고 있는 실정이다. 여기에는 여러 가지 이유가 있겠으나 암소의 번식생리에 관계되는 것으로 발정적기의 미발견과 수정시간의 지연, 이유시기와 발정재귀의 지연이 있고, 암소의 영양과 관계되는 것으로 번식우의 임신말기 그리고 분만 후 포유기의 영양수준 등이다.

따라서 발정발견을 잘하고 수정을 적기실시 하기 위해서 그동안 1~2두 사육농가에서는 소를 항상 계류하고 있어서 소의 발정상태를 쉽게 파악하는데, 사육규모가 늘어나면서 계류사육시 발정상태 파악에 어려움이 있기 때문에 우사 주변에 운동장을 설치하여 아침마다 소를 운동장에 내놓을 때 발정여부를 잘 발견해서 수정을 적기에 실시하여야 한다.

또한 어미소는 분만 후 첫 발정이 오는 것을 발정재귀라고 하는데, 발정재귀는 자궁이 회복된 후에 오는 것이 많으나 자궁회복 이전에도 발정이 오는 것이 있으며, 소의 개체에

표 11-6. 식별방법별 발정발견

식별방법	발견율(%)	식별방법	발견율(%)
1일 24시간 관찰	83~100	수소이용법	96~100
1일 2~3회 관찰	81~90	올라타는 소	36~37
일반관리시	56	올라탐을 허용하는 소	85~98

표 11-7. 발정발견시와 수정적기

발정발견시	수정적기	수정시기가 늦을 때
아침 오전 9시 전	당일 오후	다음날 오전 중
아침 오전 9시-정오	당일저녁 또는 다음날 아침 일찍	다음날 오전(10시 이후)
정오 이후	다음날 오전 중	다음날 오후(2시 이후)

표 11-8. 소의 분만후 발정재귀일과 수태율

구 분	30일 이내	31~45	46~60	61~90	91~120	121~150	150일 이상
발 견 율(%)	25.7	43.0		24.5	6.8		
수 태 율(%)	57.1	50.0	63.6	47.6	58.8	42.9	20.0
수 태 당 수정횟수(회)	3.0	2.1	1.6	1.5	1.7	1.8	3.0

따라 특히 포유기의 영양수준과 송아지의 발육 및 이유시기 등에 밀접한 관계가 있다. 또한 송아지를 조기 이유하면 어미소의 발정재귀 시기가 빠르고, 수태율이 높으며, 수태당 수정회수도 적은 시점에서 인공수정을 실시하여 수태를 잘 시켜야 한다.

그밖에 어미소의 영양 상태에 따른 인공수정 적기를 조사한 결과에 의하면 몸의 등급과 영양 상태에 따라 분만간격의 상관관계가 있다. 즉 몸의 등급이 낮으면 분만간격이 길고, 몸의 등급이 높아지면 분만간격이 짧으며, 수태도 잘되는 것으로 되어 있어, 번식우의 경우 몸의 등급을 고려한 인공수정 적기를 찾고, 또한 등급이 낮은 소는 조기 선발해서 능력이 낮은 소를 도태하는 것도 바람직한 일이다.

8. 송아지 사양

분만 후 어미소는 일반우유와 다른 초유를 약 5일간 분비한다. 이 초유는 송아지에게 면역을 주는 면역글로부민과 태변을 배출시키는 설사성 물질이 함유되어 있어 분만된 송아지에게 반드시 먹이도록 해야 한다.

표 11-9. 초유와 일반우유의 성분 비교

성 분	초 유	일반우유
지 방(%)	3.6	3.5
무지고형물(%)	18.5	8.6
유 당(%)	3.1	4.6
비타민 A(μg/g)	4.2~4.8	8.0
단 백 질(%)	14.3	3.25
면역글로부민	5.6~6.8	0.09
알 부 민	1.5	0.47
카 제 인	5.2	2.6

따라서 분만 후 30분 내지 1시간 이내의 빠른 시간에 어미젖을 먹도록 관리해야 한다. 어미젖은 처음에는 강한 면역력을 가지고 있으나 시일이 경과됨에 따라서 점점 약해지는데, 송아지의 면역체계는 수동면역이기 때문에 어미젖을 통해 형성되며 면역항체 물질이 12시간 정도 지나면 매우 급격히 감소된다.

분만된 송아지는 자연포유와 인공포유로 나눌 수 있는데, 자연포유는 송아지를 어미소에 그냥 맡기는 것으로 일반 농가에서 가장 많이 시행하고 있는 방법으로 축주의 관리 입장에서 보면 매우 편리한 방법이라 볼 수 있다. 그러나 인공포유를 시키는 경우는 1일

2~3회 포유시키는 방법으로 포유가 끝나면 어미소와 격리시켜 사양한다. 한우는 모유생산이 적기 때문에 모유만으로 송아지의 영양소 요구량을 충족시키지 못하므로 포유시간 외에는 충분한 고형사료를 먹도록 하여 송아지 발육에 필요한 영양소를 공급시켜야 한다.

생후 2개월 이내의 송아지는 제 1위 내 미생물의 기능이 거의 없기 때문에 볏짚과 같은 저질조사료는 소화흡수가 잘되지 못하므로 양질의 조사료와 농후사료를 먹이도록 해야 한다. 축산시험장의 보고에 의하면 송아지는 2개월 정도에 조기 이유를 시키는데, 이유예정 3~4일 전에 고형사료를 1일 300~400 g 이상 섭취시킨다. 또한 어미소는 급속 건유방법을 사용하되 건유로 인한 유방염 예방을 위하여 건유시킨 첫날과 1주일 다음 완료시에 건유용 연고를 2회정도 주입하는 것이 좋다.

송아지는 매일 건강상태를 점검하는데 사료섭취 상태, 송아지의 행동 및 활력을 충분히 관찰하여 송아지에 잘 나타나는 설사병과 호흡기 질병에 특별히 관심을 가져야 할 것이다.

9. 사료비 절감 사양기술

1) 우량 암소의 선발과 이용

우량 암소란 번식적령기에 도달한 소가 정상적인 발정현상이 오고, 임신이 잘되며 분만시 건강한 송아지를 조산 없이 잘 분만하고, 송아지를 잘 포유할 수 있는 충분한 유량을 갖고 있으며, 1년에 한 마리의 송아지를 생산하는 번식우를 말한다.

우량한 번식우를 판단하고 선발하기 위해서는 일반적으로 외모심사에 의존하고 있으나 이미 외모등록에 의한 혈통등록이 되어 있으면 그 당대나 또는 선대의 기록에 따라 선발이나 도태가 용이하여 우량암소집단을 확보할 수 있고, 또한 번식우사업에서는 우량한 계통의 종모우에서 생산된 등록된 암소를 확보하는 것이 바람직하다. 더욱이 현재 공급되고 있는 한우 정액은 대부분 보증종모우의 정액이 공급되고 있어서 어느 종모우의 정액을 사

표 11-10. 한우 등록상태에 따른 발육상태(암소 35개월령 기준)

구 분	표준발육	보통등록	고등등록
체 중(kg)	344.5(100)	35.69	466.6(135)
체 고(cm)	120.6(100)	121.4	125.5(104)
체 장(cm)	137.8(100)	140.4	149.9(109)
흉 폭(cm)	34.5(100)	36.9	44.2(125)

용할 때 우량한 후대가 생산되느냐를 잘 기록해 두면 농가 스스로가 우량암소의 선택도 가능하고 불량한 암소 도태도 실시하여 우량한 암소 집단을 확보할 수 있다.

2) 분만간격 단축기술

번식우의 사양관리 중 분만 전후의 영양수준, 운동의 정도는 번식생리와 밀접한 관계가 있으며 송아지 생산에도 큰 영향을 준다. ① 분만 전후의 영양수준에 따른 발정재귀일은 고영양수준에서 발정재귀일이 빨랐으며, ② 분만전후의 영양수준별 수태율에서도 고영양수준이 수태율이 높았고, 분만간격도 저영양보다 78일이 빨리 왔다. ③ 번식우에 있어서 운동은 식욕증진과 신진대사의 촉진효과가 있으며 일광욕을 동시에 시킬 경우 비타민 D의 형성과 혈액순환의 촉진으로 번식우의 건강뿐만 아니라 산후 자궁의 회복과 초회 배란이나 발정재귀일의 단축 효과가 현저하다. ④ 한우의 조기이유에 대한 송아지의 발육여부와 어미소의 발정재귀를 보면 포유기간이 짧은 것이 어미소의 발정재귀일이 다소 빠른 것으로 나타났다.

따라서 번식우의 분만간격 단축에 따른 한우의 소득은 일반적으로 번식우의 경영이 비육우의 경영에 비하여 사육기간도 길고, 소득이 낮아 번식우를 기피하여 왔던 점을 고려

표 11-11. 분만전후 영양수준별 발정재귀 및 수태율

영 양 수 준	고	중	저
발정재귀일(일)	58.7	69.6	71.0
수 태 율(%)	85.7	78.9	71.4
분만간격(일)	369	410	447

축시(1990).

표 11-12. 분만전후의 영양수준 및 운동에 따른 번식기능 회복

구 분	공시두수(두)	자궁회복일(일)	초회배란일(일)	발정재귀일(일)
운 동 구	18	33.7	38.4	44.1
계 류 구	17	46.0	51.5	61.6

축시(1990).

표 11-13. 한우 조기 이유와 어미소의 발정재귀일

구 분	송아지 일당증체량(kg)	어미소의 발정재귀일(일)
포유 36일	0.53	36일
포유 56일	0.49	41일

축시(1990).

할 때 번시우사양의 소득향상 비결은 역시 좋은 송아지를 제때에 생산하여야 하는데 이를 위해 분만간격을 단축하는 일이며, 또한 번식우의 경제적 이용을 위해 적기에 수정하여 수태시키고 건강한 송아지를 생산하는 데 있다.

표 11-14. 분만간격에 따른 소득 비교

분만간격 (개월)	조수입 송아지	경 영 비 (천원)			소 득	지 수
		사료비	기 타	계		
12	1,752	285.1	120.7	405.8	1,346.2	111
13	1,752	308.9	130.8	439.7	1,312.3	108
14	1,752	332.6	140.8	473.4	1,278.6	106
15	1,752	356.4	150.9	507.3	1,244.7	103
16	1,752	380.1	160.9	541.0	1,211.0	100

* 조수입은 1995년 송아지 암수가격 평균임. 축시(1995).

3) 수정란이식에 의한 쌍자생산

번식농가에 있어서 생산비 절감방안의 하나는 한우의 쌍자생산이다. 쌍자생산 방법으로 최근 수정란 이식기술을 응용하는데, 이 방법은 정상적으로 인공수정을 실시한 후 7일째 수정란 1개를 추가로 이식하거나 수정란 2개를 이식하여 자궁 내 착상케하여 쌍태수태를 유도하는 것이다.

표 11-15. 쌍자생산에 의한 송아지 생산비 절감

구 분	연간 생산두수	송아지 생산비	지 수
전국 농가평균	0.8	995천원	100
표준 기술농가	1.0	796천원	80
쌍자생산 농가	1.5	591천원	54

축시(1992).

〈참 고 문 헌〉

1. Ensminger, M.E. 1987. Beef Cattle Science. (6 edition).
2. Tayior, R.E. 1984. Beef Production and Beef Industry. Burgess Publishing Company.
3. 농림부, 농촌진흥청, 축협중앙회. 1994. 한우고급육 생산기술.
4. 농림부, 축협중앙회. 1997. 축산조사월보.
5. 축산기술연구소. 1997. 새로운 한우사육기술.
6. 축산시험장. 1990~1995. 시험연구보고서.
7. 한국종축개량협회. 1995. 종축개량사업보고서.

제 12 장 사육시설과 분뇨처리

제 1 절 열환경과 한우의 생산성

열환경은 온혈동물인 한우의 항상성에 직접적으로 영향을 미치기 때문에 다른 환경과 비교하여 중요하다. 열환경은 기온, 풍속, 태양 복사에너지, 상대습도, 한우 산열, 한우사 바닥의 재료 및 상태, 지붕의 단열도, 사육밀도 등으로 구성되는데, 이 중에서 가장 중요한 요소는 기온이다.

한우의 적온영역과 생산환경임계온도는 표 12-1과 같다. 적온영역 내의 기온에서는 한우의 산열량이 거의 일정한 수준으로 최저를 나타내고, 또한 한우의 생산성이 거의 일정한 수준으로 높게 유지된다. 반면에 기온이 적온영역으로부터 많이 벗어나면 벗어날수록 한우의 생산성이 더 많이 저하되며, 생산환경임계온도 범위를 벗어난 기온에서는 한우의 생산성이 현저하게 저하된다. 따라서 그림 12-1과 그림 12-2처럼 사계절이 뚜렷한 우리나라의 기후특성을 고려해 볼 때, 겨울에는 추위 스트레스에 의한 생산성 저하를 최소화하고, 여름에는 사육단계에 관계없이 더위 스트레스에 의한 생산성 저하를 최소화 할 수 있는 한우사육시설이 되어야 한다. 특히 여름에 더위 스트레스를 효과적으로 최소화하기 위해서는 단열도가 높은 지붕재료를 사용해야 한다.

표 12-1. 한우의 적온영역과 생산환경임계온도

구 분	최 적		적온영역 (℃)	생산환경임계온도(℃)	
	온도(℃)	상대습도(%)		저온	고온
송아지	18	70	13~25	5	30
육성우	16	80	4~20	−10	30
비육우	16	80	10~20	−10	30
번식우	10	80	0~20	−10	32

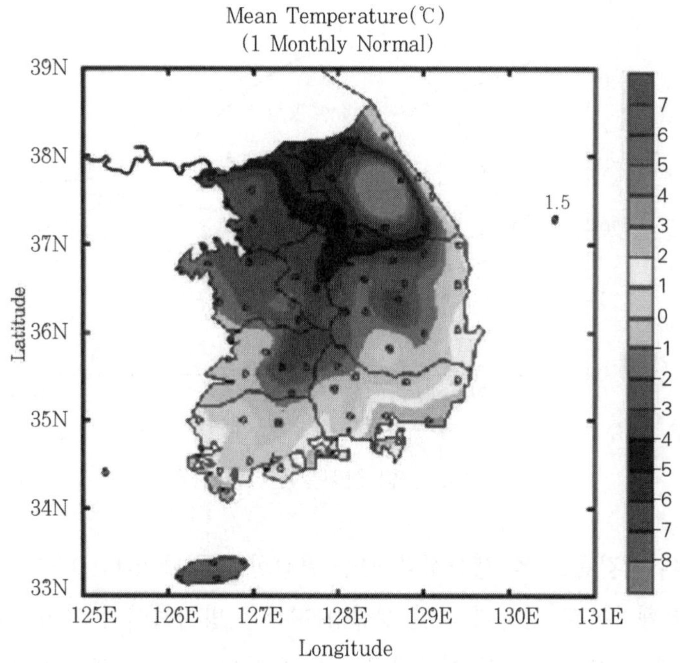

그림 12-1. 1월 평균기온

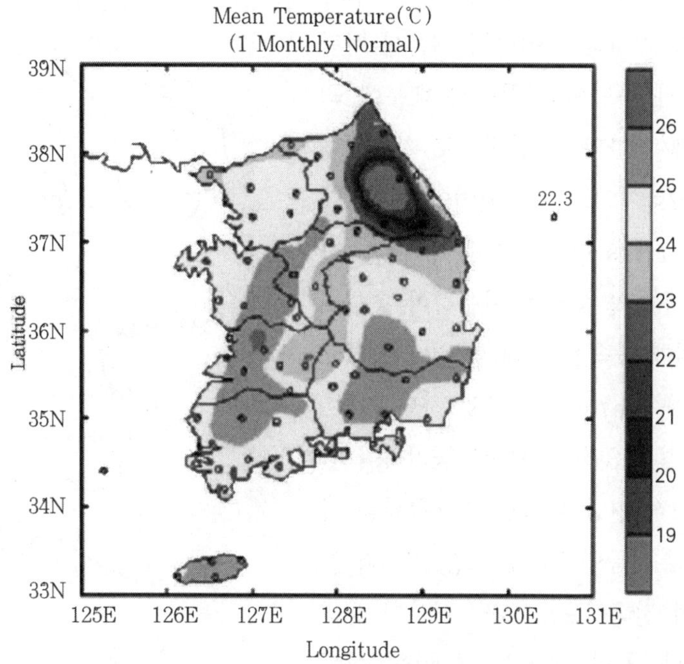

그림 12-2. 7월 평균기온

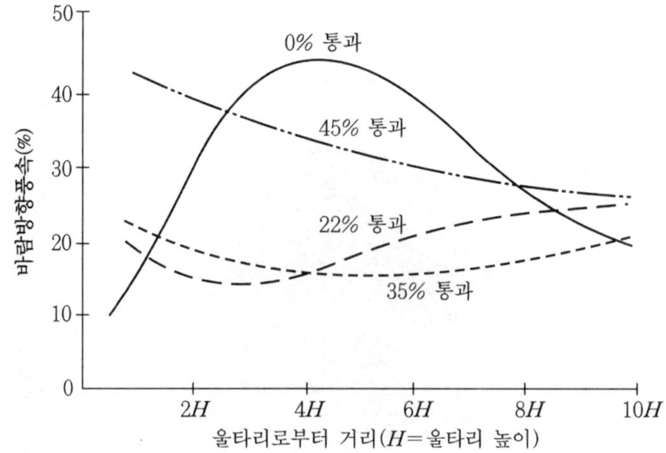

그림 12-3. 바람 장애물에 의한 풍속저하

풍속은 한우의 체감온도 및 생산성과 매우 밀접한 관계가 있다. 따라서 겨울에는 풍속을 최소로 하여 체감온도 저하에 의한 생산성 저하를 방지하여야 하며, 여름에는 풍속을 높게 하여 체감온도 저하에 의한 생산성 향상을 유도해야 한다. 특히 바람 장애물이 한우사 주변이나 한우사 내부에 있으면 그림 12-3과 같이 풍속이 저하되어 바람에 의한 체감온도 저하 효과를 기대하기 어렵기 때문에 바람 장애물이 한우사 주변이나 한우사 내부에 최대한 없도록 해야 한다. 일반적으로 겨울에는 풍속이 0.15 m/s 이하로 유지되어야 하며, 여름에는 풍속이 1 m/s 이상으로 유지되어야 한다. 그러나 여름에 송풍팬을 이용하여 송풍해 줄 경우 지나치게 풍속을 높게 할 필요가 없으며, 최고 풍속을 1.67 m/s 정도로 하면 된다.

우리나라의 경우 3면이 바다로 둘러싸여 있기 때문에 비교적 연중 다습한 기후특성을 갖고 있으며, 특히 여름인 7월에 그림 12-4와 같이 가장 습하여 전국적으로 80% 이상의 상대습도를 나타낸다. 지역적으로는 서해안과 이에 인접한 지역이 동부지역보다 습도가 높으며,

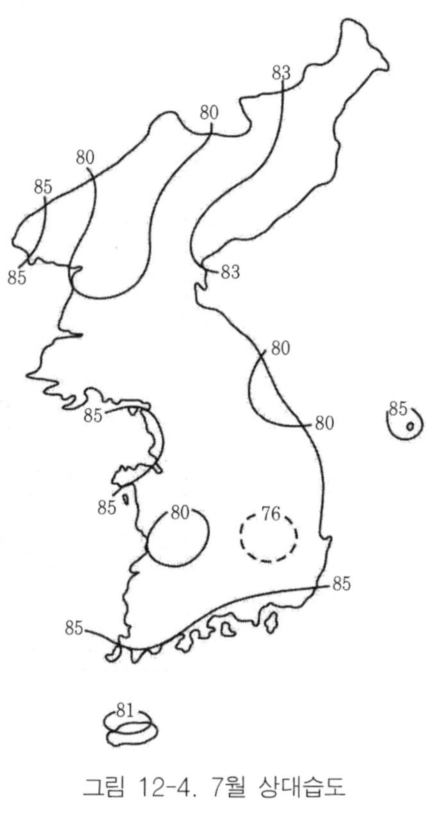

그림 12-4. 7월 상대습도

내륙지방과 해안지방간의 차이는 별로 크지 않은 특성을 나타낸다. 겨울에는 습도가 한우의 생산성에 영향을 미치지 않으나 고온으로 유지되는 여름에는 한우에게 더위 스트레스를 가중시켜 생산성 저하를 초래할 수 있다. 따라서 한우사육시설이 여름에는 가능한 한 충분히 자연풍이 한우사 내부로 유입되어 한우의 체감온도를 낮출 수 있도록 설계되어야 한다.

제2절 사육시설 설계

1. 사육규모와 축군 구성

한우농가는 크게 번식전문농가와 비육전문농가로 구분할 수 있는데, 번식전문농가의 축군 구성의 예를 들면 표 12-2와 같다. 번식관리는 인공수정에 의한 계절번식(봄, 가을)을 기준으로 하였다.

표 12-2. 한우 번식전문농가의 축군 구성

사육단계		사육규모(두)			평균체중 (kg)
		경산우 100두	경산우 60두	경산우 30두	
경산우 (26개월령)	임신우	67	40	20	400
	수유우	33	20	10	
미경산우 (15~25개월령)	초종부~초분만	15	9	5	350
분만우	7일	5	3	2	25
송아지 (0~4개월령)	포유우	27	16	8	120
육성우 (5~14개월령)	이유~초종부	15	9	5	250

주) 1. 연간 기본축 교체율 : 15%, 2. 종빈우 이용연한 : 8산차 이유시까지,
3. 포유기간 : 3~4개월령, 4. 수송아지 이동기 : 3~4개월령,
5. 초종부 : 14~15개월령(체중 250kg 이상), 6. 번식률 : 80%(24개월령 이상, 경산우 대비).

2. 한우사 종류 선택

한우사의 종류를 선택할 때 표 12-3과 같이 사육방식, 관리방법, 한우사 형태, 한우사 배치, 추위 및 더위 대비책, 구조재, 분뇨처리방법 등을 종합적으로 검토하여야 한다. 한

우사는 표 12-3과 같이 관리방법에 따라 계류식 우사와 방사식 우사로 구분할 수 있다. 계류식 우사는 한우가 운동장이나 방목장 등으로 나가 있을 경우 외에는 걸쇠나 끈을 이용하여 한우의 목이 상하로는 자유롭게 움직일 수는 있으나 좌우로는 소폭만 움직일 수 있도록 한우의 행동을 제한 한 상태에서 한우를 사육하는 우사이다. 이러한 계류식 우사는 일부 한우농가에서 비육우 또는 번식우를 사육하는 데 이용하고 있으나 점차 줄어들어드는 추세이다. 계류식 우사의 장점은 좁은 면적에서 한우를 집약적으로 사육할 수 있고, 체중이나 나이가 다른 한우를 같은 한우사 내에서 사육할 수 있는 것이다. 또한 개체별 사료섭취량 점검 등의 개체관리가 용이하고, 질병과 발정을 조기에 발견하기 쉽고, 피부손질과 인공수정 등을 편리하게 할 수 있는 것이다. 그러나 계류식 우사는 번식우의 경우 군사식에 비하여 번식장애율이 높고, 단위면적당 건축비가 많이 소요되며, 행동제한에 의한 복지상 문제가 있으며, 발굽손질을 자주 해주어야 하며, 분뇨를 제거하는 데 노동력과 비용이 많이 소요되는 단점이 있다. 방사식 우사는 한우사 바닥에 톱밥이나 왕겨 등을 5 cm 두께로 깔아준 상태에서 한우를 무리로 사육하는 우사를 말한다. 방사식 우사는 계류식에 비하여 단위면적당 건축비가 적게 소요되고, 번식장애율이 낮으며, 사료급여와 분뇨제거 등과 같은 작업을 기계화하여 노동력을 절약할 수 있는 장점을 가지고 있다. 반면에 개체관리가 어렵기 때문에 질병과 발정을 조기에 발견하기 어려운 단점을 가지고 있다.

표 12-3. 한우사 종류 선택시 고려사항

구 분	주요 고려사항
사육방식	번식우사, 비육우사, 종모우사, 일관사육우사
관리방법	계류식, 방사식
한우사 형태	폐쇄식, 개방식
한우사 배치	직렬형, 병렬형, 단식, 복식
추위 및 더위 대비책	추위대비형, 더위대비형, 절충형
구조재	파이프, H빔, 목재
분뇨처리방법	깔깃우사, 저장액비화, 인력수거, 기계수거

3. 군 크기와 공간 설계

송아지(0～2개월령)를 한 칸의 우방에 1두씩 개별 사육할 경우에는 그림 12-5 처럼 우방의 크기를 2.1 m(L)×0.9 m(W)로 하며, 2열 배치식인 경우에는 중앙 작업통로의 폭을 1.5 m로 한다. 공기의 질을 좋게 유지하기 위해서는 적정 공기 체적이 필요한데, 송아지의 경우에는 8 m^3/hd 이상 되어야 한다. 만약 송아지를 군 사육할 경우에는 군 크기를 6~8두로 하며, 이는 개별적으로 사육하는 것보다 초기 투자비용이 적게 소요된다. 그러나 작업자가 개체를 관찰하고 질병의 시점을 알아내는 데 어려움이 있다.

육성·비육우는 군 사육을 하며, 이때 군 크기는 20두 이하로 한다. 이와 같이 군 크기를 작게 하면, 첫째 작업자가 쉽게 개체 상태를 관찰할 수 있으며, 둘째 육성·비육우들이 쉽게 군 사회를 형성하고 적응할 수 있는 장점이 있다. 사육단계별 두당 사조 폭은 표 12-4와 같이 해야 하며, 깔깃바닥의 권장 두당 바닥면적은 표 12-5와 같이 해야 한다. 육성·비육우의 공기 체적은 16 m^3/hd 이상 되어야 한다.

번식우의 경우, 계류식과 비교하여 군사식에서 번식장애율이 낮고 자궁 회복 일수가 짧으며, 서열에 의한 허약우 발생비율이 군 크기가 4~5두일 때 가장 낮으며, 또한 발정재귀일과 분만 간격은 두당 사육면적이 9.9 m^2 이상일 때 가장 짧다. 따라서 번식우는 4~5두의 군 크기로 두당 9.9 m^2 이상의 면적에서 군 사육하여야 한다.

이상의 내용을 기준으로 농협중앙회가 설계한 평면도의 한 예는 그림 12-6과 같다.

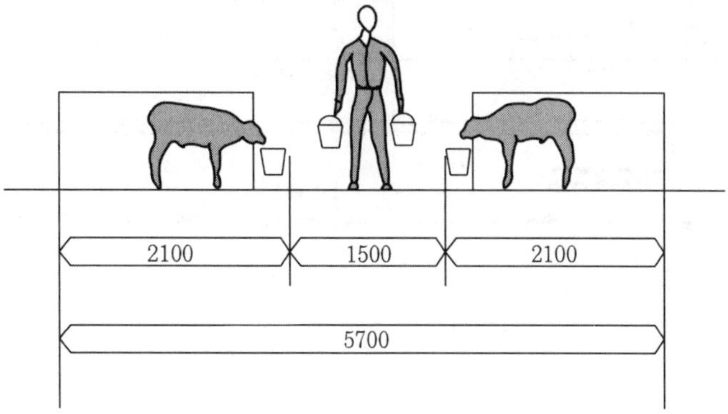

그림 12-5. 2열 송아지사

표 12-4. 육성·비육우의 두당 사조 폭

체중(kg)	두당 사조 폭(mm/hd)
200	400
300	500
400	550
500	600
600	650
700	700
800	700

표 12-5. 깔짚바닥의 권장 두당 바닥면적

체중 (kg)	깔짚바닥 면적(사조 제외) (m^2)	배회/채식 면적(사조 제외) (m^2)	두당 총면적 (m^2)
200	2.0	1.0	3.0
300	2.4	1.0	3.4
400	2.6	1.2	3.8
500	3.0	1.2	4.2
600	3.4	1.2	4.6
700	3.6	1.4	5.0

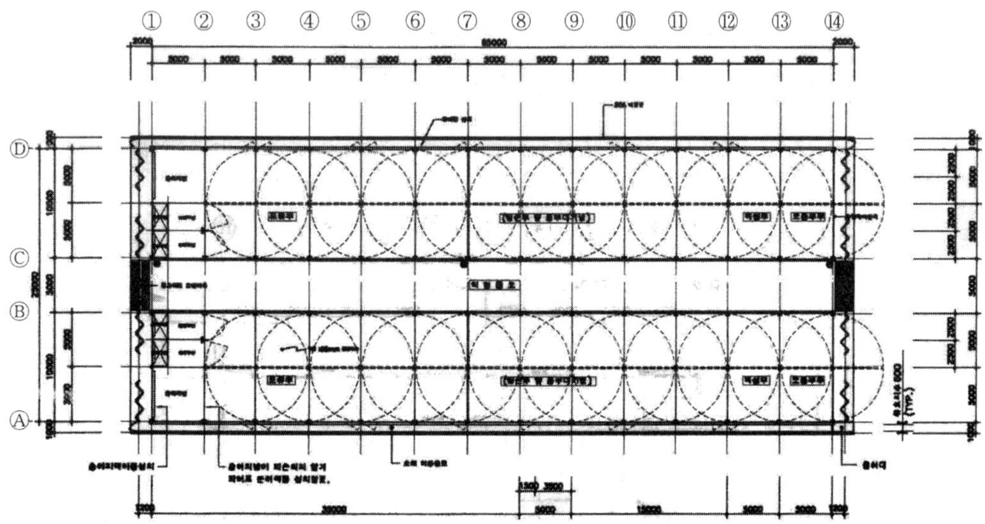

한우사 평면도

그림 12-6. 한우사의 평면도

4. 배치 설계

1) 부지선정

우리나라의 경우 장소에 따라 국지환경의 차이가 대단히 클 뿐만 아니라, 아무리 한우사가 잘 설계되더라도 부지가 한우를 사육하기에 부적합하면 절대로 좋은 한우사가 될 수 없기 때문에 부지를 선정하는 것이 매우 중요하며, 다음과 같은 곳을 부지로 선정해야 한다. ① 햇볕이 잘 드는 곳, ② 통풍이 잘 되는 곳, ③ 안개 상습지가 아닌 곳, ④ 지하수위가 낮은 곳, ⑤ 진입도로 확보가 용이한 곳, ⑥ 배수가 잘 되는 곳, ⑦ 위생상태가 양호한 곳, ⑧ 재해위험이 없는 곳, ⑨ 주위에 축사가 없는 곳, ⑩ 한우사 확장이 가능한 곳.

2) 부지정지

부지정지는 자연 상태 상의 장점은 최대로 살리고 단점은 보완하여 건물을 건축할 수 있도록 터를 잡는 작업이다. 부지정지 계획은 자연 상태 상의 장단점 분석, 시설배치설계, 토목설계, 정지작업 순으로 한다. 7월과 8월에 강우량이 많고, 기온이 한우 생산환경임계온도 이상으로 오르기까지 하며, 상대습도가 90%를 넘는 날도 많기 때문에 연 중 한우의 생산성이 가장 낮을 뿐만 아니라 환경관련 질병의 발생률이 가장 높다. 이와 같은 문제를 근원적으로 최소화시킬 수 있는 방법은 우선 좋은 부지를 선정하는 것이며, 차선책으로 통풍과 배수가 잘 되고 지하수의 영향이 없도록 부지정지를 과학적으로 하는 것이다.

3) 한우사의 방위

사계절이 뚜렷한 우리나라에서 추위 스트레스와 더위 스트레스를 최소로 하기 위해서는 겨울에는 태양열을 최대로 이용하고 여름에는 가능한 한 태양열의 영향을 줄이도록 한우사를 배열하여야 하며, 또한 겨울에는 주로 북서풍이 불고 여름에는 주로 남서풍이 불기 때문에 겨울에는 북서풍을 막아 주어야 하며 여름에는 남서풍이 한우사 내부로 최대한 유입되도록 하여야 한다. 이를 위해서 한우사를 동서로 길게 배치하여 정면이 정남향이 되게 하여야 하며, 북쪽 처마 밑에 윈치커튼 등을 설치하여야 한다.

4) 한우사간의 거리

한우사 주변에 다른 한우사, 사일로, 사료빈, 나무 등이 위치하면 한우사 내부와 외부의 공기흐름에 크게 영향을 미칠 수 있고, 또한 태양의 직사광선이 한우사 내부로 들어오는 것에 영향을 미칠 수 있다. 따라서 개방형 한우사 내부의 환경이 양호하게 유지되도록 하기 위해서는 한우사 내부와 외부의 공기흐름이 방해를 받지 않도록 다른 한우사뿐만 아니라 여러 시설물이 배치되어야 한다.

개방형 한우사들을 여러 열로 배치할 경우, 다른 한우사에 의한 한우사 내부와 외부 공기흐름의 영향을 최소화하여야 하는데, 이를 위한 한우사간 최소이격거리는 식(12-1)과 같이 계산할 수 있다.

$$D_{\min} = 0.4 \times H \times \sqrt{L} \qquad (12\text{-}1)$$

여기서, $D_{\min}$ = 한우사간의 최소이격거리(m)

H = 한우사의 높이(m)
L = 한우사의 길이(m)

5) 시설의 배치

한우사는 한우가 활동하기에 편리하고, 사육관리가 편리하며, 노동력이 적게 소요되도록 설계되어야 한다. 또한 경제적으로 건축비와 유지비가 적게 소요되고, 기계작업이 편리하도록 설계되어야 한다. 번식우와 비육우를 관리하는 데 소요되는 시간을 고려해 볼 때 사료급여와 분뇨처리가 많은 비율을 차지하기 때문에, 사료급여와 분뇨처리 분야는 작업동선이 짧고 기계화가 가능하도록 설계하여야 한다.

한우사는 태양열과 바람을 효과적으로 이용하기 위하여 남향으로 배치해야 하며, 건초창고와 같은 부대건물은 겨울에 북서풍의 유입을 최소화 할 수 있도록 한우사의 북서방향에 배치한다. 사료저장 사일로는 외부에서 벨트컨베이어, 또는 기타의 장비를 이용하여 사조로 사료를 공급할 수 있도록 배치하며, 우분처리장은 우분이 바닥 경사에 의해 자연집하될 수 있는 곳에 배치되어야 할 뿐만 아니라 우분처리장의 냄새가 한우사 내부로 유입되지 않도록 하기 위하여 가능한 한 동쪽에 배치하는 것이 좋다. 또한 분뇨저장시설은 급수원으로부터 최소한 각각 30 m 정도 떨어진 곳에 위치해야 한다. 소독조는 소독이 용이하도록 동선이 교차되는 곳에 배치하고, 차량소독시설은 농장에 출입하는 모든 차량을 소독할 수 있도록 농장 출입구에 배치한다. 일반사무실은 외부인 출입을 통제하기 쉽게 농장 출입구 부근에 배치하며, 농장차량 주차장은 농장 내부에 배치하고 외부차량 주차장은 방역을 위하여 농장 외부에 배치한다.

우리나라에서는 보통 운동장을 설치하지 않는다. 이처럼 운동장을 별도로 설치하지 않을 경우 한우사 내부에서 한우들이 충분히 운동할 수 있도록 하고, 또한 한우사 바닥에 깔아 준 톱밥 등이 교반되는 효과를 거둘 수 있도록 하기 위하여 사조와 수조를 서로 반대방향에 설치하는 것이 좋다. 예를 들어, 사조는 남향에 설치하고 수조는 북향에 설치한다.

5. 환기설계

1) 환기율 계산

한우사의 환기시스템은 한우로부터 발생되는 열, 수분 및 이산화탄소 등과 한우사의 바닥으로부터 발생되는 먼지, 가스 및 냄새 등을 연속적으로 배출하고 외부의 신선한 공기를 한우사 내부로 유입시켜 쾌적한 사육환경을 유지할 수 있도록 설계되어야 한다.

자연환기방식이란 바람이나 온도차에 의해서 생긴 자연력에 의하여 한우사 외부의 공기가 처마 밑을 통하여 한우사 내부로 유입된 후 배기구를 통하여 배출되는 환기방식을 말한다. 이때 환기량은 바람의 속도와 방향, 한우사의 방향, 입기구 및 배기구의 크기, 바람 장애물의 간섭 등에 의해 영향을 받는다. 자연환기방식은 단순함, 낮은 초기 투자비용, 낮은 에너지 비용 등의 장점을 갖추고 있기 때문에 우리나라의 한우농가는 자연환기방식을 채택하고 있다. 그러나 자연력에 의존하는 자연환기는 본질적으로 가변적이며, 여러 가지의 제한이 있다. 즉 기상 조건, 기하학적인 면적, 지형, 바람 장애물 등의 복합적 요인에 의하여 영향을 많이 받는다.

한우사 외부에서 내부로 또는 내부에서 외부로의 공기유동은 주로 풍력에 의하여 발생한다. 따라서 한우사의 환기설계시 고려해야 할 사항은 ① 평균 풍속, ② 주풍향, ③ 풍속과 풍향의 계절변화 및 일변화, ④ 인접 건물, 언덕, 나무 및 기타 장애물에 의한 국부적인 영향 등이다. 풍력에 의한 환기율의 방정식은 식(12-2)와 같다. 여기에서 설계 풍속은 보통 계절 평균의 약 반 정도로 한다. 입기구가 주풍향과 직교하면 환기가 최대로 된다. 그러나 실제 한우사의 입기구가 대부분 주풍향과 직교(E=0.5~0.6)하지 않기 때문에 식(12-2)의 E값이 0.35로 권장된다. 일반적으로 환기용 입기구는 처마 밑 또는 측벽에 두며, 배기구는 용마루에 위치시킨다.

$$Q = EAV \tag{12-2}$$

여기서, Q = 환기율(m^3/s)
E = 개구부(입기구와 배기구)의 유효도(decimal : 0.35)
A = 개구부의 면적(m^2)
V = 풍속(m/s)

2) 한우사의 방향

자연환기방식의 한우사에서 동서배열이 주로 채택된다. 이러한 동서배열은 겨울철 북서풍을 막기 쉽고 태양열 흡수를 최대화하며, 여름철에 남서풍이 한우사 내부로 최대로 유입되고 태양열 침투를 최소화한다. 그러나 남북배열은 겨울철 북서풍을 막기 어려울 뿐만 아니라 여름철에 최대 환기를 위해서 측벽을 개방하면 아침과 저녁에 태양열 침투가 허용되기 때문에 바람직하지 못하다.

3) 입기구와 배기구

연속 용마루 배기구의 폭은 그림 12-7과 같이 한우사 폭 3 m당 약 5 cm 정도로 해야 한다. 또는 식(12-2)에 권장 최소 환기율과 해당지역의 겨울철 평균 풍속의 1/2을 대입하여 용마루 배기구의 면적을 계산할 수 있다. 이때 입기구의 총면적은 용마루 배기구의 총면적과 같아야 하기 때문에 한우사 양 측면에 위치한 처마 밑 입기구나 측벽 입기구의 면적은 용마루 배기구의 반(한우사 폭 3 m당 약 2.5 cm)으로 만들어야 한다. 따뜻하거나 더울 때에는 측벽 면적의 1/3～1/2 이상이 개방되기 때문에 용마루 배기구는 환기율에 크게 영향을 미치지 않는다. 그러므로 겨울철의 최소 환기를 고려해서 용마루 배기구의 면적을 설계해야 한다.

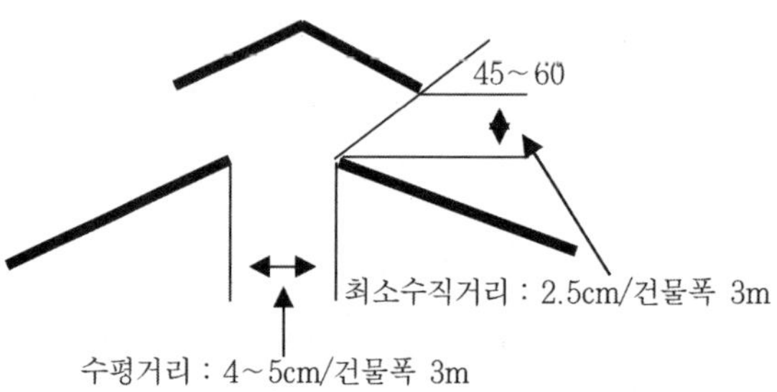

그림 12-7. 연속 용마루 배기구의 크기

4) 지붕의 재료와 기울기

한우의 경우 추위에는 강하나 더위에는 약한 특성을 가지고 있기 때문에 고온다습한 여름철을 효과적으로 극복하는 것이 매우 중요하다. 우리나라에서의 여름철 태양에너지의 복사열량은 18.9 MJ/m^2 · d이다. 이러한 복사열량이 한우사 내부에서 사육되는 한우에게 최소한으로 전달되도록 해야 더위 스트레스를 최소화할 수 있는데, 이를 위해서는 지붕재료의 단열도를 높여야 한다. 지붕재료에는 갈바륨과 샌드위치 패널이 이용될 수 있으며, 내부는 흑색계열, 외부는 백색계열로 색상을 마감하는 것이 효과적이다. 또한 단열재는 암면, 유리면, 난연성발포폴리스틸렌폼, 요소발포보온재 등을 이용하여 80 mm 이상의 두께로 설치되어야 한다. 여름철에 지붕의 경사가 가파를수록 한우사 내부의 더운 공기가 용마루 배기구를 통하여 잘 빠져나가지만, 경사가 지나치게 급하면 유입된 공기가 빠르게 배출되어 더운 공기와 섞일 시간적 여유가 없어진다. 또한 경사가 너무 완만하면 공기의 배출이 느려져 한우사 내부의 온도가 상승하고 수분응축이 생길 수 있다. 따라서 지붕의 기울기는 그림 12-8 처럼 4/12～6/12이 되도록 해야 한다.

5) 한우사의 폭과 처마의 높이

자연환기용 배기구가 용마루 배기구로 되어 있는 한우사의 경우, 양쪽 측면 개구 높이의 합이 기하학적으로 한우사 폭의 1/3 이상 되어야 하며, 처마의 높이가 높을수록 외부 공기의 유입이 원활하지만 건축비가 상승되므로 그림 12-8처럼 처마의 높이가 5 m 정도 되어야 한다.

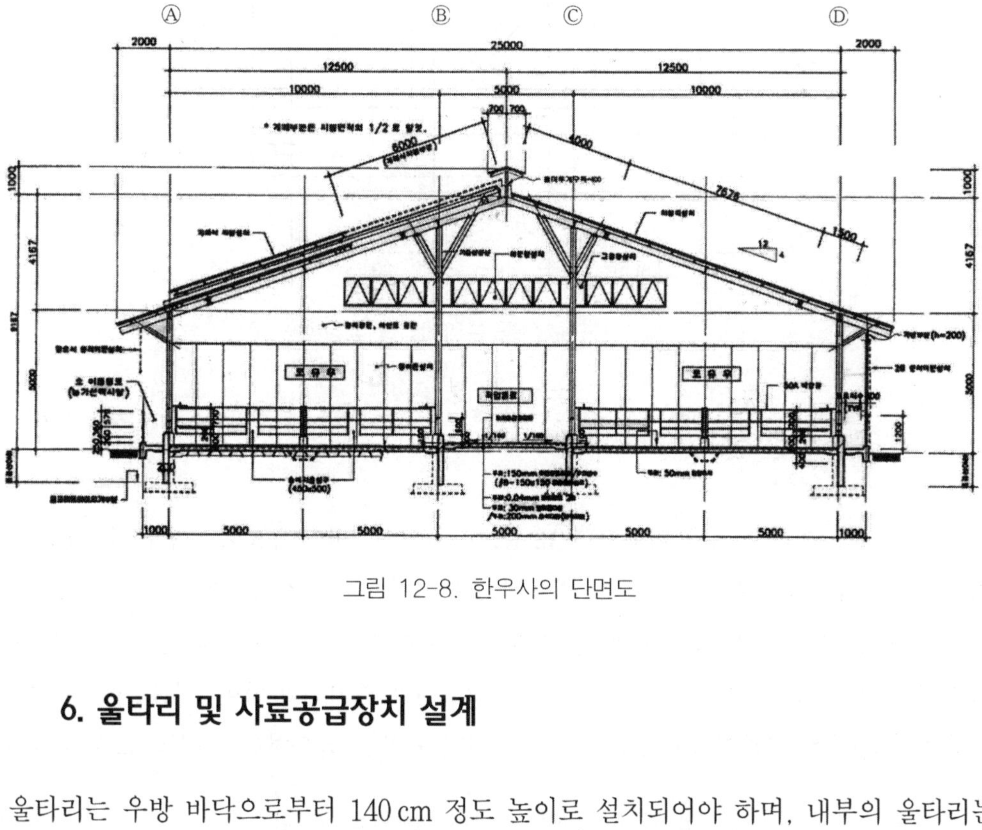

그림 12-8. 한우사의 단면도

6. 울타리 및 사료공급장치 설계

울타리는 우방 바닥으로부터 140 cm 정도 높이로 설치되어야 하며, 내부의 울타리는 회전이 되도록 해야 한다. 통로는 트랙터나 소형차가 드나들 수 있도록 300 cm 이상으로 넓게 해주어야 한다. 무리로 사육되는 한우들이 사료를 섭취할 때 서열이 높은 개체가 서열이 낮은 개체에게 악영향을 미칠 수 있기 때문에 이를 방지하기 위하여 사조 분리책을 해야 한다. 사조 분리책은 편안하게 사료를 먹을 수 있도록 체중 300 kg까지의 한우는 50 cm, 600 kg의 한우는 70 cm의 폭으로 설치되어야 하며, 사조의 높이는 우방 바닥으로부터 사조 바닥까지 15～20 cm 정도로 하고 사조의 넓이는 80 cm 정도로 해야 한다. 사조 분리책의 잠금장치는 비육전기의 비육우와 번식우의 경우 제한급여를 해야 하므로 그림 12-9 처럼 설치해야 한다.

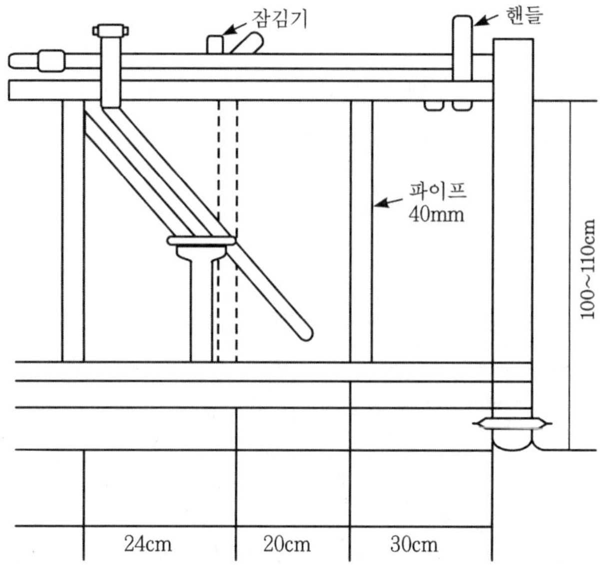

그림 12-9. 사조 분리책의 잠금장치

7. 급수시설 설계

상수도 또는 지하수 등을 이용하여 표 12-6과 같이 사육단계별로 급수할 수 있도록 해야 하며, 지하수를 이용하여 급수할 경우에는 정기적으로 수질검사를 실시하여 급수용으로서의 적합 여부를 확인하여야 한다. 한우가 자유롭게 신선한 물을 마실 수 있도록 자동급수기를 한우사의 구조에 맞추어 구획별로 적절하게 배치해야 하며, 여름철에는 더위 스트레스의 경감을 위하여 15～24℃ 수온의 시원한 물을 급수하는 것이 좋고 겨울철에는

표 12-6. 한우의 사육단계별 필요 급수량

사육단계	필요 급수량 (ℓ/hd/d)	비 고
송 아 지(181～363kg)	30.8～56.8	
비 육 기(363～545kg)	56.8～83.3	
미경산우(363kg)	56.8	－여름철 기준
경 산 우(454kg)	68.2	－잡용수 포함
경 산 우(590kg)	94.7	
종 모 우(681kg)	102.3	

얼거나 수온이 지나치게 낮아지는 것을 방지하기 위하여 1.7~2.8℃ 이하로 내려가지 않도록 수온조절이 가능한 전기발열선이 내장된 전기가온급수기를 사용해야 한다. 급수관은 동파를 방지하기 위하여 단열계획을 수립해야 하며, 매립급수관은 동결심도 이하에 매립해야 한다.

8. 한우사의 주변 정리

한우사의 주변을 콘크리트로 포장을 하면, 겨울철과 여름철에 트랙터 등과 같은 작업기의 이동이 매우 용이하다. 그러나 여름철에 복사열이 콘크리트로부터 많이 발생되어 한우사 내부에 있는 한우에게 더위 스트레스를 가중시켜 생산성을 저하시킬 수 있다. 따라서 한우사의 주변을 콘크리트로 포장하면 안 되며, 포장이 필요한 경우라면 세석(細石)을 깔아 주는 것이 좋다. 또한 한우사의 주변에 풀이 많이 자라있으면, 이러한 풀이 태양 복사열을 많이 반사시킬 수 있어 한우에게 가해지는 복사열을 최소화할 수 있다.

제3절 분뇨처리

1. 한우의 분뇨 배설량

한우의 분뇨 배설량은 표 12-7과 같다. 그러나 분뇨처리시설의 용량을 설계할 때 안전율을 15~20% 정도 감안해야 한다.

표 12-7. 한우의 성별 및 성장단계별 분뇨 배설량

구분		체중 (kg)	배설량 (kg/hd/d)			분뇨배설량/체중×100(%)
			분	뇨	계	
번식우	송아지	203	8.9	2.3	11.2	5.5
	육성우	335	10.8	3.3	14.1	4.2
	종빈우	487	15.5	4.6	20.1	4.1
비육우	송아지	181	8.9	2.7	11.6	6.1
	육성우	342	10.4	4.0	14.4	4.2
	비육전기	466	13.0	7.3	20.3	4.4
	비육후기	542	10.6	6.3	16.9	3.1

2. 분뇨처리방식 선택시 고려사항

분뇨처리방식을 선택할 때 고려해야 할 사항은 사육규모, 분뇨 상태, 배설량, 정화 여부, 퇴비화 여부, 우사 구조, 장비, 노동력, 경지면적, 농장의 입지 조건 등이다. 특히 분뇨처리를 위한 에너지와 비용이 적게 소요되는 방식을 선택해야 한다. 또한 분뇨처리시설은 부식성이 강한 가스에 항상 노출되기 때문에 가격보다는 내구성 및 재료 등을 고려해야 한다.

3. 우사 종류별 분뇨처리방식

1) 재래식 우사

간이정화조처리법의 경우, 분은 인력을 이용하여 한우사에서 퇴비사로 운반한 후 퇴비사에서 저장상태로 발효시키고, 뇨는 저장조로 모이게 한 다음 폭기처리하여 정화한 후 방류하는 방식이다. 이 방식은 한우 10두 미만의 재래식 한우사에서 이용할 수 있다. 이때 퇴비사는 한우의 분을 30일 이상 건조 및 발효하여 퇴비화 할 수 있는 용량으로 설치되어야 하며, 우수의 유입과 침투를 방지할 수 있도록 지붕을 설치해야 하고, 바닥은 방수재를 사용하여 요오수가 지하로 스며들지 않도록 해야 한다. 간이저장조의 유입구는 분과 뇨를 분리할 수 있는 2실 이상 직렬로 설치하고, 간이저장조는 배출되는 분뇨를 15일 이상 저류할 수 있는 용량으로 설치한다. 간이저장조의 지하 벽과 바닥은 방수재료를 사용하여 방수처리하고, 밀폐식으로 하되 부유물을 제거할 수 있도록 뚜껑을 설치해야 한다. 그리고 호기조건을 조성하기 위해 폭기장치를 이용하여 연속적으로 폭기해야 하며, 침사조에 스크린망을 설치하여 찌꺼기가 2/3 정도 침전되면 퇴비사로 퍼내 퇴비화 시킨다. 순환조는 3개월에 1회 이상 청소를 실시하고, 겨울철에는 지나친 온도 저하를 방지하기 위하여 보온을 실시한다.

2) 깔짚우사

깔짚우사는 한우사 바닥에 톱밥 또는 왕겨, 발효건조 톱밥우분을 깔고 그 위에서 한우를 무리로 사육하는 한우사이다. 이때 그림 12-10 처럼 우방에서 1차 건조된 우분뇨는 퇴비사로 운반하여 퇴비사에서 건조 및 발효를 한다. 이러한 분뇨처리방식은 사육규모에 관계없이 모든 깔깃우사에서 이용할 수 있다. 깔깃 재료로 사용되는 톱밥, 왕겨, 발효건조 톱밥우분 중에서 톱밥이 가장 많이 사용되고 있으며, 톱밥의 가격이 상승하면 왕겨 등으로 톱밥을 대체하여 사용하는 경향이 있다. 수분흡수율에 있어서 톱밥은 282%, 통왕겨는 157%, 팽연왕겨는 200% 정도로 톱밥이 가장 높은 수분흡수율을 나타낸다. 톱밥의 물리적 특성을 고려해 볼 때, 5 cm 두께로 깔아주는 것이 한우의 생리적 측면과 경제적 측면에서 유리하다. 이처럼 톱밥을 5 cm 두께로 깔아줄 경우에는 30～40일 간격으로 교체해 주는 것이 좋다. 그리고 톱밥과 왕겨를 동시에 깔아줄 경우에는 1 : 1 비율로 깔아주는 것이 톱밥이나 왕겨를 단용하는 것보다 유리하다. 퇴비사에서 60일 이상 건조 및 발효하여 퇴비의 수분 함량이 60% 이하가 되도록 해야 하며, 퇴비사의 주변은 악취 및 해충이 발생하지 않도록 청소를 정기적으로 실시하여야 한다. 퇴비사의 용량은 식(12-3)을 이용하여 계산할 수 있다. 따라서 퇴비사의 용량은 깔깃우사의 규모에 따라 표 12-8과 같이 설계해야 한다.

$$V = A / 100\text{m}^2 \times 15\text{m}^3 \qquad (12\text{-}3)$$

여기서, V = 깔깃우사의 퇴비사 용량(m^3)

A = 깔깃우사의 면적(m^2)

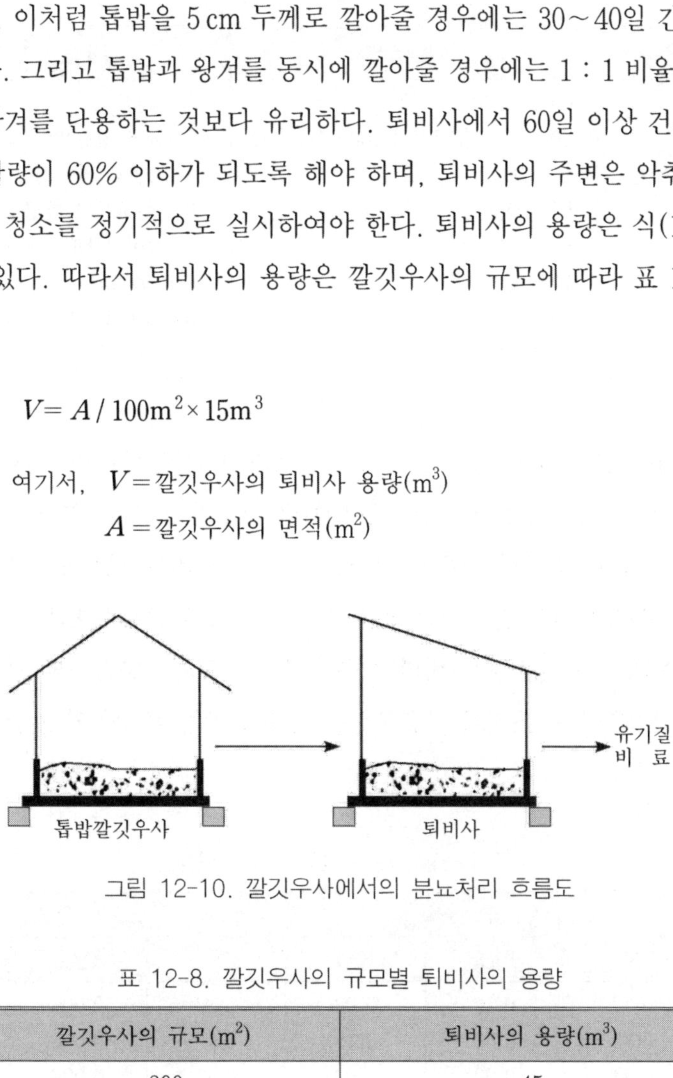

그림 12-10. 깔깃우사에서의 분뇨처리 흐름도

표 12-8. 깔깃우사의 규모별 퇴비사의 용량

깔깃우사의 규모(m^2)	퇴비사의 용량(m^3)
300	45
600	90
1,000	150
2,000	300
3,000	450

한우의 분뇨를 퇴비화 하면, 분뇨의 악취와 수분이 감소하여 취급하기 용이하며, 분뇨 중에 포함되어 있는 잡초종자, 병원균 및 기생충란 등이 사멸되어 위생 면에서 안전하며, 또한 분뇨를 토양과 작물에 안전하게 사용할 수 있다. 한우의 분뇨는 최소한의 호기조건에서도 퇴비화가 가능하며, 한우의 분뇨를 퇴비화 하기 위한 최적조건은 표 12-9와 같다.

표 12-9. 최적 퇴비화 조건

구 분	최적 조건	비 고
입자 크기	0.65~2.54cm	공극 제공
C/N비	20~30 : 1(C/P비 : 100~150 : 1)	미생물의 영양분 공급
공기 중 산소 비율	12~13%	5% 이하로 낮아지면 혐기발효 개시
수분 함량	50~60%	40% 이하이면 미생물 활동 저하
pH	5.5~8.5	8 이상이면 NH_3 생성
자연통기	공극 30%	용적 540kg/m^3
퇴적높이	60~200cm	200cm 이상이면 통기성 불량
교반	1~2회/일	최소 1회/주 이상

한우의 생분에는 표 12-10처럼 평균적으로 질소가 0.34%, 인산이 0.29%, 그리고 칼리가 0.09% 포함되어 있으며, 뇨에는 표 12-10처럼 질소가 0.48%, 인산이 0.01%, 칼리가 0.48% 포함되어 있다. 따라서 한우의 분뇨로 제조된 퇴비는 질소공급 등의 비료효과를 나타낼 수 있을 뿐만 아니라 많은 섬유질에 의한 물리적 토양개량효과를 나타낼 수 있다. 작물별 10a당 퇴비시용 기준량은 벼의 경우 0.75~1.15톤, 밭작물의 경우 1.0~2.0톤, 채소류는 1.0~2.0톤이며, 초지에 발효우분을 시용할 때는 1ha당 약 20톤 정도 사용하는 것이 알맞다.

표 12-10. 한우 생분뇨의 비료성분 (단위 : %)

구 분	분			뇨		
	N	P_2O_5	K_2O	N	P_2O_5	K_2O
번식우	0.33	0.16	0.08	0.39	0.006	0.44
비육우	0.35	0.43	0.10	0.57	0.005	0.53
평 균	0.34	0.29	0.09	0.48	0.006	0.48

3) 무깔짚 흙바닥 한우사

무깔짚 흙바닥 한우사는 우방 바닥으로부터 60 cm 깊이에 비닐을 깔은 후 흙과 석회로 채워 우방 바닥을 만든 개방식 한우사로서 깔짚을 사용할 필요가 없으며 환경오염을 방지할 수 있는 특징이 있다. 무깔짚 흙바닥 한우사는 습기가 많은 곳, 지하수가 올라오는 곳, 그리고 침수가 우려되는 곳 등에 설치되어서는 안 된다. 우사의 정면은 햇빛을 최대한 우방 바닥을 건조시키는 데 이용하기 위하여 남쪽방향으로 해야 하며, 또한 우방 바닥의 수분증발이 최대로 되도록 지붕 전체를 투광재로 설치하고, 사조와 수조는 서로 반대편에 설치해야 한다. 수조는 울타리 밖에 설치하여 흘린 물이 우방 바닥으로 스며들지 않도록 하고, 여름철에는 풍속을 이용하여 한우의 더위 스트레스를 경감시키고 부수적으로 바닥을 건조시키기 위하여 대형 송풍팬을 사용하는 것이 좋다. 이러한 무깔짚 흙바닥 한우사는 주로 번식우를 사육하는 데 이용된다. 우방 한 칸에 사육되는 두수가 지나치게 많게 되면 수분증량보다 수분배설량이 많게 되어 우방 바닥이 질게 되기 때문에 적정 군크기로 사육해야 한다. 즉 봄, 여름 및 가을에는 우방 한 칸에 4~5두, 여름철 우기에는 4두, 그리고 겨울철에는 3두 정도를 사육하는 좋다. 우방 바닥의 분뇨를 1년에 1~2회 정도 제거해야 하며, 우방 바닥의 흙이 부족할 경우에는 분뇨제거 후에 보충해주어야 한다.

〈참 고 문 헌〉

1. Ames, D.R. 등. 1981. Effect of Environment on Nutrient Requirements of Domestic Animals. National Academy Press.
2. British Standard 5502. 1990. Buildings and structures for agriculture. Part 40 : Code of practice for design and construction of cattle buildings. British Standards Institution, London.
3. http : //www.kma.go.kr/
4. Wathes, C.M. et al.. 1994. Livestock Housing. CAB International.
5. 농림부, 농협중앙회. 2001. 2001년 가변형 축사 표준설계도-설계설명서 및 시방서.
6. 농림수산부, 축협중앙회. 1996. 신고규모 축사 설계도 해설 및 시방서.
7. 농림부, 축산기술연구소, 농협중앙회. 2002. 한우 사육 길잡이.
8. 민병렬 외. 1997. 젖소사양가이드, 미국사료곡물협회.
9. 최홍림. 1989. 농업시설물의 환기. 대광문화사.
10. 축산기술연구소. 1995. 새로운 축산기술.
11. 축산기술연구소. 1996. 새로운 축산기술.
12. 축산기술연구소. 1997. 새로운 한우사육기술.

제13장 출하 및 도체평가

제1절 식육동물의 출하 및 도축

일반적으로 식육동물(meat animal, 食肉動物)이라 함은 식육생산에 보편적으로 이용되고 있는 동물을 말하며, 그 가운데서도 일정한 절차를 걸쳐 도축의 대상으로 선정된 것을 출하축(出荷畜)이라고 부른다. 양질의 식육을 생산하기 위해서는 우선적으로 식육의 원료가 되는 출하축의 올바른 선정과 이어서 적절한 도살 전후의 취급 및 처리가 요구된다. 도축 전 출하축의 적절한 선정과 취급은 인수공통전염병의 환축(患畜) 또는 병축(病畜)이 식육으로 전환되는 것을 방지하고, 미생물학적 또는 화학적 오염을 방지하여 식육의 안전성을 확보하는 데 있어 매우 중요하다. 최근 식육산업계에 있어 고품질 식육의 생산도 중요하지만 그 보다 더 중요하고 우선적으로 고려되는 것이 안전성의 확보라는 점을 감안할 때, 출하축의 선정과 적절한 취급의 중요성이 그 어느 때보다 강조되고 있다. 물론 고품질의 식육생산도 출하축의 올바른 선정과 훌륭한 시설의 도축장, 적절한 도축 전후의 취급 및 처리 그리고 작업원의 철저한 위생의식 등이 있어야만 가능하다.

1. 출하축의 선정

고품질의 식육을 생산하기 위해서는 살아있는 식육동물의 근육이 식육으로 전환되는 과정에서 근육 내에서 발생하는 생물학적, 생리학적 또는 생화학적 기작들을 고려한 도축 전후의 작업들이 수행되어야 한다. 일반적으로 식육동물은 동일한 품종이라 할지라도 사양관리의 상태에 따라 식육원료로서의 그 가치는 많은 차이가 날 수 있다. 즉 우량한 식육동물은 바로 고품질의 식육과 우수한 육제품의 생산으로 이어지기 때문에 좋은 식육동물을 출하축으로 선정하는 것이 매우 중요하다.

1) 환축의 선별

상술한 바와 같이 도축할 식육동물의 건강상태는 식육의 품질 및 소비자의 건강에까지 영향을 미치기 때문에 출하축을 선발하는 일은 매우 중요하다. 특히 출하축은 법정 전염병과 기생충에 감염되어 있지 않아야 하며, 가벼운 질병이라도 치료 중에 있는 동물이나 외상이 뚜렷한 동물을 도축하여 식육으로 사용할 경우 종종 공중위생상 안전성의 문제가 발생할 수 있다. 이러한 환축들은 장·단기간에 걸친 치료약의 투여로 항생물질 등의 체내 잔류 가능성이 높기 때문에 많은 문제를 야기할 수 있다.

한편 건강한 식육동물이라고 할지라도 중량을 부정하게 늘리기 위한 강제급수 및 강제급여 등의 학대행위를 하여서는 안 되며, 임신한 동물이나 종축 및 후보종축으로 등록된 식육동물은 법적으로 도축이 금지되어 있다. 우리나라도 식육 내 항생물질, 합성항균제, 호르몬제, 농약 및 중금속 등에 대한 잔류물질 허용기준을 제정하여 규제하고 있으며, 이러한 물질들을 투여 받은 식육동물은 최소한 7일이 경과된 이후에 출하하여야 한다.

2) 성에 따른 특성

식육동물은 성별에 따라서 자극성의 특이한 성취(sex odor, 性臭)가 있기 때문에 이에 대한 적절한 대책이 필요하다. 소의 경우는 돼지와는 달리 웅취가 심하지 않으므로 지역과 식생활의 습관에 따라서 거세에 대한 의견 차이를 보이고 있다. 즉 미국이나 우리나라에서는 거세를 권장하고 있으나 유럽지역에서는 거세하지 않는 경향이다.

3) 출하축의 연령

식육동물은 일반적으로 새끼를 낳은 경험이 있는 동물(經産畜)보다는 경험이 없는 미경산축(未經産畜)이 육질이 우수한 식육을 생산하며, 연령이 많은 동물이 어린 동물보다 수율(yield ability, 收率)과 육질이 양호하다. 물론 아주 어린 유축(幼畜)은 육질이 매우 연하고 섬세하며 지방 함량은 적으나 수분 함량이 많고, 맛이 담백한 특성이 있다.

4) 사료와 사양방법

식육동물의 체성분 중 사료에 의해 가장 많은 영향을 받는 성분은 지방이다. 즉 사료의 지방산조성이 그대로 식육의 체지방으로 이행되기 때문에 식육동물이 섭취하는 사료지방의 품질은 그대로 식육동물 체지방의 품질로 연결된다고 할 수 있다. 일반적으로 사료지방에 저급 및 불포화지방산이 많을수록 체지방은 단단하지 못하고 무른 연지방(soft fat, 軟脂肪)을 형성한다.

5) 도체등급 자료의 활용과 생체 검사

어떤 농장의 지난 도체등급의 자료는 출하축을 선정하는데 있어 매우 중요한 자료로 활용될 수 있다. 즉 도체등급의 자료를 통해 최적의 육량과 육질을 나타내는 출하체중 또는 일령을 추정할 수 있고, 그에 따른 경제적인 수익을 최대화 할 수 있다.

최근에는 식육동물의 성장과정 중 근내지방의 침착정도나 다른 조직들의 성장 정도를 생체검사를 통해 추정할 수 있는 기기들이 개발되어 이용되고 있다. 즉 의료용이나 이화학 분석용으로 개발된 X-선 단층촬영장치(X-ray computed tomography), 영상분석장치(vidco image analysis), 핵자기공명장치(nuclear magnetic resonance, NMR) 등이 점차 살아있는 식육동물의 체조성 탐구에 이용되고 있다.

2. 도축장과 도축설비

도축장이란 식육동물을 도축, 해체하고 이를 적절히 처리하여 보관하는 데 필요한 위생적인 시설을 설비한 장소 또는 건물을 말한다. 대규모 도축장은 ⓐ 계류장 ⓑ 생체검사장 ⓒ 격리사 ⓓ 작업실 ⓔ 검사시험실 ⓕ 소독준비실 ⓖ 원피처리실 ⓗ 폐수처리시설 ⓘ 폐기물처리시설 ⓙ 골발정형실 ⓚ 냉장실 ⓛ 냉동실 ⓜ 탈의실 ⓝ 목욕탕 ⓞ 휴게실 ⓟ 식당 ⓠ 사무실 등을 갖추어야 한다. 간이도축장은 ⓐ 계류장 ⓑ 생체검사장 ⓒ 격리사 ⓓ 작업실 ⓔ 검사시험실 ⓕ 소독준비실 ⓖ 원피처리실 ⓗ 폐수처리시설 ⓘ 폐기물처리시설 ⓙ 골발정형실 및 계량기를 갖추어야하며, 도서벽지 또는 자체 원료육 생산을 위한 육가공공장에서 운영하는 도축장을 말한다.

소와 돼지의 일반적인 도축공정은 그림 13-1과 같다.

1) 도축장의 위치

도축장은 출하축 및 그 생산품인 도체 또는 부분육의 운송이 원활히 이루어지는 장소에 위치하여야 바람직하다. 또한 도축장은 기본적으로 급수와 배수가 양호하여야 하며, 인근 주민들의 환경과 정서상 문제가 없는 곳에 설치되는 것을 권장한다. 그러나 우리나라의 많은 도축장들은 예전부터 식육의 주요 소비지인 대도시 근교에 위치하고 있었기 때문에

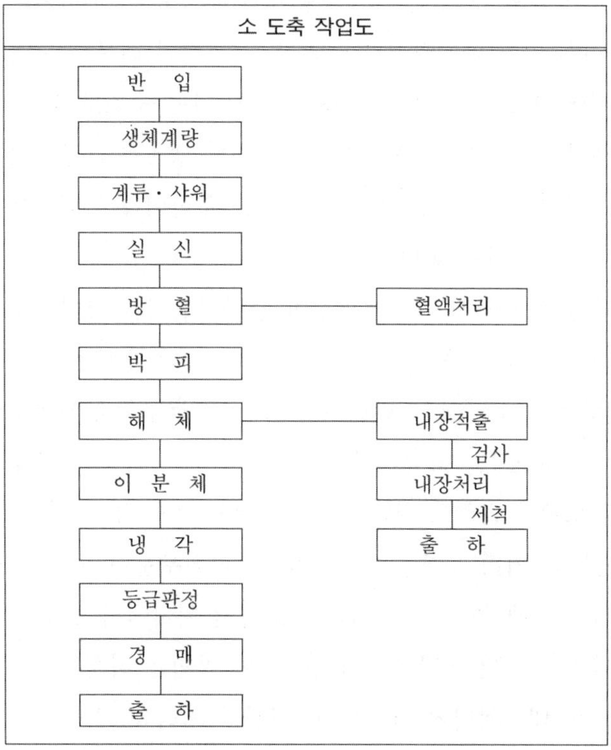

그림 13-1. 소의 도축공정

많은 문제점을 안고 있다. 즉 산지에서 출하되는 출하축들이 도축장으로 수송되어 도축되기까지 불필요하게 시간이 길어질 뿐만 아니라 도축장 인근의 거주자들로부터 혐오시설이라는 인식으로 고착화 되고 있다.

따라서 향후 도축장은 식육의 소비지 근처보다는 식육동물의 생산지 근처에 입지하는 것이 바람직하다. 즉 근래에 생겨난 축산물종합처리장들처럼 식육동물의 출하시간을 짧게 하고, 일반인들의 도축장 또는 도축공정의 인접이 용이하지 않고, 도체나 부분육 형태의 유통이 가능한 장소에 입지하는 것을 권장하고 있다. 최근 우리나라는 도로사정 및 냉동차량 등 운송수단이 좋아졌기 때문에 이는 그리 어려운 일이 아니다.

2) 도축설비

대규모 도축장은 계류장, 생체검사실, 병축격리사, 작업실, 내장 및 도체검사실, 소독실, 냉동·냉장실, 보일러실, 소각장 및 오물처리시설 이외에 강의실, 목욕실, 휴게실 등도 갖추도록 규정되어 있다. 생체검사실에는 보정틀과 우형기, 작업실에는 도체를 절단하는 전기톱과 지육을 계량할 수 있는 전자자동계량기 등을 설치하도록 되어 있다. 작업실은 도축실, 내장처리실 및 원피처리실로 구획되고, 바닥과 내부벽은 내수성의 콘크리트와 타일 등으로 축조되어 청소하기 쉬우며, 배수가 잘 되는 구조로 되어야 한다. 특히 작업장은 위생적인 수세가 가능하도록 충분하고도 편리한 냉·온수 공급체계에 의한 각종 수세설비를 갖추어야 하며, 박피 또는 탈모된 도체는 운반이나 작업시에 바닥에 닿지 아니하도록 현수시설이 설비되어야 한다.

최근 대규모 도축장은 도축처리의 전과정이 일관작업이 가능하도록 설계되어 있으며, 가능한 기기에 의한 자동화가 추구되고 있다. 현재 세계적으로 널리 보급되어 있는 처리방식은 일괄현수방식(on-the-rail system)으로, 이 방식은 전자동식의 운송방식(conveyorized moving system)을 도축처리라인에 도입하여 각종 기기를 적절히 혼합 사용하면서 작업대상인 도체를 순서에 따라서 연속적으로 이동 및 회전시키며 작업을 진행시킨다. 때문에 이 방법은 처리 도중 지육, 내장 등 가식부분이 바닥에 닿는 일이 없으며, 작업원은 자기 앞에 이동해 온 도체에 대하여 고정된 위치에서, 또는 작업대상과 같이 이동하면서 할당된 작업만을 단순 반복하게 된다. 이 방법은 위생적이고 연속적이며, 전문화된 작업이 특징으로 대량처리에 적합하며, 시간당 처리속도는 소는 350~500마리, 돼지는 600~1,000마리 정도이다. 최근에는 이러한 도축라인(slaughter-line)에 마이크로 컴퓨터와 감응장치(sensor)가 부착된 도체자동해체기(automatic carcass opener)와 로보트(robot)의 활용이 시도되고 있다.

그림 13-2는 도체처리를 위해 사용되는 각종 전동식 절단도구들이다.

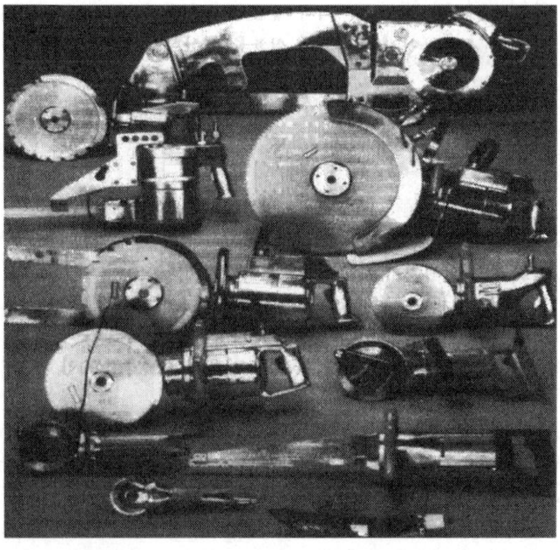

그림 13-2. 도체 처리용 각종 전동식 절단도구

3) 축산물 종합처리장

축산물 종합처리장은 축산물 위생처리법에 의거하여 5,000 m^2 이상(간이 도축장의 경우 2,000 m^2 이상) 부지 면적에 계류장, 생체검사실, 격리사, 작업장, 검사실험실, 소독준비실, 원피처리실, 폐수처리시설, 폐기물처리시설, 골발정형대, 냉장냉동실 및 기타 편의시설로서 목욕실 25 m^2, 휴게실 25 m^2, 식당, 사무실 등을 갖추도록 되어 있다.

표 13-1. 우리나라 축산물 종합처리장의 시설별 기준(소 작업 기준)

시설명	기 준		시설명	기 준	
	부 지	면 적		부 지	면 적
총면적	5,000m^2		검사실험실	20m^2	15m^2
계류장	150m^2 이상	5,000m^2	원피처리실	30m^2	
생체검사실	15m^2 이상	5,000m^2	예 냉 실	100m^2 이상	50m^2
작업실	300m^2 이상	200m^2 이상	골발정형실	20m^2	

3. 도축 전 식육동물의 취급

일반적으로 아무리 우수한 특성을 가진 식육동물이라 할지라도 고품질의 식육을 생산하기 위해서는 근육이 식육으로 전환되는 과정이 생리학적, 생물학적 또는 생화학적으로 이상 없이 진행되어야 한다. 따라서 출하축은 농장에서 도축장으로 운송되는 순간부터 도축에 이르기까지 항상 적절하게 취급되어져야 한다. 도축 전 48시간 동안 식육동물을 어떻게 취급하느냐에 따라 수송도중 폐사, 도체수율 감소, 식육품질 저하 등이 결정적으로 영향을 받는다는 것을 명심해야 한다.

1) 절 식

도축을 위해 선정된 출하축은 필히 절식(fasting, 絶食)시키는 것이 권장되는데, 그 이유는 절식을 시키면 수송도중 폐사율이 감소되고, 내장적출시 도체오염의 가능성이 감소되며, 도체냉각과 절단시 중량감소가 저하될 뿐만 아니라 생산된 식육의 육색과 보수성이 좋아지기 때문이다. 그러나 절식이 심해지면 도체수율이 낮아지고 DFD육의 발생률이 높아질 수도 있다. 절식시간이 48시간 이상이 되면 육색이 짙어지고 드립손실이 감소되며 DFD육의 발생이 증가하는데, 특히 우리나라의 경우 명절을 전후하여 소의 도축량이 폭증하여 계류의 시간이 길어지면 암절단육(dark cutting beef)의 발생이 많아진다.

2) 수 송

식육동물이 산지로부터 도축장까지의 수송과정 중 받는 스트레스의 주요 요인들은 수송의 소요시간, 온도, 습도, 수송밀도, 환기상태 및 도로사정 등으로 이러한 여건들에 의해 도축의 흥분과 피로는 커지게 된다. 특히 식육동물은 트럭에 상하차할 때 가장 많은 스트레스를 받는데, 동물의 행동습성을 이용한 기술적인 승하차 방법이 권장된다.

수송도중 식육동물들 사이의 싸움으로 인한 타박상 등은 곧 바로 저품질의 식육생산으로 이어진다. 또한 미끄러운 바닥에서 미끄러진다거나 지팡이나 전기봉 또는 곤봉 등의 사용으로 인한 상처 등도 식육손상을 야기하여 경제적인 손실을 초래한다. 따라서 식육동물의 수송시에는 적절한 적재밀도를 유지하고 경우에 따라서는 칸막이를 설치하여 낯선 동물들과 섞이지 않게 하는 것이 중요하다. 물론 운전자의 급제동이나 급출발과 같은 난폭한 운전습관도 식육동물에게 지대한 스트레스를 준다.

3) 계 류

도축장에 도착한 식육동물은 불안, 흥분된 상태에 있고, 피로와 갈증을 느끼게 되어 물을 찾게 되므로 급수시설이 완비된 조용한 계류장에서 휴식을 취하도록 하면서 안정을 찾도록 해야 한다. 대부분의 계류장은 도축장 내에 위치하고 있는데, 가능한 계류장은 도축공정에서 발생하는 작업소음과 자극적인 냄새로부터 격리되는 것이 좋으며, 특히 다른 식육동물들이 도축되는 것을 볼 수 없게 하는 것이 중요하다. 또한 계류장의 조명은 약간 어둡게 하여 피로한 동물들이 안정적으로 휴식을 취하게 하는 것이 좋다. 일반적으로 소와 돼지는 개체에 따라 계류시간이 수송거리와 피로의 상태에 따라 다르지만, 돼지는 약 4~12시간 정도, 소의 경우는 24시간 전후가 적당한 것으로 알려져 있다. 그러나 지나치게 계류시간이 길어지면 체중감소로 인한 육량의 감소와 함께 절식에서 오는 스트레스를 받을 수 있다.

도축 전 식육동물은 물을 자유롭게 먹이고 절식시키는 것이 바람직한데, 이는 방혈을 보다 완전하게 하여 육색이 좋고 저장성이 높은 식육을 생산하고, 장관의 파열을 줄여 내장적출(evisceration, 內臟摘出) 작업을 용이하게 하며, 또한 사료의 절식을 통해 불쾌취가 식육으로 이행되는 것을 방지하기 위함이다. 사료를 급여하여도 식육의 생산량은 증가하지 않고 사료비와 인건비의 낭비가 발생하므로 절식은 경제성면에서도 중요하다. 즉

상술한 바와 같이 절식감량(fasting shrinkage, 絶食減量)은 생체중의 약 2~3% 정도가 발생하는데, 1차로 배설감량(excretorial shrinkage)이 발생하며, 24시간 이후에는 2차로 조직감량(tissue shrinkage)이 발생한다. 따라서 조직감량이 발생하기 전에 도축이 이루어져야 한다.

4) 도축검사

식육생산에 있어 도축검사(meat inspection, 屠畜檢査)는 위생적으로 안전한 식육을 생산하기 위하여 반드시 거쳐야 하는 과정으로, 우리나라에서 생산되는 모든 식육은 축산물가공처리법에 의해 전문수의검사관의 검사를 받아 생산되고 있다. 도축검사는 도축 전의 생체검사와 도축 후의 도체검사로 구분되어 실시되며, 생체검사는 도축 2시간 이전에 도축장에 마련된 생체검사장에서 실시한다.

생체검사는 주로 도축허가서에 기재된 내용과 출하축을 대조하여 성, 연령, 모색, 특징 등을 확인하고, 동물의 영양상태, 자세, 피부, 소화기 및 체온을 알기 위해 각근, 이근부위의 검온, 안검, 비강 및 구강검사, 경부구간 및 앞다리의 촉진, 항문, 생식기 및 뒷다리 검사를 실시한다. 또 임신 여부 등도 확인하며, 도축이 금지되어 있는 것이나 식육생산용으로 부적당하지는 않는 지도 검사한다. 이때 가축전염병에 감염된 것으로 확인된 개체는 격리되어 살처분(殺處分)되는 경우도 있다.

도체검사는 혈액, 가죽, 머리, 혀, 인후, 경부 및 장기부위를 검사하고 식육부위도 관찰하여 기생충 등에 감염된 여부를 확인한다. 도체검사에서 불합격 판정의 원인 중 발생빈도가 높은 질병은 돼지의 경우 농상(膿傷), 관절염, 폐렴, 황달(黃疸) 및 폐혈증 등이다. 이 외에 특수검사로 소의 경우 내외교근, 간장, 신장, 자궁의 검사를 하고, 돼지의 경우는 복근, 횡경막, 심장, 혀 및 인후를 검사한다.

5) 생체중 측정

생체검사가 끝난 식육동물은 피모에 붙어 있는 오물을 씻어주고 생체중을 측정한다. 식육동물의 피모에 존재하는 오염물질들은 도축과정에서 도체를 오염시켜 생산되는 식육의 품질을 저하시키거나 변패의 원인이 되므로 도축 전에 반드시 씻어주는 것이 바람직하다. 도축 전의 생체중 측정은 도축 후 식육생산량을 계산하기 위해서 반드시 필요하다. 또 기타 각종 내장과 부산물의 생산량도 생체중을 기준으로 산출한다. 일반적으로 소와 같은 대형동물은 한 마리씩 대형저울에 달아 측정하나, 돼지나 닭과 같은 중소동물은 동물을 실은 채

측정한 수송차의 무게에서 공차(空車) 중량을 공제하는 방법으로 집단체중을 측정한다.

6) 부적절한 취급에 따른 비정상육 발생

도축 전 식육동물의 부적절한 취급은 비정상적인 육질의 식육을 생산하게 된다. 즉 도축 전 장기간 스트레스로 인하여 근육 내 글라이코젠이 고갈된 후 회복할 시간이 없이 곧바로 도축이 이루어지면, 식육은 어두운 암적색을 띠고 표면이 아주 단단하고 건조한 특성을 가진 DFD(dark, firm, dry)육이 생산된다. 특히 적색근섬유의 비율이 상대적으로 높은 쇠고기의 경우 육색이 매우 짙은 암적색을 나타내는 암절단육을 생산하며 보통 약 3% 정도의 발생률을 나타내고 있다.

이러한 DFD육과 같은 비정상육의 발생률을 감소시키기 위해서는 식육동물의 장거리 수송 및 난폭 운전을 줄이기 위하여 식육동물의 생산지 인근에 도축장을 개설하는 식육유통의 거점화 및 권역화가 필요하다. 또 운송에 의한 피로를 회복할 수 있는 안정과 휴식을 위해 충분한 계류를 실시하며 자유급수를 실시해야 하고, 필요에 따라서는 분무샤워를 실시하는 것도 비정상육의 발생감소를 줄일 수 있고, 도축 후에는 반드시 예냉을 실시하는 것도 중요하다. 아무리 좋은 품종개량과 사양기술로 우수한 식육동물이 생산되어도 도축 전에 식육동물을 부적절하게 취급한다면 비정상육의 발생은 언제든지 일어난다는 것을 명심하여야 한다. 식육동물의 출하는 식육품질관리의 시작인 것이다.

4. 소의 도축

1) 기 절

식육동물을 도축하기 전에 기절(stunning, 氣絶) 시키는 것은 도축의 고통을 최소화하고 작업능률과 육질개선을 촉진하기 위함인데, 의식을 잃은 상태에서 심폐기능을 유지한 채 방혈을 실시하면 식육동물이 받는 스트레스는 최소화 된다. 식육동물을 실신(immobilization, 失神)시키기 위한 기절법에는 타격법(knocking, 打擊法), 전격법(electrical stunning, 電擊法), 총격법(shooting, 銃擊法), 자격법(sticking, 刺擊法) 및 가스 마취법(gas anesthetization, 痲醉法) 등이 있다.

(1) 타격법

타격법은 식육동물의 앞이마를 도축용 해머(sledge hammer, poleaxe)로 강타하여 실신시키거나, 뒷머리를 압축공기로 타격하여 실신시키는 방법이다. 사용하는 도축용 해머는 끝이 뾰족하게 고안된 도끼(pole-axe)의 형태로 두개골 속으로 침투시켜 실신시키는데, 이때 타격점은 두 눈과 양각근(羊角根) 부위를 대각선으로 연결하였을 때 만나는 교차점으로, 이 부위가 뇌의 내부조직에 도달하기 쉬운 곳으로 되어 있다. 이 방법은 소, 말, 돼지로부터 토끼에 이르기까지 모든 동물에 손쉽게 시행될 수 있는 단순한 방법으로, 실신 후 사지의 반사적 경련을 방지하기 위해 타격 후 타공부(打孔部)에 쇠줄을 넣어 척수(spinal cord, 脊髓)를 파괴시켜 안정시키는 경우도 있다.

(2) 총격법

총격법은 타액법이 발전된 형태로 식육동물의 앞이마에 도축용 피스톨을 대고 발사하여 돌출되는 철간(captive bolt, 鐵桿)이 두개골을 뚫고서 뇌조직을 파괴하여 실신시키는 방법으로, 총구를 앞이마에 대고 발사하므로 확실하다. 주로 소와 같은 대동물의 기절에 이용되나 돼지에도 종종 사용하기도 하며, 총격의 위치는 타격법의 타격위치와 동일하다.

(3) 자격법

자격법은 식육동물을 고정시킨 상태에서 예리한 칼로 경동맥(carotid artery, 頸動脈)이나 경정맥(jugular vein, 頸靜脈)을 절개하여 방혈시켜 빈혈사(貧血死)에 이르게 하는 방법으로, 양이나 닭과 같이 온순하거나 소형인 동물에 사용된다.

2) 방　혈

방혈(exsanguination, 防血)은 식육동물을 기절시킨 후 체내의 혈액을 체외로 제거하는 과정으로 돼지의 경우에는 기절하여 가시상태에 있는 돼지 뒷다리의 아킬레스건과 경골사이에 셔클(shackle)을 걸어 레일에 매단 다음, 양날이 선 소독한 칼로 가슴과 인후의 중간 지점에 직각으로 삽입하여 경동맥을 절단하면 방혈이 시작된다. 이때 만약 칼을 너무 깊숙이 삽입하면 심장, 식도, 기관지 등에 상처를 입혀 방혈이 불량하게 이루어지거나, 견갑골 아래에 혈액이 고이게 될 수도 있다. 소의 경우는 먼저 기절시킨 소의 뒷다리를 셔클에 걸어 레일에 매단 다음, 역시 소독한 칼을 경추를 기준하여 45℃ 각도로 가슴 아래에 삽입하여 가슴과 인후 사이를 약 30 cm 절개하면서 동시에 동맥과 정맥을 절단하면 방혈이 시작된다.

방혈되는 혈액의 양은 평균 생체중의 약 8% 정도이며, 완전방혈 된 경우 전체 혈액량의 50%까지 방혈이 이루어지는데, 잔존 혈액들은 주로 심장이나 간 등의 내장조직에 모이게 된다. 방혈에 소요되는 시간은 약 6~9분 정도이며, 실신 후 곧 바로 방혈을 하여야 방혈량이나 방혈상태도 좋아진다. 돼지의 경우 방혈 개시후 약 9분 정도 심장이 계속 박동하는 것으로 알려져 있다. 따라서 방혈작업시 혈액 중에 오염물질이 혈류를 타고 전신에 퍼질 위험성이 있으므로 자도는 항상 철저히 소독하는 것이 바람직하며, 절개부위도 가능한 작게 하여 탕박작업(scalding, 湯剝作業) 도중 물의 체내 유입을 적게 할 필요가 있다.

만약 실신이나 방혈이 불량할 경우 근육조직 중의 모세혈관이 파열하여 출혈로 인한 다수의 혈점(blood splash, 血點)이 생성되는데, 이러한 혈점의 발생은 전격법으로 기절시킬 때 종종 나타난다. 근육의 혈점의 기절 후 방혈의 개시가 25초 이상 경과되면 많이 발생하므로 가급적 실신 후 5초 이내의 신속한 방혈 개시가 이루어져야 한다. 방혈이 불완전할 경우 근육 내에는 산소가 남아 있게 되므로 TCA 회로의 대사가 빨리 진행되어 부패가 빨리 이루어진다. 또한 미생물의 번식에 의한 사후변화가 촉진되어 육색이 암적색으로 변하며 상품가치가 저하된다.

3) 박　피

방혈이 끝난 소도체는 가죽을 벗겨 내는 박피(skinning, 剝皮)를 실시하는데, 소의 경우는 대부분 박피를 하고, 돼지의 경우는 목적에 따라 둘 중 하나를 선택하여 실시하는데, 우리나라는 주로 탈모를 실시한다.

소의 박피처리에는 도축장의 처리규모에 따라서 몇 가지 종류의 박피설비를 이용하게 되는데, 가장 단순한 방법은 바닥에 깔려진 파상모양의 박피판(skinning plate, 剝皮板) 위에 방혈이 완료된 도체를 올려놓고 실시하는 판상방식(on the plate system, 板上方式)이다. 이 방법은 작업이 바닥에서 이루어지기 때문에 안전과 능률 및 위생상에 문제가 있다. 이보다 약간 진보한 방법이 요람형상의 박피틀(skinning cradle)에 고여 놓거나, 이동이 가능한 박피대(skinning truck) 위에 도체를 올려놓고 박피하는 방식이다. 그러나 최근에는 상하, 전후좌우로 사용이 가능한 전기도(electric knife, 電氣刀)나, 편리한 박피기(hide puller, strippe, 剝皮機) 등을 사용하여 도체가 현수된 상태에서 연속작업이 가능한 방식을 도입하고 있다. 박피의 순서나 요령은 지역에 따라서 다소 다르나, 완전한 박피를 위해서는 두부와 사지의 끝에서부터 박피를 시작한다. 즉 방혈이 끝난 도체의 두부, 사지단 및 꼬리는 절단하여 제거한 다음, 사지는 내측으로부터, 복부는 정중선에서 절개하여 박피를 시작하며, 이때 고환, 음경, 유방 및 항문 주위는 칼로 도려 놓아 박피 및 내장적출을 원활하게 한다.

4) 내장적출

소의 경우 박피된 도체는 레일에 현수된 상태에서 내장적출(eviscerating, 內臟摘出) 작업을 시작한다. 작업은 좌골(aitch bone, 座骨)에서 약 10~15 cm 아래의 복벽으로부터 복부의 정중선을 따라서 절개하고, 골반의 치골봉합부를 톱으로 절단하여 복강을 열고, 위장의 분문부를 잘라서 복강내장(viscera, 腹腔內臟)이 쏟아져 나오도록 유도한다. 이어서 톱으로 흉골을 절개하고, 횡격막근주를 체벽으로부터 격리시킨 다음 흉강장기(pluck, 胸腔臟器)를 끌어내게 된다. 소의 내장적출 순서는 돼지의 경우와 비슷하나, 장기의 크기가 거대하므로 일괄하여 절취하기가 힘들어 부위별로 떼어내게 된다.

내장적출은 신속하게 이루어져야 하는데 이는 1차오염의 원인인 혈액과 오물을 빨리 꺼내기 위함이다.

5) 이분체 분할

내장적출이 끝난 도체를 지육(dressed carcass, 枝肉)이라고 부른다. 즉 지육이란 식육동물을 기절, 방혈, 박피 또는 탈모한 다음 두부와 사지 및 꼬리를 절단하고, 내장을 적출한 도체로서 주로 근육, 뼈 및 지방으로 구성된다.

지육의 전도체는 냉각과 취급상의 편이를 위해서 전기톱으로 척추의 정중앙(center of vertebral)을 절단하여 이분체(halves, sides)를 만들며, 보통 돼지는 이분체 지육의 형태로 유통된다. 이분체는 냉수 또는 온수로 절단부위의 응혈과 톱질에 의한 뼈가루(bone dust) 등을 완전히 제거한다. 이어서 도체를 식염과 열수로 처리한 면포(cotton muslin cloth)로 둘러싸 외관을 좋게 하고 도체의 혈액을 흡수하며, 냉각 중 감량을 억제하고 도체를 외부의 오염원으로부터 보호한다.

6) 도체의 수세

해체 완료된 도체는 곧바로 깨끗한 냉수로 절단 부위의 혈액 덩어리를 비롯한 도체 표면의 오물을 씻어내게 되는데, 이때 살균효과를 얻기 위해서 10~20 ppm 정도의 염소수를 사용하기도 한다. 또한 88℃ 정도의 열수를 고압살수기(jet type fan sprayer, 高壓撒水機)를 사용하여 7 kg/cm^2 정도의 압력으로 단시간에 세척함으로써 도체 표면에 부착된 오염물이 효과적으로 제거하기도 한다. 이렇게 고온고압의 세척수로 도체를 수세하면 온도체(hot carcass, 溫屠體)의 표면건조도 촉진되고, 식육의 홍색화(blooming, 紅色化)도 일반 냉수로 수세한 경우보다 좋아진다.

7) 도체의 냉각

식육동물의 도체는 아무리 이상적인 조건하에서 위생적으로 도축한 도체라 하더라도 통상적으로 약 100~1,000마리/cm^2 정도의 표면미생물이 검출되며, 영세한 도축장에서 도축된 도체의 경우는 이 보다 100배 정도 많은 초기미생물이 검출되기도 한다. 따라서 도축이 끝난 도체는 미생물의 증식을 억제하고 신선도를 유지하기 위해서는 도체의 표면은 물론 내부까지 신속히 냉각시켜야 한다. 더욱이 만에 하나 존재할 수 있는 병원성 미생물들은 대부분이 중온성 균들이기 때문에 도체의 빠른 냉각은 더욱 필요하다.

도체의 냉각은 냉각실(chilling room, 冷却室)에서 실시하게 되는데, 우리나라에서는 냉각실의 평면 평(3.3 m^2)당 소 지육은 4마리를 초과하여 수용할 수 없도록 규정되어 있으며, 또한 냉각실에서 12시간 이상의 냉각을 실시하여 지육의 심부온도가 0℃이상, 5℃이하가 되도록 규정하고 있다. 따라서 이를 위해서 냉각실의 온도는 보통 0~4℃ 정도로 조절되며, 효과적인 열전달을 위해서 송풍식 냉각장치(air blast cooler)가 갖추어져 있다. 도체의 냉각에서 주의해야 할 점은 도체들이 서로 접촉되지 않고 냉기의 흐름이 원활히 이루어져야 한다는 것이다. 도체의 냉각이 진행되면 냉각실 내의 습기는 냉각관 등의 배관물에 부착되어 실내습도는 점차 낮아지고, 이에 따라 도체의 표면은 수분 증발이 일어나 수분 함량이 적은 일종의 피막이 형성되어 곰팡이 등의 발생을 억제하는 효과가 나타나지만 반대로 도체의 중량이 감소되는 냉각감량(chilling shrinkage, 冷却減量)이 발생한다. 이러한 냉각감량은 냉각시간, 냉각방법, 도체의 지방부착 상태에 따라 영향을 받는다.

소 도체의 냉각은 위생적인 면만 고려한다면 빠를수록 좋으나, 냉각이 너무 급속한 속도로 이루어지면 지육부위 중 특히 고급부위인 등심과 안심에 저온단축이 발생할 확률이 높아지며, 반면 너무 완만한 냉각은 우둔부위와 같은 크기가 큰 근육의 심부가 장시간의 높은 온도로 인해 골염(bone taint, 骨炎)이 발생할 우려가 있다. 따라서 소의 도체는 도살 후 28~36 시간 경에는 심부 근육의 온도가 10℃이하로, 48시간 경까지는 5℃이하가 되도록 냉각속도를 조절하는 것이 바람직하다. 또 실내 습도는 85~95% 정도로 조절하는데, 저온의 조건하에서는 시간이 경과함에 따라 상대습도는 낮아지므로 지육의 상태로 장기간 냉장하게 될 경우는 표면건조로 냉각감량이 발생할 수 있다.

제2절 도체의 처리와 등급제도

도축공정을 끝낸 식육동물의 도체는 고품질의 식육을 생산하기 위해 여러 가지 처리를 하게 된다. 즉 적색근섬유의 비율이 상대적으로 높은 소의 도체의 경우에는 냉각 중 발생할 수 있는 저온단축을 방지하고 식육의 연도를 증진시키기 위하여 전기자극(electrical stimulation, 電氣刺戟)이나 온도처리(temperature conditioning, 溫度處理), 도체현수(carcass hanging, 屠體懸垂) 방법의 변경, 숙성(aging, 熟成) 처리 등을 한다. 또 돼지 도체의 경우는 식육의 기능적 특성을 증진시키고 에너지를 절감할 수 있는 온도체 가공(hot carcass processing, 溫屠體 加工) 처리를 하기도 한다.

적절한 도체처리를 완료한 도체는 도체등급을 받은 후 본격적인 식육생산을 위해 해체되는데 해체는 분할, 발골, 정형의 과정을 포함하며, 나라마다 도체등급과 해체의 방식은 식육의 요리문화 등의 차이로 각각 다르다. 우리나라도 도체등급과 도체의 분할방식을 법으로 규정해 실시하고 있다.

1. 도체처리 기술

1) 전기자극

식육동물로부터 생산되는 도체에 대한 전기자극 방법을 처음 산업적으로 이용하는 연구는 뉴질랜드 연구자들에 의해 양 도체를 대상으로 이루어졌으며, 이러한 전기자극 방법이 식육의 연도를 향상시킬 수 있다는 것이 밝혀진 이후, 산업적으로 활발하게 이용되기 시작했다. 현재 전기자극은 사후 해당작용이 빠르게 일어나는 백색근섬유를 많이 함유하고 있는 돼지나 닭의 도체보다는 사후 해당작용이 완만하게 이루어지는 적색근섬유를 상대적으로 많이 함유하고 있는 소나 양의 도체에서 효과적으로 실용화되고 있다.

도축이 완료된 소 도체에 전기자극을 실시하면 연도의 증진뿐만 아니라 육질의 다양한 측면에서 긍정적인 효과를 볼 수 있어, 이미 1970년대부터 선진국들에서는 산업적으로 적용되고 있으며, 특히 수출용 쇠고기는 거의 대부분 전기자극을 받고 생산된다. 그러나 우리나라는 축산물종합처리장 등의 현대식 도축장들이 개장을 하고 있지만 전기자극을 실시하는 곳은 단 한군데도 없어 수입쇠고기와의 품질경쟁력을 약화시키고 있다.

(1) 전기자극의 개요

도축 후 식육은 사후강직 과정을 거치게 되는데, 전기자극은 식육이 사후강직에 들어갈 때 해당작용을 가속화시켜 짧은 시간 내 근육의 ATP 함량과 pH를 저하시킴으로써 도체가 냉각될 때 발생할 수 있는 저온단축(cold shortening)을 방지 또는 극소화시키는 것을 말한다.

일반적으로 사용되는 전기자극의 방법은 전압(volt), 전류(current), 자극시간, 자극부위, 주파수(pulse frequency), 전기파동 지속시간(pulse duration) 등 선택되는 조건이 다양하며 가장 효과적인 조합방법에는 아직도 논란이 되고 있다. 일반적으로 행해지고 있는 전기자극 방법은 두 개의 전극 탐침(probe, 探針)을 코와 항문에 또는 코와 다리에 연결하거나 그냥 도체가 매달린 레일을 한쪽 전극으로 하고 다른 쪽 전극을 도체의 가슴이나 등 부위에 접촉시켜 전기자극을 실시한다. 이러한 전기자극은 크세 고전압과 저전압 전기기작으로 나누어진다(그림 13-3과 4).

고전압 전기자극은 사용목적에 따라 다시 여러 가지로 나누어지는데, 일반적으로 80 V 이상을 고전압으로 분류하며 상업적으로 가장 많이 이용되는 전압은 500～700 V이며 3,000 V 이상의 고전압도 필요에 따라 이용되기도 한다. 고전압 전기자극은 직접 근육 세

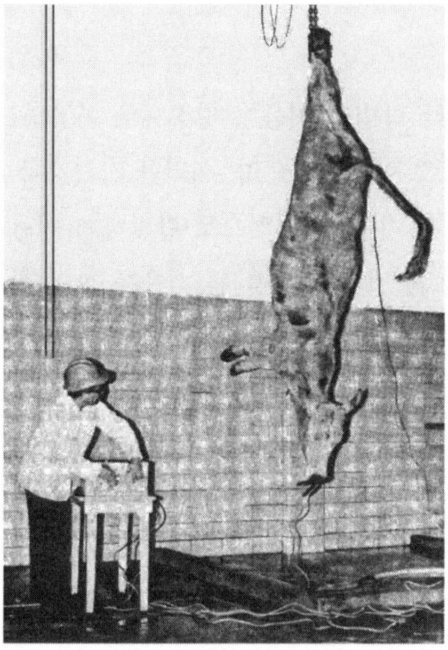

그림 13-3. 소 도체의 저전압 전기자극 (두개의 전극 탐침을 코와 다리에 연결)

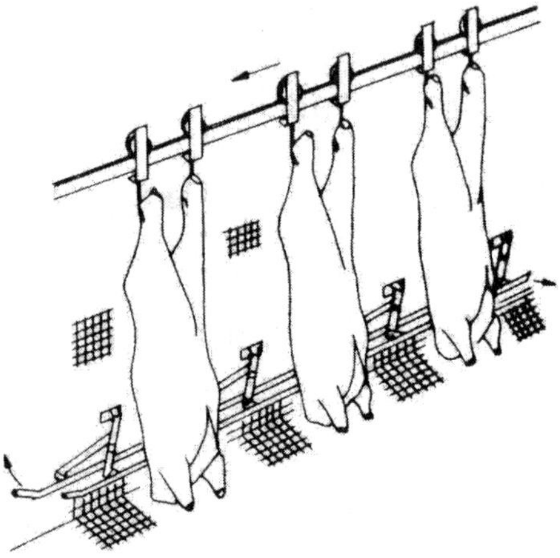

그림 13-4. 전극화된 라인에서의 고전압 전기자극

포막에 탈분극 현상을 일으켜 전기자극 효과를 나타내는 방법으로 방혈 후 60분 이내에서 500~700 V의 고전압(5~15A)으로 도체를 1.5~2분간 자극을 실시하는 것이 일반적이다. 고전압을 이용한 전기자극 방법은 도체가 현수된 레일을 한 쪽 전극으로 이용하고 다른 쪽 전극막대를 도체의 가슴이나 등 부위에 접촉시켜 자극을 실시한다. 이 방법의 장점은 자동공정으로 설계된 대규모 도축장에서 이용이 가능하고, 방혈 후 1시간 이내의 빠른 시간에서 실시할 수 있으며, 또한 도체에 대한 충분한 전기자극 효과를 기대할 수 있다. 그러나 고전압 전기자극은 시설장비가 비싸고 사용에 철저한 안전장치가 요구된다는 단점이 있다.

저전압 전기자극은 일반적으로 80 V 미만의 자극을 말하는 것으로, 근육 내의 신경조직을 이용하여 간접적으로 전기자극을 전달하여 자극효과를 기대하는 방법이다. 일반적인 실시방법은 두 개의 전극을 코와 항문에 또는 코와 다리에 연결하여 가급적 방혈 후 20분 이내의 빠른 시간에서 30~80 V의 저전압(0.25~1A)으로 0.5~4분간 자극하는 것이다. 그러나 저전압 전기자극의 효과는 개체에 따른 변이가 크고 자극의 적용이 중앙 신경계의 기능과 관련되기 때문에 효과적인 전기자극을 위해서는 전압, 주파수, 자극시간의 적절한 조합이 필요하다. 그 이유는 근육 내의 신경조직은 방혈 후 약 30분 정도가 지나면 전기자극에 대한 반응이 약화되기 때문이다. 이러한 저전압 전기자극은 시설장비가 저렴하고 이용에 특별한 안전장치가 필요 없고 전압이 흐르는 동안에도 작업을 계속할 수 있다는 장점 때문에 소규모 도축장에서 이용이 가능하다.

도체의 전기자극에 사용되는 전류(electrical current, 電流)는 직류(direct current, 直流)와 교류(alternating current, 交流)가 사용되고 있으며, 교류가 직류보다 근육의 pH의 감소효과가 크기 때문에 상업적으로 많이 이용되고 있다. 전류는 전자(electron, 電子)의 흐름을 뜻하는데 회로의 형태에 따라 전류의 방향과 세기가 달라지지만, 그 기본적인 성질은 같다. 전류의 세기는 옴의 법칙(Ohm's law)에 따라 전압과 전기저항에 의해서 달라진다. 고전압일수록 전류세기가 커져서 자극효과가 커지게 된다. 주파수(pulse frequency, 周波數)는 일정 시간당 반복되는 반복수를 말하며, 특히 매 초당 반복되는 진동수를 헤르츠(Hertz, Hz)라고 한다. 일반적으로 전기자극에 사용되는 적정 주파수는 식육동물의 종류에 따라 다르나 소나 양에서는 가장 큰 pH 감소를 가져오는 9~16 Hz가 적정선으로 알려지고 있다. 한편 전기자극을 가하는 동안에 전기파동이 지속되는 시간은 초(second) 단위로 표시되는데, 지속시간이 0.1~10초 범위사이에서는 전기자극 효과에 큰 차이는 없는 것으로 알려지고 있다. 다만 지속시간이 너무 짧을 때는 소 도체의 경우 모든 근섬유에 충분한 자극을 주지 못하여 고른 자극효과를 얻을 수 없는 것으로 알려져 있다.

(2) 전기자극의 효과

도체의 전기자극은 사후 근육의 해당작용을 촉진시키고 저온단축을 방지한다. 일반적인 근육의 수축기작은 외부로부터의 자극이 근육 내 신경섬유에 전달될 경우, 신경섬유막 내외의 막전위가 탈분극 현상을 일으켜 활동전위라 불리는 전기자극이 신경섬유로부터 근섬유막으로 전달되면서 시작된다. 그런데 여기에 직접적인 전기장치를 통해 자극을 실시하면 전류가 신경조직체계를 통해 근섬유에 전달되고 근섬유 내에서 전기파동이 지속되는 동안에는 근육이 수축되고, 전류의 공급이 중단되면 근육은 이완된다. 이러한 전기자극의 실시는 근육의 수축과 이완을 반복시킴으로써 근육의 에너지원인 ATP를 급속히 소비시키게 된다. 또한 소비된 ATP를 충당하기 위해 사후 해당작용도 급속히 진행된다. 이렇게 사후 해당작용이 급속하게 진행되는 동안 근육 내 글라이코젠은 젖산으로 분해되며, 그 결과 근육의 pH는 급속히 강하한다(그림 13-5). 즉 전기자극에 의한 사후 해당작용의 촉진은 근육의 pH가 6.0에 도달하는 시간을 상당히 단축시킬 수 있으며, 소나 양과 같이 사후 해당속도가 완만한 도체를 냉각시킬 때 저온단축의 발생을 방지 또는 최소화할 수 있다.

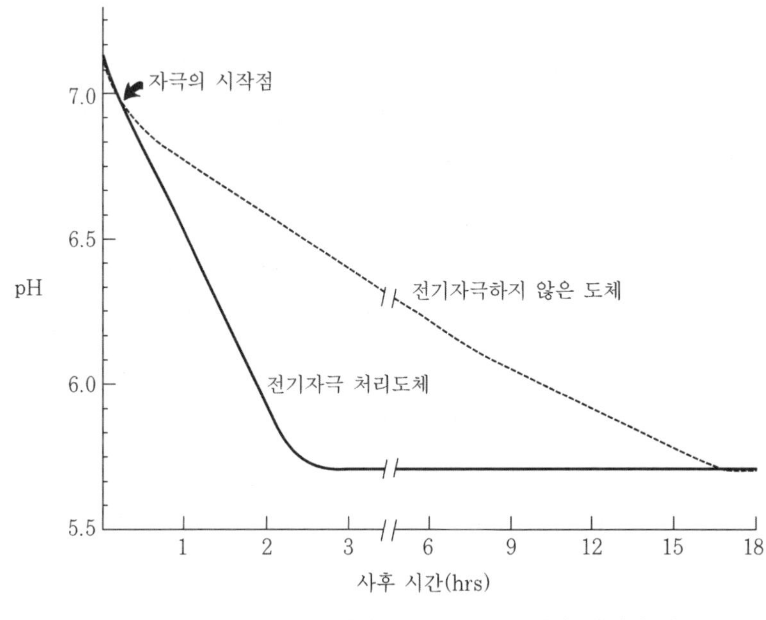

그림 13-5. 소 도체의 전기자극에 따른 pH 강하 패턴의 차이

전기자극은 식육의 연도를 향상시키며 그 이유는 주로 다음 3가지의 기작으로 설명된다. 첫째, 사후 해당작용의 촉진과 근육의 온도가 저온단축 범위에 도달하기 전에 강직개시가 시작됨으로써 저온단축을 방지하여 연도를 향상시킨다. 둘째, 촉진된 칼슘이온의 방출에 의한 단백질 분해의 가속화에 의해 연도가 향상된다. 셋째, 극심한 근육의 수축활동을 통한 근섬유의 물리적 파괴에 의해 연도가 향상된다(그림 13-6). 이러한 근육 연화의 기작은 도체의 냉각시 온도의 조건에 크게 영향을 받는 것으로 알려져 있는데, 특히 전기자극에 의한 식육의 연화는 냉각동안 근육의 저온단축 방지가 결정적인 역할을 한다.

한편 식육의 연화 현상은 피하지방이 많은 도체를 냉각시킬 때 또는 완만한 속도로 도체를 냉각시킬 경우에도 나타나는데, 피하지방이 많은 도체들은 그렇지 않은 도체에 비해 보다 많은 근육의 물리적 파괴현상이 일어난다. 전기자극이 실시된 대부분의 도체는 식육의 연도가 두드러지게 향상되지만 일반적으로 연한 식육에 전기자극을 실시할 경우는 연도 증진효과가 크게 나타나지 않는다. 반면 나이든 식육동물의 도체에 전기자극을 실시

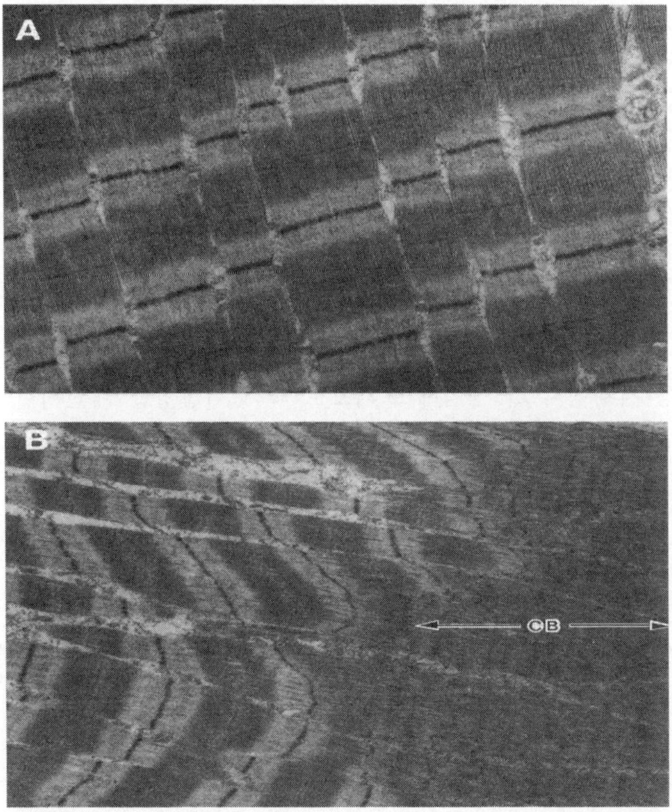

그림 13-6. 전기자극 하지 않은 도체(A)와 한 도체(B)의 쇠고기 근섬유의 전자현미경 사진

하면 젊은 식육동물의 도체에서 나타나는 연도 증진효과와 비슷한 결과를 나타낸다. 따라서 전기자극의 효과는 고농도의 배합사료를 섭취시키지 않고, 유전적으로 연도가 좋지 않은 도체에서 더욱 크게 나타난다고 할 수 있다.

도체에 전기자극을 실시하면 식육의 숙성기간이 단축되는 효과를 얻을 수 있다. 전기자극에 의해 근육의 pH가 급속히 강하하면 근원섬유단백질의 자연적 변성이 가속되는데, 도체의 온도가 내려가기 전에 실시되는 전기자극은 세포막을 파괴하고 근소포체의 칼슘(Ca^{2+}) 회수능력을 상실케 함으로써 초기에 다량의 칼슘을 근형질로 유리시킨다. 이와 동시에 근육의 pH가 산성으로 급속히 전환되면 세포막에서는 CAF(calcium-activated factor)가 작용하고, 근육 내 존재하고 있는 효소인 카뎁신(cathepsin)의 작용에 의해 근원섬유단백질의 가수분해가 촉진되는 것으로 생각된다. 따라서 전기자극을 받은 근육의 숙성초기 연도는 보다 장시간 동안 숙성된 근육의 연도와 비슷하게 나타난다.

도체의 전기자극은 육색의 향상에도 어느 정도 기여하는 것으로 알려져 있다. 그러나 구체적인 그 기작은 아직 확실하지 않으나, 급속한 해당작용에 기인하여 근육 내로 산소의 침투가 용이하게 됨으로써 식육 표면에 옥시마이오글로빈 층이 두껍게 되는 것으로 추정되며, 실제로 전기자극을 받은 식육은 옥시마이오글로빈의 비율이 높아진다고 알려져 있다. 한편 전기자극은 등지방이 얇은 도체에서 많이 발생하는 히트링(heat-ring) 현상을 방지하는데, 이 히트링은 도체가 냉각될 때 표면은 급속히 냉각되고 심부는 천천히 냉각되어 바깥쪽 등심근 색깔이 심부보다 짙은 붉은색의 둥근 고리모양을 보이는 것을 말하며, 이는 등급판정시 등급저하의 요인으로 작용하기도 한다. 또한 전기자극은 도체의 pH를 급속히 강하시키므로 미생물 성장을 억제시키며, 덧붙여 저온단축을 방지하기 위해 실시하는 고온숙성(지체냉각)을 생략해도 되므로 육의 저장성을 개선시킬 수 있다.

육질개선을 목적으로 한 전기자극은 전기자극을 하지 않은 도체보다 약 18~30% 정도 더 부드러워지며, 그 외 초기 미생물 수, 조직, 색조, 보존성 및 관능평가 등에 걸쳐 종합적인 이점도 많은 것으로 알려져 있다. 한편 육가공업계는 전기자극은 온도체 가공의 단점인 저온단축현상을 막을 수 있기 때문에 온도체 가공과 병행하여 실시하는데, 도체의 온도가 내려가기 전에 발골하면 7~10%의 노력절감과 30~50%의 냉각에너지 절약, 70~80%의 냉장고 공간을 줄일 수 있는 효과가 있는 것으로 알려져 있다.

(3) 전기자극의 문제점

전기자극을 실시하는 도축장은 물의 사용이 많은 곳이기 때문에 전기자극을 실시하기 위해서는 안전한 장치 또는 설비가 꼭 필요하다. 사람은 고도로 발달된 신경조직체계를 갖고 있어 매우 낮은 전류에도 민감한 반응을 보이기 때문이다. 통상적으로 80V 이하의 저전압은 인체에 아무런 해가 없으나, 그 이상의 고전압을 사용할 때는 안전장치가 반드시 필요하다. 일반적으로 상업적 도축장에서는 안전캐비넷 안에서만 전기자극이 이루어지기 때문에 큰 문제는 없지만, 이러한 시설과 운영에는 일정한 비용이 소요된다.

전기자극은 원래 온도체 가공시 유발되는 신선육의 연도 감소문제를 방지하기 위해 개발된 것이지만 전기자극을 받은 도체에서 2차 가공 원료육으로 사용되는 잡육(trimmed meat, 雜肉)도 생산된다. 그런데 전기자극시 도체의 온도가 높은 상태에서 급속한 pH의 감소가 일어나므로 이에 민감한 근육단백질의 구조변화나 변성이 일어날 수 있으므로 원료육의 기능적 가공특성이 저하될 가능성이 있다.

한편 저전압 전기자극에 이용되는 전극탐침이나 고전압 전기자극에 이용되는 전극막대는 여러 도체에 반복적으로 접촉되기 때문에 교차오염의 가능성을 내포하고 있다. 따라서 접촉되는 부위는 뜨거운 물로 살균처리하여 도체들 사이의 교차오염을 방지해야 한다. 이뿐만 아니라 보통 식육동물의 기절 직후에 실시하는 저전압 전기자극은 박피를 어렵게 만들며, 내장적출 전에 고전압 전기자극을 실시하면 도체가 수축하면서 심하게 움직여 복강 내에서 방광 등이 터져 오물이 도체내부를 오염시킬 가능성도 있다.

2) 도체의 온도조절

도체의 냉각과정 중에 발생하는 저온단축 현상을 방지하기 위한 여러 가지 방법들이 지금까지 제안되어 왔는데, 그 중 하나가 도체의 온도조절(temperature conditioning, 溫度調節)이다. 도체의 온도조절은 일반적으로 저온단축이 일어날 수 있는 온도보다 높은 온도에서 강직개시 전에 일정시간 지연시킨 후 냉각시키는 것으로 지체냉각(delayed chill, 遲滯冷却), 고온처리 또는 고온숙성이라고도 한다. 도체의 온도조절에 대한 최적 온도는 다양한 주장이 있으나 저온단축을 억제하는 온도는 일반적으로 14~20℃와 30~37℃ 두 범주의 온도로 나눈다.

14~20℃ 범주의 온도조절은 초기 냉각기간 동안의 냉각온도와 최종 연도가 밀접한 관계가 있는 것으로 생각되어 사후강직 진행 중 근육의 수축 정도를 조절하는 것이다. 즉 도체의 온도를 16℃에서 16~20시간, 17℃에서 10, 12시간 또는 14~19℃에서 12시간 정도 조절하면 일반적인 도체 냉각에 비해 저온단축 방지효과가 있는 것으로 알려져 있다. 한편 30~37℃ 범주의 온도조절은 사후 초기온도의 중요성과 관련하여 제안되었으

나, 이 범주의 온도조절은 연도가 증가된다는 보고와 더 나빠진다는 상반된 주장이 공존하고 있다. 도체의 온도를 고온으로 조절하면 연도가 감소된다는 주장은 ATP가 고갈되는 최종단계에서 도체의 온도가 고온으로 조절되면 근육의 수축이 증가된다는 것으로 설명된다. 반대의 주장은 사후 초기에 지체냉각 또는 고온처리를 하면 근형질에 카뎁신의 유리가 증가되어 연도가 증가한다는 것인데, 보통 37℃에서 고온처리한 우육 등심근의 pH는 20℃ 처리에 비해 빠르게 하강하여 마이오신이나 트로포닌 T의 분해에 영향을 미쳐 연도가 증가한다는 것이다.

한편 사후 초기에 30℃ 이상의 고온처리가 연도에 미치는 효과가 불분명한 것과는 달리 사후강직 마지막 단계에서 고온처리하면 연도가 확실히 증가되는 것으로 알려져 있다. 이는 숙성의 개념과 관계있어 고온숙성이라 부르는데, 고온숙성은 미생물 오염 등의 문제점이 대두되고 고온으로 도체를 저장할 수 있는 공간 확보, 고가의 비용문제 때문에 실제 적용에는 다소 어려움이 있다. 도체의 고온숙성에서 유의하여야 할 사항은 상당히 엄격한 처리조건들, 즉 온도, 시간, 상대습도 및 공기유통속도 등을 지켜야 하며, 또한 미생물 오염방지에 신경을 써야 한다. 숙성온도가 높을수록 숙성기간이 단축되어 냉장비가 적게 들고 재고량을 많이 가질 필요가 없어 경제적이나, 한 가지 유의하여야 할 점은 지나친 세균의 번식으로 인한 변색이나 부패현상이 있을 수 있다는 것이다. 그러나 위생적으로 처리된 소 도체에 있어 8～10℃에서 4일까지 저장하여도 습도와 환기속도를 적절히 조절해 준다면 지나친 세균의 번식이 없어 안전하다고 할 수 있다(표 13-2). 또한 도축 시 세척수에 50～200 ppm의 염소를 가하여 준다거나, 고온숙성 중 자외선 램프를 비치하여 사용함으로써 세균번식을 크게 억제할 수 있다. 하지만 경제적인 측면에서는 도체의 고온숙성을 위해 추가 장소가 필요하게 된다는 것 때문에 적용에 제한을 받는다. 이러한 여러 가지 이유 때문에 지체냉각이 추천되기도 하는데, 지체냉각은 도체가 냉각에 들어가기 전에 도체를 약 20℃ 정도에서 3～5시간 지체시켰다가 냉각시키는 것이다. 지방층이 얇은 도체는 기포를 가진 단열플라스틱을 이용하여 포장을 한 후 직접 냉장을 시켜 냉장속도를 늦추기도 한다. 물론 지체냉각도 도축 후 초기, 즉 사후 2～4시간에 높은 도체온도가 최종 신선육의 연도를 향상시킨다는 학설을 근거로 한다. 도체는 고온처리 후 즉시 냉장을 시킨다든지 냉동을 시키게 되는데, 특히 냉동을 시키기 위해서는 도체의 냉각 전 24시간 정도의 온도조절을 하고 냉동하는 것이 바람직하다.

양 도체는 16℃에서 18시간, 85%의 상대습도, 공기유통속도 9 m/min 조건이 저온단축을 방지하고 연도를 증진시키는 실제적인 도체의 온도조절 조건이라고 알려져 있다. 한편 소 도체에 있어서는 연령, 도체크기, 도체모양 및 체외지방의 두께에 의해 최적의 온도조절 조건이 변하는데, 특히 체외지방의 두께가 매우 중요한 역할을 한다. 즉 체외지방의 두께가 2 mm 이하의 얇은 도체에서는 17℃에서 12시간 온도조절을 하면 연도의 증가가 현저하다고 알려져 있다. 따라서 한우와 같이 체외지방이 얇은 도체에서는 도체의 온도조절을 통해 큰 효과를 얻을 수 있다.

표 13-2. 위생적으로 처리된 소 도체를 8~10℃에서 4일간 숙성시 표면미생물 변화

숙성시간	총 세균수(log 균수/cm^2)				
	다 리	골반골	옆구리	앞가슴	목
0	2.39	2.54	2.94	2.80	2.65
24	2.20	2.17	2.75	2.57	2.98
48	2.29	2.36	3.20	2.85	3.14
72	2.60	3.41	3.91	3.56	4.75
96	2.11	4.81	3.02	3.20	3.11

3) 도체의 현수방법

식육동물은 기절시킨 후 뒷다리에 셔클을 걸어 매단 다음 도축공정이 진행된다. 이때 셔클을 거는 이유는 체내 혈액을 방출시키고 도축작업을 편리하게 하기 위한 목적도 있지만, 육질적인 측면에서 중요한 점은 도체의 단축현상을 예방할 수 있다는 것이다. 모든 도축공정이 끝난 도체는 예냉실에서 입고되어 냉각과정을 거치는데, 이때 돼지도체는 고온단축 현상을 보이고, 소 도체는 저온단축현상이 발생하게 된다. 사후 근육의 특성상 발생되는 단축현상을 완전히 방지하지는 못하지만, 현수방법에 따라서 상당부분 특정 근육의 단축현상을 막을 수 있다.

우리나라에서 대표적으로 사용되고 있는 현수방법은 뒷다리에 있는 아킬레스건에 셔클을 거는 방법을 이용하고 있다. 이러한 방법은 방혈시 수평방혈에 비해 훨씬 빠른 시간내 많은 양의 혈액을 제거할 수 있는 장점을 가지고 있고, 예냉시 근육의 단축현상을 도체의 하중에 의해서 상당부분 막을 수 있기 때문이다. 그런데 근래에 아킬레스건 현수방법에 문제점을 제기하고, 골반골(obturator foramen, 骨盤骨) 현수방법이 새롭게 제기되고 있다. 골반골 현수의 장점은 골반에 셔클을 걸어 주기 때문에 아킬레스건 현수에 비해 척추를 중심으로 길게 뻗어 있는 골격근의 이완(스트레칭)을 보다 효율적으로 해준다는 것이다. 즉 도체의 하중에 의해서 근육의 단축현상을 줄이기 위해서 실시되는 현수는

도체 근육들의 수축이 일어나는 시작점과 최대한 가까운 위치에 있는 골반골에 하는 것이 아킬레스건에 하는 것보다 효과적이라는 것이다(그림 13-7).

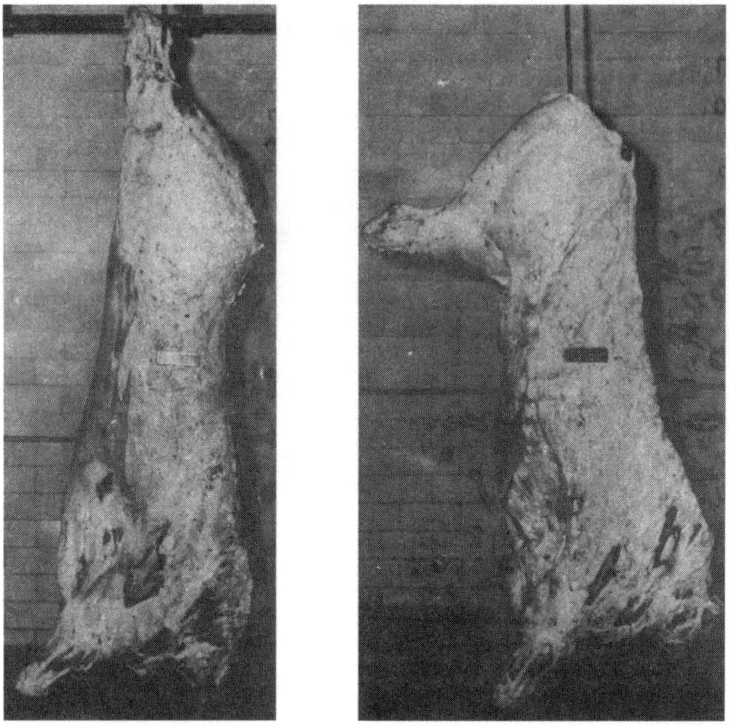

그림 13-7. 아킬레스건과 골반골 현수법

사후강직이 이루어지는 동안 근육이 수축함으로써, 즉 근절의 길이가 단축하는 것에 기인하여 연도가 감소하기 때문에 만약 도체의 현수방법을 변경하여 근육의 수축정도를 줄인다면 연도도 확실히 개선될 수 있다. 그런 점에서 소 도체 중 가장 가치가 높은 등심근의 연도개선을 위한 골반골 현수방법은 아킬레스 현수방법에 비해 등심근이 더 신장되며 근섬유의 직경이 축소되고, 또 근절길이가 신장되어 저온단축이 방지되며, 그에 따른 연도 감소를 억제할 수 있다고 받아들여지고 있다. 도체의 현수방법을 골반골 현수로 바꾸면 근육의 신장과 수축의 방향이 바뀌게 되므로 재래식 아킬레스건 현수방법과 비교해 근육간 연도의 차이가 확연하게 나타난다. 즉 아킬레스건 현수에서는 안심이 매우 연하게 되나, 골반골 현수에서는 그 효과가 다른 근육에 더 많이 미치게 된다. 즉 표 13-3에서 보는 바와 같이 골반골 현수를 하면 안심근(psoas major)을 제외한 나머지 근육들은 근절길이가 길어지고 전단력도 감소한다.

표 13-3. 소 도체의 현수방법이 각 근육의 근절길이와 전단력에 미치는 영향

근육종류	근절길이(μm)		전단력*(kg)	
	아킬레스건	골반골	아킬레스건	골반골
Longissimus	1.9	2.3	6.0	4.9
Semimembranosus	1.9	2.6	5.0	4.3
Semitendinosus	2.4	2.9	5.3	4.9
Biceps femoris	1.9	3.2	4.2	5.0
Rectus femoris	2.2	2.5	4.7	3.8
Adductor	2.0	3.4	4.7	4.0
Gluteus medius	2.0	2.8	4.9	3.7
Psoas major	3.6	2.4	3.7	4.2
Triceps brachii	2.3	2.3	4.7	4.8
평 균	2.2	2.7	4.8	4.4

그러나 골반골 현수방법은 단점도 있는데, 도살과정 중 아킬레스건에 걸려있는 도체를 골반골로 바꾸어 달아야 하므로 노동력이 더 들고 냉각 후 뒷다리의 형태가 종전방법에 의한 형태와는 달라 도매, 소매육의 발골, 정형에 불편함이 있다는 점이다. 또한 이러한 변경된 현수방법은 재래식 방법보다 공간을 많이 차지하게 되고, 추가 노동력을 필요로 하기 때문에 경제적인 면에서 어려움이 있다.

상술한 바와 같이 현수방법의 차이에 따라 육질을 결정짓는 요소인 연도, 보수력 및 육색 등은 영향을 받게 된다. 잘못된 현수방법에 의해서 사후강직이 지난 도체는 심한 근섬유 단축으로 인해 강직이 완료된 시점에서 질긴 식육을 생산하게 되고, 극심한 단축현상으로 인해 근섬유 내에 있는 수분을 상당부분 잃어버릴 수도 있다. 또한 수분손실과 극심한 단축으로 인해 육색은 정상적인 선홍색이 아닌 어두운 암적색을 띠게 되어 소비자들로부터 좋지 못한 평가를 받을 수도 있다. 따라서 도축시 실시되는 현수방법은 단순히 도축작업의 편리를 위해 실시되는 것이 아니라 최종적으로 생산되는 식육의 품질저하를 예방하고 고품질의 식육을 생산하는 도축공정의 시발점이라고 할 수 있다.

2. 도체의 평가와 등급제도

1) 도체의 품질

도체는 식육동물을 도축하여 얻는 가장 중요한 생산물로서 식육유통의 근간을 이루고 중추적인 기능을 갖는 대상물이다. 식육동물을 사육하는 생산자는 우수한 품질의 식육을

생산하여 좋은 값을 받고 판매하는 것을 추구하며, 그 우수한 식육품질의 기준은 도체품질(carcass quality, 屠體品質)을 결정한 도체등급(carcass grading, 屠體等級)으로부터 시작된다. 따라서 도체의 품질은 식육유통의 기준이라고 말할 수 있으며, 식육동물의 생산에 관계되는 모든 분야, 즉 번식, 유전, 육종, 사료영양 및 가공유통의 목표는 도체의 품질을 향상시키는 것으로 초점이 맞추어진다.

도체의 품질은 도체율, 도체구성, 조직분포 및 도체형태에 따라 다르게 평가되는데, 최근에는 지방이 적고 살코기가 많은 도체를 선호하기 때문에 도체율보다 도체구성, 조직분포 및 도체형태가 더 중요하게 취급된다. 도체율은 주로 육량등급을 결정하는 요소로 판매 가능한 정육량 및 고가부위의 수율 등을 예측하는 데 이용된다. 한편 도체의 주요 구매자인 식육판매업자에게 도체는 상품의 원재료로서 어떤 도체를 구입하는가에 따라 상품의 품질과 용도가 결정된다. 따라서 도체의 상품가치는 식육이 거래되는 그 지역의 지역적, 문화적, 시간적 여건에 따라 평가기준이 달라질 수 있기 때문에, 도체의 품질은 보편타당한 요인들에 의하여 객관적으로 규정될 수 있어야 한다. 각 나라마다 도체의 품질을 결정하는 도체등급의 기준은 다를 수 있는데, 도체등급은 도체의 특성을 객관적으로 평가하여 그 나라의 여건이 요구하는 상품적 가치개념에 따라 도체를 분류하는 기준이라 볼 수 있다. 따라서 도체의 평가는 객관성을 바탕을 해야 하며, 도체등급 기준은 그 나라의 소비성향이나 식육동물산업 여건을 합리적으로 반영할 수 있도록 설정되어져야 한다.

도체의 상품가치는 도체의 육생산성과 생산된 식육의 육질에 의하여 결정된다. 그런데 도체 상태에서 이들 상품가치를 객관적으로 측정하고자 하는 끊임없는 노력에도 불구하고 도체 평가는 여전히 상당부분 주관적 판정에 의존하고 있다. 최근 초음파나 전자 감별기기 등을 이용한 측정기기들이 개발되고 있으며, 이러한 장비는 정확도, 신속성, 경비의 절감이라는 도체측정의 필요조건을 고루 갖추고 있어 향후 현장에 조만간 실용화 할 수 있을 것으로 생각되고 있다.

2) 도체등급제도

도체등급제도란 쇠고기와 돼지고기를 도체(지육) 및 부분육 상태에서 식육의 질(質)과 생산량을 과학적인 기준에 의해 등급으로 판정하는 정부 공인 규격제도로 식육의 유통을 합리적으로 유도하는 제도이다. 원래 미국에서는 식육동물 생산자들은 중간상인들이 생산자와 소비자들을 착취한다고 생각하여 이를 방지하기 위해 식육거래에 관한 가격정보를 확보하였으나, 확보된 가격정보는 균일한 규격과 동일한 용어를 상용할 때에만 비교검토가 가능하다는 사실을 발견하고, 이러한 문제점을 해결하고자 등급제도의 확립을 추진하였다. 반면 유럽에서는 도매상인들의 구매규격에 맞춰 등급제도가 발달하였으며, 이에 따라 생산자들이 구매규격에 적합한 식육동물을 생산하도록 유도되었다. 각 나라마다 시작의 이유가 다르지만 도체등급제도는 식육동물 생산자로부터 최종 식육의 소비자까지 식육의 품질을 나타내는 동일한 용어를 제공할 뿐만 아니라 식육의 거래시 공통적인 품질의 기준을 제공하여 유통의 질서를 확립하고 생산자와 소비자 모두를 보호하는 기능을 가진다. 여기에 덧붙여, 최근에는 소비자들이 원하는 품질의 식육을 생산하기 위해 생산자들을 유도하는 수단으로 이용되고 있으며, 국가적인 차원에서는 자원을 절약할 수 있는 사양방법이 이루어질 수 있도록 생산자들을 유도하는 수단으로도 이용된다.

따라서 식육동물 생산자들은 도체등급의 자료를 이용하여 식육동물의 육종, 사양, 구입 및 판매를 결정할 수 있고, 도축업자, 가공업자, 식육판매업자들은 식육동물, 도체 및 식육을 일정한 집단으로 구분하여 가격을 책정하는 수단으로 이용할 수 있으며, 소비자들은 구매하려는 식육을 공인된 품질기준에 의해 믿고 구입할 수 있다. 즉 도체등급제도는 생산자에게는 개량 및 판매지표를 제공하고, 유통업자에게는 수매지표를 제공하고, 소비자에게는 구매지표를 제공한다.

3) 도체의 평가

소의 도체라 함은 소를 도축하여 머리, 가죽, 다리, 내장류 및 혈액을 제외한 나머지 부분을 말하며, 나라마다 도체에서 신장 및 신장지방(kidney fat)을 잘라내는 곳이 있는가 하면 도체에 포함시키는 곳도 있는데, 우리나라에서는 신장지방을 제거하지 않는다. 돼지의 도체는 머리, 다리, 혈액, 내장류를 제외하고 탕박도체에서는 털을, 박피도체에서는 돈피까지 제외한 나머지 부분을 의미하게 된다.

도체의 평가는 양적인 특성과 질적인 특성으로 구분하여 평가된다. 양적인 특성은 적육, 지방, 뼈의 상대적 조성과 부위별 생산율에 의하여 평가되며, 질적인 특성은 식육과 지방의 색깔, 연도, 보수력, 풍미, 지방교잡 정도 등에 의해 평가된다. 한편 이러한 도체의 특성은 식육동물의 품종, 연령, 성별, 사양방법 등에 의해 영향을 받으며, 도체의 상품가치를 극대화할 수 있는 체중에 도달하였을 때 도축하는 것이 바람직하다.

도체의 특성은 객관적으로 정의되는 불변의 개념인데 비해, 도체의 상품가치는 시장의 수요와 공급 균형에 의하여 형성되는 시세와 소비성향에 따라 시간적, 지역적으로 달라질 수 있다. 예를 들어 30~40개월령의 비육이 잘되어 지방이 많은 소에서 생산된 도체가 미국과 일본 시장에서는 높은 값을 받는데 비하여, 우리나라나 유럽지역에서는 지방이 적고 살코기가 많은 20개월 전후의 어린 소에서 생산된 도체가 선호되고 있다. 또 시대적으로 볼 때 과거와는 달리 지방이 비교적 적은 소의 도체가 선호되는 경향이 높아지고 있다.

(1) 양적특성 평가

도체의 산육량은 적육, 지방, 뼈의 상대적 조성에 의해 결정되며 적육량이 높은 도체가 우수한 것으로 평가된다. 식육판매점에서 소비자에게 거부감을 주지 않을 정도로 지방을 제거하고 정형한 정육을 거래정육이라고 하는데, 도체의 양적특성 평가는 거래정육의 수율을 평가의 기준으로 삼는다.

일반적으로 도체의 조직 구성은 비육도와 지방부착 정도에 의해 다르게 평가되는데, 비육도가 높을수록 일반적으로 지방이 많고 뼈의 비율이 낮으며 적육률은 감소하는 편이다. 또 도체의 지방부착 정도가 일정할 때 비육도가 클수록 적육률은 증가하나 뼈의 수율은 감소하며, 도체의 비육도가 일정할 때는 지방부착이 많을수록 적육률이 감소한다.

비육도가 좋으면서도 지방이 가급적 적게 부착된 도체가 우수하게 평가되며, 비육이 극히 불량한 도체는 지방과다 지육보다 산육량이 많을 수도 있으나, 이러한 도체에서 생산된 식육은 대부분 육질이 열등한 편이다.

(2) 질적특성 평가

도체에서 육질을 직접 측정할 수 있는 다양한 기기나 방법들은 최근 활발히 연구, 개발되고 있으며, 통상적으로 육색, 지방색, 성숙도, 성별, 근내지방 정도 등을 간접적인 육질 평가요인으로 활용하고 있다.

육색 및 지방의 색은 비색모델을 이용하여 육안으로 비교 판정한다. 도체의 성숙도는 화골상태로 판별하며 육색이나 지방색을 참고요인으로 활용할 수도 있다. 연골은 가축의 연령이 늘어감에 따라 점차 굳어져서 단단해지는데 이런 현상을 화골(ossification, 化骨)이라 한다. 화골의 순서는 지육의 꼬리쪽(caudal)에서 머리쪽(cranial)으로 발전되어 가는데, 미추골의 뼈마디부터 굳어지기 시작하여 요추, 흉추의 순서로 화골되며, 흉추 극돌기의 연골이 완전히 화골된 도체는 연령을 5년 이상으로 추정한다. 흉골마디의 연골도 꼬리쪽에서 머리쪽으로 화골이 진행되어 5년이 넘으면 거의 화골이 완료된다.

도체의 암수구분은 용이한 편이나 가끔 구별이 힘든 경우도 있다. 암수의 대표적인 특징은 외형상 어깨와 목 부위가 잘 발달된 것이 수소이며, 수소에는 생식기 지방이 나타난다. 일반적으로 수소는 치골이 크게 굽어있고 암소는 펴져 있으며, 수소는 치골 끝부분이 크게 돌출되어 있고, 암소는 치골 끝이 가늘고 돌출이 심하지 않다. 또 수소는 치골상단의 근육절단면이 완두콩 모양으로 크고, 치골상단에 두터운 힘줄이 연결되어 나타난다.

마블링(marbling)이라 불리는 근내지방(intramuscular fat, 筋內脂肪)의 정도는 배최장근(M. *Longissimus dorsi*, 背最長筋) 절단면에 침착되어 있는 지방의 양을 육안으로 판별한다. 근내지방은 피하지방보다 늦게 발달하는 경향이 있으므로 지육의 피하지방 부착정도에 따라 근내지방의 정도를 간접적으로 추정하기도 한다.

4) 도체등급의 결정요인들

(1) 축종과 품종

현대 소비자들은 자신들이 구매하려고 하는 식육의 정보를 알 권리가 있고, 따라서 세계적으로 모든 도체등급제도는 축종과 품종을 구분하도록 규정하고 있다. 축종을 구분하는 이유는 진실한 정보를 제공한다는 이유뿐만 아니라 저가의 육류가 고가의 육류에 혼입되는 것을 방지하기 위함이다. 즉 많은 소비자들은 지방이 없는 살코기 상태에서 놀랍게도 축종을 구별하지 못하기 때문에 많은 나라에서는 축종 구분을 도체등급에서 요구하고 있다.

축종과 마찬가지로 품종도 도체의 가치를 결정하는 데 결정적인 역할을 하기 때문에 구분하여야 한다. 우리나라의 경우 쇠고기는 한우에서 생산되는 한우고기, 젖소의 수컷을 비육하여 생산한 육우고기, 젖소의 암컷에서 생산되는 젖소고기로 구분하며, 이러한 품종은 도체등급 결정에 지대한 영향을 미친다.

(2) 성

도체는 성별에 따라 특성이 달라진다. 즉 수컷, 거세수컷 및 암컷은 성장률과 체조성이 다르기 때문에 성은 도체등급에 중요하게 취급된다. 보통 1년 이상의 수소고기는 동일한 연령의 암컷이나 거세된 수컷에 비해 고기가 질기다. 하지만 수소에서 24개월 령까지는 연도가 크게 문제가 되지 않을 뿐만 아니라 풍미에도 큰 이상이 없다. 돼지 도체의 경우, 수퇘지에서 나는 성취(sex odor, 性臭)가 특히 조리 후에 문제가 되기도 하여 도체등급 시 감점의 요인으로 작용하기도 한다.

(3) 성숙도

성숙도(maturity, 成熟度)는 도체를 생산한 식육동물의 생리적 연령을 의미한다. 일반적으로 어린 동물에서 생산된 식육은 연하고 풍미는 덜한데, 동물이 성숙하면서 근육의 근섬유와 결합조직의 화학적 성질이 변하여 식육은 점점 질겨지고 풍미가 더해간다. 따라서 대부분의 도체등급제도에서 식육동물의 성숙도가 고려되며, 주로 연골의 골화(ossify, 骨化) 정도에 근거하여 성숙도를 결정한다.

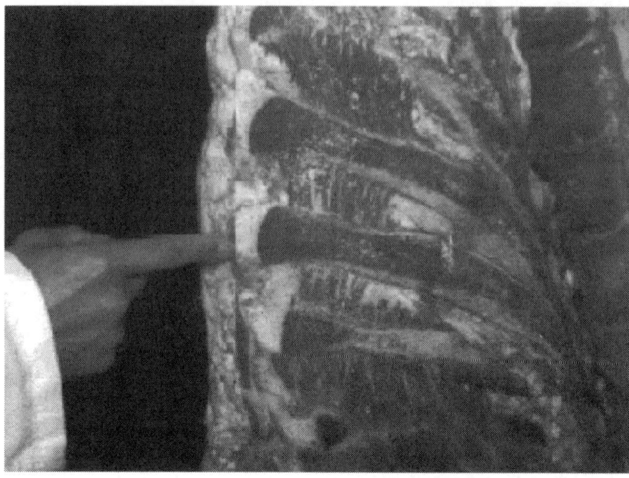

그림 13-8. 소 도체의 연골의 골화 정도로 성숙도를 측정하는 모습

(4) 도체중

도체중(carcass weight, 屠體重)을 측정하는 도체는 국가마다 다를 수 있는데, 우리나라는 소 도체의 경우 박피 후 내장, 머리, 사족을 절단하고 콩팥과 신장은 붙어 있는 것을 의미한다. 또 돼지 도체는 탕박하는 경우에는 피(皮)는 도체에 붙어 있고 꼬리는 제거된다. 도체의 거래시 기준이 되는 도체중은 나라와 상황에 따라 결정되는데, 도축 직후의 온도체 중량을 사용하거나 또는 냉도체 중량을 사용하며, 우리나라는 도매시장에서 온도체 중량을 거래기준으로 사용하고 있다.

(5) 지방부착도와 색깔

지방부착도(fatness, 脂肪附着度)는 도체등급에서 중요하게 고려되는데, 그 이유는 도체를 발골, 분할, 정형한 후 판매할 수 있는 거래정육률은 도체의 피하지방 함량이 증가할수록 감소하기 때문이다. 또한 역사적으로 지방부착도는 기호도와 상당한 관련을 보여 왔는데, 최근에는 동물성 지방의 섭취와 심장병 및 순환기 계통의 질병과의 관계에 기인하여 지방이 많은 식육을 기피하게 되었다. 따라서 거의 모든 도체등급제도는 주관적 또는 객관적 측정방법으로 측정된 지방부착도를 도체등급 결정에 이용한다. 한편 지방부착도는 유통저장시 건조와 감량을 방지하여 식육의 다즙성을 향상시키므로 도체의 품질 평가 요인으로도 고려된다.

(6) 체 형

체형(conformation, 體型)은 착육도(muscularity, 着肉度)라고도 하는데, 도체등급을 결정하는 요인일 뿐만 아니라 품종의 구분지표로도 사용된다. 즉 소의 품종을 알 수 없을 때 체형이 등급평가에 중요하게 고려되는데, 그 이유는 체형별로 거래정육률이 차이가 나타나기 때문이다. 종종 짧고 뭉툭한 바람직한 체형의 도체를 지방부착도와 혼동할 수도 있는데, 동일한 도체 중에서 짧고 뭉툭한 도체가 등심근단면적이 더 크기 때문에 등심부위의 수율이 높아진다. 돼지 도체는 객관적 측정치가 도체등급에서 중요시되기 때문에 육안으로 측정하는 체형이 그리 중요하게 고려되지 않는다.

(7) 거래정육률

거의 대부분 국가들의 도체등급제도에서 육량을 매우 중요하게 고려하는데, 우리나라도 소 도체를 육질등급과 육량등급을 별도로 구분하여 평가한다. 도체의 육량, 즉 거래정육률은 등지방 두께, 도체중, 등심근단면적, 심장+신장+골반강 지방량, 갈비끝쪽 절단면의 두께 등 여러 가지 측정치들을 이용하여 추정하며, 나라마다 추정방정식은 차이가 있다. 거래정육률은 특히 돼지 도체등급에서 가장 중요하고 고려하는 요인이다.

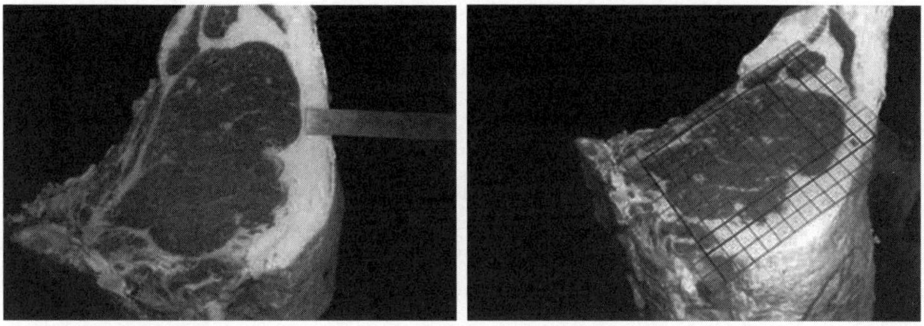

그림 13-9. 소 도체의 등지방 두께와 등심근단면적을 측정하는 모습

(8) 육 색

도축 전에 스트레스를 받은 소의 도체로부터는 소비자들이 구입을 꺼려하는 검붉은 식육이 생산되며, 도체등급에서는 감점의 요인이 된다. 돼지 도체에서는 육색이 창백한 PSE육이 종종 발생하며 이 또한 도체등급에서 감점의 대상이 된다.

(9) 조직감

모든 식육은 지방을 포함하고 있는데 도체의 냉각시 지방이 근육보다 더 단단히 경화되므로 지방 함량이 높으면 식육은 더 단단해진다. 그러나 연성지방을 가진 도체는 조직이 단단하지 않아 도체등급에서 감점의 대상이 된다.

(10) 근내지방도

근섬유다발인 근속들 사이에 침착되는 지방을 근내지방 또는 마블링(marbling)이라고 부른다. 마블링이 많은 식육은 연도가 좋은 것으로 인식되며, 특히 풍미와 다즙성이 뛰어나기 때문에 소의 도체등급에 있어 근내지방도는 육질등급을 결정하는 가장 중요한 요인으로 고려된다.

3. 우리나라의 도체등급제도

우리나라의 축산물 등급제는 도체등급과 부분육등급으로 나누어지며, 도체등급은 소의 도체등급과 돼지의 도체등급으로 나누어진다. 소의 도체등급은 근내지방도를 위주로 판정하되 육색, 지방색, 조직감과 성숙도를 고려하여 최종 판정하는 육질등급과 판매가능한 육량을 도체중량, 등지방 두께, 등심단면적 등을 측정하여 육량지수에 의해 구분하는 육량등급으로 나눌 수 있다. 돼지 도체등급은 도체중량과 등지방 두께를 위주로 판정하되 외관과 육질을 고려하여 최종 판결한다.

1) 소 도체의 등급판정기준

소 도체 등급판정기준은 소의 도살・해체방법에 따라 도살・해체된 도체에 적용하는데, 이 기준은 품종, 연령, 성별에 관계없이 적용한다. 그리고 이 기준은 배최장근의 심부온도가 5℃ 이하로 예냉된 도체의 좌반도체(左半屠體)의 최후 흉추와 제 1요추 사이를 척추골과 직각되게 절개하여 배최장근단면적, 등지방 두께 및 근내지방도, 육색, 지방색, 조직감, 성숙도 등의 판정이 가능하도록 한 도체에 적용한다.

소 도체의 육량등급판정은 등지방 두께, 배최장근단면적, 도체의 중량을 측정하여 표 13-4와 같이 육량지수에 따라 다음과 같이 A, B, C의 3개 등급으로 구분한다.

소 도체의 육량등급판정을 위한 육량지수는 소를 도축한 후 2분할된 왼쪽 반도체의 마지막 등뼈(흉추)와 제 1허리뼈(요추) 사이를 절개한 후 등심쪽의 절개면(등급판정 부위)

표 13-4. 소 도체의 육량등급판정기준

등 급	육 량	지 수
A	부분육량이 표준보다 많은 것	67.50 이상
B	부분육량이 표준인 것	62.0 이상-67.50 미만
C	부분육량이 표준보다 적은 것	62.00 이상

에 대하여 등지방 두께와 배최장근단면적을 측정한다. 육량등급은 원칙적으로 육량기준 지수산식에 의하되 엉덩이(우둔)의 비육상태가 좋지 않고, 엉덩이와 앞다리의 균형이 현격하게 결여된 경우에는 지수에 의한 육량등급에서 1개 등급을 낮추고, 엉덩이와 앞다리의 비육상태가 매우 좋은 경우는 1개 등급을 높인다.

등심쪽의 절개면을 등급판정 부위라고 한다. 등지방 두께는 등급판정 부위에서 그림 13-10과 같이 배최장근단면의 오른쪽 면을 따라 복부 쪽으로 3분의 2 정도 들어간 지점의 등지방을 mm 단위로 측정한다. 다만 등지방 두께가 1 mm 이하인 경우에는 1 mm로 한다. 배최장근단면적은 등급판정 부위에서 그림 13-11과 같이 가로, 세로가 1 cm 단위로 표시된 면적자를 이용하여 배최장근의 단면적을 cm^2 단위로 측정한다. 다만 배최장근 주위의 배다열근, 두반극근과 배반극근은 제외한다. 도체중량은 도축장 경영자가 측정하여 제출한 도체 한 마리 분의 중량을 kg 단위로 적용한다.

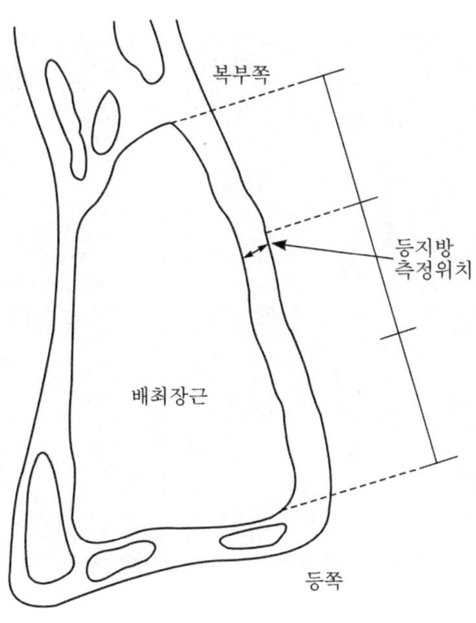

그림 13-10. 등지방 두께 측정부위

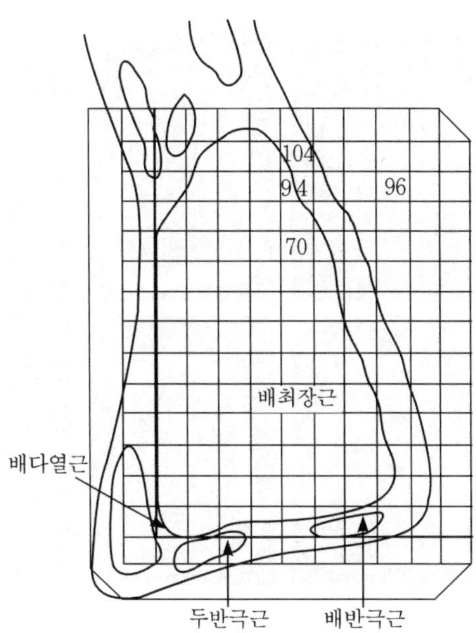

그림 13-11. 배최장근단면적 측정

육량지수는 한우와 육용종 및 젖소는 차이가 있는데 구하는 식은 다음과 같이 산정한다.

$$육량지수 = 68.184 - [0.625 \times 등지방\ 두께(mm)] + [0.130 \times 배최장근단면적(cm^2)] - [0.024 \times 도체중량(kg)] + 3.23$$

단, 한우의 도체는 3.23을 가산하여 육량지수로 한다.

계산된 지수는 소숫점 셋째자리 이하를 절사하여 둘째자리까지 산정하고, 계산에 의하여 구분된 소 도체의 육량등급이 도체의 비육상태가 매우 나쁜 경우에는 산출된 등급에서 1개 등급을 낮추고, 도체의 비육상태가 매우 좋은 경우에는 산출된 등급에서 1개 등급을 높여서 최종 판정한다.

소 도체의 육질등급판정은 등급판정 부위에서 측정되는 근내지방도, 육색, 지방색, 조직감, 성숙도에 따라 1^{++}, 1^{+}, 1, 2, 3의 5개 등급으로 구분한다. 근내지방도는 등급판정 부위에서 배최장근단면에 나타난 지방분포 정도를 그림 13-12의 기준과 비교하여 다음과 같이 예비등급으로 판정한다.

육색의 경우는 등급판정 부위에서 배최장근단면의 색깔을 그림 13-13에 의한 육색 기준과 비교하여 해당되는 기준의 번호를 결정한다. 식육의 색과 광택이 현저하게 나쁘거나 육색이 그림 13-13의 육색 기준 No. 1 또는 No. 7에 해당될 때는 근내지방도 기준에 의해 등급을 1개 등급을 낮추어 조정한다.

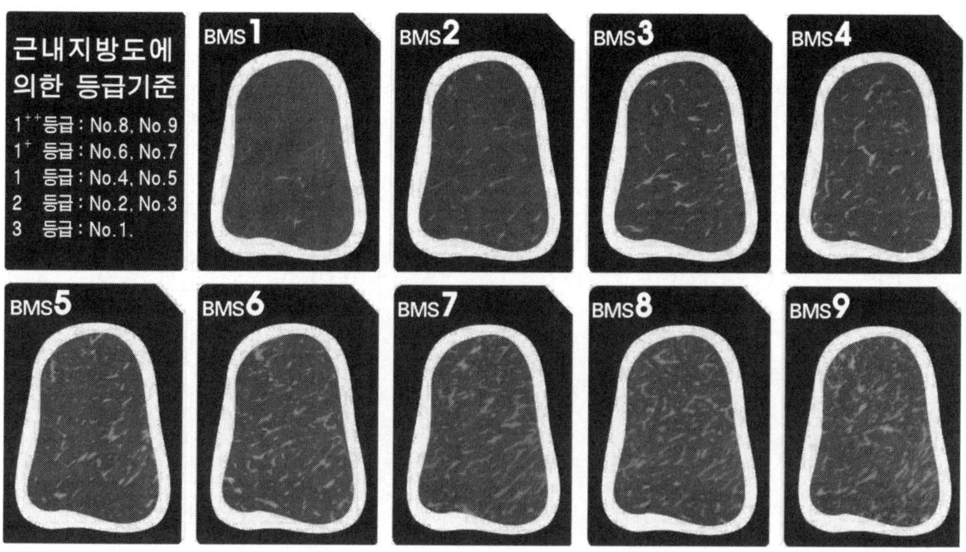

그림 13-12. 근내지방도 기준

표 13-5. 배최장근단면의 근내지방도에 의한 등급 기준

등 급	그림 12-10 근내지방도
1^{++}등급	그림 12-10의 No.8에 해당되는 것
1^{+}등급	그림 12-10의 No.8에 해당되는 것
1등급	그림 12-10의 No.4에 해당되는 것
2등급	그림 12-10의 No.2에 해당되는 것
3등급	그림 12-10의 No.1에 해당되는 것

표 13-6. 육질등급 예비판정 기준

근 내 지 방 도	예비등급
근내지방도 번호 8 또는 9에 해당되는 것	1^{++}등급
근내지방도 번호 6 또는 7에 해당되는 것	1^{+}등급
근내지방도 번호 4 또는 5에 해당되는 것	1등급
근내지방도 번호 2 또는 3에 해당되는 것	2등급
근내지방도 번호 1에 해당되는 것	3등급

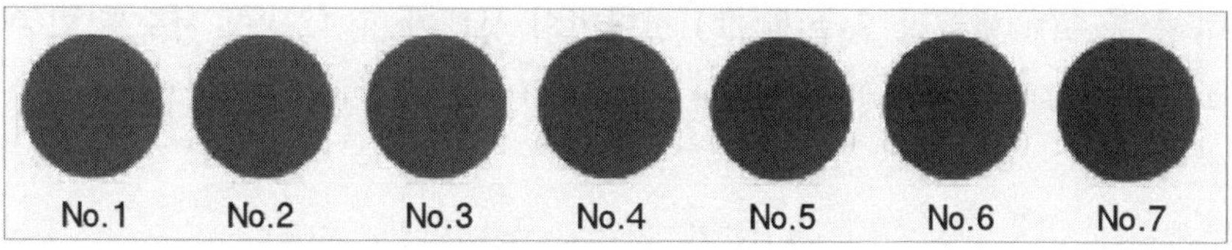

그림 13-13. 육색 기준

지방색은 등급판정 부위에서 배최장근단면의 근내지방 주위의 근간지방과 등지방의 색깔을 그림 13-14에 의한 지방색 기준과 비교하여 해당되는 기준의 번호를 결정한다. 지방의 색, 광택 및 질이 현저하게 나쁘거나 지방색이 그림 13-14의 지방색 기준 No. 7에 해당될 때에 근내지방도 기준에 의해 1개 등급을 낮춘다.

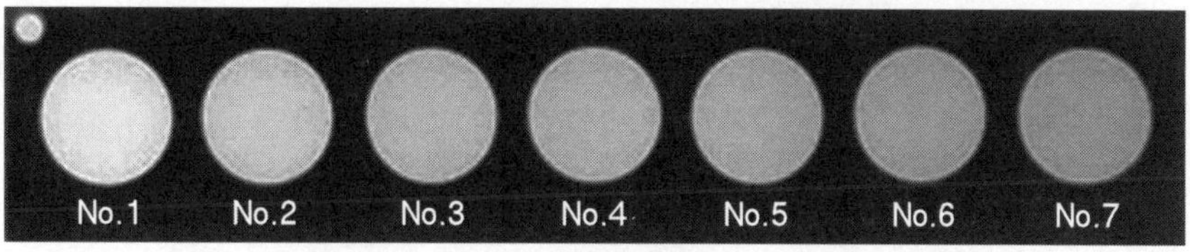

그림 13-14. 지방색 기준

조직감은 등급판정 부위에서 배최장근단면의 보수력과 탄력성을 표 13-7에 의한 조직

감 구분 기준에 의하여 해당되는 기준의 번호를 결정한다. 식육의 조직감은 탄력성이 없고 결이 거칠어 표 13-7의 조직감 기준 No. 3에 해당될 때에 근내지방도 기준에 의한 등급에서 1개 등급을 낮춘다.

표 13-7. 조직감 구분 기준

번호	구 분 기 준
1	수분이 알맞게 침출되고 탄력성이 좋으며 결이 곱고 섬세하며 고기의 광택이 좋고 지방의 질이 좋은 것
2	수분의 침출정도가 약간 많거나 적고 탄력성이 보통이며 결이 적당하고 고기의 광택 및 지방의 질이 보통인 섯
3	수분의 침출정도가 아주 많거나 적고 탄력성이 좋지 않으며 결이 거칠고 고기의 광택 및 지방의 질이 좋지 않은 것

성숙도는 왼쪽 반도체의 척추 가시돌기에서 연골의 골화 정도 등을 표 13-8에 의한 성숙도 구분 기준과 비교하여 해당되는 기준의 번호를 결정한다. 성숙도는 연골의 골화 정도가 심하여 흉추(胸椎) 및 요추(腰椎) 절단면의 상태가 표 13-8의 성숙도 기준 No. 3에 해당될 때에는 근내지방도 기준에 의한 등급에서 1개 등급을 낮춘다.

표 13-8. 성숙도 구분 기준

번호	구 분 기 준			
	천추골	요추골	흉추골	갈 비
1	천추의 각 뼈들의 구분이 명확하고 연골이 선명하고 뚜렷함	요추골의 연골이 선명하고 뚜렷함	흉추의 가시돌기는 붉은색이고 다공성 조직이 부드러우며 연골이 선명하고 뚜렷함	갈비뼈는 붉고 연하며 둥근 모양임
2	천추의 각 뼈들의 구분 흔적도 흐리게 보임	대부분 골화되었고 연골이 거의 없으나 골화된 연골 조직의 형태는 뚜렷함	가시돌기는 약간 붉고 연골은 골화가 진행됨	붉은색을 많이 잃어버리고 약간 넓고 평평함
3	천추 구분이 없이 완전히 융합됨	완전히 골화되었고 연골은 골화된 형태마저 보이지 않음	가시돌기는 붉은색이 없고 연골의 골화 정도가 심함	희고 넓고 평평함

소 도체의 육질등급판정은 예비등급에 대하여 육색, 지방색, 조직감, 성숙도가 다음 각 호에 해당하는 경우에는 표 13-9의 기준에 따라 최종 판정한다.

표 13-9. 육질등급 최종 판정기준

예비등급	등급하향조정 항목수			
	1개	2개	3개	4개
1^{++}등급	1등급	2등급	3등급	3등급
1^{+}등급	1등급	2등급	3등급	3등급
1등급	2등급	3등급	3등급	3등급
2등급	3등급	3등급	3등급	등외
3등급	3등급	3등급	3등급	등외

한편 소 도체가 다음의 경우에 해당하는 경우에는 육량등급과 육질등급에 관계없이 등외로 판정한다. 성숙도 구분기준 번호 3에 해당하는 경우로서 비육상태가 매우 불량한 노폐우 도체, 즉시 도살하여야 할 불가피한 사유가 있는 경우에 해당되어 도살한 소 도체로서 방혈이 불량하거나 외부가 오염된 도체, 그리고 축산물 검사결과 부분 폐기된 정도가 심하다고 인정되는 도체, 도체중량이 150kg 미만인 왜소한 도체, 설날, 추석, 연말 육류 성수기에 예냉 능력을 초과하는 관내용의 경우로서 출하자가 온도체를 희망하는 경우, 수해, 화재, 정전 등으로 냉도체 등급판정방법을 적용할 수 없다고 시·도지사가 인정하는 사고 당일 도축된 도체는 등외로 판정한다.

소 도체의 등급표시는 육량등급과 육질등급을 병행하여 표 13-10과 같이 표시하고, 등외로 판정된 경우에는 D로 표시한다.

도체등급 결과 결함이 있는 도체에 대하여는 표 13-11의 규정에 따라 그 결함내역을 그림 13-15와 같이 표시한다.

등급사는 등급판정 즉시 날인하여야 하고, 소 도체 날인은 좌·우 도체의 엉덩이(우둔)부위와 제 11~12번째 늑골부위 등심(척추 중앙에서 복부 방향으로 10cm 내려간 위치)에 날인하는데, 다른 검사인과 중복되지 아니하도록 날인한다.

표 13-10 도체의 등급 표시방법

구 분		육 질 등 급					
		1^{++}등급	1^{+}등급	1등급	2등급	3등급	등외
육량등급	A등급	1^{++}A	1^{+}A	1A	2A	3A	
	B등급	1^{++}B	1^{+}B	1B	2B	3B	
	C등급	1^{++}C	1^{+}C	1C	2C	3C	
	등외	D					

표 13-11. 도체의 결함 내역 및 표시방법

결 함 내 역	표시방법
근출혈(筋出血)	ㅎ
수 종(水腫)	ㅈ
근 염(筋炎)	ㅇ
외 상(外傷)	ㅅ
근 육 제 거	ㄱ
기 타	ㅌ

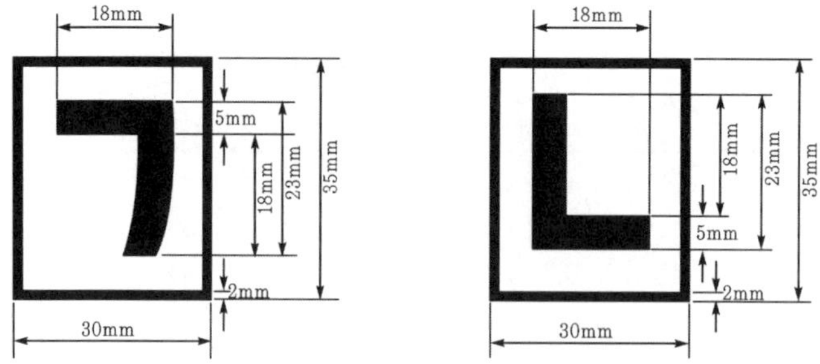

그림 13-15. 하자인의 규격

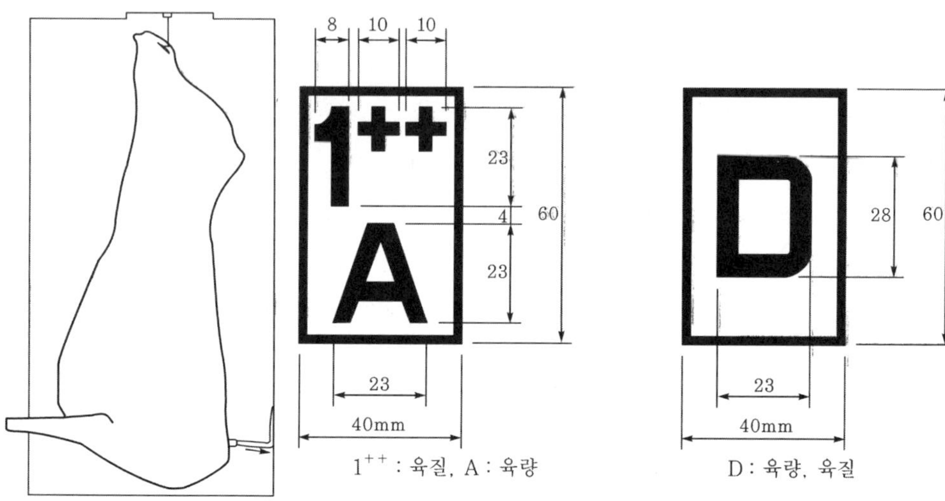

○ 등급표시 : 1^{++}A, 1^{+}A, 1A, 2A, 3A, 1^{++}B, 1^{+}B, 1B, 2B, 3B, 1^{++}C, 1^{+}C, 1C, 2C, 3C, D

그림 13-16. 소 도체 압인부위와 표시규격

4. 도체의 분할

도축 후 냉각이 완료된 도체는 유통의 단계나 용도에 따라서 부위별로 분할하게 된다. 이분도체의 분할은 우선 도매분할육(wholesale cut meat, 都賣分割肉)인 대분할(primal cut, 大分割)을 한 후, 소매분할육(retail cut meat, 小賣分割肉)인 소분할(retail cut, 小分割)을 하는 순서로 진행된다.

1) 부분육의 규격화

판매를 위한 상품으로써 식육은 생체조직으로부터 얻어지기 때문에 품질의 변이가 일반 공산품과 비교해서 매우 큰 편이다. 즉 각 부위별 식육은 크고 작은 근육들이 결합조직에 의해서 뭉쳐 이루어진 상품으로써 근육의 구성, 결합조직의 성분 함량, 지방조직의 침착 정도, 근육의 운동 정도 등에 따라서 육질의 차이가 나타난다. 또한 식육은 도축과정, 사후처리, 부분육의 분할, 정형 및 끝손질과 모양내기, 포장 등에 의해서도 상품적 가치가 크게 변화된다. 여기에 덧붙여 식육은 요리문화와 관련된 이용 목적에 따라서도 선택을 달리해야 하는 상품으로써 복잡한 특성을 갖고 있다.

도체나 식육의 상품적 가치는 최종적으로 부분육으로서 결정된다. 따라서 부분육의 고유한 품질 특성을 고려한 부위별 규격화를 통하여 합리적인 거래가 이루어질 수 있어야 한다. 전 세계적으로 부분육의 규격화는 식육동물에서 생산된 도체나 식육의 거래가 이루어지는 나라나 그 지역의 요리문화와 소비자의 선호도와 관련하여 각각 다르게 정해지는데, 육질의 특성을 고려하여 취급이 편리하고 상품성을 높일 수 있도록 일정한 크기의 부분육으로 절단 가공하도록 규정된다. 이러한 규격은 식육유통에 있어 구매자나 판매자 모두에게 식육의 상품적 가치를 판단하는 기준이나 척도로서 역할을 한다.

부분육 규격화의 목적은 식육유통의 도・소매과정에서 판매자와 구매자 사이에 유통을 원활히 효과적으로 이루어질 수 있도록 하는 것이기 때문에 규격화를 위한 부분육 명칭이나 분할방법, 정형요령 등은 통일될 필요가 있다. 즉 한 국가 또는 동일 시장권 내에서 통일된 부분육의 규격화를 통해서만이 식육거래의 편리성과 신뢰성이 확보될 수 있다. 뿐만 아니라 소비자 입장에서는 동일한 가격을 지불하고 식육을 구매할 때 항상 일정한 크기와 외관의 상품과 균일한 품질의 상품적 가치를 요구하는 것은 당연하며, 이와 같은 소비자들의 욕구 충족을 위해서도 식육의 규격화는 필수적이다.

2) 부위별, 등급별 규격화

식육의 규격화 발전과정은 대체로 식육거래 방법의 발전과 관련되어 변화되는 특징을 갖고 있다. 식육유통의 가장 원시적인 방법은 식육동물이 생축으로 거래되어 도축된 후 도체를 식육소매상이 각자의 방법으로 부분육으로 분할하여 부위에 관계없이 동일한 가격으로 판매하는 것이다. 이런 경우 식육규격은 단일 규격으로 부분육은 육질의 차이가 의미를 갖지 못하며, 단지 식육의 가치는 식육동물간의 차이만 인정된다.

식육의 유통이 한 단계 발전하면 같은 식육동물에서 생산된 식육이라도 육질이 유사한 부위별로 통일된 방법에 따라 분할하여 거래가격을 달리하는 부위별 규격화가 이루어진다. 이 단계에서 부위별 거래가격의 결정은 그 부분육이 갖는 이화학적, 관능적 육질 특성이 고려되지만, 가장 중요한 가치의 척도는 그 소매시장에 속해 있는 소비자들의 수요와 공급에 따라 달라질 수 있다. 즉 수요가 많은 부위는 높은 가격에, 수요가 낮은 부위는 낮은 가격에 거래가격이 형성되며, 시장기능에 따라 거래가격이 결정되어져 부위별 수요와 공급의 조절이 이루어진다. 그런데 이러한 식육유통 체계에서는 소비자의 수요가 높은 부위의 공급부족 현상이 발생하고, 따라서 여타부위가 그 부위로 둔갑하여 판매되는 현상이 반복적으로 발생하게 되며, 이에 따른 식육 소매시장에 대한 불신의 악순환이 반복된다. 그 결과 소비자들의 불신을 해소하기 위해 부분육의 규격화가 이루어지고 식육 소매시장의 부위별 수요와 공급에 따른 요구에 따라 식육 도매단계에서 규격화된 부분육으로 공급하는 유통체계가 확립된다.

부분육 규격화에 의한 부분육 거래단계에서도 초기에는 식육의 육질 특성이나 이용도가 유사한 부분육을 묶어 4~5개의 규격으로 거래되지만 점차 세분화되어 대분할 부분육으로 규격화되어 거래가 이루어지고, 더욱 발전하게 되면 소분할 부분육으로 규격화되어 거래가 이루어지게 된다. 그리고 최종적으로는 부위별로 일정한 규격을 갖는 최종 소매용 상품규격으로까지 규격화가 이루어진다. 그런데 이렇게 부위별 규격화의 식육유통이 이루어져도 해결할 수 없는 점은 동일 부위라도 품질적인 차이가 나타난다는 것이다. 따라서 품질 차이에 대한 소비자들의 불만을 해소할 수 있는 방안으로 식육의 육질등급제도가 실시되는데, 식육 규격화에 식육등급 개념의 도입은 식육유통에 있어 소비자들에게 품질에 따른 차별된 가격의 거래를 가능하게 한다. 즉 식육을 부위별, 등급별로 규격화하여 소비자들에게 공급함으로써 최상의 소비자 만족도를 확보할 수 있다.

3) 소 도체의 골격과 분할육 체계

표 13-12. 쇠고기의 부분육 분할 체계

도 체	대분할육	소 분 할 육
도체→반도체→4분도체	안 심	안심살, 안심머리, 토시살
	등 심	아랫등심(갈비심)살, 윗등심(어깨등심)살, 꽃등심(알등심)살, 등심덧살, 살치살
	채 끝	채끝살, 치마살(채받이)
	목 심	목심살, 멍에살, 제비추리살
	앞다리	꾸리살, 갈비덧살, 부채뼈덧살, 앞다리살
	우 둔	우둔살, 홍두깨살
	설 도	설깃살, 도가니살, 중치살, 삼각살, 보섭살
	양 지	차돌양지살, 차돌배기, 업진살, 양지머리(양지면)살, 치마살(채받이)
	사 태	사태살, 뭉치사태살, 아롱사태살
	갈 비	갈비(불갈비), 상마구리, 하마구리, 고리마구리, 안창살, 토시살, 제비추리살

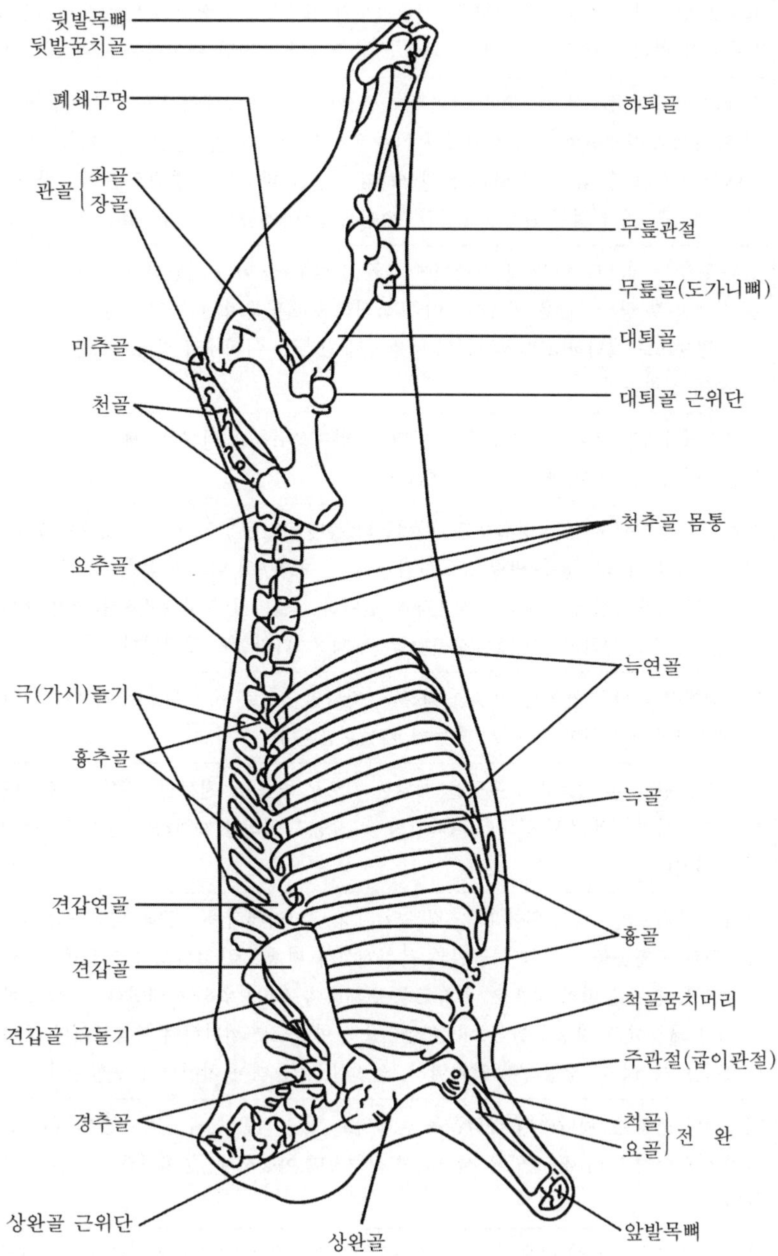

그림 13-17. 소 도체의 골격 명칭

표 13-13. 쇠고기 대분할 부위 및 정형 기준

부위명	분 할 정 형 기 준
안 심	요추골 안쪽의 신지방을 분리한 후 치골하부와 평행으로 안심머리 부분을 절단한 다음 장골 및 요추골을 따라 장골근, 소요근 및 대요근을 절개하고 지방 덩어리를 제거 정형한다.
등 심	도체의 마지막 흉추와 제 1요추 사이를 직선으로 절단하고 배최장근의 바깥쪽 선단 5cm 이내에서 평행으로 절개하여 갈비 부위와 분리한 후, 흉추와 경추를 골발하고 제 7경추와 제 1흉추사이에서 배선과 수직으로 절단하여 생산하되 견갑골 바깥쪽의 광배근은 제외시키며, 과다한 지방 덩어리를 제거 정형하며 꽃등심살, 윗등심살, 아래등심살, 살치살을 포함한다.
채 끝	최후 흉추와 제 1요추사이에서 13번째 늑골(갈비뼈)을 따라 절단하고 마지막 요추와 천골 사이를 절개한 후 장골상단을 외복사근이 포함되도록 절단하며, 마지막 늑골 끝부분에서 복부 절개선과 평행으로 절단하고 배최장근의 바깥쪽 선단 5cm 이내에서 평행으로 절단하고 과다한 지방을 제거 정형한다.
목 심	제 1~제 7경추 부위의 근육들로서 앞다리, 양지부위를 제외하고, 제 7경추~제 1흉추 사이를 절단하여 등심부위와 분리한 후 정형한다.
앞다리	상환골을 둘러싸고 있는 상완두근, 어깨끝의 광배근을 포함하고 있는 것으로 몸체와 상완골 사이의 근막을 따라서 흉추 방향으로 견갑골 끝의 연골부위 끝가지 올라가서 활배근 위쪽의 두터운 부위는 1/3지점에서 흉추와 직선되게 절단하고 골발하여 사태부위를 제거 생산하며 과다한 지방을 제거 정형하고 꾸리살, 갈비덧살, 부채살, 다리살을 포함한다.
우 둔	뒷다리에서 대퇴골 안쪽을 이루는 내전근, 반막양근으로 된 부위로서 하퇴골 주위의 사태부위를 제외하여 생산하며 우둔살, 홍두깨살이 포함된다.
설 도	뒷다리의 관골, 대퇴골에서 우둔을 제외한 것으로 중둔근, 천둔근, 대퇴이두근, 대퇴사두근 등으로 이루어진 부위로서 인대외 피하지방 및 지방 덩어리를 제거하며 살깃살, 도가니살, 보섭살이 포함된다.
양 지	뒷다리 하퇴부의 후슬부위에 있는 겸부의 지방 덩어리에서 복직근의 얇은 막을 따라 복부의 외복사근과 복횡근을 마지막 늑골단과 복절개선과 평행으로 절단하여 채끝과 분리하고 늑연골, 검상연골, 흉골을 따라 심흉근, 천흉근을 절개하여 갈비부위와 분리한다. 그리고 바깥쪽 경정맥을 따라 쇄골하근, 흉골유돌근, 흉설 설근을 포함하도록 절단하여 목심부위와 분리시키고 지방 덩어리를 제거하여 정형하며 양지머리, 업진살, 차돌백이 치마살이 포함된다.
사 태	앞다리의 전완골, 뒷다리의 하퇴골을 둘러싸고 있는 작은 근육들로서 앞다리와 우둔부위 하단에서 분리하여 인대 및 지방을 제거하여 정형하며 아롱사태, 뭉치사태, 앞사태, 뒷사태를 포함한다.
갈 비	앞다리 부분을 분리한 다음 늑골주위와 근육에서 등심과 양지부위의 근육을 절단한 후, 흉추에서 늑골을 분리시킨 것으로서 늑골을 포함시키고, 과다한 지방을 제거 정형하며 갈비, 마구리를 포함한다. 대분할 구분의 특성상 안창살, 토시살, 제비추리도 같은 부위로 분류한다.

표 13-14. 쇠고기 대분할 부위별 소분할 세부부위와 정형 기준

대분할 부위명	소분할 세부부위	분 할 정 형 기 준
안 심	안심살	소요근, 대요근, 골근으로 구성되며 요추근막 및 표면지방을 제거하여 정형한 것
등 심	윗등심살	대분할된 등심부위의 제 6흉추와 제 7흉추 사이부분을 절단한 앞쪽(목심쪽)의 것
	아랫등심살	대분할된 등심부위의 제 6흉추와 제 7흉추 사이 부분을 절단한 뒷쪽의 것
	꽃등심살	등심가운데 길게 형성되어 있는 등심근(배최장근)으로 주위 덧살을 제거하여 정형한 것
	살치살	윗등심살의 앞다리쪽에 붙어 있는 복직근으로 등심근(배최장근)과의 근막을 따라 정형한 것
채 끝	채끝살	요최장근, 장늑근, 중둔근, 배다열근으로 구성되며 대분할 채끝과 같은 요령으로 등심에서 분리하여 표면지방을 5mm 이하로 정형한 것
목 심	목심살	관상근, 두최장근, 환추최장근, 목최장근, 두분목근, 상완두근 및 경장근으로 구성되어 있는 제 1~7경추부위의 근육들로 양지, 앞다리 부위를 제 7경추, 제 1흉추 사이에서 직각으로 절단 분리한 후 지방을 정형한 것
앞다리	꾸리살	견갑골 바깥쪽 견갑가시돌기 상단부에 있는 가시위근으로 부채살에서 평형되게 절단 정형한 것
	부채살	견갑골 바깥쪽 견갑가시돌기 하단부에 있는 가시아래근으로 앞다리살, 꾸리살에서 근막을 따라 분리 후 정형한 것
	앞다리살	견갑골 안쪽 부분과 상완골을 감싸고 있는 근육부위로 꾸리살, 부채살, 갈비덧살을 제외한 부분을 분리 정형한 것
	갈비덧살	앞다리 대분할시 분리된 앞다리쪽 활배근으로 앞다리살과 분리한 후 정형한 것
양 지	양지머리	첫 번째 경추에서 첫 번째 늑골사이의 목심 및 갈비 아래쪽 근육으로서 목심, 갈비에서 분리 후 정형한 것
	업진살	7번째 늑골 하단부에서 뒷다리 중하단부로 치마살, 뒷다리에서 분리하여 정형한 것
	차돌백이	첫 번째 늑골에서 7번째 늑골 하단부의 희고 단단한 부위와 주변 근육을 포함하며 양지머리와 업진살에서 분리하여 정형한 것
	치마살	등피근, 외복사근, 내복사근, 복직근 및 복근으로 구성되며 첫 번째 요추골에서 마지막 요추골까지의 근육으로 채끝 아래쪽 부위
우 둔	우둔살	뒷다리 안쪽의 내전근, 반막양근으로 우둔안쪽 부위근막을 따라 홍두깨살(반건양근)과 분리한 후 정형한 것
	홍두깨살	뒷다리 안쪽의 홍두깨모양의 근육(반건양근)으로 우둔 안쪽부위 근막을 따라 우둔살과 분리한 후 정형한 것
설 도	보섭살	뒷다리의 엉덩이를 이루는 부위로 관골을 감싸고 있는 중둔근, 천둔근등으로 이루어져 있으며 관골, 대퇴골을 제거한 뒤 고관절에서 관골 좌골면을 기준으로 도가니살, 설깃살과 분리한 후 정형한 것
	설깃살	뒷다리의 박깥쪽 넓적다리를 이루는 부위로 대퇴이두근으로 이루어져 있으며 대퇴골 부위에서 보섭살, 도가니살과 분리한 후 정형한 것
	도가니살	뒷다리의 무릎쪽에서 도가니뼈(슬개골)와 함께 대퇴골을 감싸고 있는 근육부위로 대퇴사두근으로 이루어져 있으며, 뒷다리에서 볼기살을 분리하고 대퇴골을 제거한 뒤에 대퇴골 주위에서 근육형태를 따라 도가니살과 설깃살로 분리한 후 정형한 것

표 13-14. 계 속

대분할 부위명	소분할 세부부위	분 할 정 형 기 준
사 태	앞사태	앞다리의 전완골을 감싸고 있는 여러 근육들로 근막을 따라 앞다리에서 분리 정형한 것
	뒷사태	뒷다리의 하퇴골을 감싸고 있는 여러 근육들로 근막을 따라 우둔에서 분리 정형한 것
	뭉치사태	대퇴골 하단부의 무릎관절을 감싸고 있는 비복근으로 된 부위로서 뒷사태와 분리 정형한 것
	아롱사태	뭉치사태 안쪽에 있는 단일근육(천지굴근)으로서 아킬레스건에서 이어진 근육을 따라 뭉치사태 하단부에서 상단부까지 절개 후 분리 정형한 것
갈 비	갈 비	대분할된 갈비에서 마구리를 제거한 후 정형한 것
	마구리	대분할된 갈비에서 등심살이 제거된 늑골두, 흉골과 늑연골에서 양지가 제거된 부분의 늑골부위로서 늑간근이 붙어 있는 부분을 따라 타원형으로 절단하여 분리한 것
	안창살	갈비 안쪽의 흉골끝에서 요추까지 갈비를 가로질러 있는 횡경막을 이루는 부위로서 늑골에서 분리하여 정형한 것
	토시살	제 9흉추 및 제 1요추 사이의 갈비 안쪽에 붙어 있는 두꺼운 횡경막 부위로서 흉추 몸통에서 분리 정형한 것
	제비추리	제 1흉추에서 제 6흉추의 갈비 안쪽 흉추몸통을 따라 붙어 있는 띠 모양의 경장근(긴목근)으로 목심 및 등심이 분리 되는 지점에서 직선으로 절단하여 정형한 것

〈참 고 문 헌〉

1. Allen, C.E., Beitz, D.C., Cramer, D.A. and Kauffman, R. G. 1976. "Biology of Fat in Meat Animals." *North Central Regional Research Publication No. 234.* Research Division, College of Agricultural and Life Sciences, University of Wisconsin-Madison.
2. American Society of Animal Science. 1985, 1986, 1987. "Current Concepts of Animal Growth, Ⅰ,Ⅱ and Ⅲ." J. Animal Science : 61,63,65, supplement 2.
3. American Meat Science Association. 2000. Meat Evaluation Handbook. American Meat Science Association.
4. Ayres, J.C., Mundt, J.O. and Sandine, W. E. 1980. Microbiology of Foods. W. H. Freeman and Company.
5. Bailey, A.J. and Light, N.D. 1989. Connective Tissues in Meat and Meat Products. Elsevier Applied Science.
6. Bechtel, P.J. 1986. Muscle as Food. Academic Press.
7. Bendall, J.R. 1971. Muscles, Molecules and Movement. American Elsevier Publishing Company.
8. Briskey, E.J., Cassesn, R.G. and Trautman, J.C. 1966. The Physiology and Biochemistry of Muscle as a Food. The University of Wisconsin Press.

9. Briskey, E.J., Cassens, R.G. and Marsh, B.B. 1970. The Physiology and Biochemistry of Muscle as a food, Ⅱ. The University of Wisconsin Press.
10. Forrest, J.C., Aberle, E.D., Hedrick, H.B., Judge, M.D. and Merkel, R.A. 1975. Principles of Meat Science. W.H. Freeman and Company.
11. Fung, D. 1995. "Rapid Methods for Meat Microbiology," Proceedings of the Reciprocal Meat Conference, American Meat Science Association. 49 : 183-185.
12. Grease, M. L. 1997. "Postmortem Changes in Muscle Extracellular Matrix Proteins." Proceedings of the 50th Annual Reciprocal Meat conference. American Meat Science Association. pp.53-59.
13. Hamm, R. 1977. "Postmortem Breakdown of ATP and Glycogen in Ground Meat." Meat Science : 1 : 15.
14. Hedrick, H.B. 1965. "Influence of Ante-Mortem Stress on Meat Palatability." J. Animal Science. 24 : 255.
15. Honikel, K.O., Roncales, P. and Hamm, R. 1983. "The Influence of Temperature on Shortening and Rigor Onset in Beef Muscle." Meat Science. 8 : 221.
16. Kinsman, D.M., Binkerd, E.F., Tauber, F.W., Bray, R.W. and Stroud, D. H. 1976. "History of Meat as a Food." Proceedings of the Reciprocal Meat Conference, National Live Stock and Meat Board, Chicago. pp. 17-85.
17. Kinsman, D.M., Kotula, A.W. and Breidenstein, B.C. 1994. Muscle Foods. Chapman and Hall.
18. Kropf, D.H., Hunt, M.C. and Piske, K. 1985. "Color Formation and Retention in Fresh Meat." Washington, D.C. : Proceedings of the Meat Industry Research Conference, American Meat Institute. pp.62-72.
19. Marsh, B.B., Henrickson, R.L., Apple, J.M., Cross, H.R. and Bowling, R.A. 1981. "Fresh Meat Processing." Proceedings of the Reciprocal Meat Conference, National Live Stock and Meat Board, Chicago, 34 : 75.
20. Olson, D.G. 1998. "Meat Irradiation and Meat Safety." Proceedings of the Reciprocal Meat Conference 51 : 149-151.
21. Price, J.F., and B.S. Schweigert. 1987. The Science of Meat and Meat Products. Food and Nutrition Press.
22. Robson, R.M., Huff-Lonergan, E., Parrish, F.C., Ho, C.-Y., Stromer, M.H., Huiatt, T.W., Bellin, R.M. and Sernett, S.W. 1997. "Postmortem Changes in the Myofibrillar and Other Cytoskeletal Proteins in Muscle." Proceedings of the 50th Annual Reciprocal Meat Conference, American Meat Science Association. pp. 43-52.
23. Squire, J. 1981. The Structural Basis of Muscular Contraction. Plenum Press.
24. Swatland, H.J. 1984. Structure and Development of Meat Animals. Prentice-Hall.
25. Davies, A. and Board, R. 1998. The Microbiology of Meat and Poultry. Blackie Academic & Professional.
26. Wilkie, D.R. 1968. Muscle. St. Martin's Press.
27. 丸山工作, 山本啓一. 1988. 근육, 성삼경. 영남대학교출판부.

28. 강창기, 박구부, 성삼경, 이무하, 이영현, 정명섭, 최양일. 1992. 식육생산과 가공의 과학. 선진문화사.
29. 김병철, 박구부, 성삼경, 이무하, 이성기, 정명섭, 주선태, 최양일. 1998. 근육식품의 과학. 선진문화사.
30. 농림부 농촌진흥청 축산연구소. 1997. 소・돼지 도체수율 및 육질특성.
31. 박구부 외 11명. 2000. 식량과 인간. 경상대학교 출판부.
32. 박구부 외. 2004. 식육과학. 선진문화사.
33. 박승용, 김용곤, 김종원, 이성기, 임한종, 주선태, 최양일, 최일신. 2000. 축산물의 가공. 유한문화사.
34. 박형기, 오홍록, 문윤희, 강종옥, 김언현, 짐천제, 오동환, 신현길, 박치규, 하정욱, 이근택, 이영진, 박창일, 이보명, 김안규, 문영덕. 1995. 식육의 과학과 이용. 선진문화사.
35. 송계원, 성삼경, 채영석, 이유방, 김현욱, 강통삼, 송인상, 이무하, 배석연, 한석현. 1983. 식육과 육제품의 과학. 선진문화사.
36. 이기열, 문수재. 2002. 최신 영양학. 수학사.
37. 이무하. 1995. 식육품질의 이해. 선신문화사.
38. 주선태. 1996. 식육의 기초지식. 미트저널사.
39. 주선태 외 12명. 1998. 식육의 처리. 한국식육산업연구소.

제14장 유　통

제1절 브랜드 한우의 생산 현황과 발전방향

1. 서　론

DDA 협상 체결 등 개방화가 진전되면 축산물 관세가 인하되어 냉장육 수입량이 증가하면서 국내산과의 경쟁이 더욱 심화되는 등 축산물 유통환경이 급격히 변화할 것으로 예측된다. 즉 축산물의 유통투명성이 강조되면서 재래 정육점 대신에 백화점 등 대형 소매점의 판매비중이 더욱 높아지고 지육위주의 유통관행이 부분육 소포장으로 전환될 것으로 보인다. 축산물의 원산지, 위생・안전성, 품질에 대한 중요성이 더욱 강조되면서 생산자・유통업체에서는 고객 만족을 위한 수단으로 브랜드화에 대한 관심을 높여갈 것으로 보인다.

이러한 추세를 반영하여 매년 축산물브랜드 등록업체수가 급증하고 있고 이제 그 수도 800개에 육박하고 있다. 일반적으로 브랜드라 함은 타제품과 차별되는 상징성을 지니는 것이 중요하지만 축산물의 경우 고품질・균일성, 위생・안전성, 안정된 물량공급 능력 등 기본적인 요건을 우선적으로 충족시켜야 한다. 외양적인 상징성만 너무 부각하고 내실화를 소홀히 할 경우 소비자의 브랜드 인지도가 높아지지 않아 백화점 등 유통업체의 관심도 자연적으로 멀어질 우려가 있다. 실제로 시장에서 브랜드 가치를 인정받으면서 백화점 등 유통업체와 장기적인 계약관계를 맺고 있는 브랜드업체는 그렇게 많지 않은 실정이다.

따라서 정부는 축산물브랜드 육성추진계획('04. 2)을 통해 우리 축산물의 위생・안전성・품질 제고를 통한 소비자 신뢰확보 및 수입육과의 시장차별화를 위해서 생산부터 유통・판매까지 브랜드 개념을 충실히 준수하는 우수 브랜드경영체를 선별하여 이들을 중점 육성할 계획에 있다. 나아가서 브랜드사업을 위생·친환경·고품질 등 주요 축산과제 달성을 위한 핵심 축으로 활용하고 축산업 구조도 전업농 위주로 축산구조를 자연스럽게 개편하는 등 경쟁력 제고의 핵심사업으로 다루고 있다.

2. 축산물브랜드 현황

1) '04년 7월 현재 축산물브랜드 수는 788개로 매년 빠르게 증가

○ 축산물등급판정소와 각 시·도의 협조로 조사한 국내 축산물브랜드 수는 '04년 7월 현재 788개이며 돼지가 290개(36.8%)이고, 한우가 209개(26.5%)이다.

○ 상표등록 비율은 65.2%(514개)이며 품목별로는 돼지 193개, 한우 169, 계란 92, 닭 38개가 등록되어 있다.

○ 최근 몇 년 동안 재래 정육점의 비율이 감소되고 대형할인점 비율이 증가하면서 축산물의 유통형태가 지육에서 부분육 소포장 형태로 차츰 바뀌어 가고 있고 소비자와 유통업체의 브랜드에 대한 관심이 높아지면서 브랜드 수가 급격히 증가하는 추세이다.

- 상표등록 브랜드 업체 수 : ('99) 194개→('01) 347→('03) 494→('04) 514

표 14-1. 축산물브랜드 현황

구 분	한 우	돼 지	육 계	계 란	기 타	합 계
브랜드수	209	290	55	185	49	788

* 기타는 오리, 양봉, 사슴, 양, 칠면조임.

2) 축종별 브랜드 점유 비중

○ 국내 가축두수 중에 브랜드경영체가 확보하고 있는 가축 사육두수는 육계가 약 62.6%로 가장 높고, 돼지(45.5%), 계란(26.3%), 한우(24.9%)의 순이다.

- 한우와 계란의 경우 브랜드 수는 적지 않지만 군소 브랜드 위주로 운용되고 있고, 특히 대규모 브랜드는 거의 없기 때문에 브랜드경영체의 사육두수 기여도가 높지 않다.
- 닭과 돼지의 사육두수 기여도가 비교적 높은 것은 이들 축종이 타 축종과는 달리 계열화체계로 운영되는 경향이 있기 때문이다.

표 14-2. 브랜드경영체의 가축사육 및 축산물공급량 점유율

구 분		한 우	돼 지	닭	계 란
가 축 사육두수	전 체(A)	1,425천두	9,017천두	68,526천수	48,058천수
	브랜드(B)	355	4,107	42,872	12,631
	브랜드 점유비(B/A)	24.9	45.5	62.6	26.3

3) 브랜드축산물 생산 · 유통형태

○ 국내 한우 · 돼지 브랜드의 경영주체는 한우의 경우 생산자(단체) 및 지자체가 주로 차지하고 있고, 돼지는 유통업체(LPC 포함) 위주로서 품목간 브랜드 경영주체가 명확히 다르다.

– 한우 브랜드의 경우 생산자(단체)는 주로 지역축협, 영농조합법인, 작목반, 지자체 중심으로 형성되어 있는 반면, 돼지는 주로 주식회사 등 비조합법인에서 운영하고 있다.

○ 브랜드경영체의 축산물 유통형태는 유통업체 계약형, 직판형, 시장출하형으로 크게 나눌 수 있고 경영체에 따라서는 각 형태를 적절히 혼합하여 운영하고 있다.

– 한우의 경우 브랜드에 대한 유통업체의 소극적 관심으로 인해 대부분 브랜드가 시장출하 또는 직판장 위주로 운용되고 있는 현실이며, 규모와 관계없이 유통업체와 연계되어 있는 경영체는 27% 정도이다.

– 돼지는 시장출하, 유통업체와의 계약, 직판의 혼합형태로 운영되고 있고 유통업체와 연계되어 있는 경영체수는 36.3% 정도이다.

표 14-3. 브랜드축산물 유통형태

구 분	계	유통업체 계약형	직판형	시장출하형	유통업체+직판형	유통업체+시장출하형	직판+시장출하형
한 우	100%	8.5	15.5	34.1	6.2	12.4	23.3
돼 지	100%	6.4	11.1	29.3	18.1	11.8	21.3

* '03년 조사결과.

4) 최근 한우브랜드 육성을 위한 지방자치단체의 참여가 확산

○ 최근 강원도에서는 도 주관으로 '03년부터 권역별 브랜드사업 계획을 수립하여 '04년에 하이록한우를 출범하고 지역클러스터 사업을 추진 중에 있다.

- 경북에서는 경북한우 지역클러스터사업을 통해 도 단위 종모우 선발을 계획
- 경기, 충북, 충남에서도 지역축협을 중심으로 광역화된 브랜드사업을 추진 또는 계획

○ 그 외에 전북, 전남에서는 지역축협, 영농조합법인 위주의 특화된 브랜드를 선정하여 홍보비 지원, 유통업체 연계, 기술지도 등을 추진하고 있다.

5) 브랜드축산물에 대한 소비자 인지도가 점차 향상

○ 브랜드 한우고기를 섭취한 주부의 71.4%가 맛과 품질에 대한 신뢰도도 매우 높고 응답자의 77%가 축산물브랜드가 필요하다고 응답하였다('00 농협조사결과).

3. 축산물브랜드의 문제점

1) 생산부문

(1) 우수 브랜드 개념 및 모델 미정립으로 체계적인 브랜드 관리가 미흡하다.

○ 우수 브랜드에 대한 개념이 불명확하고 사양지침 등도 미비하다.

- 대부분의 경영체가 지역명, 청정이미지, 사료의 특징 등을 브랜드 명칭으로 사용하는 등 상징성을 추구하고 있으나
- 균일한 품질의 축산물 생산을 위해 종축・사료・사양관리에서 가공・판매과정에 걸친 준수 사항 등 우수 브랜드로서의 요건을 체계적으로 갖추고 있는 업체는 많지 않다.
- 혈통관리의 경우 돼지는 품질 균일성 확보를 위해 F_1 모돈을 통일시키는 체계가 정착 중에 있지만, 한우는 최근에 등록・선발 및 계획교배 등 혈통관리를 통해 우수 송아지를 자체 생산하고자 하는 노력이 시작단계에 있다.

○ 브랜드 경영주체의 경영관리 능력 부족

- 신규 브랜드경영체에서 사전에 전문가 컨설팅을 받지 못한 경우가 대부분이고 기존 컨설팅도 주로 농가 사양관리에 치우쳐 있다.
- 생산 및 유통과정 중 품질・위생관리, 판매・홍보 등 브랜드 관리 전반을 다룰 수 있는 전문적인 컨설팅 기반은 취약한 실정이다.
- 자체 전문인력을 확보하여 브랜드 사업을 추진하고 있는 조합의 경우도 업무 전담배치 등을 통한 전문적인 농가 사양지도・출하지도 등은 미흡하다.

(2) 대부분의 브랜드경영체가 생산규모가 영세하여 안정적 물량공급이 어려움에 따라 대형유통업체 등 판매망 확보에 애로

○ 한우의 경우 종전에는 브랜드경영체가 인근지역에서 비육밑소를 구입하여 비육사업에만 전념한 관계로 번식기반이 취약하였으며, 구심력이 약한 관계로 회원농가의 확대가 어려워 1천두 미만을 사육하는 명목상 브랜드경영체가 전체의 65%를 점유하고 있다('03 조사결과).

※ 과거 비육 위주의 브랜드에서는 1천두 규모로 1일 1두 출하가 가능하다.

○ 1일 2두 출하를 목표로 자체 생산기반확보를 위해 번식기반을 충분히 갖추고 4천두 이상을 사육하는 경영체는 15개(8.5%)에 불과한 실정이다('03 조사결과).

－규모화된 경영체의 경우도 규약이 없어 회원농가가 시장추세에 따라 임의로 조기출하 또는 출하지연을 하여 유통업체의 신뢰감을 상실하는 사례가 종종 발생한다.

2) 가공 및 유통부문

(1) 도축・가공단계에서의 위생관리 미흡

○ 유통업체와 계약관계에 있는 일부 우수 브랜드는 LPC 등 HACCP 적용 가공장을 이용하고 있으나 대부분의 브랜드는 일반 가공장을 이용하고 있어 가공단계에서의 차별성이 미흡한 실정이다.

－브랜드경영체의 입장에서는 도축세 관계로 불가피하게 생산자 소재지 시・군 도축장을 이용하는 경우가 많다.

※ '03. 12월 현재 HACCP 지정 포장육 가공장(소, 돼지고기)을 이용하는 브랜드는 돼지 37개(총브랜드 중 17%), 소 10개(총브랜드 중 6%)에 불과한 실정이다.

(2) 대형 유통업체와 장기계약을 맺고 「생산자 브랜드」로 판매하는 경우는 아직 소수

○ LG유통, 까르푸 등 일부 선도적인 유통업체는 브랜드경영체와 장기적인 구매계약을 체결하여 생산자 브랜드로 판매하고 있으나

○ 아직도 대다수 유통업체는 생산자로부터 브랜드 가치에 따른 인센티브를 요구 받는 반면, 일반 축산물과의 품질 차별성이 미약하다고 판단하고 있고, 산지 직거래를 통한 자체 PB제품 개발을 선호하는 추세이다.

3) 브랜드 관리 · 홍보부문

(1) 브랜드 자체에 대한 이미지 관리 및 홍보부족

○ 생산자 브랜드의 자체 브랜드 홍보능력이 부족하여 소비자에 대한 브랜드 인지도가 낮다는 점도 유통업체의 반응이 소극적인 측면도 있다.

- 한우의 경우 대부분의 브랜드가 자금능력 부족 등으로 대중매체 등을 활용한 홍보는 물론 매장 내 프로모션 활동이 매우 취약하다.

※ 브랜드에 관심있는 일부 지자체에서는 홍보비 지원이 적극적으로 이루어지고 있다.

○ 사양 · 품질관리면에서 체계적인 관리가 이루어지고 있는 경우에도 마켓팅, 자체 리콜규정 확보 등 브랜드 관리는 거의 이루어지지 못하고 있다.

(2) 실제 구매시 브랜드축산물에 대한 소비자의 선호도는 아직 미흡

○ 소비자단체의 의견수렴 결과 브랜드축산물이 일반 축산물 보다 품질 및 위생 · 안전성에 대한 차별성은 높지 않은 반면 가격만 비싸다는 불만이 제기되고 있는 실정이다.

- 한우 구입시 브랜드 고려여부에 대한 소비자 설문조사 결과 고려하지 않는다는 응답이 96%로서 브랜드 인지도가 극히 낮다(한국농촌경제연구원, '04).

4. 정책 도입 사유

1) 신규 브랜드는 기존 브랜드와 표시 차별화만 되면 등록 가능하므로 방치할 경우 양적 팽창으로 소비자 혼란 및 정부에 대한 불만을 야기할 우려가 있다.

○ 일부에서는 아직도 지역적, 사료적 특징을 가지고 육질이 우수하면 브랜드화가 되는 것으로 오인하고 있으며

○ 소비자 관점에서 우수 브랜드축산물을 선택할 수 있는 기준 마련이 필요하다.

2) 각종 축산정책이 개별 농가단위로 투입됨에 따라 정책 투입성과 미흡

○ 최근 추진되고 친환경, 사육단계 위생 · 안전성, 방역, 축산업등록제 등에 대해 다수 농가의 인식 부족으로 자의적 참여가 미흡하다.

3) 브랜드 사업을 축산 현안과제의 종합적 해결을 위한 "복합축산사업"으로 육성

○ 전업화, 종축개량, 친환경, 위생·안전성, 사료 및 사양기술, 방역, LPC, 쇠고기 이력추적시스템 등 당면과제를 패키지로 추진하여 정책 투입성과 제고

○ 개별 농가위주의 각종 제도 및 지원방식을 경영체 단위로 전환시켜 농가 체질강화 유도

○ 축산구조를 시장지향적으로 조기 전환시켜 우리 축산물에 대한 소비자 신뢰확보, 국민으로부터 환경과 조화되는 지속가능한 산업으로 재인식 발판 구축이 요구된다.

5. 축산물브랜드 육성 추진계획

□ 브랜드 육성목표

2013년까지 축산구조를 우수 브랜드경영체 중심으로 개편예정이다.

한우 : ('03) 17.4%→('13) 50%, 돼지 : ('03) 41.4%→('13) 70%

□ 기본방향

생산 : 지역축협 등이 중심이 된 규모화된 지역단위 축산물브랜드 기반구축

가공 : HACCP 인증 도축·가공장에서 위생적으로 작업

판매 : 백화점·할인점 등과 계약판매, 생산자브랜드로 고가판매

1) 축산물브랜드의 개념 정립

(1) 우수 축산물브랜드 요건

① 고품질의 균일성 확보

○ 종축통일(혈통등록)

- 능력이 우수한 암소의 등록·선발 및 우수정액 사용을 통한 계획교배 등 혈통관리로 우수 송아지 생산기반 확보

○ 사료통일 : 사료회사·규격의 통일 및 TMR 공동 배합·급여체계 구축 등

○ 사양관리 통일 : 사료급여체계, 출하시기, 거세시기 등 통일된 관리

② 위생·안전성 제고

○ 사육단계에서 안전한 농장 위생관리 유지

－적정 사육밀도 확보로 사육환경의 쾌적성 유지
－동물용 의약품 안전사용 : 휴약기간 준수 등
－방역 : 소독시설 · 기구 확보 및 공동방제단 운영으로 질병 방역강화
－친환경 : 분뇨 자원화 및 처리시설, 악취경감 등으로 민원발생 차단

○ 선진 위생 · 유통체계 구축
－HACCP 수준이 높은 도축 · 가공장 이용
－동일장소 소재 도축 · 가공장 이용으로 2차오염 방지 등

③ 규모화를 통한 안정적 물량공급 확보

○ 일정규모 이상의 농가를 조직화하고 유통업체와 안정적인 판매망 구축
－농가조직화 이전에 브랜드경영체에서는 총 사육규모를 얼마로 할 것인가를 고려해야 한다.
－농가 조직화의 최소규모는 가능한 한 1일 2두 이상 출하가 가능한 4천두 이상이 되도록 하는 것이 좋다.
· 비육우 : 2,085두(365일 * 2두/일 출하두수 * 2년/사육기간)/0.7(1등급 출현율)
· 번식우 : 2,000두(730두/년/0.73(번식율)/0.5(성비)

(2) 생산자브랜드

○ 브랜드경영체가 산지농가를 조직화 또는 계열화하여 생산한 축산물을 소매단계에서 경영체의 상표로 유통업체가 판매하거나 경영체가 직접 판매하는 브랜드이다.
※ 브랜드경영체 : 산지농가를 조직화 · 계열화하는 모든 경영체(생산자 단체가 아닌 경영체도 해당)

2) 우수 축산물브랜드 경영체 육성 지원

(1) 지역별 · 유형별 특성에 맞는 규모화된 브랜드경영체 조직 지도

○ 지역적 특성과 유통의 다양성을 고려하여 생산자(단체), 지역축협, 영농법인 뿐만 아니라 전문유통업체도 브랜드 주체가 될 수 있지만

○ 브랜드로서 확고한 위치를 확보하기 위해서는 브랜드 개념을 바탕으로 일정 규모 이상의 농가를 조직화하고 생산 · 판매 관련 규약을 바탕으로 농가지도를 체계적으로 실시해 나가는 브랜드를 중점 육성하여야 한다.

○ 지자체에서는 지역내 대학, 연구기관, 농업기술센터 등과 상호 연계체계를 구축하여 기술·경영지원 등 유기적 협조체제 구축이 필요하다.

※ 외국의 주(도)단위 대학 및 연구기관에서 지역 특성에 맞는 축산경영 메뉴얼을 개발하고 보완·발전시켜나가는 것을 우리의 브랜드 경영에도 도입할 필요성이 있다.

(2) 브랜드사업 자금은 생산자브랜드에만 지원

○ 중장기 목표가 분명하고 계획 수립단계부터 생산자브랜드로 백화점 등 유통업체와의 판로확보 계획을 구체적으로 제시하는 경영체에 우선 지원

－산지농가를 조직화하지 않고 단순 도축·가공한 축산물에 브랜드를 부착, 판매하는 경영체의 브랜드는 유통브랜드로서 자금지원 대상에서 제외된다.

○ 사업계획서 제출, 시·도 추천을 거쳐 현장실사 후 외부 전문가로 구성된 "사업추진심의회"에서 최종 확정한다.

－평가기준 : 종축통일, 사료통일, 사양관리통일, 생산자브랜드 관리, 출하규모, 도축·가공위생 등

○ 지원자금은 브랜드경영체의 사료통일을 위해 참여농가의 사료통일에 필요한 자금(외상대금 상환, 주문사료 제조 등)으로 우선 사용토록 지도하여야 한다.

표 14-4. 브랜드사업 자금지원 현황

구 분		축 종		계
		한 우	돼 지	
2004	개소 수	16	10	27
	금 액	44,050	23,940	67,990백만원
2005	개소 수	19	12	31
	금 액	50,050	33,340	83,390백만원

(3) 전문화된 축산물브랜드 컨설팅 지원

○ 목적 : 브랜드 규약에 근거한 경영, 도축·가공, 유통, 판매 등 현황 분석 및 경영주체·참여농가의 경영개선에 실질적인 도움을 줄 수 있는 브랜드컨설팅 공급기반 구축

○ 민간 브랜드컨설팅 전문업체 육성 및 컨설팅 지원 확대

－브랜드관리, 마케팅, 경영, 축산기술 등 분야별 전문가를 확보한 브랜드 전문컨설팅업체 지정제도를 도입('04)하고

– 목표달성 능력이 있는 민간 브랜드컨설팅 업체를 엄선하여 브랜드사업 지원 경영체에 브랜드컨설팅을 실시하여야 한다.

〈브랜드컨설팅 사업 추진현황〉

○ 지원 대상 : 브랜드사업 선정 경영체

○ 사업량 및 지원액 : 10개소/기금보조 5억원

– 개소 당 사업비 1억원 이내(지원비율 : 보조 50%, 지방비 20, 자담 30)

○ 시행절차

– 심의회를 통하여 브랜드 전문컨설팅 업체 지정(농림부, 3) → 지정업체 공개경쟁을 통해 적격업체 선정하여 농림부 통보(시 · 도, 4월) → 우선 협상대상 업체를 선정하여 시 · 도에 통보(농림부, 4월말) → 선정된 컨설팅 업체와 계약 및 컨설팅 추진(브랜드경영체, 5월)

○ 농협중앙회의 브랜드컨설팅 기능 강화('04～)

– 브랜드지원팀 및 컨설팅사업단을 신설하여 브랜드경영체(회원조합)의 브랜드 관리능력 강화에 역량 집중

○ 브랜드경영체 · 농가 등이 활용할 수 있는 브랜드 경영지침서 발간 · 보급('05. 6)

– 우수 브랜드로 발전시키기 위해 브랜드경영체가 지켜나가야 할 내용을 담고 기존 우수 브랜드 분석 등을 통해 다양한 형태의 경영모델 제시

– 농가조직화, 품질균일성(혈통관리 · 사료 · 사양관리)에서 위생(도축 · 가공 · 판매), 브랜드 마켓팅에 이르는 모든 과정을 알기 쉽게 세부적으로 제시

○ 브랜드 경영 및 관리 자가진단프로그램 개발 · 보급('05. 6)

– 생산실태, 유통, 브랜드 경쟁력, 마케팅 활동 등 경영자료를 자가입력하고 부족한 부분을 파악하면서 스스로 개선할 수 있는 진단 수단을 제공

– 브랜드 평가지침 및 경영지침서 수록내용을 바탕으로 측정지표 설정 및 모델 개발

(4) 우수 브랜드경영체에 대한 인센티브 부여

○ 브랜드사업 자금을 지원 받은 브랜드경영체의 사업 추진실적을 평가하여 우수 브랜드경영체 선정

– 평가기준 : 종축통일, 사료통일, 사양관리통일, 품질수준, 생산자브랜드 유통물량, 브랜드관리(홍보비 지출, 리콜규정 등), 경영실적 등

○ 우수 브랜드경영체에 대해서는 무이자 인센티브자금 지원

– '04년에는 3개 경영체에 60억원을 지원

· 연찬회를 개최하여 브랜드경영체 CEO의 사업 마인드 제고를 위한 워크샵('04～)

3) 브랜드축산물의 위생수준 제고 및 판로확대 지원

(1) 위생수준이 높은 도축장과 가공장 이용을 유도하여 차별화된 위생 · 안전성 확보

○ 브랜드사업 평가, 경진대회 및 인증시 도축장 HACCP 운영수준 평가결과를 반영

– 도축장 HACCP 운영수준평가 결과 우수 도축장에 대해 운영자금(578억원) 우선 지원(상위권 금리 0%, 중위권 3%, 하위권 자금지원 배제)

○ 브랜드사업 평가, 경진대회 및 인증시 LPC 또는 HACCP 적용 가공장 이용여부 평가

(2) 백화점 · 할인점 등 유통업체와 연계체계 구축 지원

○ 브랜드경영체와 대형유통업체 정례협의회 개최로 판로개척 지원

– 브랜드경영체는 자기 제품의 품질 · 위생관리, 물량 공급능력 및 적정 가격제시를 하고, 정부에서는 인증 브랜드에 대한 유통업체의 적극적인 관심 및 구매협조 당부

– 생산자와 구매자간 요구조건이 다른 점을 감안, 대화의 장(간담회, 워크샵 등)을 지속적으로 마련하여 상호 컨센서스 형성을 통한 장기적인 거래관계 성립 유도

· 유통업체에게 인증 브랜드의 수 및 생산 물량이 한정되어 있으므로 우선 확보가 중요함을 설명

· 유통업체 바이어초청('04. 9, '05. 6) 및 임원초청 간담회 실시('04. 10)

○ 장기계약 거래 등 브랜드육 판매 우수 유통업체에 정부시상

– 한우의 경우 생산자브랜드와 유기적인 협력관계를 구축하고 있는 유통업체가 소수로서 이들 업체에 대한 사기앙양 차원의 인센티브 적극 검토 추진

– 브랜드 경진대회 개최시 우수판매업체 수상('04 : LG유통, 까르푸)

(3) 우수 브랜드 축산물 판매 확대 지원(농협)

○ 농협 유통(하나로클럽)에 생산자브랜드 축산물 판매코너 확대설치

– 우수 브랜드 인증 축산물 위주로 취급품목 및 물량을 확대

· 브랜드한우고기 판매비율 10%('04) → 20('05) → 50('10)

○ 아파트 등 인구밀집지역 내 대형 브랜드축산물 전문판매장 확대 설치

– '04년 1개소(서울 문정동)→'07년 20개소

4) 우수 축산물브랜드 인증제 추진

소비자에게 품질 · 위생 · 안전성이 우수한 축산물을 선택할 수 있는 기준을 제공하기 위해 생산부터 판매단계에 걸쳐 우수 브랜드 요건을 철저하게 준수하는 브랜드를 선별하

기 위하여 인증제는 반드시 필요하며, 인증제 추진 내용은 다음과 같다.

○ 브랜드에 대한 소비자 신뢰도를 높이기 위해 우수 브랜드 요건을 정하고 브랜드 관리체계 등 여건 마련을 위한 기본계획을 수립(농림부)

○ 소비자단체(소시모)에서 "축산물브랜드인증위원회"를 구성하여 인증지침 마련, 인증경영체 선정 등 추진

○ 서류심사를 통해 현지실사 대상경영체를 선정한 후 현지실사 추진
- 현지실사는 분야별 전문가로 구성된 실사단에서 수행

○ 최종 심의회에서 우수 브랜드 인증 경영체를 선정하고 결과발표회 개최
- * '04년에는 한우 8, 돼지 10개 브랜드를 우수브랜드로 선정

5) 우수 브랜드에 대한 홍보 강화

(1) 브랜드 활성화 심포지엄 및 전국순회 세미나 개최

○ 축산물브랜드 육성 정책방향 설명 및 우수 브랜드로의 발전방안 제시('04. 3)

○ 지역 순회팀을 구성하여 지역브랜드 발전방안 토의 및 정책 보완사항 발굴('04. 7)

(2) 우수 브랜드에 대한 다각적인 홍보지원 추진

○ 우수 브랜드 홍보책자 발간 및 대중매체를 통한 홍보강화
- 축산물브랜드 경진대회 수상업체 및 우수 브랜드 인증업체 소개 홍보책자, 포스터 제작・배포, 라디오 및 여성잡지 광고 실시
- TV 기획프로, 일간지 기획기사 게재 등 입체적인 홍보 추진

○ 축산물브랜드 종합정보서비스 홈페이지 구축('04. 12)
- 소비자에게 우수브랜드에 대한 객관적 정보제공 및 브랜드 경영체간 정보교류 공간 마련

○ 유통단계・규모별 브랜드축산물 판매 및 소비동향 조사・분석
- 브랜드축산물의 생산・가공・유통・판매 행태 및 경로분석을 통해 문제점을 도출하고 개선방안을 모색('05년 조사・연구사업으로 추진)
- 조사결과를 관련 단체 및 유통업체에 배포하고 정책자료로 활용

(3) 축산물브랜드 경진대회 및 전시회의 내실화

○우수 브랜드에 대한 홍보, 소비자 인식제고 및 판로개척에 기여할 수 있도록 다양한 행사 마련

－전문이벤트 기획사의 참신한 아이템을 전시행사 및 부대행사에 접목시켜 유통업체 및 소비자의 관심 유도

○ 우수 브랜드 시상금 상향조정 및 시상확대 추진

－시상훈격 및 시상금을 상향 조정하고 분야별 우수 브랜드 선정 등으로 수상 분야 다양화

· '05년에는 국무총리상을 2점으로 하는 등 시상 훈격 조정

· 분야별 시상제 도입('04 : 고품질, 위생 · 안전성)

제2절 생산 이력제

1. 서 론

유럽에 이은 일본과 미국의 광우병 발생은 소비자들의 잠재의식 속에 내재되어있던 식품의 안전성 문제를 크게 부각시키는 계기가 되었다.

우루과이라운드(UR) 협상이 타결되고 세계무역기구(WTO) 체제가 출범하면서 본격화되기 시작한 국가간 자유로운 교역은 농업기반이 취약한 국가로서는 수입농산물에 대응할 경쟁력제고에 고민하지 않을 수 없었지만 소비자 입장에서 보면 각종 질병에 대한 불안감 때문에 확실한 구매지표 제공을 갈망하고 있는 실정이다. 이러한 시대적 조류에 부응하여 추진되고 있는 것이 이력 추적시스템 도입이다.

쇠고기 이력 추적시스템은 쇠고기 유통에 있어서는 도축장에서 판매장까지의 하류 유통분야(Tracking)와 소비자에서 농가까지 추적되는 상류부분(Tracing)을 향한 추적으로 구분할 수 있다. 이와 같은 시스템을 유럽연합(EU), 일본, 미국 및 호주 등에서 강력하게 추진하고 있는 이유는 광우병(BSE)과 같은 질병의 효율적 추적관리와 소비자의 신뢰구축에 의한 구매력 증진에 의한 마케팅 활성화라고 할 수 있다. 왜냐하면 이력 추적시스템은 질병에 감염된 소로부터 생산되는 쇠고기의 안전성 확보라든지 비상시 효과적인 회수(Recall)를 실시할 수 있기 때문이며, 또한 소비자에게 상품에 대한 이동경로와 폭넓은 정보를 제공함으로써 구매선택 폭이 넓어지기 때문이다. 특히 세계무역기구(WTO)에서는 쇠고기 국제교역에 있어서 이력 추적시스템은 부당한 무역장벽이 아닌 과학적으로 수행되는 위해요인의 평가와 방지수단으로써 수입국의 경우 자국에서 적용하고 있는 규정

과 동등한 사항을 요구할 수 있다고 해석하고 있다.

우리나라의 경우 1993년에 법적 근거를 마련하여 추진 중인 축산물등급제도를 토대로 품질의 고급화는 정착되고 있으나, 쇠고기의 안전·위생에 대해서는 제도적 정착이 아직 미흡한 실정으로 최근에 이르러서야 식품위해요소중점관리기준(Hazard Analysis Critical Control Points, HACCP)이 도입되어 도축·가공단계에서의 위생은 많이 향상되었으나 아직도 쇠고기의 유통전반에 관해서 많은 노력이 필요한 것 같다.

2. 쇠고기 이력 추적시스템이란

이력추적의 영어표현인 'Traceability'는 trace와 ability의 복합어로 '추적가능' 또는 '추적능력'으로 해석할 수 있는데, 우리나라에서는 쇠고기 이력 추적시스템의 개념을 소의 생산·도축·가공·유통과정의 각 단계별 정보를 기록·관리하여 문제발생시 이동경로를 따라 추적 또는 소급하여 신속한 원인규명 및 조치를 가능하게 하여 소비자를 안심시키는 제도이다.

쇠고기 이력 추적시스템 도입시 기대효과는 위생상 문제 발생시 신속한 원인규명과 조치로 소비자 피해와 경제적 손실을 최소화 한다. 광우병 등 각종 질병 발생시 환축의 이력을 추적 또는 소급하여 동거 소 등에 대한 신속한 조치가 가능하여 경제적 손실을 최소화 할 수 있다.

또한 쇠고기에 대한 소비자들의 알 권리 충족 및 신뢰도 제고로 국내 소 산업 발전에 기여한다. 쇠고기 구입시 인터넷 등을 통해 소의 이력을 확인함으로써 유통경로의 투명성과 거래의 공정성을 높이고, DNA 동일성검사를 통한 소비단계 모니터링을 주기적으로 실시함으로써 원산지 허위표시 등 둔갑판매 방지로 국내산 쇠고기의 소비확대에 크게 기여할 것으로 여겨진다.

가축개량, 경영개선 등 국내 소 산업의 경쟁력 강화에 기여한다. 소의 혈통, 산유능력, 사양관리 정보 등을 개체식별번호를 중심으로 통합 관리·활용할 수 있어 우수종축선발과 고급육생산에 적합한 소 관리 등을 통해 축산업 경쟁력 강화에 기여할 것으로 여겨진다.

3. 외국사례

프랑스의 이력 추적시스템은 유럽연합(EU) 규정(Regulation No 820/97, Regulation

1760/2000)에 근거하고 있지만 이미 1966년에 축산진흥법을 제정하여 개체식별의 필요성을 규정하고 있다.

1998년 이후 모든 소에 대하여 개체식별번호가 기재된 귀표를 양쪽에 장착하고 관리장부에 출생·이동사항을 기록관리하고 신고하도록 되어있다.

프랑스 이력 추적시스템의 특징은 첫째 농가가 자발적으로 참여할 수밖에 없는 시스템으로 되어 있고, 둘째 출생시 만들어진 패스포드라는 이력증명서가 출생에서 만들어져 도축장까지 소와 함께 이동되고, 셋째 패스포드에는 반드시 위생증명이 첨부되어지며, 넷째 도축 이후의 관리는 세금계산서로 이동이 추적될 수 있도록 만들어져 있다.

귀표번호는 국가표시와 10자리의 숫자로 구성되어 있는데, 특이한 것은 개체식별번호가 지방자치단체번호(2자리)와 지역번호(4자리) 그리고 개체번호(4자리)로 구성되어 있어 귀표의 번호만 보아도 어느 지방에서 생산된 소인지를 쉽게 구분할 수 있게 되어 있다. 따라서 귀표의 구입은 지방자치단체가 독립적으로 업체를 선정해 시행할 수 있다.

귀표는 반드시 2조를 구입하여 양쪽 귀에 달아 귀표 탈착으로 인한 문제를 없애고 재발급 시에는 출생시 주어진 식별번호 이외에 재발급 번호가 인쇄된 귀표를 장착하여야 한다. 귀표의 구입 및 장착은 농가 스스로가 하며 귀표구입비 이외에 이력관리회비를 별도로 지불하여야 한다.

이렇게 농가가 돈을 지불하면서도 귀표장착 및 신고를 철저히 하는 이유는 EU 및 프랑스 국가 등에서 지원하는 각종 보조금 등의 혜택을 받기 위함이며, 관련법이 마련되어 있어 귀표 없이는 가축의 이동·도축이 되지 않기 때문이다. 또한 귀표를 통한 사양 및 개량관리의 필요성을 경험했기 때문이다.

패스포드는 농가가 출생일로부터 7일(EU규정은 21일) 이내에 귀표를 장착하고 축산식별관리사무소(EDE)에 신고하면 14일 이내에 패스포드가 발급되게 된다. 패스포드의 내용은 개체식별번호 이외에 성, 품종, 출생일, 출생농장번호, 부모 품종, 어미소 개체식별번호 등이 기재되어 있고, 반드시 위생검사증명서가 첨부되어야 한다.

위생검사는 1년에 1회 실시하며, 위생검사 결과 이상이 없는 어미로부터 태어난 송아지는 검사를 생략하고 증명서를 발급하되, 이동된 소의 경우는 반드시 위생검사(LDO : 피검사)를 받아야 한다. 위생검사 항목은 브루셀라, 백혈병, 호흡기질환(IBR) 등이며, 위생검사 결과 문제가 있는 소는 패스포드에 적색 또는 황색의 검사증명서를 붙이고 이동이 제한(적색→즉시 도축장, 황색→사육 후 도축장)되며, 건강한 소는 청색 증명서가 첨부된다.

개체식별번호는 도축 후에는 도축번호로 대체되고 관리는 로트(lot)단위로 한다. 따라서 개체식별번호 허위표시 유무를 확인하기 위한 DNA 시료채취는 별도로 하지 않는데, 그 이유는 거래단계별 세무관리가 완벽하게 이루어져 계산서만으로도 추적이 가능하며, 고기의 거래량이 많고 유럽간 교역이 자유롭고 육질을 크게 중시하지 않아 품질에 따른 가격차가 크지 않기 때문인 것으로 보인다.

추진체계는 농림부(DGAL)와 지방 농림국(DDAF)이 관리감독을 하며 축산식별관리사무소(EDE)를 별도로 두어 개체식별 업무를 담당하게 하고 있다. 위생검사는 가축위생시험소(DDSV)와 가축보험사무소가 관여하고 있다.

일본의 경우, 축산선진화를 위한 대책의 일환으로 '97년 4월부터 '04년까지 귀표번호체계의 정비 및 전산화 사업을 중장기적으로 추진해 오던 중 '01년 9월 광우병 발생에 따

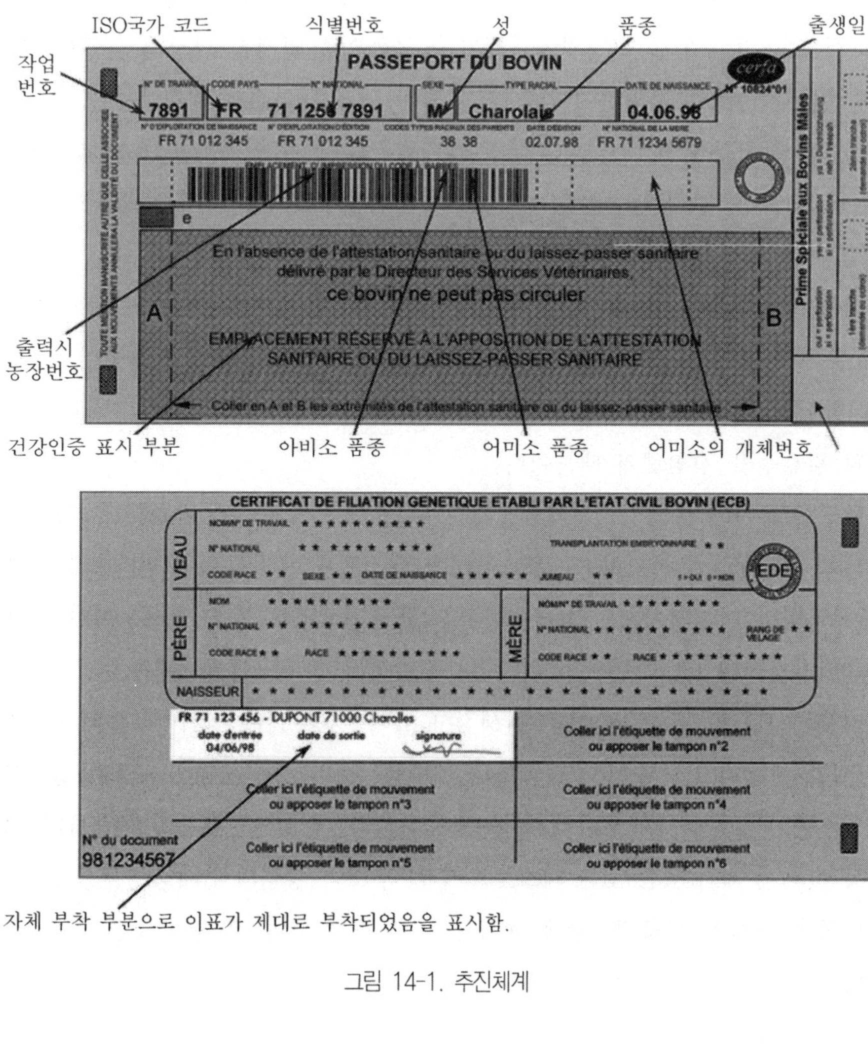

그림 14-1. 추진체계

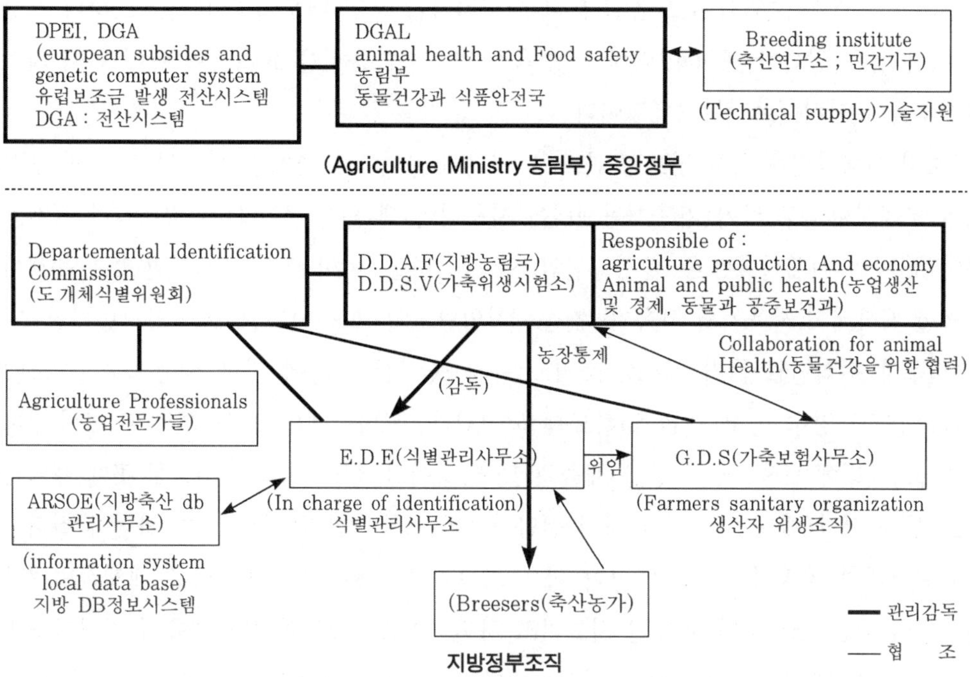

그림 14-2. 프랑스의 패스포드

른 국내산 쇠고기의 소비 급감으로 안전・안심 확보방안을 마련하였다.

이를 위해 2002년 2월부터 소비단계에서의 이력전달 실증시험을 대형 유통업체 5곳을 선정 실시하였고, 동년 6월에 「소의 개체식별을 위한 정보의 관리 및 전달에 관한 특별조치법」제정하여 2003년 12월 생산단계부터 모든 소에 귀표를 부착하고 신고하는 것을 의무화 하였고, 일년 뒤인 2004년 12월에 도축 이후단계의 개체식별번호 의무표시를 하기에 이르렀다.

사업추진을 위한 추진체계로는 전산 D/B 등과 이력업무를 총괄하는 기관으로 가축개량센터가 담당하며, DNA 검사 시료채취는 일본식육격부협회에서 그리고 DNA 동일성검사는 가축개량기술연구소에서 담당하며, 관리 감독업무는 농림수산성(지방농정국)으로 구성되어 있다.

일본의 쇠고기 이력 추적시스템은 국가가 관리 감독하는 점에서는 프랑스와 같으나 업무별 주관기관이 정해져 있는 점이 다르다. 이는 기존의 조직을 최대한 이용하는 편리함도 있으나 조직 간의 상호 협조가 잘 되지 않으면 혼선이 발생할 수도 있다.

일본은 DNA 검사를 통한 시스템의 정상적 가동여부를 확인하고 있는데, 이는 국내 소비량의 절대량이 수입육이고 품질에 따른 가격차가 크기 때문이라 본다. 또 하나 프랑스와 다른 점은 원산지 표시 이외에 특정 음식점에서는 음식을 요리하여 판매할 때 개체식별번호를 표시하여야 한다는 점이다.

「소의 개체식별을 위한 정보의 관리 및 전달에 관한 특별조치법」의 내용을 보면 생산단계의 조치사항으로 국가(가축개량센터에 사무위임)에 의한 소 개체식별대장작성(제2장)하여 소 마다 개체식별번호, 출생년월일, 암수의 구별, 어미 소의 개체식별번호, 출생에서 도축할 때까지의 사육지와 사육자, 전출・전입년월일, 도축년월일 또는 사망년월일, 기타(수입우의 수입년월일)기록하고, 소의 소유자 등 「관리자」에 의한 출생・수입신고(제8조)와 양도・양수 신고(제11조)하도록 되어있다. 도축단계의 조치사항으로 도축업자는 가축개량센터에 도축년월일 등을 제출(제13조)하여야 하고, 지육을 인도할 곳에 개체식별번호 등을 전달(제14조)하여야 하며 전달정보의 기록・관리(제17조)를 하여야 한다.

유통단계의 조치사항으로 대상이 되는 쇠고기(특정쇠고기)(제2조)를 개체식별대장에 기록되어 있는 소로부터 유래된 쇠고기로 하되, 제조・가공품이나 생육의 것이라도「갈은고기」,「조각고기」는 대상에서 제외하였다. 대상사업자(제2조)는 쇠고기 판매 사업자(판매업자)와 쇠고기를 주 재료로 하는 특정요리 (「야키니쿠」, 「샤브샤브」, 「스키야키」, 「스테이크」)를 제공하는 사업자로 법으로 정한요건(요리전문점으로 제공하는 요리가 주로 「특정요리」일 것)에 해당(특정요리 제공사업자)되어야 한다.

판매업자 등이 지켜야 할 조치사항으로 판매처에 개체식별번호 등을 전달하여야 하며, 전달정보의 기록・보관(제17조)을 하여야만 한다.

농림수산대신(지방농정국장)은 소의 관리자, 수입자, 수출자에 대해서 필요한 보고를 하도록 하고, 또는 직원이 당해소의 관리자, 수입자 혹은 수출자의 사무소, 사업장 그 외의 장소에 방문하여 장부, 서류 그 외의 물건을 검사하고 관계자에게 질문할 수 있고, 신고의무 위반, 귀표장착 의무 등 위반시 벌칙을 가할 수 있도록 하였다.

이에 따라 조치위반, 허위기재 또는 기록을 하지 않거나, 장부를 보존하지 않은 사람은 30만엔 이하의 벌금에 처할 수 있다.

도축자, 판매업자 또는 특정요리 제공업자가 개체식별번호, 매입 년월일, 매입 상대방의 성명 또는 명칭 및 주소, 특정 쇠고기의 중량 등을 표시하지 않을 경우, 필요한 조치의 권고 및 명령을 할 수 있다(제18조, 제23조). 또한 장부를 구비하여 기록하지 않거나 허위 기재 또는 장부를 보존하지 않은 사람은 30만엔 이하의 벌금에 처하고, 장부는 1년마다 마감하고 마감 후 2년간 보존하도록 되어있다.

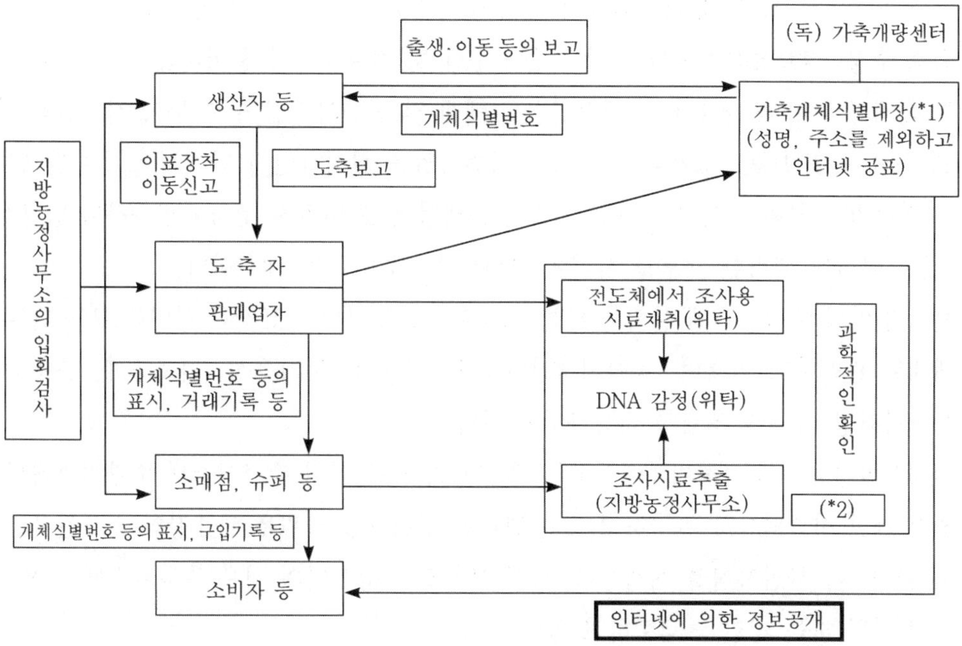

그림 14-3. 소 개체식별 정보관리 대상자별 체계도

(*1) 가축개량센타(독립행정법인)가 소의 정보를 기록・관리.
(*2) 1. 식육격부협회에서 도축된 소도체에서 DNA 보관용 시료채취.
2. 지방 농정사무소 직원의 입회하에 소매점에서 DNA 검사용 시료채취.
3. 도체와 부분육 시료의 동일성 DNA 감정에 의해 확인.
4. 추진방향.

우리나라의 쇠고기 이력 추적시스템은 '04년 1월에 전문가를 중심으로 T/F 추진 및 실무위원회를 구성하고, 2월에 일본 현지 조사를 다녀온 후 수차례의 회의 및 제도도입의 필요성 등을 검토하여 '04년 5월에 쇠고기 이력 추적시스템 시범사업 추진계획을 마련하였다.

광우병 등 문제발생시 전면 도입을 위한 추적시스템을 구축하고 생산・도축・가공・판매단계까지의 이동사항을 기록 관리하며 사양관리 및 위생・안전성 관련 정보는 브랜드경영체 등이 선택적으로 기록관리하고 제공하도록 한다. 농가의 기록관리 및 자율 신고의식이 미흡하고, 비용이 많이 들어 시범사업을 통해 제도를 정착하려고 한다. 우리나라는 지난 '95년 동제도와 비슷한 전 두수 전산등록사업을 추진하였으나, 농가의 인식부족, 절차의 번거로움, 세원노출, 시군 전담요원 부족, 농림통계 전산망의 낙후 등으로 '98.6월 사업을 중단한 적이 있다. 그러나 최근에는 쇠고기의 원산지와 안전성에 대한 사회적 관심의 고조, 생산자도 선도 브랜드업체를 중심으로 쇠고기 생산이력제를 자율적으로 도입하려는 움직임의 확산, 농가단위에서 전체 소의 70~80%가 이미 귀표가 부착되어 있는 것으로 추정, 정보통신기술의 발달로 송·수신 및 정보공개가 용이하는 등 사업의 추진상의 문제점 등이 보완되어, 개체식별번호 체계 및 전산시스템 구축 등 실시기반을 정비하고 우선 우수 브랜드업체를 대상으로 시범사업을 실시하면서 단계적으로 후발브랜드 및 지역단위로 확대하고, 시범사업을 통해 문제점 등을 면밀히 분석·평가하여 법령제정 등 전면 실시에 대비한 제도를 사전에 완비('08년까지)하는 계획이다.

쇠고기 이력 추적시스템 실시를 위한 여건조성으로 현행 귀표장착 사업은 모두 단일 번호체계로 관리하고 있으며, 송아지생산안정제, 한우개량농가육성, 가축공제, 종축등록, 젖소능력검정 사업 등 5개의 대상사업이 있다.

개체식별번호를 부여하여 DB구축 및 정보관리 등을 이력 추적시스템 주관기관에서 총괄하여 단일 시스템으로 관리하고 소와 관련된 정책자금 지원은 귀표장착을 조건으로 이루어지도록 각 사업지침을 개정한다. 또한 브랜드 육성사업의 경우 추적시스템에 참여하면 우선지원 하는 방안을 검토하고 있다.

농림부의 「농·축산물 생산이력 T/F팀」 작업일정에 따라 유통단계 식별코드의 국제표준체계(EAN·UCC시스템)를 도입하여 추진한다.

추적시스템 도입을 위한 기본체계 구축은 소 개체식별번호 체계를 정립하는 것이다. 국제기구(ICAR) 권고안을 받아들여 출생국·성별 코드 등을 추가(현행 9→16자리)하되, 추가 코드는 전산으로만 관리하고 현행 생산안정제 등 사업관리번호(농협), 종축등록번호(종개협), 농가 자체관리번호 등 3가지 형태의 식별번호를 그대로 활용하고, 시범사업 착수이후부터는 현행 바코드번호(농협)로 통일하여 부여키로 하였다.

표 14-5. 16자리 개체식별번호 체계

총 16자리 식별번호 체계				
	국 가	성 별	코드구분	바코드번호
자리수(16)	3	1	1	11(00+현행번호 9자리)
비 고	System		User	

* 국가코드(KOR), 성별(M,F), 코드구분(3가지 유형 0, 1, 2).

4. 추진체계 및 참여 사업체 현황

2005년 8월말 현재 9개 브랜드경영체가 시범사업에 참여하고 있다.

시범사업의 원활한 추진을 위해 시・군을 중심으로 지역별협의체를 구성토록 하였고, 출생・이동 등 농가의 신고내용을 전산 입력할 단체를 지정・운영하며, 시・도 위생검사기관 등에서도 도축장에서의 귀표부착 확인 및 도축검사 결과를 전산 입력하고 도축장, 가공업자, 판매업자 등에 지도・감독을 담당하도록 하였다.

기관별 사업추진체계는 정부(농림부 축산물위생과)에서 사업계획 수립, 추진점검과 예산확보, 집행상황 감독 및 법령 제정 등을 관장하고, 업무의 효율적인 추진을 위하여 축산물등급판정소(유통단계)는 농협중앙회(생산단계)와 공동으로 주관하여 업무를 분담하도록 하여 축산물등급판정소에서는 전산시스템 구축 및 관리, 예산편성・집행, DNA 동일성검사 등을 총괄업무를 담당하고, 농협중앙회에서는 농가귀표관리, 농가・브랜드경영체・조합지도 생산단계를 관리하도록 하였다.

시범사업에 참여할 브랜드경영체는 지난해 6월에 시・도로부터 23개 브랜드를 추천접수 받아 '04. 7월에 우수브랜드 중심으로 9개 참여 브랜드를 선정하였으며, 참여 브랜드는 안성마춤한우, 양평개군한우, 횡성한우, 섬진강뜨레한우, 장수한우, 대관령한우, 팔공상강우, 남해화전한우, 하동솔잎한우 등이다.

전산시스템 개발은 '04. 6월에 전산시스템 구축방안 실무자 협의회를 개최 '04. 7월에 조달청 장비구입 및 S/W 개발 공개경쟁입찰로 의뢰하여 8월에 전산개발업체 선정을 하고 개발 착수하여, '04. 9월에 생산단계 입력프로그램 개발과 함께 홈페이지(www.mtrace.net, 쇠고기이력.com)를 개설하여 10월 1일부터 생산단계 귀표부착 및 전산입력을 착수하고, '04. 11월에 도축・가공단계 입력 프로그램, '05. 1월에 판매단계 프로그램을 개발완료 하였다.

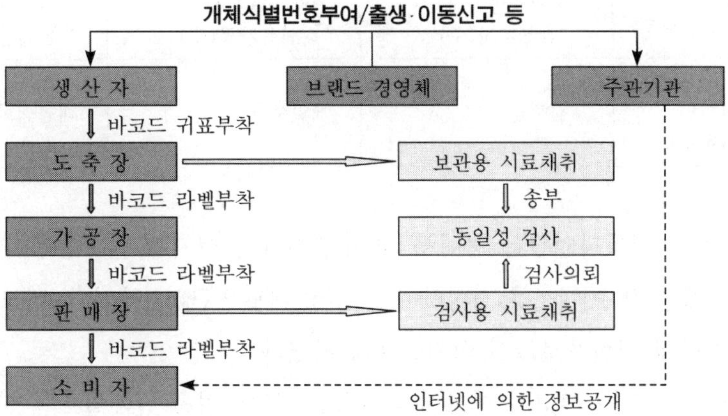

그림 14-4. 추진체계도

표 14-6. 참여브랜드경영체 및 도축·가공·판매장 지정현황

브랜드경영체(9) (브랜드명)	도축장(13)	가공장(13)	판매장(27)
대구축협 (팔공상강우)	농협고령축공	대구축협가공장	대구축협(본점)
안성지역농협연합 (안성마춤한우)	도드람 LPC 공사	대한사료인티본부	GS스퀘어(부천점)
양평축협 (양평개군한우)	신영축산	대림유통	삼성플라자(분당점)
평창축협 (대관령한우)	농협부천축공 농협서울축공 *평창기업(주)	농협부천축공가공장 농협서울축공가공장 *대관령한우 가공장	하나로클럽(양재점) 농협전문점(문정점) *홈플러스(영통점) *이마트(은평점) *이마트(가양점) *신세계(본점) *이마트(죽전점)
횡성축협 (횡성한우)	다원산업 *하이미트21C	횡성축협가공장 *하이미트21C	이마트(양재점) *이마트(분당점) *횡성한우프라자
장수축협 (장수한우)	한국냉장중부(주)	한국냉장중부(주)	까르푸(월드컵몰점) *이마트(산본점) *이마트(성수점) *이마트(명일점) *이마트(수지점) *이마트(고잔점)
(주)한예들 (섬진강뜨레한우)	우진산업	(주)한예들	뜨레한우(수지점) *올가홀푸드(대치점) *이마트(상봉점) *이마트(일산점) *이마트(서수원점)
하동축협 (하동솔잎한우)	부경축공 *삼호축산(주)	김해축협가공장 *대신육가공(주)	하나로클럽(부산점) * 롯데마트(수지점)
남해화전한우 영농조합법인 (남해화전한우)	김해축공	제일축산	대동백화점

브랜드경영체의 신청사업장은 농림부 및 주관기관의 현지점검을 통해 경영체별 도축장, 가공장, 판매장 각 10개소를 지정하여 스캐너, 라벨프린터, 라벨지, 잉크 등 장비배치와 도축·가공단계 전산프로그램 설치를 완료하였다.

이런 준비과정을 거쳐 쇠고기 이력 추적시스템 시범사업은 단계별로 추진되어 '04. 10월에 생산단계, '04. 12월에 도축·가공단계를 실시한 후 '05. 2월에 판매장에서의 개체

식별번호 표시에 의한 판매와 소비자 인터넷 검색이 가능한 판매단계가 본격 실시되었다.

한편 DNA 동일성검사는 '04. 8월에 전문인력을 채용하여 축산연구소에서 3개월에 걸쳐 교육을 실시하였고, '04. 9월에는 축산연구소로부터 DNA 동일성검사 기술 이전을 받았고, '04. 12월에는 검사실 및 검사장비 등의 구축이 되어 현재 DNA 동일성검사가 원만히 이루어지고 있다.

그리고 지난 1월에는 쇠고기 이력 추적시스템 시범사업의 소비자의 혼란방지 및 시범사업 참여업체의 차별화를 위해 인증마크(BI)를 개발・보급하여 현판과 라벨, 포장지, 표시판 등에 부착토록 하여 동사업의 이미지 제고 및 활성화를 유도토록 하였다.

5. 단계별 추진내용

생산단계의 귀표는 원칙적으로 정부가 추진하고 있는 정책사업에 의해 장착된 것은 그대로 이용하는 것으로 하고, 정책사업에 참여하지 않는 소의 경우는 동 사업에 의거 귀표를 새롭게 장착하여야 한다. 귀표의 제작・배부는 해당조합 또는 브랜드경영체의 신청을 받아 농협중앙회가 담당한다.

브랜드경영체에서는 시범사업에 참여하는 농가현황(농장주 명, 주민등록번호, 주소, 사육두수, 기존정책사업 참여두수, 귀표미부착 참여두수)을 주관기관에 보고하여야 한다. 또한 시범사업에 참여하는 도축장・가공장・판매장을 주관기관에 신청하여 사업장 지정을 받아야 한다.

귀표의 장착은 원칙적으로 지역축협이 하되 협의에 의하여 브랜드경영체가 직접 장착할 수도 있다. 귀표는 동일한 것을 양귀에 부착하는 것을 원칙으로 하고 있으나 현재의 정책사업에서는 한 개만 부착하고 있어 당분간은 한 개 부착도 인정하지만 향후에는 귀표 탈락 등이 많아 양쪽 귀에 부착할 예정이다.

기존 소 등록은 처음으로 시범사업에 참여하는 브랜드경영체의 경우 현재 브랜드에 참여하고 있는 농가가 보유하고 있는 모든 소에 대하여 신고하여야 한다. 신고방법은 기 정책사업에 참여하고 있는 소는 장착된 귀표의 개체식별번호를 신고하고, 귀표가 장착되어 있지 않은 소는 해당 지역축협을 통해 귀표를 장착 후 신고하면 된다.

신고내용은 성명, 전화번호, 주소, 고유번호, 브랜드 명, 농장전화번호, 사육장 주소, 개체식별번호, 출생일, 축종, 성별, 모개체식별번호 등으로 농가가 브랜드경영체에 신고하면 브랜드경영체는 주관기관 전산망을 통해 입력하게 된다.

송아지 출생신고의 신고대상은 브랜드경영체에서 관리하는 암소에서 태어난 모든 송아지이며, 신고방법은 송아지가 출생하면 2주 이내에 귀표를 장착한 후 주관기관 전산망을 통해 신고하면 된다.

신고내용은 농장주 성명, 전화번호, 주소, 고유번호, 브랜드 명, 농장 전화번호, 사육장 주소, 개체식별번호, 출생일, 축종, 성별, 모개체식별번호 등이다.

이동(전출 · 전입 · 폐사)신고는 시범사업에 참여하는 농가로 소가 전입되거나 전출될 경우와 사육하고 있던 소가 폐사될 경우 신고하여야 한다.

신고방법은 이력 추적시스템에 의해 관리되는 소의 경우는 귀표번호에 의거 신고하면 된다. 그러나 이력 추적시스템에 의해 관리되지 않는 소를 구입한 경우 귀표가 장착되어 있지 않으면 귀표를 장착시킨 후 주관기관에 신고하여야 하며, 각종 정책사업에 의해 이미 귀표가 장착되어 있을 경우 귀표번호를 그대로 이용하여 신고하면 된다.

신고사항은 송아지 출생신고의 내용과 같으나 그 외에 이동내용(전출, 전입, 폐사)과 이동년월일을 정확히 신고하여야 한다. 특히 도축을 위해 출하하는 경우도 이동신고(전출)를 하고 지정도축장에 출하두수 및 귀표번호를 사전에 통보하여야 한다.

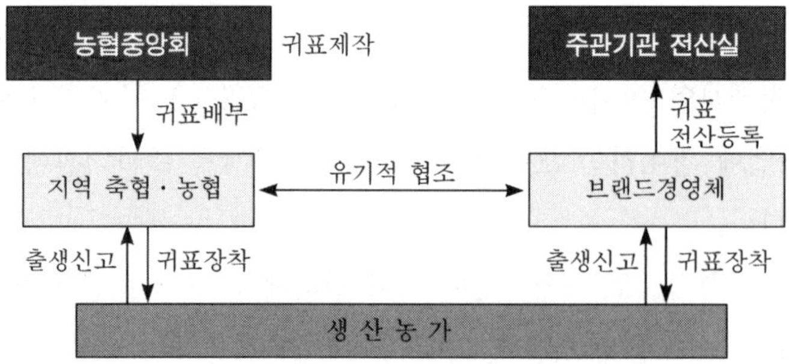

그림 14-5. 귀표장착 및 관리체계

도축단계에서 브랜드경영체가 소를 출하하고자 할 때는 사전에 출하하는 소의 두수와 귀표번호를 지정도축장 영업자 및 해당 축산물등급판정사에게 통보하여야 한다. 그러나 지정도축장으로 출하하지 않는 소는 사전통보 없이 이동신고(전출)만 하면 된다.

도축장 영업자는 브랜드경영체로부터 출하된 소의 개체식별번호를 바코드 리더기를 이용하여 개체식별번호를 읽어 브랜드경영체가 신고한 소인지 여부를 인터넷을 통해 확인하고 도축번호를 부여한다. 또한 도축장 영업자는 도축된 도체에 개체식별번호와 도축번호, 도축장명이 기재된 라벨을 도체갈비 내부 안쪽에 떨어지지 않도록 부착하고 주관기관에 도축결과를 통보여야 한다.

축산물등급판정사는 등급판정 전후 해당도체의 시료를 채취하여 등급판정소 DNA 검사실로 이송하여야 하며, 도축장 검사관도 위생검사 결과를 인터넷을 통해 통보하여야 한다.

가공단계에서 축산물 가공영업자(식육포장처리 영업자)는 부분육 또는 정육으로 가공하고자하는 도체와 매입전표의 개체식별번호가 일치하는지를 확인한 다음, 다른 도체에서 생산된 고기와 섞이지 않도록 한 마리씩 해체·정형하여 포장한 다음 도체의 개체식별번호와 동일한 번호를 라벨로 출력하여 부착시켜야 한다. 그리고 부분육 생산일지에 개체식별번호별 부분육 생산량 등을 기록·보관하여야 한다. 부분육을 판매할 경우에도 부분육 판매일지에 개체식별번호별 판매량, 판매처, 판매부위 등을 기록하여 보관하고 주관기관에 전산망을 이용하여 통보하여야 한다.

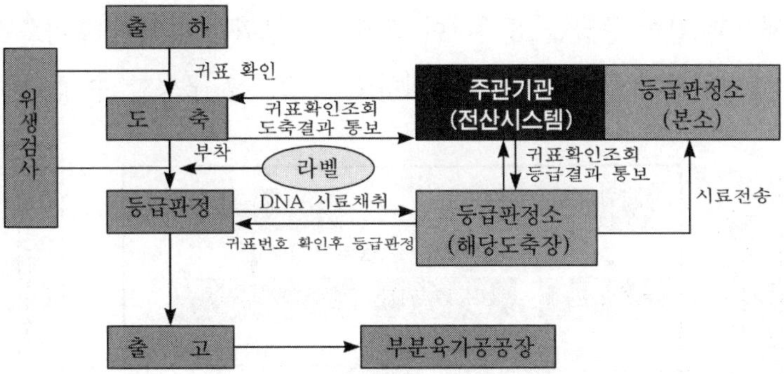

그림 14-6. 도축단계 이력추적체계

안심·사태 등 부분육의 크기가 작아 여러 마리에서 생산된 부분육을 박스 포장하여 유통시키고자 할 경우 내용물은 개체별로 개체식별번호가 인쇄된 라벨을 부착시킨 다음, 박스포장하고 이를 다시 로트로 표시하여야 한다. 로트의 구성내역은 장부에 기록하여 보관하고, 매출시 전표에 기재한 다음 주관기관 전산망을 통해 통보하여야 한다.

판매단계에서 판매장 영업자는 입고된 쇠고기에 부착된 개체식별번호와 매입전표의 개체식별번호가 일치하는지를 확인한 다음, 매입한 쇠고기의 개체이력 내용을 주관기관 전산망을 통해 신고하여야 한다. 또한 판매 시에는 일반쇠고기와 구분하여 진열하고, 개체식별번호를 소비자가 잘 알아볼 수 있도록 개체식별번호를 부착 또는 게시하여 판매하여야 한다.

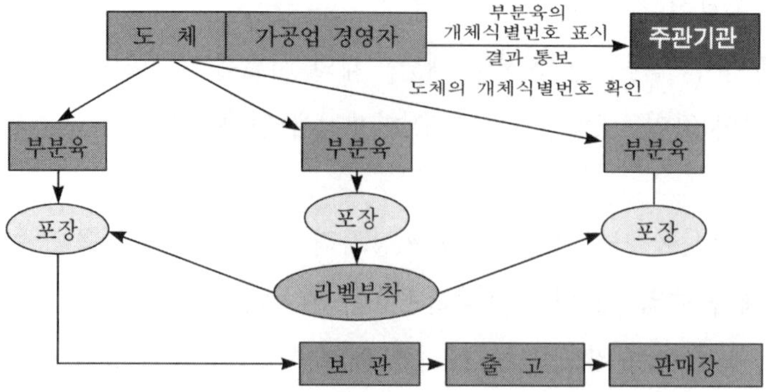

그림 14-7. 가공단계 이력추적체계

국거리, 불고기용 등 부득이 여러 개체의 쇠고기를 혼합하여 판매하고자 하는 경우에는 로트를 구성하여야 한다. 로트구성은 10개 이하의 개체식별번호로 구성하여야 하며, 로트를 구성한 내역을 PC 또는 게시판을 이용하여 소비자에게 정보를 전달하여야 한다. 그러나 등심 · 채끝과 같이 등급을 표기하여 판매하는 부위는 다양한 부위를 조합하여 선물세트 등으로 판매하고자 하는 경우를 제외하고는 로트를 구성할 수 없다.

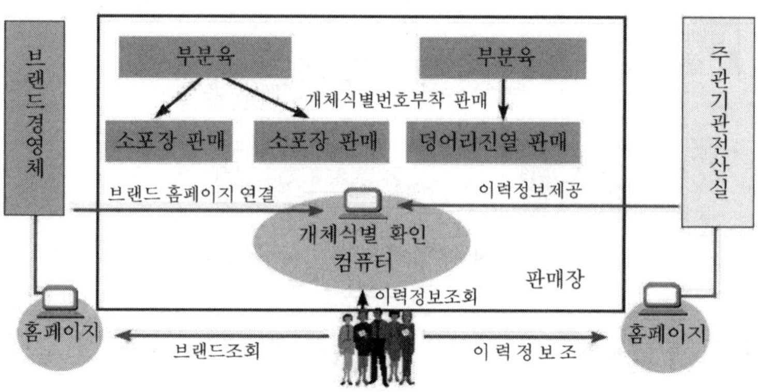

그림 14-8. 판매단계 이력추적체계

그림 14-9. 쇠고기 이력 추적시스템 인증마크

DNA 동일성검사는 쇠고기의 이력정보가 생산, 도축, 가공, 판매 단계를 거치면서 정확하게 전달되고 있는지를 과학적으로 확인할 수 있는 방법으로 소비자의 신뢰를 확보할 수 있는 유일한 수단이다. 이러한 DNA 동일성 검사제도 도입을 통하여 이력추적의 정확성을 기함으로써 문제발생시 정확한 추적과 소급이 가능하게 되고, 원산지, 품종, 등급 등의 허위표시를 방지하여 소비자의 신뢰를 구축함과 아울러 소비량의 증가를 통한 국내 소산업의 안정화를 기할 수 있다.

그림 14-10. 쇠고기 이력 추적시스템 홈페이지 화면(www.mtrace.net)

DNA 동일성검사는 도축장에서 등급판정사가 도체의 목심 부위 중 지방이 없는 살코기 0.1 g 내외를 채취하여 지정된 시료봉투에 넣은 다음, 개체식별번호, 도축일, 도축번호, 도축장명이 기재된 라벨을 출력하여 시료봉투에 부착시킨 다음 80℃에서 3시간 건조시킨 후 축산물등급판정소 본부에 있는 DNA 검사실로 이송한다.

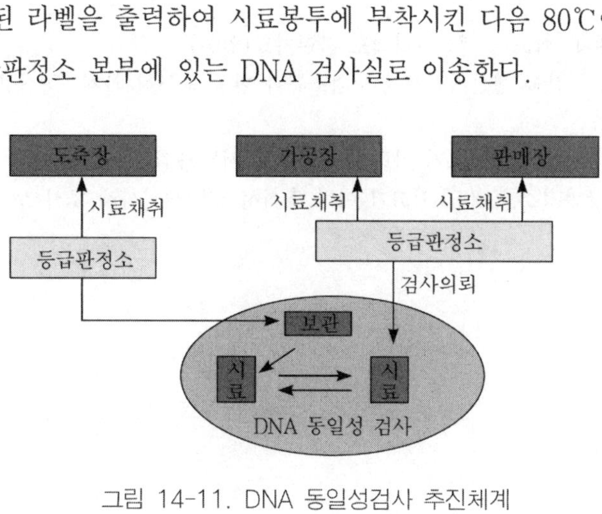

그림 14-11. DNA 동일성검사 추진체계

이송된 시료는 브랜드별, 작업장별, 도축일자별로 구분하여 보관하다가 가공장 또는 판매장에서 검사의뢰 샘플이 오면 동일성 여부를 검사하게 된다.

6. 맺 는 말

소비자들은 먹거리에 대한 안전성이 확보되기를 요구하고 있기 때문에 쇠고기 이력 추적시스템은 시대가 요구하는 대세이다. 이러한 추세에 부응하여 소비자의 안전을 최우선 가치로 여기는 정부에서는 시범사업을 통해 문제점을 보완한 후 2009년부터는 전 두수에 대해 실시할 계획으로 추진하고 있다.

이력 추적시스템 제도는 소비자들에게 위생·안전을 보장할 수 있는 이미지를 제공하는 신개념 유통시스템으로 보여 질 것으로 여겨지며, 또한 생산단체나 유통업체 등에서는 현재 동 시스템을 새로운 영업 전략의 일환으로 사용하고 있는 사례들이 많다. 이러한 이유 때문에 향후 더욱 많은 소비자들과 업체들이 본 시스템을 활용할 것으로 여겨진다.

따라서 쇠고기 이력 추적시스템 구축에 이은 국내에서 동 시스템의 본격 가동은 우리나라 한우산업의 경쟁력을 제고시켜 향후 세계무역기구/도하개발아젠다(WTO/DDA) 협상 등에 따른 국제 교역여건 변화 등에도 대처할 수 있는 중추적인 역할을 할 것으로 기대된다.

〈참 고 문 헌〉

1. 농림부 축산국, 2004. 쇠고기 생산이력제도 관련자료(일본).
2. 농촌진흥청. 2004. 농산물 생산이력제의 도입조건과 현장 운영시 과제 「농산물 생산이력제 전문가 초청 세미나 자료」.
3. 농림부 축산물위생과. 2004. 쇠고기 이력 추적시스템 시범사업 추진계획.
4. 농림부·축산물등급판정소. 2005. 쇠고기 이력 추적시스템 해외사례 조사 보고자료(프랑스 등).

제15장 한우의 주요 질병과 대책

제1절 질병 발생의 요인과 면역의 형태

동물은 자신을 둘러싸고 있는 환경에 의하여 영향을 받으며 질병에 대하여 조절기능을 발휘한다. 따라서 질병은 동물의 내부와 외부의 환경변화에 의하여 더 이상 건강상태를 유지할 수 없는 상황이 되었을 때를 말한다.

1. 질병 발생의 3대 요인

질병을 발생시키는 요인으로는 병원체와 이와 관련된 요인(병인, 숙주 및 환경) 등으로 크게 나눌 수 있으며, 중요 3대 요인은 다음과 같다.

1) 전 염 원

병원체를 배설하는 가축이 전염원이며, 이들에 의해 전염된다.

2) 감염경로

병원체가 전염원에서 다른 숙주에 전파하기 위해서는 다음과 같은 특유의 경로로 다른 동물에 전파된다.

(1) 피부를 통한 감염

① 손상된 피부를 통한 감염, ② 정상피부를 뚫고 들어가는 감염

(2) 점막을 통한 감염

① 구강→식도, 위, 장관 점막→소화기 계통의 질환

② 비강→기도, 폐포 점막→호흡기 계통의 질환

③ 생식기 → 비뇨기, 생식기 점막 → 비뇨생식기 계통의 질환

④ 항문 → 특수 기생충의 감염경로가 됨.

(3) 모태 또는 계란을 통한 감염

① 태반 → 태아 → 선천성 감염, ② 계란 → 초생추 → 난계대 감염

3) 감수성을 가진 숙주

전염원과 전염경로가 있어도 병원체의 오염을 받는 감수성이 없으면 감염이나 발병은 되지 않는다. 따라서 숙주의 감염성이 있어야 발병된다.

2. 면역의 형태

면역이란 동물이 어떤 미생물에 대하여 국소적으로 또는 전신적으로 항체를 형성하여 저항하는 것을 말하며 다음과 같이 3가지로 나눌 수 있다.

1) 능동면역

동물이 어떠한 자극이나 상처에 의하여 항원에 노출됨에 따라 그 반응으로 동물 자신에 스스로 항체가 형성되어 면역이 형성되는 것을 말한다.

2) 수동면역

이미 만들어진 항체를 면역된 동물에서 다른 동물에 옮겨주는 것에 의해 형성되는 면역을 말한다. 이러한 수동면역의 예로는 모체로부터 만들어진 항체가 태반을 통하여 태아로 이행되거나 초유, 항혈청, 항독소 및 감마글로브린 등을 통하여 면역된다.

제2절 송아지 질병

1. 송아지 질병발생 원인

신생 한우의 폐사율은 평균 5~6%이지만 신생우의 설사가 다발적으로 발생하는 경우에는 폐사율이 50%를 넘기도 한다. 일반적으로 한우송아지가 폐사하는 원인은 ① 분만시 산

소결핍증이나 외상, ② 혹한에 노출된 경우, ③ 초산우가 송아지를 제대로 돌보지 못할 경우 및 ④ 신생우의 설사증 때문이다. 분만 중에 폐사하는 송아지의 50~60%는 분만지연이나 난산이 원인이며, 이와 같은 폐사율은 초산우에서 분만한 송아지의 경우에 훨씬 높다.

2. 송아지 질병발생 현황

신생우는 어미로부터 태어난 직후부터 위험요소가 많은 외부환경에 노출된다. 특히 한우에서는 어린 송아지 단계에서 질병이 발생할 경우에는 치명적이고, 육성・비육기 및 성우에서는 질병에 잘 걸리지 않는 특성이 있다.

표 15-1에서 보는 바와 같이 포유기 중 폐사율이 16.1%로 매우 높으며, 주된 폐사 원인은 설사를 주증으로 하는 소화기 질병이다. 한편 송아지 설사 발생은 분만 직후 어린 일령에서 가장 많이 발생하여 10일령 이내에 53.8%로서 집중적으로 발생되고 있음을 알 수 있다(표 15-2).

표 15-1. 독우의 성장단계별 질병발생 현황

단계별	목장수	대 상 두 수	질병발생 두 수	폐 사 두 수	발병률 (%)	폐사율 (%)
포유기 (1~60일령)	213	1782	1265	288	70.9	16.1
육성기 (61~180일령)	181	1534	429	35	27.9	2.3
계	394	3316	1694	323	51.0	9.7

(정, 1990).

표 15-2. 한우 송아지 일령별 설사발생 현황

일 령	5	10	15	20	30	40	50	60	계
발생두수	34	198	110	23	27	20	17	2	431
비 율(%)	7.9	45.9	25.6	5.3	6.3	4.6	3.9	0.5	100
누적비율(%)	7.9	53.8	79.4	84.7	91.0	95.6	99.5	100	

(이, 1995).

3. 송아지 설사증

갓 태어난 송아지의 설사증은 전 세계적으로 널리 분포된 질병으로 송아지 폐사의 가장 많은 비율을 차지하고 있다. 품종에 관계없이 생후 1년 이내의 모든 송아지에 발병될 수 있으나, 특히 생후 2~10일 사이에 가장 많이 발생한다. 주 원인체는 대장균이며, 그 외에도 여러 종류의 병원미생물이 관여한다. 또한 초유를 통한 항체획득의 부족 등도 주요 원인 중의 하나이다.

1) 원　인

송아지에서 설사병의 발생은 감염성과 비감염성으로 구분할 수 있다. 감염성 설사병은 로타바이러스, 코로나바이러스 및 파보바이러스 등의 바이러스와 대장균, 살모넬라균, 클로스트리디움균 등의 세균과, 콕시듐 등의 기생충 감염에 의하며, 사양관리가 부적설하거나 포유 또는 사료급여가 불량할 경우에는 발생률이 증가되지만 겨울철 밀집사양의 경우 그 피해가 가장 크다.

신생우 중 허약한 송아지는 충분한 초유를 먹지 못하거나, 초유를 뒤늦게 먹거나 또는 흡수장애가 있을 때는 체내 항체가 부족하게 되어 대장균이 증식하여 설사증이 나타나게 된다. 초유는 24시간 이내에 체내로 흡수되어야 하며 출생 후 6~12시간에 최고의 항체에 도달하게 된다. 따라서 적어도 출생 후 12시간 이내에 50㎖/체중 kg 정도의 초유를 급여하여야 한다. 특히 집단사육시 분변을 통해 오염된 사료나 깔짚을 통해 세균의 감염이 용이해지며, 심한 추위나 폭풍우가 잦은 날씨에서는 어미소의 젖을 잘 빨지 못하므로 송아지에서 설사가 자주 발생된다.

2) 증　상

주된 증상은 설사로 인해 전해질 소실, 탈수, 혈액의 산성화 등을 나타내며, 혈액이 심하게 산성화 되면 과칼륨증이 나타나며, 탈수로 인한 혈액량 감소로 말초혈관 순환장애로 쇼크가 일어나 사망한다. 설사를 일으키는 원인은 여러 가지가 있으나 다음과 같이 분류할 수 있다.

① 식이성 설사 : 분변은 양적으로 많으나 경도에 있어서 젤라틴과 같은 형태를 띠며, 다른 요인의 설사에 비해 물통에 접근하여 물을 섭취할 수 있을 정도로 활동적이다. 변패된 탈지유를 급여하였을 경우에는 아무리 치료하여도 좋은 효과를 볼 수 없으며, 모유를 먹이는 것이 최선의 방법이다. 이때 계속하여 변패된 대용유를 급여하게 되면 2~4주 이내에 송아지는 굶어 죽게 된다.

② 대장균에 의한 설사 : 생후 1주일 미만의 어린 송아지에서 많이 발생하며 그 이후에

는 적게 나타난다. 대개 갑작스럽게 건강한 송아지가 24시간 이내에 허탈상태에 빠지며 분변은 수양성이고 황록색을 보인다. 초기 증상은 식욕감퇴, 거칠은 피모 등을 보이다가 증상이 진행됨에 따라 설사의 횟수가 늘어가고 분변의 색은 백색으로 변하며, 시간이 경과함에 따라 꼬리를 쳐들지 않은 채 설사를 하여 후구는 심하게 오염된다. 피부의 탄력성이 소실되고 안구가 움푹 들어가는 등의 탈수증상이 현저하게 나타나면 침울하고 의식이 혼미해져 기립불능과 체온이 32℃까지 떨어지면서 죽게 된다. 심하게 감염된 송아지는 수 일 내에 체중이 약 16%까지 감소하며 사지의 말단은 손으로 만질 때 차갑게 느껴지며 심장 박동수는 상승한다.

③ 살모넬라 감염에 의한 설사 : 생후 2~6주령의 송아지에서 많으며, 발병초기 몇 일간은 식욕과 배변에는 별 이상이 없어며, 단지 거칠은 피모, 회색분변 및 수척 등의 증상을 보이다가 그 후 심한 냄새와 함께 점액물질, 섬유조직, 혈액 섞인 설사와 더불어 발병 후 1~2주일에 죽게 된다.

④ 로타바이러스 감염에 의한 설사 : 포유중인 송아지는 경미한 설사에서부터 심한 설사 및 탈수까지 다양하며 경우에 따라서는 설사를 하기 전에 죽는 경우도 있다. 체온은 큰 차이가 없으며 코는 붉어져 딱지가 생기며 침을 많이 흘릴 경우도 있다. 백색의 설사와 함께 시큼한 냄새가 나며 혈액이 섞여 있는 것을 볼 수 있다.

⑤ 코로나바이러스 감염에 의한 설사 : 응고된 우유 또는 탈락된 점막조직이 섞여 있는 심한 설사를 하며, 심할 경우에는 점액, 혈변 또는 위 점막이 섞여 있는 설사를 한다. 발열과 급격한 탈수, 세균의 2차 감염으로 예후는 불량하다.

3) 예방 및 치료

송아지 설사의 발생요인은 매우 복잡하기 때문에 사육환경 개선 및 초유를 충분히 급여함으로써 어느 정도 감소시킬 수 있다. 신생우의 축사에 보온, 청결, 건조 등을 유지하고 소독을 철저히 한다. 양질의 대용유, 사료, 건초를 급여하며, 송아지가 과식하지 않도록 주의한다.

송아지 설사의 치료원리는 ① 이환된 송아지의 격리, ② 영양공급 및 보온을 위한 조치, ③ 탈수를 보상하기 위한 수액 및 전해질의 공급, ④ 항생제 및 설파제 급여와 혈청면역 글로브린 투여, ⑤ 위장 점막 보호 및 독소흡착을 위한 투약 및 ⑥ 보조치료제(대사촉진제, 영양제, 소화제, 생균제 등) 투여 등으로 요약할 수 있다. 설사 치료시 주의할 점은 우유와 대용유에 전해질제제를 섞어서 급여하는 것은 효과가 없으며, 동일 항생제를 3일

정도 주사 및 투여하여도 효과가 나타나지 않으면 다른 항생제를 바꾸어 사용하는 것이 좋다. 또한 치료 중에는 무엇보다도 송아지의 보온이 가장 중요하다.

4. 송아지의 유행성 폐렴 또는 송아지 인플루엔자

본 질병은 대부분 파라인플루엔자 3바이러스에 의해 발병되며, 생후 1～4개월령의 어린 송아지에 많이 발생되며 고도의 접촉성 호흡기 질병이다.

1) 발병과 원인

년중 발병이 가능하지만 특히 가을철에 환기가 불량한 축사에서 생후 일령이 다양한 송아지를 밀사할 때 많이 발병한다.

파라인플루엔자 3바이러스 이외에도 IBR 바이러스 마이코플라즈마균과 파스튜렐라균이 복합감염되어 질병을 악화시킨다.

2) 증　상

일반적으로 콧물, 결막염 및 식욕부진 등의 증상이 나타나며, 파라인플루엔자가 단독으로 감염되었을 경우에는 40～42℃ 정도의 발열과 상부호흡기에 국한된 병변을 보이지만, 2차 세균에 감염되었을 경우에는 심한 폐렴증상이 나타나서 결국 폐사하게 된다.

특히 목을 자극하면 쉽게 마르고 거친 기침을 하는 특징이 있다. 청진기로 소리를 들으면 여러 가지 잡음의 소리가 들리며 병변의 초기에는 강한 치찰음을 들을 수 있으나 그 이후에는 수포음으로 변한다.

증상이 심한 송아지의 경우에는 구강호흡을 하게 되며 호흡곤란으로 혀를 입 밖으로 내어 아래턱 주위에는 기포 섞인 침이 묻어 있는 경우도 있다.

송아지 디프테리아 병변의 경우 구강을 조사해 보면 특징적으로 치즈 모양의 괴사성 궤양이 나타나며, 소전염성비기관염은 상부 호흡기에만 병변이 나타나므로 쉽게 구별이 가능하다.

3) 예방 및 치료

단지 바이러스 단독에 의해 폐렴이 발생하였을 경우에는 항생제를 사용하여도 효과가 없으나 2차 감염을 예방하기 위해서는 반드시 항생제 주사가 필요하며, 약물치료와 병행하여 일반적인 간호와 보온, 환기 및 격리 등의 환경 개선을 동시에 실시하여야 한다.

또한 보조치료도 병변의 회복에 크게 도움이 되므로 탈수 및 독혈증을 완화시키기 위해서는 5% 생리식염수를 정맥주사 하는 것도 효과적이다.

설파제나 항생제는 폐렴의 치료와 합병증에 아주 효과적이며, 특히 폐렴 원인균인 대장균이나 파스튜렐라균은 페니실린과 같은 약제에는 효과가 없으나 스트렙토마이신이 혼합된 항생제를 사용하면 효과적이다. 이와 같은 항생제와 더불어 필요시에는 염화암모늄 등의 거담제나 소염효소제를 사용하는 것도 효과적이다.

이와 아울러 축사는 청결, 건조 및 환기를 통하여 쾌적한 환경조건에서 사양관리를 철저히 하여야 하며, 도입우의 경우에는 더위 보다는 추위에 강하기 때문에 습기가 많은 콘크리트 바닥 보다는 날씨가 따뜻한 겨울철에는 거센 바람을 막아줄 수 있는 정도의 우사이면 충분하다.

5. 송아지 제염

분만된 송아지의 탯줄을 통한 세균감염으로 인해 배꼽과 그 주위에 화농을 일으키는 염증성 질환을 제염이라 하며, 6개월령 미만의 송아지에서 발병한다.

1) 원인과 발생

탯줄 단면의 습기는 세균감염을 조장하는데 불결한 장소에서 분만시 감염되어 많이 발생하며, 탯줄은 생후 10일 정도면 건조 탈락하지만 뇨색폐쇄가 불완전하여 오줌이 계속 스며 나와 젖어 있어 감염을 일으키기 쉽다. 한편 배꼽탈장 발생시 합병증으로 염증이 발생되며, 분만 직후 어미소에서 격리하여 송아지를 집단 사육시 서로 배꼽을 빨 경우에도 제염 발생이 많다.

2) 증　상

보통 생후 1주일 사이에 증상이 나타나지만 가끔 2~3주에 증상이 나타나기도 한다. 40℃ 정도의 열과 식욕감퇴 및 설사가 있으며, 배꼽을 검사하지 않으면 송아지 백리로 잘못 판단할 수 있다. 배꼽을 보면 탯줄 단면이 축축하고 부어 있으며, 흑갈색으로 변색되고 고름이 나오며 악취가 난다. 염증부위에 열이 나고 통증을 보이며, 탯줄 단면의 썩은 부분이 떨어져 나간 뒤 궤양이나 피하에 농양이 형성되기도 하며, 독혈증을 유발하여 죽는 경우도 있다.

3) 치료 및 예방

염증이 생긴 배꼽은 절개하여 고름과 썩은 부위를 제거하며 설파제나 항균제를 주사하고, 보조요법으로 해열제 등을 투여한다. 제염의 예방을 위해 탯줄은 소독된 가위로 자르고 탯줄이 마르기 전에 배꼽줄을 펴고 강옥도를 주입하여 소독하며, 축사주위 환경을 청결히 하여 오염을 방지한다. 분만 후 제대를 잘 묶어 소독된 가위로 자른 후 소독을 철저히 하고 송아지 방을 깨끗이 청소하는 것이 중요하다.

6. 송아지 디프테리아

송아지의 구강, 인후두에 괴사병소를 형성하는 전염병이며 병변이 구강에만 국한되어 발병하는 것을 괴사성 구염이라고 하며, 병소가 인후두에 형성된 것을 괴사성 후두염이라 한다. 이와 같은 두 가지 병변은 따로 또는 동시에 한 개체에서 발병될 수도 있다.

1) 발병과 원인

소의 품종에 관계없이 모든 종류의 품종에서 발생하며 0.5～2.0년 사이의 송아지에게서 많이 발병한다. 계절적으로는 가을과 겨울철에 많이 발병하며 뾰족한 치아, 조악한 사료 및 이물질 등에 의한 점막의 상처를 통하여 *Fusobacterium necrophorum*이 점막 내부로 침투함으로써 발생된다.

우리나라에서는 거의 발병되지는 않지만 디프테리아 변병의 치사율은 10～100%로 높으나 치료를 적절히 잘 할 경우에는 폐사율을 줄일 수 있다.

2) 증　상

앞에서 설명한 것과 같이 송아지 디프테리아 병병은 크게 괴사성 구염과 괴사성 후두염으로 나눌 수 있으며, 이들의 증상을 구체적으로 살펴보면 다음과 같다.

① 괴사성 구염 : 갑작스러운 발병과 함께 체온이 약 40℃로 상승하며 식욕감퇴와 침울의 현상 등이 나타나지만 증상은 가벼운 편이다. 볼이 부어 있고 숨을 쉴 때 악취가 나며 입을 검진하여 보면 볼 점막 또는 혀 점막에서 직경이 약 0.5～2.0cm의 궤양을 쉽게 관찰할 수 있다.

② 괴사성 후두염 : 괴사성 구염에서 나타나는 증상 보다는 더욱 심한 증상을 나타낸다. 즉 40~41℃로 체온이 상승할 뿐만 아니라 식욕이 거의 없어지며, 침울 및 호흡을 할 때 심한 악취 발생과 더불어 기침과 콧물의 증상을 동반하고, 특히 숨 쉬기가 곤란하며 코를 고는 등의 소리가 난다. 병변이 심한 경우에는 후두가 완전히 폐쇄되어 질식으로 인하여 사망에 이러기까지 한다.

3) 예방 및 치료

예방은 일상적인 위생관리, 환축의 격리 등을 통하여 병변의 발생을 줄일 수 있다.

괴사성 구염의 경우에는 초기에는 치료 주사액으로 정맥주사하고 그 후에는 추가적으로 경구투여한다. 폐렴을 동반하지 않을 경우에는 쉽게 치료될 수 있다. 괴사성 후두염의 경우에는 괴사성 구염에서와 같은 방법으로 치료가 가능하지만 경구투약은 효과가 없기 때문에 전적으로 주사약에 의존하여야 한다. 인후두부가 심하게 부어 있을 경우에는 코르티코스테로이드제제를 주사하면 효과적이다.

제3절 소화기 질병

1. 구 내 염

입, 즉 구강 점막 및 혀의 염증을 총괄하여 말하며, 일반적으로 침흘림이 많고 사료의 저작에 문제가 있으며 식욕저하 등의 증상을 나타낸다.

1) 발병과 원인

수포성 구내염이나 바이러스성 설사와 같은 바이러스성 전염병 증상으로 발병하거나 방선균, 액티노바실러스균 및 괴사균의 침입에 의해 발병되며, 일부는 곰팡이균에 의한 경우도 있다. 이 외에도 자극이 강한 화학물질이나 투약총, 주입기 사용의 미숙 및 조사료에 의한 물리적 손상 등에 의해서도 발병된다.

2) 증 상

구강 점막의 염증의 형태로 나타나므로 쉽게 육안 관찰이 가능하다. 통증이 심하면 혀를 내밀고 사료를 섭취하려는 노력은 보이지만 사료섭취에 어려움이 많을 뿐만 아니라 숨을 쉴 때 심한 악취가 난다. 머리나 목 주위의 임파절이 부어오르기도 하고 궤양 등의 병소적 관찰이 가능하다.

3) 예방 및 치료

발병우는 전염성 질병이 아니라는 판단이 있을 때까지 반드시 격리 수용하여야 하며, 소화가 쉬운 영양가 높은 고품질의 사료를 급여하여야 한다. 발병 두수가 많고 증상이 심할 경우에는 전염성 질병의 위험이 많으므로 반드시 진료를 받아야 한다.

병적 소인이 확인되면 2% 황산동 용액을 발라주거나 질산은 및 요오드 용액을 발라주는 등의 일반적인 방법을 이용하면 된다. 특히 전신요법으로는 항생제를 주사하고 필요시에는 부신피질호르몬제를 겸용하면 효과적이다.

2. 과 산 증

탄수화물 과식증, 곡물 과식증 또는 제 1위 식체 등으로 부르며, 제 1위 내에서 발효되기 쉬운 탄수화물이 높은 사료를 다량 섭취시 제 1위 내에 유산 함량의 다량생성으로 발생된다. 임상적으로는 심한 독혈증, 제 1위 정체, 허약, 횡와 및 폐사율이 높게 나타난다.

1) 발병과 원인

곡류, 맥주박, 보리, 옥수수 등의 탄수화물 함량이 높은 사료를 과다 급여시키거나 순간적인 과다섭취, 발효가 빠른 사료에 습관화 되지 않은 소에게 이러한 사료를 갑작스럽게 섭취시킴으로써 사료변경의 잘못에 의하여 발생되기 쉬우며, 장기 비육시 농후사료를 장기간 다량 급여할 경우에도 발생될 수 있으며, 비육초기 조사료 위주에서 농후사료 위주로 사료를 급변시킬 경우 발생비율은 더욱 높아진다. 모든 품종, 성 및 년령에 관계없이 발생되지만 주로 6개월령에서 3년 이내에 많이 발생한다.

2) 증　상

곡류 위주의 농후사료에 대한 개체별 적응력과 사료 섭취량에 따라 다양하게 나타나지만 곡류 과잉섭취 후 12～36시간 정도에 증상이 나타난다. 식욕과 반추운동이 미약하거나 사지말단이나 귀, 뿔, 콧등을 만지면 차갑고 제 1위가 확장되므로 복부가 팽대하고 단단한 촉감을 느낄 수 있다. 증상이 진행됨에 따라 운동부족, 거친피모, 제 1위 운동의 정지 및 무력증 등이 나타난다. 시간이 경과되면 체온은 정상이하로 낮아지며, 발병 24~28시간 내에 심한탈수와 악취성 회색설사를 하거나 탈수로 인하여 산성증이 유발되기도 하고 그대로 방치하면 폐사할 수도 있다.

3) 예방 및 치료

곡류 등 농후사료 위주로 사료를 변경하고자 할 경우에는 점진적으로 농후사료의 비율을 늘려 급여하면 되지만 급여사료 전량의 약 10% 이상은 반드시 조사료를 급여하여야 한다. 증상이 나타나면 농후사료 급여를 중지하고 양질의 건초나 볏짚 만을 급여해야 한다. 탈수의 회복을 위해 전해질을 투여하거나 생리식염수를 정맥주사하여 산성증을 교정해야 한다. 제 1위의 운동촉진을 위하여 루멕스 등을 투여하거나 중조를 150~200 g을 1일 1회 투여하거나 또는 건강한 소의 위액을 섭취시키면 효과적이다.

3. 고 창 증

제 1위 내에 가스가 다량 축적된 상태로서 발생된 가스와 소화물질이 혼합된 포말성 가스일 경우가 많다. 목초지와 농후사료 급여시 공히 발생되며 밀집 사양시 폐사율이 높아진다.

1) 발병과 원인

사료에 의한 원발성 고창증과 다른 질병의 속발증으로 나타나는 속발성 고창증으로 구분된다. 제 1위 내 산도증가 요인, 사료 중 가스생성 요인, 목초 세포질의 단백질 등이 가스와 포말생성에 관련되며, 생성된 포말은 높은 제 1위 내 산도에 의해 그 안정성이 증가되고 위의 분문부 폐색으로 가스가 트림을 통해 배출이 어렵게 됨으로써 고창증을 발생시킨다.

가스는 발효가 빠른 사료, 특정 사료에 대한 적응력 부족, 타액생산 능력의 저하 및 다량의 농후사료를 급여할 때 잘 발생한다. 제 1위 미생물총의 급격한 변화도 비정상적인 발효로 인한 가스생성에 관여하는 중요한 요인 중의 하나이다.

속발성 고창증의 경우에는 분만기 저칼슘혈증이나 과산증 및 제 1위염과 같이 발병되는 경우가 많다. 제 1위 무력증의 경우는 대부분 고창증으로 발병될 소지가 많다.

2) 증 상

품종과 성별에 관계없이 발생되나 대개 6개월령에서 3년생의 소에서 자주 발생한다. 방목지 목초 상태와 곡류나 두과류 등 다량의 농후사료를 급여할 경우 외부 증상으로도 관찰된다. 경증의 경우에는 사료섭취에 의한 복부 팽만과는 구분이 어렵지만, 급성인 경우에는 사료섭취 후 수 시간 내에 증상이 발현되어 좌측 복부가 심하게 팽창된다.

발병된 소는 초기에 불안한 증세를 보이며 눕고 일어나는 행동을 반복하여 복부를 발로 차는 복통 표시를 하기도 한다. 증상은 급격히 악화되며 복부압력 증가로 인한 호흡기 압박으로 호흡곤란 및 개구호흡 등을 나타낸다.

가스성 고창증의 경우에는 위관을 투입하면 가스 배출이 가능하므로 포말성 고창증과 구별할 수 있다. 포말성 고창증의 경우는 위관을 투입해도 가스 배출이 소량밖에 이루어지지 않는다.

3) 예방 및 치료

가스성 고창증의 경우는 위관을 투입하여 축적된 가스의 배출이 가능하다. 포말성 고창증의 경우는 포말의 안정성 제거를 위해 시메콘 현탁액을 투여한다. 가스성 고창증은 응급처치로서 혓바닥을 약간 당겨 주거나 자극함으로써, 또는 재갈을 물리거나 복부 마사지를 하여 트림을 통한 가스 배출을 시도한다. 심한 경우는 생명이 위험하므로 수의사에 의한 제 1위 천공이나 절개술을 실시해야 한다. 고창증의 원인 물질을 배출하기 위해서는 온하제나 설사제를 응용한다. 속발성 고창증의 경우에는 원인을 제거하면 신속히 회복되며 분만기 저칼슘혈증에 의한 것은 칼슘제인 칼폰을 주사하면 회복이 용이하다.

예방 방법으로는 먼저 사료변경은 충분한 시간을 두고 점진적으로 실시하고 목초가 무성한 방목의 경우는 방목시간을 단축시키고 방목 1~2일 전에 목초를 베어둔 후 방목을 실시하는 것도 효과적인 방법이다. 특히 섭취량의 10% 정도는 반드시 조사료를 급여해야 하며 건초나 목초를 지나치게 잘게 절단하는 것은 피하는 것이 좋다.

최근에는 유스틴-피씨 (살리노마이신)을 사료 내에 10~30 ppm 수준으로 지속적으로 첨가함으로써 성장촉진과 사료효율 개선은 물론 탁월한 고창증 예방 효과가 있다는 것이 입증되었다.

4. 제 1위염

1) 발병과 원인

제 1위 과산증으로 인하여 과도하게 생성된 유산에 의해 제 1위벽이 약화되고 화학적 손상을 입는다. 여기에 사료 내에 섞여 들어간 날카로운 금속물질이나 우모(털), 식물 섬유 등으로 인한 기계적 손상으로 인하여 세균이 침입하여 급성 또는 만성 염증이 발생된다.

농후사료를 장기간 다량 급여하면 발생확률이 높으며 간농양도 같이 발병될 수 있다.

2) 증　상

병의 진행은 제 1위 점막의 염증 상태→탈락물질 등이 제 1위 점막에 부착→제 1위벽의 궤양과 감염→제 1위벽의 국소적인 농양 형성 등으로 진행된다.

초기에는 뚜렷한 증상이 없이 진행되다가 식욕부진, 증체감소 등을 나타낸다. 간농양과 함께 중증으로 진행되면 다양한 증상이 나타나는데, 복막염이나 폐혈증이 오면 질병치료가 예상외로 늦어진다.

3) 예방 및 치료

가장 중요한 점은 조사료를 적정비율로 급여하는 것이며, 위내 과산증이 발생되지 않도록 노력해야 한다. 질병이 발생된 기간에는 프로토칼을 급여하여 제 1위 미생물총을 보호하고 높은 산도를 완화시키는 보조요법을 실시한다. 제 1위벽의 상피세포 보호를 위해 비간톨-E를 주사하면 효과적이다.

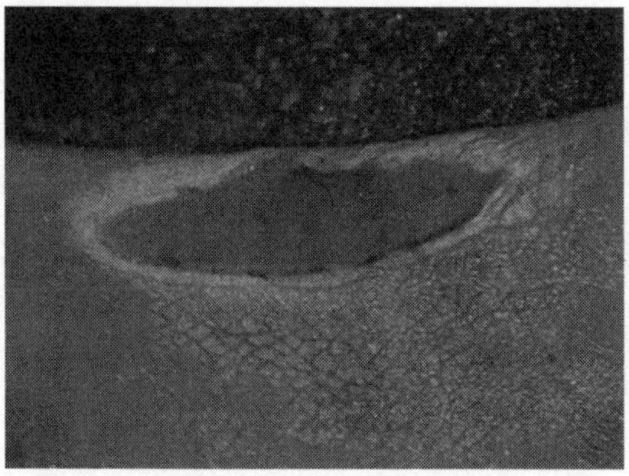

그림 15-1. 제 1위염에 의한 융모의 염증

그림 15-2. 과산증 후의 만성 궤양성 위염

5. 제 1위 부전각화증

1) 발병과 원인

조사료 급여의 부족과 함께 입자가 작은 농후사료를 장기간 급여할 경우 발병이 증가되는 경향이 있다. 입자가 작은 농후사료는 융모상피세포를 마모시켜 각화를 유도하는 작용이 적으므로 과다한 편평상피세포층이 6~8주 이상 축적된다.

여기에 세균집락, 식물섬유, 우모 및 사료 등이 융모 사이에 응집되어 소화흡수 기능이 감소하게 된다.

2) 증　상

모든 품종, 성별 및 연령에 걸쳐 발생하며, 특히 6개월령에서 2년생에서 많이 발생한다. 뚜렷한 증상없이 식욕감소, 사료효율 및 증체저하 등의 현상이 나타나고 만성 고창증과 제 1위염 및 간농양 등이 잘 발생한다.

3) 예방 및 치료

조사료는 적어도 10% 이상을 급여하여야 하며, 사료 변경시기와 농후사료 다급 등 위험할 수 있는 시기에는 제 1위 기능 강화제를 투여하여 제 1위 기능을 회복시켜주는 것이 중요하다.

6. 간 농 양

1) 발병과 원인

간농양은 간에 하나의 큰 화농소가 생기거나 여러 군데에 화농소가 생기는 것을 말하며, 발병원인은 다음 3가지로 요약할 수가 있다.

① 분만 후 제대(배꼽) 감염에 의한 것이 전이될 경우
② 제 1위 각화부전증이나 제 1위염에 의해 손상된 융모벽을 통하여 침입된 세균이 혈류를 통하여 간에 도달한 경우
③ 복막염, 자궁염 및 기타 염증 부위에서 전이된 경우

주로 제 1위 각화부전증이나 제 1위염에 의한 영향이 크며, 침입균은 괴사간균과 화농

간균에 의한 것이 많고 대장균 및 기타 세균도 발견된다.

2) 증 상

초기에는 별다른 증상이 없으나 병변이 진행됨에 따라 식욕부진, 증체 저하현상이 나타나고 지속적인 묽은 변을 보인다. 병의 진행은 만성 간농양과 급성 간괴사균증의 2종으로 구분된다. 급성 간괴사균증의 경우에는 심한 중독증상과 침울한 상태를 보이고 체온은 정상 또는 40°C까지 상승한다. 이 경우에는 황달과 설사 등이 나타나고 때로는 뒷다리가 붓고 부종 증상도 보인다.

3) 예방 및 치료

원인이 되는 과산증과 제 1위염의 예방에 주력하여야 한다. 특히 조사료 내에 금속물질 등이 혼입되지 않도록 주의해야 한다. 광범위 항생제를 사료에 첨가하여 급여하는 것도 고려할 수 있으나 반추동물에서 항생제의 경구투여는 제 1위의 정상 미생물총에 영향을 미칠 수 있으므로 세균제 바이오세린을 투여하거나, 또는 항생제 투여가 불가피 할 시에도 바이오세린을 병용 투여하는 것이 바람직하다. 수용성 항생제로서 광범위 항생제인 바이트릴-송아지용 울트라마이신 등을 음수에 투여할 수도 있다.

7. 제 4위 궤양

1) 발병과 원인

불분명한 원인으로 제 4위에서 염산과 펩신이 과다 분비되어 위점막 부위를 자가 소화시킴으로써 발생된다. 제 1위 과산증에 의한 속발증으로 보는 견해도 있으나 과산증에 의해 방출된 히스타민이 과도히 흡수되어 염산과 펩신을 많이 방출시킴으로써 발병되는 것으로 판단된다. 연동운동으로 염산, 펩신이 제 4위의 유문부로 이동하여 출혈, 점액 결핍, 순환장애 및 괴사 등을 일으키고 혈관이 손상되면 심한 출혈과 위벽이 천공되어 복막염을 일으킨다.

2) 증 상

출혈이나 복막염이 발생될 때까지는 증상은 나타나지 않는다. 분변 중의 혈액, 빈혈, 창백, 식욕부진, 제 1위 운동 정지 및 침울한 증상을 나타낸다. 위벽이 천공된 경우는

40°C의 발열, 복통, 복부 팽만, 식욕부진 및 제 1위 정체 등이 나타난다.

3) 예방 및 치료

과산증 예방에 주력하여야 한다. 출혈성 궤양의 경우에는 일반 조사료를 건초 등으로 바꾸고, 약 500 g의 산화마그네슘을 물과 함께 투여한다. 또한 빈혈 예방을 위하여 수혈을 실시한다.

8. 제 4위 전위증

1) 발병과 원인

분만 전후에 많이 발생하는 것으로 보아 자궁 위치에 따른 제 4위의 이동이 유발요인으로 생각된다. 또한 제 4위 무력증이나 곡류 과잉섭취도 유발인자로 추정되고 있다.

2) 증 상

일반 증상으로는 간헐적인 식욕감퇴, 식성 변화, 현저한 수척 및 동작이 둔한 현상이 나타나지만 심각한 질병이므로 정확한 진단은 반드시 수의사에게 의뢰하도록 한다.

3) 예방 및 치료

발병 후 시간이 경과할수록 치료가 어려워지므로 신속히 외과적 수술이나 우체회전법을 실시하여 제 4위의 위치를 교정하여야 한다.

9. 식이성 설사

1) 발병과 원인

3주령 이하의 송아지에게 품질이 나쁜 대용유를 급여할 경우 쉽게 발병되며, 속발증으로서 대장균증과 살모넬라증으로 이행된다. 송아지가 절식 후 우유를 과잉섭취하면 제 4위의 우유 응고력 부족과 소화불량으로 설사를 하게 된다. 사료의 변경시 이에 적응하기 위한 소화효소의 질적, 양적변화를 위하여 약 2주간의 충분한 기간을 두고 사료를 변경하여야 하며, 갑작스러운 사료변경은 섬유소분해효소의 결핍으로 설사를 유발한다.

세를 악화시킨다.

2) 증 상

갑자기 눈에 띄는 증상은 매우 빠른 호흡, 식욕감퇴와 열(39.5~41℃)을 보이며 침울해진다. 열은 곧 완화되지만 호흡은 매우 빨라진다. 콧물은 초기에는 투명한 점액상태이나 증상이 진행함에 따라 농이 섞인 점액으로 변한다. 기관지폐렴이 심할 경우에는 구강호흡을 하며, 입술은 위축되고 포말성 타액이 고인다. 기침은 처음에는 거칠고 건조하나 후에는 곧 얕고 습한 기침으로 변한다. 폐기종이 생기면 호흡곤란이 더욱 심해지며, 때로는 경부 및 흉부에 피하기종(皮下氣腫)이 생긴다.

3) 치료 및 예방

대부분의 기관지폐렴은 치료 3~4일 만에 효과가 나타나지만 4~5일까지도 효과가 나타나지 않을 때는 치료에 어려움이 많다. 질병에 걸린 소는 건조하기 때문에 적절하게 환기된 축사로 옮기고 외풍을 막아주어야 한다. 보온은 필요하지만 다습하고 환기가 잘되지 않는 보온은 오히려 해롭다. 감염된 소는 격리하여 치료를 실시하는데, 항균제와 설파제를 투여하면서 강심제, 해열제, 거담제 및 항히스타민제 등을 투여하며, 탈수를 보일 때는 전해질제제를 공급하여 준다.

2. 전염성 비기관염(I.B.R)

소의 바이러스성 전염병으로 높은 열과 끈적끈적한 콧물, 기침, 호흡관란 등의 증세를 보이고 호흡기 점막의 염증 출혈 및 괴사병변을 보이며 안결막염, 유산 및 뇌염을 일으키기도 한다.

1) 발병과 원인

Herpesvirus에 속하는 전염성 비기관염 바이러스가 병원체이다. 발병 동물로부터 쉽게 전파되어 이 병의 모든 병형이 접촉에 의해 전파되고 자연감염의 대부분이 접촉 또는 비말감염에 의해 전파된다. 질염형은 교미에 의해 전파되며, 감염 수소의 정액으로부터 바이러스가 분리된다.

2) 증　상

일반적으로 2~6일 정도의 잠복기를 거쳐 무증상, 경증, 중증 등의 다양한 임상증상을 보인다. 특히 급성형의 경우는 인두, 비강 등을 포함한 상부 호흡기도에 급성질병을 나타낸다. 뚜렷한 증상은 호흡기형, 질염형, 안형, 유산형 및 흉막염형 등 다섯 가지로 구분한다.

3) 예방 및 치료

비강 내에는 충혈, 부종 및 섬유성 위막이 생기며 기관의 점막에도 충혈과 부종으로 점액 농양성 삼출액이 나타난다. 제 4위에는 궤양이, 소장과 대장에는 장염이, 질과 외음부에는 농포가 생긴다.

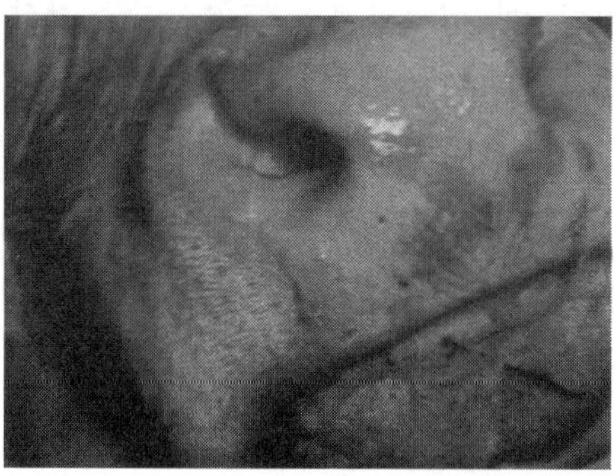

그림 15-5. I.B.R(장액성 콧물과 콧등의 발적)

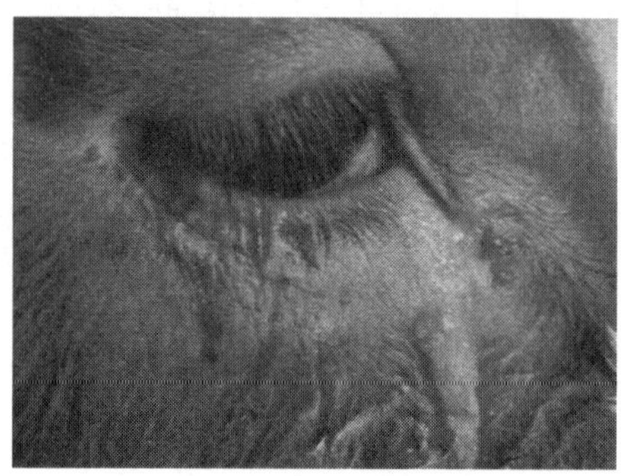

그림 15-6. I.B.R(화농성 분비물이 동반된 결막염)

3. 이물성 폐렴

1) 발병과 원인

유열, 유행열, 고창증 또는 기타의 질병으로 누워있는 소에서 제 1위 내의 식이(食餌)가 역출되어 호흡기도로 들어가서 발생된다. 경구투약의 실수로 인하여 발생되기도 하는데 예를 들면, 약액을 빠른 속도로 투약할 때, 머리를 바르게 보정하지 않고 투약할 때, 횡와자세의 소에게 투약할 때 발생된다.

2) 증　상

발병 후 수분에서 30분 내에 폐사되는 경우에는 입에 거품을 물고 심한 호흡곤란을 일으키면서 곧 허탈상태에 빠져 폐사된다. 24～48시간 내에 폐사되는 경우에는 침울, 호흡곤란 및 기침을 한다. 더욱 오래 경과하여 5～7일 후에 괴저성 폐렴으로 폐사되는 경우에는 호흡곤란, 계속되는 기침, 우둔, 식욕감퇴 등이 나타나며 곧 기력이 감퇴된다.

3) 예방 및 치료

이 병을 진단하기 위해서는 호흡기 증상의 돌발 및 병력의 청취가 중요하다. 예를 들면 병력에 있어서는 경구투약의 여부, 기존질병의 파악, 식이역출을 수반하는 질병이 있는지를 확인해야 한다. 소량의 이물이 기관지 내까지만 들어간 정도일 때는 만성기관지 폐렴을 일으키므로 이때에는 일반호흡기 질병의 치료에 준해서 대중요법을 실시하면 치료가 잘 된다.

그러나 많은 양의 이물이 들어갔을 때에는 대체로 치료가 불량하며, 이때에도 기관지 폐렴의 치료방법에 준해서 1～2주간 치료를 하면 회복되는 경우도 있다.

4. 수 송 열

수송열은 어떠한 장소에서 출산, 사육되던 소를 갑자기 개체 또는 집단으로 다른 장소로 이동할 때, 수송에 의한 여러 가지 스트레스와 바이러스 감염 및 2차 세균감염 등의 특정한 병원균에 의해 발생되는 일종의 급성 호흡기질병으로 경제적 손실이 대단히 크다.

이 병은 주로 미국, 호주, 뉴질랜드, 캐나다 등 소를 집단적으로 사육하는 지역에서 일시에 대량으로 발생되며, 우리나라에서도 최근 외국으로부터 소를 대량으로 들여옴에 따라 발생이 되고 있다. 수송방법에 따라 발생정도의 차이는 있으나, 일반적으로 15～20%의 발병률을 보이고 있으며, 폐사율도 10% 내외로 보이고 있다.

1) 발병과 원인

① 스트레스요인 : 기온(더위, 추위), 축사 불결(먼지, 습기, 오염), 피로(수송 및 상·하차), 탈수, 불안, 사료 및 물의 급변, 환경 변화, 제각, 백신접종 등이 스트레스로 작용한다.

② 바이러스감염 : 수송 중 또는 도착 후에 파라인플루엔자나 전염성 비기관염(I.B.R) 바이러스에 의한 감염을 받게 되어 세균성 감염을 유발하는 원인이 된다.

③ 세균감염 : 파스튜렐라균, 연쇄상구균, 헤모필러스균, 변형균 등의 세균과 미이코플

라스마균에 의한 감염으로 본격적인 발병을 보이게 된다. 특히 파스튜렐라균은 건강시에 상부 호흡기도에 일부 서식하고 있다가 동물체에 스트레스가 가해지거나 바이러스가 감염되어 개체가 약해지면 발병력이 증가되고 다수 증식되어 폐포 내로 이행되어 폐렴을 일으킨다.

2) 증 상

호흡기 증상이 주로 나타나며 가벼운 증상으로부터 심한 폐렴 증상까지 다양하게 나타난다. 콧등이 마르고 피모가 거칠어지며 침울, 식욕거부, 수척, 심한 체중감소 등의 전신 증상과 더불어 점액성 콧물, 기침, 호흡곤란 및 호흡촉박 등의 호흡기 증상을 보인다. 심한 눈물과 결막염이 나타나면 I.B.R 감염을 의심할 수 있다. 간혹 설사가 나타나기도 하며 체온은 증세가 가벼울 경우에는 약간 상승하나 중증에서는 40～41.5°C로 상승한다.

입식 후 1～2일부터 발병이 가능하나 뚜렷한 증상은 1～2주 사이에 많이 나타난다. 전파는 감염된 콧물이나 타액이 사료나 물에 의하여 다른 소에게 전염됨으로써 일어나며, 밀집 상태 하에서는 신속히 전파될 수 있다. 폐사는 파스튜렐라균이 생산해내는 독소에 의한 폐혈증이나 폐포 손상과 호흡손상 또는 호흡곤란에 의한 저산소증에 기인될 경우가 많다.

3) 예방 및 치료

예방은 이유 전 처치를 잘해야 하며 사전에 바이오백 VIP백신 접종, 제각, 거세, 구충 등을 실시하여 수송 후의 부가적인 스트레스를 미리 막아주는 것이 좋다.

도착 후 1주일 동안 송아지는 어린송아지(Starter) 사료와 질이 좋은 건초를 급여하고 1년생의 경우는 목초, 건초와 귀리, 밀기울 등을 급여한다. 깔짚은 마르고 깨끗한 것을 사용해야 한다. 도착 직후에는 비타민-AD_3E 제제와 대사촉진제 및 지속성항생제를 투여할 경우에는 입식된 소의 항병력과 대사기능 향상에 크게 도움이 된다. 음수에 전해질을 7～10일 동안 투여하면 스트레스 완화에 좋은 경과를 보이므로 반드시 실시해야 한다.

발병된 소는 건강한 소에 대한 전염원이 되므로 반드시 격리시켜 환기가 잘되고 보온조치를 취할 수 있는 곳에서 치료에 임한다. 초기치료는 24～48시간 내에 증상이 신속하게 회복되는 특성을 보이므로 반드시 조기치료를 실시해야 한다.

발병초기에 항생제를 최소한 3일 동안 주사해 주어야 하며, 여러 마리가 동시에 발병되었을 경우는 항생제 주사와 더불어 설파제를 5～7일간 음수, 투여해 주는 것이 효과적이다. 초기 3일간은 2배량을 투여하고 남은 기간 동안에는 정상용량을 투여하는 방법을 이용한다.

보조요법으로는 탈수와 쇠약을 방지하기 위하여 포도당을 정맥 주사하거나, 예방에서와 마찬가지로 전해질 제제를 음수로 투여한다. 필요하면 항히스타민제나 거담제, 부신피질호르몬제를 사용하고 체온 상승시에는 해열・진통제를 주사한다.

〈참 고 문 헌〉

1. Blood, D.C. 1983. Veterinary medicine. Bailliere Tindall.
2. Fenner, F.J. et. al. 1993. Veterinary virology. Academic press.
3. Howard, J.L. 1986. Current veterinary therapy. W.B. Saunders.
4. Timoney, J.F. et. al. 1988. Hagan and Bruner's microbiology and infectious disesaes of domestics animals. Comstock publishing Co.
5. Winkler, J.K. 1992. Animal Health and Disease Control. Philadelphia.
6. 경상대학교 농업생명과학대학. 2004. 한우・낙농 기술 Ⅰ, Ⅱ. 최고농업경영자과정. 경상대학교 농업생명과학대학.
7. 경상대학교 농업생명과학대학. 2005. 고급한육우 생산기술 Ⅰ,Ⅱ . 최고농업경영자과정. 경상대학교 농업생명과학대학.
8. 서익수, 이영순. 1985. 가축질병 및 위생학.
9. 진영화 외. 1994. 송아지 로타바이러스 감염증의 국내 발병 예. 제 30권. 대한수의사회지.
10. 최원필 외. 1994. 수의전염병학. 경북대학교 출판부.
11. 한국바이엘화학주식회사. 1987. 바이엘 가축질병・사양관리－비육우편. 학술부. 한국바이엘화학주식회사.
12. 한홍율. 1995. 한육우의 환경위생과 질병예방. 제 31권. 대한수의사회지.

— 찾아보기 —

(ㅈ)

— INDEX —